MANUEL

DE

CIIIMIE PRATIQUE

ANALYTIQUE, TOXICOLOGIQUE, ZOOCHIMIQUE

A L'USAGE

DES ÉTUDIANTS EN MÉDECINE ET EN PHARMACIE.

PAR E. RITTER .

Docteur ès sciences

Professeur agrégé de l'ancienne Faculté de médecine de Strasbourg

Professeur adjoint de chimie médicale et de toxicologie à la Faculté de médecine de Nancy

Chef des travaux chimiques de la même Faculté

AVEC 123 FIGURES DANS LE TEXTE

ET UNE PLANCHE CHROMOLITHOGRAPHIÉE

REPRÉSENTANT L'ANALYSE SPECTRALE DU SANG

PARIS

LIBRAIRIE F. SAVY

4, RUE HAUTEFEUILLE, 24

—

1874

PRÉFACE

L'étude de la médecine moderne exige impérieusement comme base fondamentale la connaissance des sciences exactes. La chimie, parmi ces dernières, est favorisée, car tout le monde ayant pu apprécier ses nombreuses applications, en reconnaît l'utilité. Le désaccord ne commence que lorsqu'il s'agit de fixer la limite des connaissances chimiques que le médecin doit posséder, et que les règlements universitaires l'obligent à acquérir dans une seule année.

On ne peut s'en tenir à la définition de la chimie médicale donnée communément (l'ensemble des connaissances chimiques nécessaires au médecin), sans risquer de ne donner à l'élève, à la fin de l'année, que des notions vagues et superficielles. Les diverses parties de la science doivent être traitées d'après des principes différents ; il en est que le médecin n'a pas besoin d'approfondir, d'autres, au contraire, qu'il doit posséder d'une manière détaillée.

Ce dernier but ne saurait être atteint que par un enseignement pratique, qui s'organise maintenant dans tous les centres d'instruction, mais que la faculté de médecine de Strasbourg avait inauguré depuis plus de vingt ans. Grâce à l'activité, au dévouement infatigable du professeur, dont collègues et élèves regrettent la retraite prématurée, l'enseignement pratique était organisé

a

de manière à n'avoir que peu de chose à envier aux nations voisines.

Je suis chargé de reconstituer à Nancy cet enseignement auquel j'ai pris part pendant de longues années comme préparateur, puis comme agrégé ; je n'ai plus pour me soutenir dans cette tâche les conseils expérimentés et bienveillants de mon ancien maître ; il ne me reste que le souvenir de l'abnégation que je lui ai vu déployer dans une tâche souvent ingrate.

Les manipulations, accessibles à tous les élèves, durent toute l'année ; le but principal que je cherche à atteindre est de familiariser l'étudiant avec les procédés d'analyses de chimie physiologique et pathologique, de manière qu'il soit à même de faire toutes les recherches chimiques dont il pourrait avoir besoin.

Un pareil but ne saurait être atteint que si l'élève possède un certain nombre de connaissances théoriques et pratiques préliminaires.

Le semestre d'hiver est consacré à lui donner cette instruction indispensable ; les analyses de sels, puis de mélanges le familiarisent rapidement avec les petites opérations manuelles ; les procédés d'analyse par les méthodes volumétriques l'initient aux travaux qui exigent de la minutie. L'analyse des médicaments les plus usuels, les recherches toxicologiques les plus simples, l'analyse des eaux, l'étude des principales falsifications des aliments et des boissons offrent à l'étude pratique de nombreux exemples intéressant l'élève, et se gravant mieux dans sa mémoire, parce qu'il en comprend plus facilel'importance.

Les neuf premiers chapitres du Manuel sont consacrés à l'exposition de ces diverses questions.

Le premier, traite des réactifs et indique la manière de reconnaître leur pureté.

Le second est un résumé des caractères dont l'analyste tire parti pour rechercher les composés formés par les métalloïdes et les métaux.

L'analyse des combinaisons salines solubles ou insolubles est exposée dans le IIIe chapitre ; on n'indique que les méthodes les plus faciles, et l'on facilite la recherche à l'aide de nombreux tableaux synoptiques.

Les substances organisées sont étudiées dans le IVe chapitre ; une marche simple permet de les grouper facilement et même de reconnaître les plus importantes d'entre elles. Les substances tirées du règne animal sont étudiées avec le plus grand soin au point de vue de leurs caractères analytiques ; de nombreuses figures représentent les formes que l'on observe au microscope.

Les chapitres suivants sont consacrés aux recherches toxicologiques (chap. V), aux dosages par les méthodes volumétriques (chap. VI), à l'examen des principaux médicaments (chap. VII), à l'analyse des eaux potables et médicinales (chap. VIII), et à la constatation des falsifications des principaux aliments et boissons (chap. IX).

L'élève qui a étudié pratiquement ces diverses questions est à même d'aborder pendant le semestre d'été les recherches plus délicates de chimie physiologique et pathologique.

Le Manuel supposait jusqu'à ce moment le lecteur initié aux connaissances de chimie élémentaire, auxquelles on pouvait se contenter de faire appel.

Cette supposition ne pouvait plus être admise pour cette dernière partie, car les faits qu'il reste à étudier sont disséminés dans une foule d'ouvrages spéciaux. Nous avons réuni tous ces faits épars ; nous avons exposé les diverses méthodes avec beaucoup de détails ; leur valeur, leurs avantages, leurs inconvénients sont discutés avec soin.

Les chapitres X et XI comprennent l'exposé des méthodes d'analyses employées pour la recherche et le dosage des substances inorganiques et organiques que l'on peut s'attendre à retrouver dans chaque humeur ou dans chaque tissu.

L'étude du sang, facilitée par une planche spectrale, est comprise dans le XIIe chapitre ; le XIIIe est consacré à l'étude des produits de l'appareil digestif et respiratoire ; le XIVe à celui des divers tissus de l'économie.

L'analyse détaillée des urines est exposée au chapitre xv.

Chacun de ces chapitres forme, pour ainsi dire, une monographie spéciale, dans laquelle on sera sûr de trouver l'exposition des procédés analytiques les plus récents, avec tous les détails nécessaires à la manipulation. Les procédés d'analyse rapide, dits *de clinique*, ne sont pas oubliés lorsque l'exactitude n'a pas trop à souffrir de la rapidité.

Cette dernière partie de l'ouvrage ne s'adresse donc plus exclusivement aux élèves en médecine ; elle est destinée à servir de guide aux médecins et aux pharmaciens dans l'analyse des liquides pathologiques qu'ils auraient à examiner.

N'envisageant que le côté pratique, j'ai dû, au risque de fatiguer le lecteur, m'appesantir souvent sur des détails dont l'importance n'est comprise que par celui qui manipule.

Faciliter les études de l'étudiant, développer parmi les médecins et les pharmaciens le goût des analyses zoochimiques, tel est le double but que je me suis proposé. Puisse-t-il être atteint au moins partiellement.

E. RITTER.

Nancy, le 10 mars 1874.

MANUEL

DE

CHIMIE PRATIQUE

CHAPITRE PREMIER

DES RÉACTIFS

§ 1. **Généralités.** — Le commerce fournit presque tous les réactifs dans un état de pureté suffisante ; il ne reste plus au chimiste qu'à les dissoudre dans une quantité déterminée d'eau. On ne doit cependant *jamais* négliger de s'assurer de leur pureté absolue ; nous indiquerons les réactions qu'il faut tenter avec ceux qui sont le plus fréquemment employés.

§ 2. **Dissolvants neutres.** — 1) *Eau distillée.* — Ce réactif doit être conservé à l'abri des vapeurs du laboratoire ; il doit être *neutre* au papier de tournesol, ne pas laisser de résidu par l'évaporation sur une lame de platine, ne pas noircir par une solution d'hydrogène sulfuré (absence de métaux, plomb, cuivre, etc.), ne pas décolorer, quand il est acidulé par quelques gouttes d'acide sulfurique, une solution d'hypermanganate de potassium. L'eau distillée doit être exempte parfois d'acide carbonique ; elle ne se trouble pas dans ce cas par l'eau de chaux ; on obtient une pareille eau distillée en la rectifiant avec de la chaux.

On introduit pour les usages l'eau distillée dans un appareil nommé *pissette* (*fig.* 1), qui peut être chauffé facilement.

2) *Alcool.* — Le liquide doit être incolore, neutre au papier de tournesol, et ne pas noircir quand on le mélange avec de l'acide sulfurique concentré ; évaporé sur la main, il ne doit pas présenter l'odeur d'alcool de grains. On fait usage, selon les besoins, d'alcool absolu ou d'alcool étendu d'eau ; on détermine la richesse alcoolique à l'aide de l'alcoomètre de Gay-Lussac, qui indique en pour-cent le volume d'alcool absolu. L'observation doit être faite à + 15° ou corrigée à l'aide de la formule de Francœur :

$$n' = n \pm 0{,}4t$$

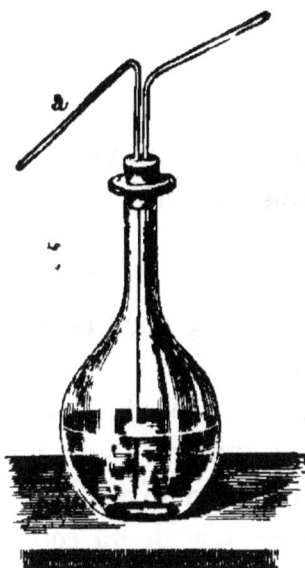

Fig. 1.

n' représente la richesse alcoolique à + 15° ;

n le degré observé à l'alcoomètre ;

t la différence de température entre celle à laquelle l'observation a été faite et + 15° ; le signe négatif sert pour les températures supérieures à + 15°. Il est commode d'avoir à sa disposition une pissette remplie d'alcool, semblable à celle qui sert à l'eau distillée.

3) *Alcool amylique.* — Ce réactif doit entrer en ébullition entre + 131° et 132°, ne pas laisser de résidu quand on l'évapore, et ne pas noircir par l'acide sulfurique concentré.

4) *Éther.* — Le liquide doit être neutre, entrer en ébullition à + 36°, avoir une densité de 0,713 à + 20°, et laisser, quand on mélange dans un tube gradué 10 volumes d'éther et 10 volumes d'eau, un résidu de 9 volumes[1].

5) *Chloroforme.* — Liquide incolore, de 1,84 de densité,

[1] De grandes précautions sont nécessaires quand on manie l'éther ; le mélange de ses vapeurs et d'air atmosphérique est très-explosible ; ses vapeurs étant très-lourdes il faut s'arranger de manière que la source de lumière ou de chaleur soit dans un endroit *plus élevé* que celui où l'éther se vaporise.

bouillant à + 60°,8, ne troublant pas l'azotate d'argent et tombant au fond de l'eau sans devenir laiteux (absence d'alcool); il ne doit pas noircir par l'acide sulfurique.

6) *Sulfure de carbone.* — Le liquide doit être incolore, volatil sans résidu, et ne pas noircir le carbonate de plomb. Il jaunit lorsqu'il est exposé à l'air; on le rectifie dans ce cas sur un peu de tournure de cuivre.

7) *Benzine.* — Le liquide doit se volatiliser entre + 80° et 81°, ne pas noircir par l'acide sulfurique; la pureté de la benzine doit être vérifiée de temps en temps, car elle se résinifie, ce qui exige une nouvelle rectification.

On peut se servir avec avantage de la partie non volatile que laisse la benzine du commerce rectifiée à + 81°, pour la recherche des matières colorantes de l'urine.

8) *Pétrole rectifié* (éther du pétrole). — Ce produit s'obtient en rectifiant à + 60° le pétrole du commerce, agité au préalable avec le huitième de son poids d'huile d'olive.

§ 3. **Acides.** — 1) *Acide sulfurique.* — L'acide du commerce doit avoir été distillé avec une petite quantité de sulfate d'ammonium, qui décompose les corps nitreux; les métaux (plomb, etc.) et l'arsenic restent dans la cornue.

Le produit doit marquer 1,84 au densimètre à + 15° (66° Baumé), bouillir à + 526°, être incolore, et ne pas colorer en brun ou en rose des cristaux de sulfate ferreux. On se sert comme *précipitant* de l'acide concentré mélangé de huit fois son volume d'eau. On doit se rappeler que l'acide sulfurique, en se mélangeant avec de l'eau, produit une élévation de température considérable, et qu'il est important, pour éviter des accidents, de verser lentement l'acide sulfurique dans l'eau que l'on remue avec un agitateur. Le mélange d'eau et d'acide sulfurique doit être limpide; un dépôt blanc indiquerait la présence du sulfate de plomb[1].

2) *Hydrogène sulfuré.* — La solution de ce gaz s'altère très-rapidement dès que le flacon est en vidange; il se forme

---

[1] On constatera l'absence de composés arsenicaux par l'appareil de Marsh.

un dépôt de soufre, et le liquide peut devenir complétement inodore. On évite cette altération en répartissant la solution récemment préparée dans de petits flacons remplis jusqu'en haut, bien bouchés et conservés dans un endroit frais et sombre, le goulot renversé dans un verre d'eau. On ne doit se servir de cette solution que lorsque la proportion du corps à

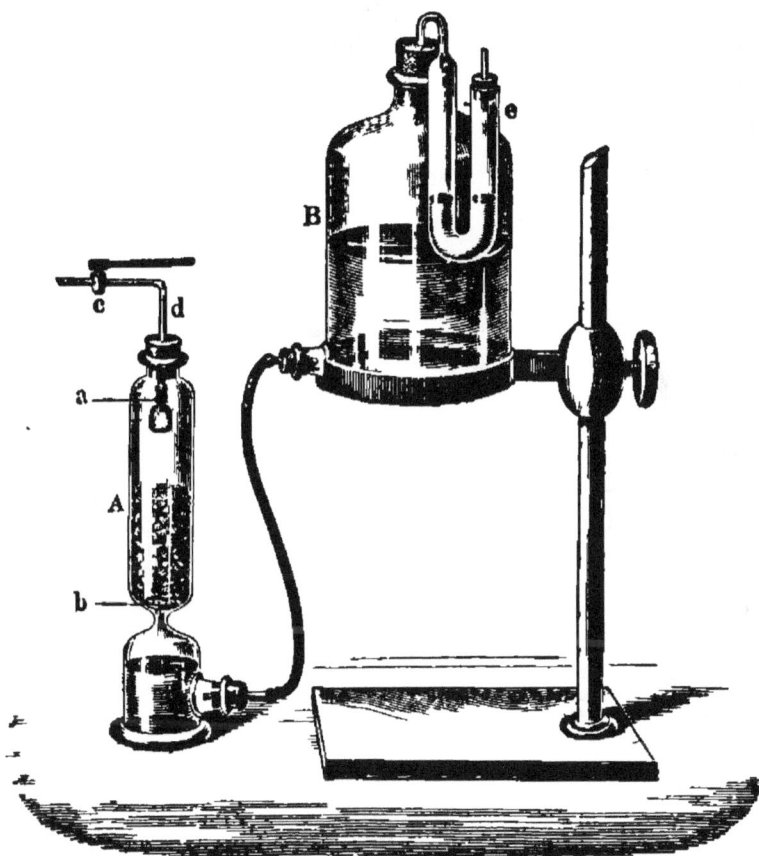

Fig. 2

précipiter est très-faible. (1 volume d'eau ne dissout que 2 volumes de ce gaz.)

Il vaut mieux, dans toutes les autres circonstances, préparer le gaz au moment des besoins, en attaquant le sulfure ferreux par de l'acide sulfurique (étendu au 8e ou au 10e) ou par de l'acide chlorhydrique (étendu au tiers). De nombreux appareils ont été imaginés pour obtenir un dégagement de gaz à volonté, mais ils ne remplissent tous qu'imparfaitement leur but.

L'appareil représenté *fig.* 2 est un des plus commodes. Le flacon A est muni en *b* d'une plaque en plomb, percée de trous, qui empêchent le sulfure de fer de tomber; le tube coudé *d* est muni d'un robinet en verre *c*; il est évasé en *a*, porte un petit tampon de coton qui empêche les projections du liquide attaquant. Le flacon B, qui renferme ce dernier li-

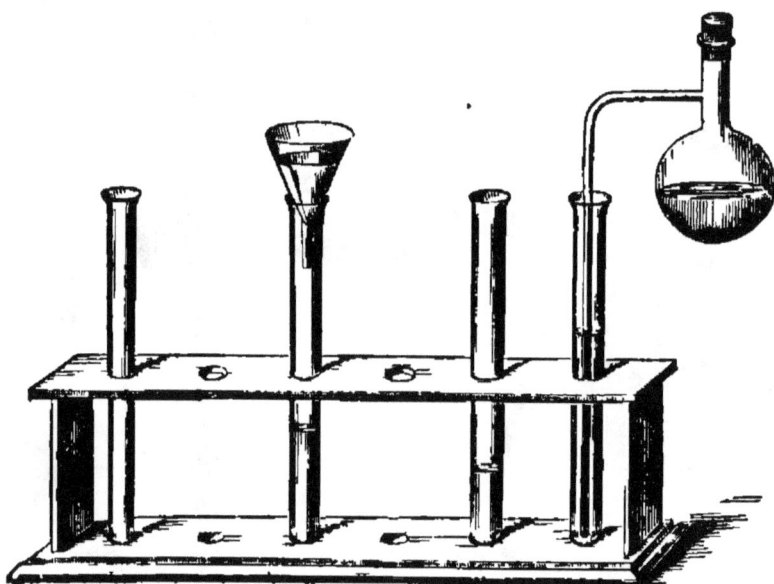

Fig. 3.

quide, est placé sur un support qui permet de le porter à toutes les hauteurs nécessaires. On place dans le tube *e* une solution de potasse, qui absorbe les émanations sulfureuses du liquide attaquant quand il a été refoulé.

On peut substituer, dans beaucoup de cas, à cet appareil un ballon à tubulure latérale (*fig.* 3) ou même un petit tube (*fig.* 4).

L'hydrogène sulfuré est un gaz toxique qui tue avec la rapidité de la foudre; l'odeur si vive de ce corps se perçoit très-bien quand il n'y en a que des traces, mais n'est plus perçue·

lorsqu'on a séjourné pendant un certain temps dans le milieu infecté. On doit donc odorer *avec précaution* à l'orifice des appareils à dégagement de ce gaz et des liquides qui en sont saturés. Les personnes témoins d'un accident ne doivent pas oublier que le contre-poison est le chlore; ils transporteront par suite la victime, sans perdre de temps, au grand air, stimuleront la respiration par des aspersions d'eau froide à la figure, et feront aspirer avec ménagement le chlore qui se dégage de l'eau chlorée; ces soins, administrés rapidement, sauveront presque toujours l'imprudent.

3) *Acide sulfureux.* — La solution de ce gaz s'altère rapidement lorsque le flacon est en vidange; il se forme de l'acide sulfurique. On prépare ce réactif en faisant traverser une solution refroidie d'eau distillée purgée d'air par le mélange gazeux que l'on obtient en chauffant du charbon (1 partie) avec de l'acide sulfurique (8 parties).

4) *Acide chlorhydrique.* — On doit rejeter l'emploi de l'acide du commerce, qui est jaune et rempli d'impuretés. L'acide du Codex marquant 1,17 au densimètre et contenant environ 34 pour 100 d'acide anhydre, suffit à la plupart des besoins; un acide plus concentré n'est que rarement employé.

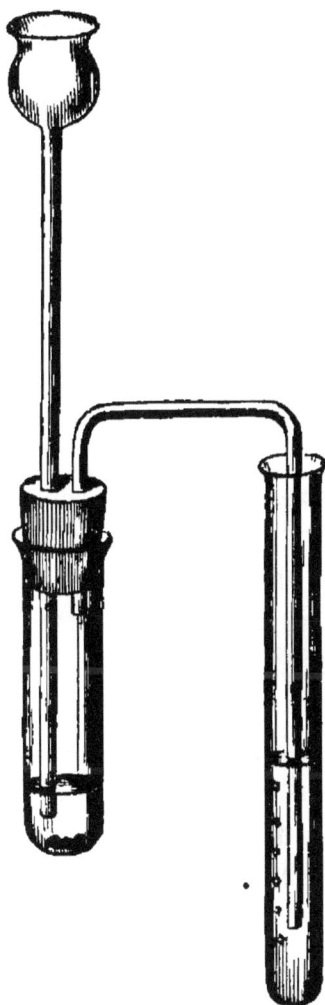

Fig. 4.

L'acide ne doit pas décolorer le sulfate d'indigo ou colorer le mélange d'amidon et d'iodure de potassium (absence de chlore); l'hydrogène sulfuré ne doit pas le précipiter en jaune (absence de l'acide arsénieux); le chlorure de baryum et le ferrocyanure de potassium ne doivent pas le modifier (absence d'acide sulfurique et de chlorure ferrique).

5) *Acide azotique.* — L'acide du Codex marque 1,422 au densimètre (42° au pèse-acides de Baumé). Cette solution, étendue de beaucoup d'eau, ne doit pas précipiter par l'azotate d'argent (absence d'acide chlorhydrique), par l'azotate de baryum (absence d'acide sulfurique), ni bleuir l'empois ioduré d'amidon (absence de composés rutilants).

On substitue dans quelques réactions à cet acide celui de la formule AzO^3H, qui a une densité de 1,52 et ne contient que 14 pour 100 d'eau. Cet acide s'altère au contact de la lumière et devient rutilant ; ces vapeurs se dégagent quand on fait traverser le liquide chauffé à + 30° par un courant d'air ou d'acide carbonique.

6) *Eau régale.* — Ce réactif se prépare au moment des besoins, en mélangeant 4 parties d'acide chlorhydrique à 1 d'acide azotique.

7) *Acide acétique.* — L'acide acétique concentré du commerce suffit à presque tous les besoins, pourvu qu'il ne précipite pas les solutions d'azotates d'argent et de baryum ; il contient souvent des matières empyreumatiques, cas auquel il décolore une solution d'hypermanganate de potassium et noircit par l'acide sulfurique ; ajoutons que l'acide acétique doit se volatiliser sans résidu (absence d'acétate de sodium ou de plomb) et ne pas être précipité par l'hydrogène sulfuré. L'*acide acétique cristallisable* n'est employé que dans quelques circonstances spéciales (recherche des taches du sang).

8) *Acide tartrique.* — On dissout les critaux de l'acide fourni par le commerce, au moment de s'en servir, dans un peu d'eau tiède ; la solution se remplissant facilement de byssus, ne saurait être conservée longtemps.

9) *Acide picrique.* — On se sert du liquide que l'on obtient en abandonnant au refroidissement une solution bouillante de l'acide du commerce.

10) *Tannin.* — Il est avantageux de ne dissoudre ce produit qu'au moment de s'en servir.

11) *Acide pyrogallique.* — Il en est de même de ce composé, qui doit être conservé à l'abri de la lumière.

§ 4. **Métalloïdes et métaux.** — 1) *Eau chlorée.* — Ce réactif doit être conservé à l'abri de la lumière dans de petits flacons ; l'odeur suffit pour s'assurer du degré d'altération que le composé a subi, et l'on ne doit pas hésiter à renouveler la préparation dès que le produit n'est plus fortement odorant.

2) *Iode.* — Ce réactif est employé à l'état solide ou en solution. La teinture alcoolique du Codex, étendue de vingt fois son volume d'eau, suffit à presque tous nos besoins.

3) *Cuivre.* — Le métal du commerce, réduit en tournure ou en planure, est assez pur.

4) *Zinc.* — Le métal du commerce en lames minces doit être préféré ; nous verrons, en parlant de l'appareil de Marsh, la manière dont on reconnaît qu'il est exempt d'arsenic.

5) *Étain.* — On se sert de la planure de ce métal ou de petits bâtons coulés dans une lingotière ; le métal doit être exempt de plomb. On s'en assure en attaquant le métal réduit en limaille par de l'acide azotique concentré ; le résidu calciné, repris par de l'eau aiguisée d'acide azotique, ne doit pas fournir de solution précipitable en noir par l'hydrogène sulfuré.

§ 5. **Bases.** — 1) *Potasse ou soude.* — On peut employer indistinctement l'une ou l'autre de ces bases. On se sert du réactif solide et de sa solution. Le produit en plaques du commerce peut renfermer jusqu'à 1/5 de son poids d'eau ; ce composé, fondu dans une capsule en argent, jusqu'à ce qu'il ne se dégage plus d'eau, constitue l'hydrate d'oxyde de potassium.

La solution doit contenir environ un dixième de son poids de cet hydrate ; sa densité doit varier entre 1,13 et 1,15. Elle renferme comme impuretés des carbonate, sulfate et chlorure alcalins, des composés métalliques (plomb, fer, cuivre ou argent), et des matières organiques. On s'assure de la présence de ces impuretés de la manière suivante :

L'eau de chaux ne doit pas troubler la solution (absence d'acide carbonique);

La dissolution, *neutralisée* par de l'acide azotique, ne doit pas précipiter lorsqu'elle a été étendue de beaucoup d'eau par l'azotate de baryum (absence de sulfate), et par l'azotate d'argent (absence de chlorure);

La dissolution ne doit pas se troubler par l'hydrogène sulfuré (absence de métaux).

La dissolution sulfurique ne doit pas décolorer l'hypermanganate de potassium (absence de matières organiques).

On dissout, pour les usages ordinaires, la potasse ou la soude en plaques du commerce dans de l'eau distillée; on attend que le liquide se soit éclairci, puis on le décante à l'aide d'un siphon dans des flacons que l'on bouche avec du caoutchouc.

La *potasse à l'alcool* est exempte de sulfate et ne sert qu'à quelques usages spéciaux (analyse de la bile, etc.).

On obtient une potasse *exempte de chlorure*, en précipitant une solution bouillante de sulfate de potassium pur (9 parties) par une solution bouillante de cristaux d'hydrate de baryum (16 parties); on décante le liquide éclairci et on l'évapore rapidement dans un vase en argent. On calcine le résidu et on le redissout dans une petite quantité d'eau (pour laisser indissous une petite quantité de sulfate).

Une potasse *exempte de carbonate* se prépare au moment des besoins; on peut encore, dans beaucoup de cas, se servir du liquide que l'on obtient en abandonnant une solution étendue de carbonate de sodium avec un lait de chaux.

2) *Ammoniaque.* — La solution du Codex marque 0,92 au densimètre et renferme environ le 1/5 de son poids de gaz ammoniac. On peut, dans beaucoup de cas, se servir de la solution au 1/10, qui ne marque que 0,96. Elle doit être exempte de chlorure, de sel cuivrique et surtout de produits bitumineux; dans ce dernier cas, l'ammoniaque jaunit ou rougit quand on la neutralise par un acide puissant (sulfurique ou azotique). Il est important, dans quelques cas, que l'ammoniaque ne soit pas carbonatée, cas auquel elle précipite l'eau de chaux.

1.

3) *Baryte.* — La solution de baryte doit être *exempte de chlorure;* on s'en assure en dissolvant les cristaux dans de l'acide azotique et versant dans la solution acide de l'azotate d'argent, qui ne doit pas donner de précipité. On dissout les cristaux (qui renferment 8 d'eau de cristallisation) dans vingt fois leur poids d'eau bouillante; le liquide filtré est conservé dans des flacons bien bouchés.

4) *Chaux.* — On se sert avec avantage du produit obtenu par la calcination du marbre blanc. La chaux vive, éteinte au préalable avec la moitié de son poids d'eau distillée, est versée dans un flacon rempli d'eau distillée; on remue de temps en temps et l'on décante deux ou trois fois les premières eaux qui entraînent des traces d'alcalis. On filtre ou on décante l'eau de chaux au moment de s'en servir; on s'assure de la quantité de chaux dissoute par l'abondance du précipité qu'y produit le carbonate de sodium.

5) *Chaux sodée.* — Ce produit doit être conservé à l'abri de l'air et de l'humidité; il n'est exempt de sulfate et de chlorure que lorsque la soude et la chaux employées étaient pures; le produit commercial peut être utilisé dans presque tous les cas.

6) *Bioxyde de manganèse ou de plomb.* — On se sert du produit naturel réduit en poudre fine; on peut, sans grand avantage, lui substituer le peroxyde de plomb. On s'assure, dans ce dernier cas, que le produit ne renferme pas de chlorure en le traitant dans un tube par quelques gouttes d'acide sulfurique; un papier de tournesol placé à l'orifice du tube ne doit pas être décoloré.

§ 6. **Solutions salines.** — On se sert des produits que fournit le commerce, après leur avoir fait subir une recristallisation en farine; les sels alcalins contiennent souvent des traces de fer qu'il est important d'éliminer.

1) *Iodure de potassium.* — Le sel du commerce est presque toujours alcalin et contient de l'iodate. Le papier de tournesol indique la première impureté; on s'assure de la seconde en ajoutant à la solution de l'amidon et de l'acide acétique; le li-

quide bleuit pour peu qu'il y ait d'iodate. Le sel redissous dans l'alcool concentré est exempt de ces impuretés. La solution se fait au 20e.

2) *Azotate de potassium.* — Ce sel est conservé à l'état solide ; on le prépare en faisant recristalliser en farine le nitre du commerce, jusqu'à ce que les eaux de lavage et les cristaux ne précipitent plus par l'azotate d'argent et par l'azotate de baryum.

3) *Cyanure de potassium.* — Le commerce fournit ce réactif dans un état de pureté suffisante ; on doit s'assurer qu'il est exempt de sulfure à l'aide de l'acétate de plomb, qui doit être précipité en blanc. On l'emploie à l'état solide et en solution ; cette dernière, à cause de son instabilité, ne doit être préparée qu'au moment des besoins ; elle est très-vénéneuse et doit être maniée avec précaution.

4) *Ferrocyanure de potassium.* — Solution au 12e du sel recristallisé.

5) *Ferricyanure de potassium.* — La solution peut s'altérer et précipite, dans ce cas, le chlorure ferrique en bleu ; il vaut mieux dissoudre ce sel dans un peu d'eau au moment utile.

6) *Sulfocyanure de potassium.* — La même remarque s'applique à ce composé ; la solution se fait au 10e.

7) *Carbonate de potassium.* — Le sel du commerce contient presque toujours des sulfates et des chlorures ; il est cependant facile aujourd'hui de se procurer un produit exempt complétement de sulfate et ne renfermant que peu de chlorure. Un carbonate privé de sulfate nous est surtout nécessaire ; l'essai se fait comme nous l'avons indiqué en parlant de la potasse. Le sel anhydre doit être conservé dans des flacons bien bouchés.

8) *Hypermanganate de potassium.* — Il suffit de dissoudre, au moment nécessaire, le sel que le commerce livre en longues aiguilles et dans un état de très-grande pureté.

9) *Chromate acide de potassium.* — Employé à l'état solide ou en solution au 10e.

10) *Chromate neutre de potassium.* — Le sel du commerce renferme toujours des chlorures ; on doit l'en débarrasser par des cristallisations réitérées. La solution, traitée par quelques gouttes d'azotate d'argent, doit fournir au premier moment un précipité rouge-brique et non blanc. Le sel exempt de chlorure doit seul être employé pour le dosage des chlorures.

11) *Antimoniate de potassium.* — On dissout l'antimoniate grenu dans 100 parties d'eau chaude ; la solution doit être neutre et ne pas précipiter les solutions concentrées de chlorures de potassium et d'ammonium, mais précipiter abondamment celle de sodium ; le précipité doit être cristallin. L'emploi de ce réactif exige beaucoup de précautions ; les acides décomposant le réactif lui-même, on ne peut le verser que dans des solutions neutres ou légèrement alcalines.

12) *Chlorure de sodium.* — Le sel doit être exempt de sulfate, et par suite ne pas être précipité par l'azotate de baryum. Solution au 10ᵉ.

13) *Sulfate de sodium.* — Le sel de commerce est recristallisé jusqu'à ce que les eaux mères soient exemptes de chlorure et ne précipitent plus par l'azotate d'argent. Employé à l'état solide et en solution au 10ᵉ.

14) *Phosphate de sodium.* — Solution au 10ᵉ du sel purifié par cristallisation, jusqu'à ce que sa solution acidulée par de l'acide azotique ne précipite plus par les azotates d'argent et de baryum.

15) *Carbonate de sodium.* — Le sel doit être exempt de sulfate, de chlorure et d'hyposulfite (ou sulfure). Il ne doit pas précipiter l'acétate de plomb en noir. (*V.* carbonate de potassium.) On emploie le sel anhydre et une solution obtenue en dissolvant 1 de sel cristallisé non effleuri dans deux fois son volume d'eau.

16) *Carbonate double de potassium et de sodium.* — Mélange intime de 13 parties de carbonate de potassium sec et de 10 de carbonate de sodium.

17) *Borax fondu.* — On fond le sel purifié par cristallisation et on le réduit en poudre fine.

18) *Acétate de sodium.* — Le sel recristallisé, ne précipitant plus par les azotates d'argent et de baryum, est dissous dans 10 fois son volume d'eau. La solution peut s'altérer et devenir alcaline par suite du développement de moisissures.

19) *Sulfate d'ammonium.* — Solution au quart.

20.) *Sulfure d'ammonium.* — On emploie le sulfure obtenu en saturant complétement 1 vol. d'ammoniaque par du gaz sulfhydrique, et y ajoutant 2 autres vol. d'ammoniaque ; le liquide est incolore, mais ne tarde pas à jaunir au contact de l'air ; il ne doit pas renfermer un excès d'ammoniaque. On le prépare souvent d'une manière extemporanée en ajoutant de l'ammoniaque à la solution préalablement saturée d'hydrogène sulfuré ; ce procédé est fréquemment employé dans les petites recherches analytiques.

Le sulfure d'ammonium incolore, exposé au contact de l'air, se transforme en polysulfure, qui est jaune ; c'est cette dernière solution que l'on emploie, à moins d'indication spéciale.

Le réactif doit être conservé dans des flacons bien bouchés, car l'altération peut aller au point de transformer le polysulfure en hyposulfite incolore.

21) *Chlorure d'ammonium.* — Solution au 8e du sel du commerce débarrassé du sel de fer qu'il contient assez fréquemment ; la solution ne doit pas noircir par le sulfure d'ammonium.

22) *Carbonate d'ammonium.* — La solution ne doit pas noircir par le sulfure d'ammonium ; neutralisée par de l'acide azotique, elle ne doit pas précipiter par les azotates d'argent et de baryum. On dissout 1 partie du sel pur dans 4 parties d'eau et 1 d'ammoniaque.

23) *Oxalate d'ammonium.* — Solution au 24e ; s'assurer que le sel se volatilise sans résidu, et que sa solution ne noircit pas par le sulfure d'ammonium.

24) *Molybdate d'ammonium.* — On dissout 1 partie d'acide molybdique (ou de molybdate d'ammonium) dans 4 parties d'ammoniaque étendue, et l'on y ajoute lentement 15 parties d'acide azotique de 1,20 de densité. Le liquide laisse déposer

pendant quelques jours un précipité jaune; on l'abandonne dans un endroit tiède, puis on décante le liquide incolore ou on le filtre sur un papier *lavé à l'acide*. Un réactif bien préparé ne doit pas se troubler quand on le chauffe à $+40°$; on remédierait à cet inconvénient en lui ajoutant un peu plus d'acide azotique.

On chauffe le réactif dans un petit tube à $+40°$, puis on y *goutte à goutte* la solution azotique (et non chlorhydrique) du phosphate que l'on veut rechercher.

25) *Azotate de baryum.* — Solution au 15e du sel exempt de chlorure. On pourrait substituer souvent à ce réactif la solution au 10e de chlorure de baryum.

26) *Carbonate de baryum.* — On se sert du carbonate précipité; sa dissolution dans l'acide azotique ne doit pas précipiter par l'azotate d'argent.

27) *Acétate de baryum.* — Solution au 1/15 (ou dans l'alcool).

28) *Sulfate de calcium.* — On place dans un flacon rempli d'eau distillée des fragments de sulfate de calcium cristallisé (gypse en fer de lance), et l'on remue de temps en temps.

29) *Chlorure de calcium.* — Solution au 1/5; ne doit pas noircir par le sulfure d'ammonium et ne pas dégager d'ammoniaque quand on la chauffe avec de la chaux.

30) *Carbonate de calcium.* — On emploie le carbonate obtenu par précipitation de l'azotate de calcium par le carbonate de sodium pur; il est important que le sel soit bien lavé et qu'il ne renferme pas de chlorure; sa solution azotique ne doit pas précipiter par l'azotate d'argent.

31) *Sulfate ou chromate de strontium.* — Solution saturée à froid des sels obtenus par précipitation; le réactif ne doit pas troubler des solutions concentrées de sel de strontium.

32) *Sulfate de magnésium.* — Solution au 10e, du sel du commerce recristallisé. — La solution doit être neutre et exempte de sel de calcium; elle ne doit pas se troubler par

l'addition d'un mélange de chlorure d'ammonium, d'ammoniaque et d'oxalate d'ammonium.

On substitue parfois à ce réactif *l'acétate de magnésium*,
qu'on se procure en dissolvant le carbonate dans de l'acide
acétique pur.

33) *Sulfate ferreux.* — Ce sel doit être conservé à l'état
solide dans des flacons bien bouchés (un morceau de camphre retarde son altération). On l'emploie soit à l'état solide,
soit en solution; on la prépare en dissolvant le sel dans
10 fois son volume d'eau, faisant bouillir la solution après
lui avoir ajouté un peu de limaille de fer et quelques gouttes
d'acide sulfurique, jusqu'à ce que le dégagement d'hydrogène
ait cessé.

34) *Chlorure ferrique.* — Solution au 1/15 du sel cristallisé. On doit s'assurer que le ferricyanure de potassium
ne la précipite pas en bleu (absence de sel ferreux), et qu'elle
ne soit pas trop acide. Une goutte d'ammoniaque doit y produire un précipité persistant. On doit pour quelques réactions
se servir de la solution neutre obtenue en dissolvant le chlorure
ferrique anhydre sublimé.

35) *Chlorure de zinc.* — Solution alcoolique sirupeuse
de chlorure de zinc blanc et anhydre.

36) *Acétate de cobalt.* — Solution au 1/10.

37) *Acétate de plomb.* — Solution au 1/10 du sel du
commerce recristallisé; elle ne doit pas, quand on la traite
par un excès d'ammoniaque, donner une solution bleue.

38) *Sous-acétate de plomb.* — On se sert de la solution
du Codex; elle doit être exempte d'un sel de cuivre et précipiter la gomme arabique.

39) *Carbonate de plomb.* — On doit se servir du sel bien
lavé obtenu par la précipitation du sous-acétate par l'acide
carbonique; le sel chauffé ne doit pas noircir, ni dégager
d'odeur d'acétone.

40) *Sous-azotate de bismuth.* — Le sel du Codex (exempt
d'arsenic) peut servir.

41) *Sulfate de cuivre.* — Solution au 1/10; elle doit être

exempte de fer. On s'en assure en précipitant la solution par de l'hydrogène sulfuré; le liquide filtré rendu ammoniacal ne doit pas précipiter par le sulfure d'ammonium.

42) *Acétate de cuivre.* — Solution alcoolique du verdet cristallisé.

Chlorure cuivreux. — On l'obtient en calcinant le chlorure cuivrique sec, jusqu'à ce qu'il ne se dégage plus de chlore. Sa solution dans l'ammoniaque ou l'acide chlorhydrique faite à l'abri de l'air doit être brune ou incolore.

44) *Liqueur de Barreswill.* — On dissout, d'une part, 34^g,65 de sulfate de cuivre pur et cristallisé dans 160 grammes d'eau; d'autre part, on dissout 173 grammes de sel de Seignette pur dans 650 centimètres cubes d'une solution de soude ayant une densité de 1,12; le mélange des deux solutions (parfaitement limpides) est versé dans un vase jaugé à un litre, et l'on complète le volume. Cette solution peut s'altérer après quelques mois; il faut la conserver dans un endroit frais et obscur. On s'assure de son intégrité en la portant à une température voisine de l'ébullition; elle ne doit pas laisser déposer de flocons jaunes ou rouges d'oxyde cuivreux.

45) *Chlorure mercurique.* — Solution au 1/16.

46) *Azotate mercureux.* — On dissout le sel dans de l'eau contenant 1/16 d'acide azotique; le flacon doit renfermer quelques globules de mercure; on peut se servir de la solution du Codex. Le sel est exempt de sel mercurique lorsque le liquide, filtré après addition suffisante d'acide chlorhydrique, ne donne plus, avec l'hydrogène sulfuré, qu'une légère coloration brune.

47) *Azotate mercurique.* — Solution du Codex bouillie avec de l'oxyde de mercure; elle ne doit pas être précipitée par l'acide chlorhydrique étendu d'eau.

48) *Réactif de Millon.* — Ce réactif se prépare en dissolvant à froid 1 de mercure dans son poids d'acide azotique concentré; on achève la solution en chauffant légèrement, et l'on ajoute 2 volumes d'eau distillée. Le liquide est dé-

canté, après quelques heures, des cristaux qui auraient pu se former.

49) *Réactif de Nessler.* — On dissout, jusqu'à refus de l'iodure mercurique, dans une solution bouillante de 2 grammes d'iodure de potassium dans 50 d'eau ; on ajoute 20^{cc} d'eau à la solution refroidie. Deux volumes de ce liquide sont mélangés à 3 volumes d'une solution concentrée de potasse ; on filtre s'il est nécessaire, et l'on conserve dans des flacons bien bouchés.

50) *Azotate d'argent.* — Solution au 1/20 du sel fondu. La solution traitée par l'ammoniaque doit être incolore ; une coloration bleue indiquerait la présence du cuivre. Le sel doit être *neutre*.

On substitue quelquefois à ce réactif l'*acétate* ou le *sulfate* d'argent.

51) *Chlorure de palladium.* — Solution au 1/12. Le chlorure double de palladium et de sodium se conserve mieux. On dissout 5 de métal dans de l'eau régale et l'on évapore la solution au bain-marie après lui avoir ajouté 6 de chlorure de sodium.

52) *Bichlorure de platine.* — Solution au 1/10 ; la solution évaporée au bain-marie doit se dissoudre sans résidu dans l'alcool.

53) *Chlorure d'or.* — Solution au 1/30 ; le liquide traité par l'ammoniaque ne doit pas donner de coloration bleue (présence du cuivre).

54) *Chlorure stanneux.* — Dissoudre à chaud de l'étain dans de l'acide chlorhydrique ; au liquide décanté, quand le métal n'est plus attaqué, on ajoute 4 fois son volume d'eau distillée, et l'on filtre. La solution, acidulée par quelques gouttes d'acide chlorhydrique, doit être conservée dans un flacon bien bouché et renfermant de l'étain métallique. Elle ne doit pas être troublée par l'acide sulfurique (absence du plomb), précipiter en brun par l'hydrogène sulfuré et réduire le sublimé corrosif en calomel.

§ 7. **Réactifs de coloration.** — 1) *Tournesol.* — On a

proposé l'emploi d'un très-grand nombre de matières colorantes pour remplacer le tournesol, mais ce dernier bien préparé suffit à tous les besoins. Le tournesol du commerce renferme toujours un excès d'alcali, qui, se dissolvant en même temps que la matière colorante, fournit un liquide trop alcalin. Berthelot et Fleurieu recommandent le procédé suivant pour obtenir un liquide très-sensible. On fait bouillir pendant quelques instants une solution concentrée de teinture de tournesol avec de l'acide sulfurique étendu ; le liquide encore tiède est précipité par de l'eau de baryte, et l'on s'arrête dès que le liquide est bleu. On enlève l'excès de baryte du liquide filtré par un courant d'acide carbonique ; le nouveau liquide filtré est porté à l'ébullition, et l'on a ainsi une teinture de tournesol dichroïque, dont une goutte d'acide étendu fera virer la couleur. La solution se conserve si on lui ajoute le 1/10 de son volume d'alcool.

Le *papier bleu* se prépare en trempant dans la solution récemment préparée des feuilles de papier à filtrer lavées à l'acide ; on laisse égoutter et l'on sèche dans un endroit chaud où il ne se dégage pas de gaz acides ou ammoniacaux. On obtient un papier plus résistant, en appliquant la solution à l'aide d'un pinceau sur les deux revers d'une feuille de papier collé, et s'arrangeant de manière que la matière colorante soit répartie d'une manière uniforme.

Le *papier rouge* se prépare d'une manière identique, après avoir fait virer la couleur de la teinture au rouge par l'addition ménagée d'acide sulfurique très-étendu.

Un *papier aux deux couleurs* se prépare en passant à l'aide d'une règle, sur une feuille de papier collé bleuie, un pinceau trempé dans un liquide acidulé ; on réserve chaque fois une bande bleue ; il suffit alors de découper le papier dans l'intervalle de chaque bande pour que chaque languette présente les deux teintes.

Le papier doit être conservé dans des flacons bien bouchés.

2) *Bois de Brésil.* — On fait macérer pendant vingt-quatre heures de l'alcool sur des copeaux de bois (teinte jaune) tassés

dans un flacon bien bouché ; la teinture est versée le lendemain sur une nouvelle quantité de copeaux. On trempe le papier dans cette solution au moment de s'en servir.

3) *Papier à l'acétate de plomb.* — On trempe du papier filtré dans la solution du sel au 1/10 et on laisse sécher dans un air exempt d'émanations sulfureuses.

4) *Papier iodaté.* — On applique au pinceau l'empois obtenu en faisant bouillir 10 d'amidon et 1 d'iodate de potassium avec 100 parties d'eau.

5) *Papier ioduré de Schœnbein.* — Même préparation en substituant à 1 d'iodate 1 d'iodure.

6.) *Empois d'amidon.* — On projette dans 100 d'eau bouillante 1 gramme d'amidon réduit en poudre fine ; le liquide est filtré dans quelques cas. Ce réactif doit être renouvelé fréquemment, car l'amidon se saccharifie très-rapidement.

7) *Indigo.* — On prépare cette solution en dissolvant 1 gramme d'indigo réduit en poudre fine dans 5 d'acide sulfurique de Nordhausen ; on dilue dans 20 parties d'eau et l'on neutralise l'excès d'acide par de la craie ; on filtre pour séparer le sulfate de calcium.

8) *Teinture de gaïac.* — On dissout 3 grammes de résine de gaïac (prise dans l'intérieur du morceau) dans 100 d'alcool ; cette solution doit être conservée à l'abri de l'air et de la lumière ; on prépare le papier en le trempant au moment même dans la solution.

CHAPITRE II

§ 8. **Généralités.** — Une marche méthodique et la connaissance des propriétés principales des composés sont d'une nécessité absolue pour résoudre les problèmes analytiques. Nous traiterons en premier lieu des réactions que possèdent les principales substances que le médecin est appelé à rencontrer. Ce sont des sels surtout qui frapperont son attention ; le problème se divise donc en deux parties : recherche du métal et recherche de l'élément acide, qui engendre le sel par substitution de l'élément métal à l'hydrogène. Des motifs didactiques seuls nous engagent à traiter dans un chapitre séparé des composés dits organiques.

I. — MÉTAUX.

§ 9. **Division des métaux en cinq sections.** — Nous admettrons que les métaux et leurs combinaisons sont toujours transformés au préalable en une combinaison saline soluble (chlorure ou azotate) ; nous verrons dans le chapitre suivant que ce but est facile à atteindre. L'emploi successif de l'hydrogène sulfuré, du sulfure d'ammonium et du carbonate de sodium permettra de séparer les solutions métalliques en *groupes* ou *sections*. Les caractères des sulfures métalliques, notamment, sont, en effet, très-différents : les uns sont insolubles dans l'eau, les acides et le sulfure d'ammonium employé en excès ; d'autres, insolubles dans l'eau et les acides, se dissolvent dans le sulfure alcalin; il y en a qui, insolubles dans l'eau et les sulfures alcalins, sont dissous par les acides ; d'autres sont solubles dans les trois dissolvants.

On range dans la *première section* les métaux dont les sulfures sont insolubles dans l'eau, l'acide chlorhydrique à froid, mais solubles dans les sulfures alcalins. Ce sont : l'*arsenic*, l'*antimoine*, le *molybdène*, le *tungstène*, l'*étain*, l'*or*, le *platine*, l'*iridium*.

La *deuxième section* comprend le *cadmium*, le *plomb*, le *bismuth*, le *cuivre*, le *mercure*, l'*argent*, le *palladium*, le *rhodium*, l'*osmium* et le *rhuténium*, dont les sulfures sont insolubles dans l'eau, les acides et les sulfures alcalins.

La *troisième section* comprend les métaux dont les sulfures (ou les oxydes) sont insolubles dans l'eau et le sulfure d'ammonium, mais solubles dans les acides minéraux, tels que l'acide chlorhydrique. Ce sont : l'*aluminium*, le *zinc*, le *chrome*, le *manganèse*, le *fer*, le *cobalt*, le *nickel*, l'*uranium*. On peut encore ranger dans cette section les métaux rares dont nous n'aurons pas à nous occuper : *glucinium*, *thorium*, *zirconium*, *yttrium*, *erbium*, *cerium*, *lanthane*, *didyme*, *titane*, *tantale*, *niobium*, *thallium*, *indium* et *vanadium*.

Les métaux dont les sulfures sont solubles dans tous les dissolvants, sont rangés dans la quatrième et la cinquième section. On les subdivise d'après la solubilité de leurs carbonates.

La *quatrième section* comprend ceux d'entre eux dont les carbonates sont insolubles : *baryum*, *strontium*, *calcium* et *magnésium*.

La *cinquième* est formée par les métaux dont les carbonates sont solubles : *potassium*, *sodium*, *lithium*, *ammonium*, *cœsium* et *rubidium*.

§ 10. **Manière de reconnaître à quelle section appartient une solution métallique.** — Cinq réactifs sont nécessaires pour arriver à la solution du problème : l'hydrogène sulfuré, le sulfure d'ammonium, l'acide chlorhydrique, l'ammoniaque et le carbonate de sodium.

La solution acidulée par de l'acide chlorhydrique, *abstrac* ·

tion faite des précipités blancs qui pourraient se former, est mélangée avec une solution saturée d'hydrogène sulfuré. Un précipité *coloré* qui se produit indique que la solution renferme un métal de la première ou de la deuxième section. On ajoute au précipité de l'ammoniaque, puis du sulfure d'ammonium ; le précipité disparaît s'il appartient à la première section ; il reste permanent s'il est de la seconde. Si l'hydrogène sulfuré n'a pas donné de précipité coloré, on ajoute à la solution primitive de l'ammoniaque [1], et *sans se préoccuper du précipité qui peut se former*, on ajoute du sulfure d'ammonium. Un précipité qui se forme dans ces conditions dans une solution primitivement *neutre* indique à coup sûr la présence d'un corps de la troisième section ; on doit faire une restriction lorsque la solution est acide et le précipité blanc (voy. § 81.)

Une solution qui ne précipite ni par l'hydrogène sulfuré (solution acide), ni par le sulfure d'ammonium (solution ammoniacale), ne peut renfermer qu'un métal de la quatrième ou de la cinquième section. On ajoute à la solution primitive du carbonate de sodium ; un précipité indique la présence d'un métal de la quatrième section ; on doit s'assurer s'il ne s'en forme pas, d'abord que l'on a versé assez de carbonate (le liquide doit être alcalin), puis chauffer, car les sels de magnésium en présence de sels ammoniacaux ne sont précipités qu'à chaud. L'absence d'un précipité dans ces nouvelles conditions indique la présence d'un métal de la cinquième section (à moins que le liquide à analyser ne fût que de l'eau distillée).

---

[1] Il est indispensable de n'ajouter le sulfure d'ammonium (qui comme nous l'avons vu est toujours polysulfuré) qu'à un liquide neutre ; il se produirait toujours dans les liquides acides un précipité blanc de soufre, qui entraverait les autres réactions.

Ire SECTION

ARSENIC.

§ 11. Principaux composés arsenicaux. — *Arsenic métallique* (cobalt gris, mort-aux-mouches); cristaux d'aspect métallique, gris d'acier, ne fondant pas, mais se sublimant en répandant une odeur alliacée et des fumées blanches à l'air. Il se volatilise en s'oxydant partiellement quand on le chauffe dans un tube. Presque insoluble dans l'acide chlorhydrique, il se transforme par l'eau régale en acide arsénique; l'hypochlorite de soude l'attaque également avec facilité.

Acide arsénieux (arsenic blanc), As^2O^5. — Masse blanche opaque à la surface, vitreuse à l'intérieur, cristallise en octaè-

Fig. 5.

dres anhydres de ses solutions. Sa poudre se mouille difficilement; et se dissout en petite quantité (1,3 à 4 p. 100). Chauffé sur le charbon, il se volatilise en répandant des *fumées blanches à odeur alliacée;* il se sublime dans un tube sans dégager d'odeur. Un fragment de ce corps, introduit dans l'effilure *a* (*fig.* 5) et volatilisé, donne un anneau métallique d'arsenic quand on fait passer ses vapeurs sur une parcelle de charbon placée en *b* et préalablement portée au rouge. L'acide azotique le transforme en acide arsénique. Acide faible, il rougit à peine le tournesol, mais il agit néanmoins comme caustique énergique (des frères Cosme ou de Rousselot); on s'en sert à l'intérieur (pilules asiatiques ou arsenicales, granules); le savon de Bécœur (conservation des animaux empaillés) est très-arsenical.

Arsénites. — Les arsénites alcalins sont solubles; les autres sont insolubles. Les solutions acidulées par l'acide chlorhydrique se comportent comme l'acide arsénieux; ils dégagent de même une odeur alliacée lorsqu'on les chauffe sur le charbon. — Arsénite de potassium (liqueur de Fowler), arsénite de cuivre (vert de Scheele, de Schweinfurt, etc. *Voy*. Cuivre), arsénite ferreux (dans les eaux minérales ferrugineuses et leurs dépôts).

Acide arsénique, AsO^5H^3. — Corps blanc, déliquescent, très-acide; il est réduit par l'acide sulfureux en acide arsénieux, et ne se volatilise pas quand on le chauffe dans un tube.

Arséniates, AsO^4M^3. $AsO^4M'^2H$. AsO^4MH^2. — Les sels alcalins sont seuls solubles. Arséniate de potassium (sel de Macquer), de sodium (liqueur de Pearson), d'ammonium, ferreux (Biett).

Sulfures, trisulfure (orpiment), As^2S^3. — Masses jaunes, lamelleuses, qui, chauffées sur le charbon, donnent des fumées blanches et de l'acide sulfureux. Insoluble dans l'eau, soluble dans l'ammoniaque, il est transformé par l'eau régale en acide arsénique. — Entre dans la composition du rusma des Turcs et des feux blancs.

Bisulfure (réalgar), AsS. — Masse vitreuse rouge; se comporte comme le précédent sur le charbon et avec l'eau régale; la potasse concentrée l'attaque et le transforme partiellement en une poudre brune de sous-sulfure.

Iodure d'arsenic, AsI^3. — Masse cristalline rouge brique, soluble dans l'eau bouillante avec décomposition partielle.

§ 12. **Réactions caractéristiques.** — Tous les composés arsenicaux peuvent être transformés soit en une solution arsénieuse, soit en une solution arsénique. Les deux solutions ont pour caractère commun de donner, dans l'appareil de

Marsh (*voy.* § 155), de l'hydrure d'arsenic volatil ; une lame de zinc que l'on place dans leur solution acidulée se recouvre d'un enduit noir (d'arsenic) et il se dégage de l'hydrogène arsénié.

On transforme une solution arsénieuse en solution arsénique par l'acide azotique ; la transformation inverse se fait à l'aide de l'acide sulfureux ; on doit évaporer l'excès de ces réactifs.

SOLUTION ARSÉNIEUSE. — *Hydrogène sulfuré.* — Coloration jaune dans les solutions neutres ; précipité jaune d'orpiment dans la solution acidulée par l'acide chlorhydrique ; ce précipité se dissout facilement dans l'ammoniaque et le sulfure d'ammonium.

Azotate d'argent. — Précipité jaune dans les solutions **neutres**, soluble dans l'acide azotique et dans l'ammoniaque.

Sulfate de cuivre. — Précipité vert en ajoutant quelques

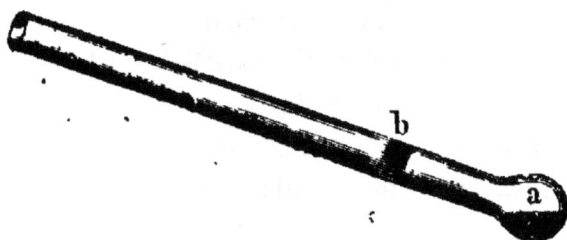

Fig. 6.

gouttes de potasse ; un excès d'alcali fournit une solution bleue, qui laisse déposer par l'ébullition de l'oxyde cuivreux.

SOLUTION ARSÉNIQUE. — *Hydrogène sulfuré.* — Précipité blanc jaunâtre, qui ne se forme que lentement et à chaud, même dans les solutions acidulées ; il se dissout dans les sulfures alcalins.

Azotate d'argent. — Précipité rouge brique dans les solutions **neutres** soluble dans l'acide azotique et dans l'ammoniaque.

Sulfate de magnésium. — Précipité blanc cristallin dans les solutions neutres par le mélange limpide de sulfate de magnésium, chlorure d'ammonium et ammoniaque. Le précipité ne se produit quelquefois qu'à la longue; l'agitation favorise sa formation.

Sulfate de cuivre. — Précipité bleuâtre en opérant comme il est dit pour l'arsénite.

Tous les composés arsenicaux, chauffés dans un tube (*fig.* 6) avec du cyanure de potassium fondu, ou avec un mélange de carbonate de sodium sec et de charbon, dégagent de l'arsenic, qui se dépose sous forme d'un anneau métallique dans la partie refroidie du tube. On fait bien d'étirer ce dernier à la lampe, au-dessus du mélange; le métal se dépose ainsi dans la partie rétrécie, plus facile à détacher.

ANTIMOINE.

§ 13. **Principaux composés antimoniaux.** — *Antimoine* (pilules perpétuelles). — Métal blanc bleuâtre, cassure lamelleuse, fond à $+450°$; il brûle dans la flamme d'oxydation en répandant des fumées blanches sans odeur alliacée. L'acide chlorhydrique ne l'attaque pas à froid; l'acide azotique le tranforme en une poudre blanche d'acide hypoantimonique insoluble; l'eau régale le transforme en perchlorure.

Acide antimonieux. — Corps blanc amorphe ou cristallisé (fleurs argentines d'antimoine), jaunit quand on le chauffe, fond, puis se volatilise; il est insoluble dans l'eau, soluble dans l'acide chlorhydrique. L'eau précipite de cette solution de l'oxychlorure blanc (poudre d'Algaroth) soluble dans l'acide tartrique.

Acide hypoantimonique. — Poudre blanche grisâtre, soluble à chaud dans l'acide chlorhydrique.

Acide antimonique (matière perlée de Kerkringius). — Corps blanc, insoluble dans l'eau; sa solution dans l'acide chlorhydrique (perchlorure) est précipitée par l'eau.

Antimoine diaphorétique (obtenu par déflagration de l'antimoine et du nitre), nommé improprement *oxyde blanc d'antimoine;* l'ébullition décompose ce sel blanc en métanti-

moniate insoluble et en antimoniate alcalin soluble. Ce sel se
dissout dans l'acide chlorhydrique.

Sulfures d'antimoine. — *Sulfure natif*, SbS^3 (antimoine cru,
tablettes antimoniales de Kunkel, tisane de Feltz). — Masses
cristallines radiées, donnant une poudre noire; le sel fond et
répand par le grillage des fumées blanches et une odeur sulfureuse, et laisse un résidu gris. Le produit natif est arsenical.
Le sulfure est insoluble dans l'eau; l'acide chlorhydrique l'attaque faiblement à froid; il le dissout à chaud avec dégagement
d'hydrogène sulfuré sans dépôt de soufre. Il se dissout à chaud
dans les alcalis; la solution se trouble par le refroidissement.
Le sulfure obtenu par précipitation est rouge orangé, mais il
noircit quand on le chauffe.

Quintisulfure SbS^5, soufre doré[1] — Poudre orangée, insoluble dans l'eau, mais se transformant partiellement en oxyde;
le sulfure de carbone lui enlève du soufre; l'acide chlorhydrique le transforme en chlorure antimonieux avec dépôt de soufre et dégagement d'hydrogène sulfuré. La solution dans les
alcalis faite à chaud ne se trouble pas par le refroidissement.

Verre d'antimoine (foie, *crocus metallorum*). — On désigne
sous ce nom des mélanges en proportions variables d'oxyde et
de sulfure d'antimoine, obtenus par le grillage plus ou moins
complet du sulfure natif. Ils se présentent sous forme de
masses vitrées à reflet noir, de plaques transparentes brunâtres, solubles dans l'acide chlorhydrique bouillant.

Kermès minéral. — Mélange en proportion variable d'oxyde
et de sulfure d'antimoine rouge, dont la composition varie suivant les proportions employées, et pour les mêmes proportions
avec le soin apporté à la préparation. Il renferme en outre de
petites quantités d'antimonite et de sulfo-antimonite de sodium. Le kermès préparé par le procédé de Cluzel est une poudre
d'un brun velouté; celui de Berzelius est terne et rougeâtre.

---

[1] Le soufre doré des eaux mères du kermès est un mélange de tri et de
quintisulfure d'antimoine très-arsenical.

Il se comporte comme le trisulfure d'antimoine sous l'action de la chaleur, des acides et des alcalis. Une petite quantité de soude dissout le sulfure et n'attaque pas l'oxyde blanc.

Sulfo-antimoniate de sulfure de sodium (sel de Schlippe).— Sel jaune, cristaux volumineux, très-altérable, presque toujours recouvert de quintisulfure. Sa solution, traitée par de l'acide chlorhydrique, dégage de l'hydrogène sulfuré et abandonne un dépôt de soufre doré, SbS^5.

Chlorure antimonieux, $SbCl^3$ (beurre d'antimoine). — Sel blanc cristallisé, déliquescent, fusible et volatil, décomposé par l'eau en une poudre blanche (poudre d'Algaroth). Le précipité est soluble dans l'acide tartrique ou chlorhydrique.

Émétique, $C^4H^4(SbO)KO^6 + Aq.$ (tartrate d'antimoine et de potassium; entre dans la composition de l'eau bénite, du vin stibié, de la pommade stibiée ou d'Autenrieth). — Sel blanc cristallisé, efflorescent, soluble dans 15 parties d'eau froide et moins de 2 parties d'eau bouillante; saveur peu prononcée (légèrement sucrée et métallique). Chauffé sur le charbon, ce sel répand une odeur de caramel et des fumées blanches inodores; le résidu est alcalin. Sa solution est précipitée par le tannin, les acides azotique, sulfurique, chlorhydrique; ce dernier précipité est soluble dans un excès d'acide.

§ 14. Réactions caractéristiques. — Les composés antimoniaux, chauffés sur le charbon avec du carbonate de sodium dans la flamme oxydante, dégagent des fumées blanches inodores (à odeur alliacée quand ils sont arsenicaux), qui recouvrent le charbon d'une auréole.

Les composés de l'antimoine, chauffés avec du cyanure de potassium, sont réduits; mais il ne se produit pas d'anneau.

Les solutions chlorhydriques en contact d'une lame de zinc, déposent de l'antimoine métallique sous forme d'une poudre noire et sans dégagement de gaz odorant.

Les composés antimoniaux solubles, introduits dans l'appareil de Marsh, dégagent de l'hydrure d'antimoine inodore, moins volatil et plus facilement décomposable par la chaleur que celui d'arsenic.

On caractérise les composés antimoniaux en les dissolvant dans l'acide chlorhydrique ou dans l'eau régale; on obtient, dans ce dernier cas, des sels antimoniques.

La solution chlorhydrique des *composés antimonieux* présente les caractères suivants :

Hydrogène sulfuré. — Précipité rouge orangé, soluble dans les sulfures alcalins.

Potasse. — Précipité blanc, soluble dans un excès de réactif.

Ammoniaque. — Précipité blanc, insoluble dans un excès.

La solution chlorhydrique des *composés antimoniques* donne, avec l'hydrogène sulfuré, un précipité d'un rouge orangé très-vif.

On distingue les deux solutions soit à l'aide du *chlorure d'or*, soit à l'aide de l'*hypermanganate de potassium;* les composés antimoniques sont sans action sur ces deux réactifs, tandis que les composés antimonieux réduisent l'un et décolorent l'autre. La solution potassique des deux oxydes se distingue encore à l'aide de l'azotate d'argent; l'ammoniaque, s'il y a un composé antimonieux, ne dissout qu'une partie du précipité et laisse un résidu noir.

ÉTAIN.

§ 15. **Principaux composés.** — *Étain.* — Métal blanc argentin, faisant entendre quand on le ploie le bruit dit cri de l'étain, et prenant par le frottement avec la main une odeur nauséabonde. Il fond vers + 230°, et se recouvre, quand on le chauffe au contact de l'air, d'un enduit blanc d'oxyde; il est transformé par l'acide azotique en une poudre blanche insoluble d'acide métastanique; il se dissout à froid, mais surtout à chaud, dans l'acide chlorhydrique, à l'état de sel stanneux.

Oxyde stanneux. — Blanc à l'état d'hydrate; brun ou noir quand il est anhydre; soluble dans l'acide chlorhydrique.

Acide métastannique. — Corps blanc, insoluble dans l'acide chlorhydrique.

Acide stannique. — Corps blanc; sa solution (ainsi que les stannates) chlorhydrique se comporte comme un sel stannique.

Sulfure stanneux. — Corps brun.

Bisulfure d'étain. Or mussif. — Jaune à l'état amorphe; l'or mussif présente un aspect gras, satiné; celui du commerce est rarement pur. Il se dissout dans l'eau régale.

Chlorure stanneux. — Sel blanc cristallisé, soluble dans l'eau, mais décomposé par un excès, très-soluble dans l'eau aiguisée d'acide chlorhydrique.

§ 16. Caractères des sels d'étain. — Tous les composés d'étain peuvent être transformés par l'acide chlorhydrique ou par l'eau régale en chlorure stanneux ou en chlorure stannique. Ces solutions, introduites dans l'appareil de Marsh, ne donnent naissance à aucun produit métallique gazeux. Une lame de zinc en déplace de petits cristaux blancs d'étain. — Les composés d'étain, chauffés sur le charbon avec du carbonate de sodium, donnent naissance à un globule blanc malléable qui se recouvre à la flamme d'oxydation d'un enduit blanc.

CARACTÈRES DE LA SOLUTION STANNEUSE. — *Hydrogène sulfuré*. — Précipité brun marron, soluble dans le polysulfure d'ammonium.

Ammoniaque. — Précipité blanc insoluble dans un excès, soluble dans la potasse.

Chlorure d'or. — Précipité rouge pourpre dit pourpre de Cassius.

Chlorure mercurique. — Précipité blanc de calomel à froid, puis réduction de mercure métallique noir.

CARACTÈRE DES SOLUTIONS STANNIQUES.— *Hydrogène sulfuré*, précipité blanc jaunâtre surtout à chaud, très-soluble dans les sulfures alcalins.

Chlorure d'or. — Pas de réduction.

MOLYBDÈNE.

§ 17. Réactions caractéristiques. — Le molybdate d'ammonium et le phosphomolybdate de sodium sont employés depuis quelque temps comme réactifs. Ces composés acidulés et traités par l'hydrogène sulfuré donnent un précipité brun, et le liquide surnageant est coloré en bleu ou en vert. Le zinc placé dans la solution chlorhydrique produit d'abord une coloration bleue, puis verte, et enfin un dépôt noir de protoxyde. Le *molybdate d'ammonium* est caractérisé par le précipité jaune de phosphomolybdate d'ammonium qu'y produit la solution azotique des phosphates; sa solution est incolore. Le *phosphomolybdate de sodium* est un liquide jaune qui précipite par l'ammoniaque et les sels ammoniacaux.

OR.

§ 18. **Caractères des principaux composés.** — L'or réduit en poudre est brun; infusible au chalumeau, il prend par le frottement l'éclat métallique. Il ne se dissout ni dans l'acide azotique, ni dans l'acide chlorhydrique; l'eau régale le transforme en *chlorure aurique.* Ce sel est jaune cristallisé, déliquescent, sa solution est jaune et se réduit facilement surtout en présence des matières organiques; on lui substitue le chlorure double d'or et de sodium, qui se réduit plus difficilement (sel de Figuier, caustique de Landolphi). La photographie se sert du sel de Fordos et Gelis (hyposulfite d'or et de sodium) et la dorure galvanique du cyanure double d'or et de potassium.

§ 19. **Réactions caractéristiques.** Les composés auriques seront transformés en chlorure par l'eau régale. La solution débarrassée de l'excès d'acide, sera traitée par les réactifs suivants :

Hydrogène sulfuré. — Précipité brun (quelquefois seulement à chaud), soluble dans le sulfure d'ammonium.

Potasse. — Précipité brun d'oxyde.

Chlorure stanneux. — Précipité de pourpre de Cassius; la réaction réussit mieux quand le sel renferme un peu de sel stannique.

Sulfate ferreux. — Précipité d'or métallique; la couleur

du liquide brun marron paraît bleue par transmission.

Acide oxalique. — Précipité de métal qui dore les parois du tube.

§ 20. **Réactions caractéristiques**. — Ces composés ne nous arrêteront que peu. Le platine finement divisé est noir ou gris (mousse de platine); il ne se dissout que dans l'eau régale; sa solution est d'un brun jaunâtre. L'hydrogène sulfuré précipite lentement cette solution en brun; elle est caractérisée par les précipités jaunes qu'elle produit dans les solutions concentrées de chlorure d'ammonium ou de potassium.

IIᵉ SECTION

CADMIUM.

§ 21. **Caractères et réactions des principaux composés cadmiques**. — Le cadmium métallique est blanc, brillant; il fond facilement et peut être sublimé dans un tube; il se recouvre d'un enduit brun quand on le chauffe dans la flamme oxydante. Il entre dans la composition de quelques alliages dentaires. Le *sulfure de cadmium* est jaune; il ne se dissout dans les acides concentrés qu'à l'ébullition; il est insoluble dans les sulfures alcalins et dans le cyanure de potassium. Le *sulfate de cadmium* cristallise en cristaux blancs assez volumineux; l'*iodure* en paillettes blanches nacrées; ces deux sels sont solubles; le *carbonate* est une poudre blanche insoluble.

Sont caractéristiques pour les sels de cadmium, la réaction de l'*hydrogène sulfuré* (précipité jaune) et celle de la *potasse* (précipité blanc insoluble dans un excès). L'ammoniaque donne un précipité blanc très-soluble dans un excès de réactif. Les sels de cadmium, chauffés dans la flamme oxydante avec du carbonate de sodium, recouvrent le charbon d'un enduit jaune brun irisé d'oxyde.

PLOMB.

§ 22. **Caractères des principaux composés de plomb.**
— Le *métal* se présente sous un aspect brillant (quand il est
récemment décapé) ou plus souvent gris bleuâtre ; il est très-
malléable, fond sans difficulté et se recouvre, à la flamme d'oxydation, d'un enduit jaune rougeâtre ; son vrai dissolvant est
l'acide azotique.

Le *protoxyde de plomb* est amorphe (massicot) ou cristallin (litharge) ; sa couleur varie du rouge au jaune pâle ;
son hydrate est blanc et légèrement soluble dans l'eau ; il
se dissout facilement dans l'acide azotique et dans l'acide
acétique (il sert à fabriquer les emplâtres, l'huile de lin
siccative, etc.).

Le *peroxyde*, ou *oxyde puce* (acide plombique), est brun ;
il devient rouge quand on le chauffe au contact de l'air ; il
est insoluble dans l'acide azotique, l'acide chlorhydrique le
transforme avec dégagement de chlore en chlorure de plomb
blanc peu soluble ; il dégage de l'oxygène quand on le calcine
dans un tube.

Le *minium* (plombate de protoxyde de plomb) est d'un
rouge plus ou moins foncé ; sa couleur ne varie que peu
quand on le chauffe à l'air ; l'acide azotique le transforme en
une poudre brune (acide plombique) et dissout l'oxyde de
plomb ; il dégage du chlore avec l'acide chlorhydrique.

Le *sulfure de plomb* est noir.

Le *sulfate*, le *carbonate* (céruse, blanc de Clichy, de Crem-
nitz) et le *phosphate de plomb* sont blancs et insolubles dans
l'eau ; l'acide azotique dissout les deux derniers sels ; le premier
est soluble dans le tartrate d'ammonium. La céruse chauffée
dans un tube dégage de l'acide carbonique et se convertit en
protoxyde rouge ; les deux autres sels ne changent pas de teinte
dans ces conditions.

Le *chlorure de plomb* est un sel blanc cristallisé, presque
insoluble dans l'eau froide. Il existe un oxychlorure (quelquefois nommé *jaune de Naples*) qui est jaune.

L'*iodure de plomb* est un sel jaune amorphe ou cristallisé en paillettes brillantes ; il est soluble dans l'eau bouillante et s'en dépose par le refroidissement.

L'*azotate de plomb* est un sel blanc cristallisé, soluble dans l'eau, qui se transforme, par la calcination, en protoxyde avec dégagement de vapeurs rutilantes.

Les *chromates de plomb* sont jaune (neutre), orangé ou rouge (sels basiques) ; ces sels sont insolubles dans l'eau ; l'acide chlorhydrique les attaque et se colore en rouge ; en ajoutant de l'alcool, on obtient un précipité blanc de chlorure de plomb et une solution verte de chlorure de chrome.

L'*acétate de plomb* neutre (sucre de Saturne) est un sel blanc cristallisé efflorescent, soluble dans l'eau et dans l'alcool. Il répand, par la calcination, une odeur d'acétone et laisse de l'oxyde.

Le *sous-acétate* (extrait de Saturne, eau blanche, eau de Goulard) est presque toujours manié en solution ; cette solution se distingue de celle de l'acétate par divers caractères : elle bleuit le papier de tournesol, précipite en blanc par l'eau distillée, par l'acide carbonique et par la gomme arabique. Elle est bleuâtre quand elle contient un sel de cuivre.

§ 23. **Réactions caractéristiques des sels plombiques.** — Les composés plombiques, chauffés sur le charbon avec du carbonate de sodium, donnent dans la flamme de réduction un globule métallique malléable qui, dans la flamme d'oxydation, se recouvre d'un enduit jaune.

CARACTÈRES DES SOLUTIONS. — *Hydrogène sulfuré.* — Précipité *noir* que l'acide azotique étendu et bouillant transforme en azotate ; l'azotate est mêlé de sulfate quand l'acide est concentré. Le précipité est *rouge* au lieu de noir, quand il se forme en présence de chlorures ou de matières organiques. Le sulfure de plomb est insoluble dans le sulfure d'ammonium.

La *potasse* donne un précipité blanc soluble dans un excès ; la chaleur favorise la solution.

L'*ammoniaque* produit un précipité blanc insoluble dans un excès.

Acide chlorhydrique. — Précipité blanc dans les solutions concentrécs, soluble dans l'eau bouillante et ne noircissant pas par l'ammoniaque.

Iodure de potassium. — Précipité jaune dans les solutions *neutres.*

Chromate de potassium. — Précipité jaune.

Acide sulfurique et sulfates. — Précipité blanc se formant plus ou moins rapidement suivant la concentration; un excès de précipitant n'est pas nuisible. Le précipité ne se forme pas en présence de certains sels organiques, comme l'acétate et le tartrate.

Le *zinc* précipite le plomb de ces solutions, tantôt sous forme d'un dépôt noir, tantôt à l'état blanc cristallisé.

BISMUTH.

§ 24. **Caractères et réactions des principaux composés de bismuth.** — Le *bismuth* est un métal blanc un peu rougeâtre (les cristaux du bismuth arsenical ont des reflets bleus), cassant, fusible et se recouvrant à la flamme d'oxydation d'un enduit jaune rougeâtre. Il se dissout dans l'acide azotique et dans l'acide sulfurique concentré. Le *carbonate de bismuth* est une poudre blanche (fard de bismuth) insoluble; l'*azotate neutre* est cristallisé; l'eau le décompose et en précipite du *sous-azotate de bismuth;* ce sel doit être blanc et renfermer 14 p. 100 d'acide azotique; il doit rougir fortement une feuille de papier de tournesol humide. Le sel du commerce contient souvent de l'arsenic, du plomb, du cuivre et de l'argent.

Les sels bismuthiques chauffés sur le charbon dans la flamme désoxydante donnent un globule métallique *cassant* qui se recouvre au contact de l'air d'un enduit jaune rougeâtre.

L'*eau* précipite les solutions des sels de bismuth; le précipité ne se dissout pas dans l'acide tartrique.

L'*hydrogène sulfuré* y produit un précipité noir, soluble

dans l'acide azotique concentré, insoluble dans les acides
étendus et dans le sulfure d'ammonium.

La *potasse* et l'*ammoniaque* donnent des précipités blancs
insolubles dans un excès.

Le *chromate de potassium* précipite en jaune ; le précipité
est insoluble dans la potasse et soluble dans l'acide azotique
étendu ; ces caractères le différencient du chromate de plomb.

L'*acide chlorhydrique* ne précipite pas les solutions des
sels bismuthiques ; on obtient une précipitation presque totale
à l'état d'oxychlorure, en ajoutant à ce mélange un grand
excès d'eau.

Le *zinc* précipite du bismuth métallique des solutions acidulées.

CUIVRE.

§ 25. **Caractères des principaux composés cuivri-**
ques. — Le *cuivre* se reconnaît facilement à sa couleur (celui réduit de l'acétate est brun) ; chauffé au contact de l'air,
il devient rouge, puis noir. L'acide chlorhydrique ne le dissout
que faiblement à chaud ; son vrai dissolvant est l'acide azotique.

L'*oxyde cuivreux* est rouge ou jaune (hydraté).

L'*oxyde cuivrique* est noir ou bleu (hydraté) ; ses hydrates
sont employés en peinture (bleu de Brême) ; les oxydes sont
insolubles dans l'eau, mais solubles dans les acides azotique
et chlorhydrique. Le *vert-de-gris* est de l'hydrocarbonate mêlé
d'oxyde.

Le *chlorure cuivrique* est un sel vert cristallisé soluble ; un
oxychlorure (vert de Brunswick) est insoluble. Il forme des
sels doubles bien cristallisés ($CuCl^2$. $2AzH^4Cl + 2Aq$), sel de
Kœchlin.

L'*iodure cuivreux* se présente sous forme d'une poudre lilas
insoluble.

L'*azotate cuivrique* est un sel bleu cristallisé déliquescent.

Le *sulfate cuivrique* ($SO^4Cu.5Aq$) (vitriol bleu) (pierre divine) est un sel bleu cristallisé soluble dans l'eau ; le sel anhydre est blanc. Il forme des sels doubles avec le sulfate ferreux.

Le *sulfate cuivrique ammoniacal* cristallise en cristaux bleus foncés ; sa solution constitue l'eau céleste.

L'*acétate de cuivre ou vert-de-gris cristallisé* est un sel bleu verdâtre, soluble dans l'eau, qui produit par la calcination du vinaigre de Vénus et laisse un résidu brun de cuivre.

Le *verdet ou vert-de-gris de Montpellier* est un acétate basique ; c'est une poudre verte soluble dans l'acide acétique.

Verts de Scheele, de Schweinfurt, Mitis, Neuwieder ; ce sont des couleurs arsenicales très-toxiques[1], souvent mélangées à des corps inertes comme les sulfates de calcium ou de baryum, qui en modifient la teinte.

§ 26. **Réactions caractéristiques des composés de cuivre.** — I. *Sels cuivreux.* — Ces sels n'ont pour nous qu'un intérêt très-restreint ; l'ammoniaque précipite en blanc la solution de chlorure cuivreux, mais la couleur passe rapidement au bleu au contact de l'air.

II. *Sels cuivriques. Hydrogène sulfuré.* — Précipité noir qui, au contact de l'air, se sulfatise et se dissout ; il doit par suite être conservé dans une eau sulfureuse ; il est soluble dans l'acide azotique concentré. Le *sulfure d'ammonium* le dissout partiellement ; aussi doit-on préférer à ce réactif le sulfure de sodium lorsqu'il s'agit de séparer le cuivre d'un sel de la première section.

Potasse. — Précipité bleu d'hydrate ; ce précipité est insoluble dans un excès ; *il se dissout, au contraire, avec une coloration bleue lorsque le liquide renferme certaines matières organiques* (acide tartrique, sucre, albumine, glycocolle, leucine, etc.).

Ammoniaque. — Précipité blanc donnant avec un excès la solution bleue céleste. (Réaction sensible au 1/4000).

Ferrocyanure de potassium. — Précipité brun rougeâtre ou

_____

[1] On devrait proscrire leur emploi pour les papiers peints et les étoffes légères.

coloration rose dans les liqueurs *neutres* (le précipité est soluble dans les alcalis).

Fer. — Le cuivre se dépose sur le métal avec sa couleur. On place une aiguille (dégraissée) dans un entonnoir que l'on étire de manière que le liquide suspect ne puisse s'écouler que goutte à goutte. Cette réaction est sensible au 1/15000. Le fer recouvert de cuivre, porté dans l'intérieur d'une flamme, la colore en vert.

MERCURE.

§ 27. **Mercure métallique.** — Le métal se reconnaît à sa liquidité; il se volatilise à toutes les températures, et l'on démontre l'existence de ses vapeurs par le blanchiment d'une feuille d'or, mieux encore par la réduction en noir des papiers imprégnés d'une solution ammoniacale d'azotate d'argent, de chlorure de platine ou de palladium.

A l'état très-divisé (pommades, onguent gris, emplâtre de Vigo, pilules de Belloste, mercure gommeux de Plenck) le mercure est gris. Le mercure métallique amalgame une lame de cuivre ou une lame d'or. Ces amalgames, chauffés dans un tube étiré, perdent leur mercure, qui se condense en gouttelettes dans les parties refroidies du tube. Tous les amalgames se comportent de cette manière (amalgame d'étain, mastics dentaires).

Le mercure ne se dissout pas dans l'acide chlorhydrique ; il est attaqué par l'acide azotique et sulfurique (à chaud) et transformé en sel mercureux si le métal est en excès, en sel mercurique dans le cas contraire.

§ 28. **Caractères et réactions des principaux composés mercureux.** — *Oxyde mercureux* (précipité noir de Hahnemann). — Poudre noire qui se décompose par la chaleur en ses éléments; elle est soluble dans l'acide azotique.

Le *sulfure mercureux* (éthiops minéral) ne paraît être qu'un mélange de sulfure mercurique et de mercure. On l'a associé de nos jours au sulfure d'antimoine (éthiops antimonial de Malouin).

Chlorure mercureux, Hg^2Cl^2 (protochlorure, calomel, mercure doux). — Cristaux durs blancs (grisâtres) ou poudre amorphe (calomel à la vapeur) volatils, insolubles dans l'eau et dans l'alcool. L'acide chlorhydrique et l'acide azotique le dissolvent à l'état de bichlorure. L'acide sulfurique n'en dégage pas d'acide chlorhydrique. L'ammoniaque le noircit. Le calomel s'altère à la lumière et par la sublimation; il se décompose partiellement en chlorure mercurique et en mercure qui le colore en gris.

L'*iodure mercureux* est un sel vert jaunâtre insoluble dans l'eau et dans l'alcool; il se transforme facilement en sel mercurique.

L'*azotate mercureux* (protonitrate) est un sel blanc cristallisé peu soluble dans l'eau, plus soluble dans l'eau aiguisée d'acide azotique; il se transforme par la calcination ménagée en oxyde rouge.

L'*acétate mercureux* se présente sous forme de cristaux feuilletés ayant l'aspect d'écailles de poisson; il est peu soluble dans l'eau (dragées de Kayser).

Les solutions des sels mercureux présentent les caractères suivants :

Hydrogène sulfuré. — Précipité noir insoluble dans les acides étendus et dans le sulfure d'ammonium, partiellement attaqué par l'acide azotique concentré.

Potasse. — Précipité noir d'oxyde mercureux.

Ammoniaque. — Précipité noir (mercure soluble de Hahnemann).

Acide chlorhydrique. — Précipité blanc de protochlorure noircissant par l'ammoniaque.

Iodure de potassium. — Précipité vert dans les solutions neutres.

Fer ou *cuivre.* — Ces deux métaux, mieux encore l'or, précipitent du mercure métallique que l'on peut caractériser comme il est dit § 27.

Les sels mercureux sont tous volatils, les uns sans les autres, avec décomposition; ce caractère leur est commun avec les sels mercuriques (le cyanure seul laisse un résidu noir de para-cyanogène).

§ 29. **Caractères et réactions des principaux composés mercuriques.** — *Oxyde mercurique* (bioxyde, oxyde rouge). — La modification *rouge* obtenue par voie anhydre est fréquemment employée à l'extérieur (pommades de Lyon, de Desault); la modification *jaune* obtenue par voie humide forme la base de l'eau phagédénique. L'oxyde de mercure est un corps insoluble dans l'eau, décomposable par la chaleur en mercure et en oxygène, et soluble dans les acides moyennement concentrés.

Sulfure mercurique (bisulfure, cinabre, vermillon.) — Corps rouge plus ou moins foncé, noircit quand on le chauffe et se volatilise, insoluble dans l'eau et l'acide azotique, soluble dans l'eau régale. Il brûle en répandant une odeur sulfureuse quand on le chauffe au chalumeau. Il est coloré en noir par l'azotate d'argent ammoniacal, ce qui le distingue d'autres matières colorantes rouges.

Sulfate mercurique. — Sel blanc cristallisé que l'eau décompose en acide et en sel basique jaune (turbith minéral).

Chlorure mercurique, $HgCl^2$ (bichlorure, sublimé corrosif). — Masses blanches radiées ou cristaux aiguillés; ce sel très-lourd est peu soluble dans l'eau, très-soluble dans l'alcool et l'éther, volatil sans décomposition. L'acide sulfurique n'en dégage pas d'acide chlorhydrique. Ce sel entre dans la composition d'un grand nombre de médicaments (liqueur de Van Swieten, mercure soluble de Mialhe, biscuits dépuratifs, eau de Guerlain, lait antéphélique, pommade de Cyrillo, trochisques au minium, etc.).

Chlorure double de mercure et d'ammonium (sel d'Alembroth). — Sel blanc très-soluble.

Chloramidure de mercure (précipité blanc des Allemands). — Sel blanc peu soluble dans l'eau, volatil avec dégagement de vapeurs ammoniacales. Il se décompose en mercure et en ammoniaque par la calcination avec de la chaux; le mercure se dépose sur les parties refroidies du tube. Il est soluble dans les acides azotique et chlorhydrique.

Iodure mercurique (biiodure). — Sel rouge amorphe et cristallisé, peu soluble dans l'eau, soluble dans l'alcool; les modifications que ce sel subit sous l'influence de la chaleur le caractérisent facilement; il devient jaune, mais redevient rouge par le moindre contact, dès qu'il est refroidi.

Cyanure de mercure. — Sel blanc cristallisé, soluble dans 8 d'eau froide, se transforme par la calcination en cyanogène, mercure et paracyanogène (masse noire) qui reste dans le tube. La solution de ce sel ne précipite qu'avec l'hydrogène sulfuré; les autres réactifs précipitants du mercure sont sans action sur lui; l'acide chlorhydrique le décompose et en dégage de l'acide cyanhydrique.

L'iodure et le cyanure forment un grand nombre de sels doubles avec les iodures, cyanures, chlorures, bromures et chromates alcalins.

L'*acétate mercurique* est un sel blanc d'aspect gras, soluble; il est peu employé.

Les solutions des sels mercuriques sont précipitées par les métaux; leurs réactions les plus importantes sont les suivantes :

Hydrogène sulfuré. — Précipité qui passe du blanc au jaune, au rouge brun et enfin au *noir;* il se dissout partiellement dans un polysulfure; son vrai dissolvant est l'eau régale.

Potasse.— Précipité *jaune;* il est rouge (oxychlorure) quand on n'a pas mis assez de potasse pour décomposer tout le sel.

Ammoniaque. — Précipité blanc dit des Allemands.

Acide chlorhydrique. — Pas de précipité.

Iodure de potassium. — Précipité rouge soluble dans un excès de réactif ou de sel mercuriel.

Chlorure stanneux. — Précipité blanc de calomel; un excès de réactif réduit ce dernier sel, surtout à chaud en mercure métallique (gris).

ARGENT.

§ 30. **Caractères et réaction des principaux composés argentiques.** — L'*argent métallique* se reconnaît à son éclat; très-divisé, il est gris; il ne s'oxyde pas quand on le chauffe au chalumeau. Il se dissout dans l'acide azotique. L'*oxyde d'argent* est une poudre brune qui, chauffée à + 100°, perd son oxygène et se transforme en argent.

La *chlorure d'argent* (sel de Diane, sel lunaire) est un sel blanc, fusible, insoluble dans l'eau, très-soluble dans l'ammoniaque; il noircit à la lumière, plus rapidement quand il est humide. Il a l'aspect de la corne quand il est fondu.

L'*iodure d'argent* est *jaune;* il ne se dissout ni dans l'acide azotique, ni dans l'ammoniaque; le *bromure d'argent* est jaunâtre et se dissout avec difficulté dans l'ammoniaque. Le *cyanure d'argent* est une poudre blanche qui se dissout dans l'acide azotique bouillant et dans l'ammoniaque.

L'*azotate d'argent* est un sel blanc cristallisé (cristaux anhydres), soluble dans l'eau; il fond (crayon de pierre infernale), mais se décompose par une calcination trop élevée en argent, vapeurs rutilantes et oxygène. L'azotate d'argent doit être neutre, exempt d'azotate de cuivre et de potassium ainsi que d'oxyde de cuivre; le sel noircit au contact des matières organiques et de la lumière.

· Les sels d'argent chauffés sur le charbon avec du carbonate de sodium abandonnent un globule métallique d'argent.

Leurs solutions sont précipitées par les réactifs suivants :

Hydrojène sulfuré. — Précipité noir, insoluble dans le sulfure d'ammonium.

Potasse. — Précipité brun d'oxyde.

Ammoniaque. — Précipité brun, solution incolore dans un excès.

Acide chlorhydrique. — Précipité blanc caillebotté, soluble dans l'ammoniaque et insoluble dans l'acide azotique.

Le *zinc* précipite l'argent de ses solutions; il réduit de même les chlorure, bromure et iodure solides.

PALLADIUM.

§ 31. **Caractères des sels de palladium.** — Ce métal se distingue du platine, dont il possède l'éclat, par sa solubilité dans l'acide azotique et par la réaction de l'iode; une goutte de teinture d'iode le tache en noir par l'évaporation à + 100° (le platine redevient brillant). Les solutions de chlorure et d'azotate sont brunes et précipitent en noir par l'*iodure de potassium;* elles sont précipitées également par le cyanure de mercure.

IIIᵉ SECTION.

COBALT.

§ 32. **Caractères et réactions des sels de cobalt.** — Le cobalt est employé à l'état d'*oxyde* pour la peinture sur verre et sur porcelaine; les émaux bleus qu'il produit sont souvent arsénifères; l'*azotate* et le *chlorure* sont employés comme réactifs et comme encres sympathiques.

Les sels de cobalt chauffés au chalumeau avec de l'alun donnent une *masse bleue.*

La couleur de leurs solutions est rose ou rouge; quelques-unes abandonnent par l'évaporation ménagée un sel bleu. Elles donnent les réactions suivantes :

Hydrogène sulfuré. — Pas de précipité dans les solutions chlorhydriques.

Sulfure d'ammonium. — Précipité noir ne se dissolvant pas dans l'acide chlorhydrique étendu.

Potasse. — Précipité bleu verdâtre soluble dans l'ammoniaque. (La précipitation est rendue incomplète par la présence de matières organiques fixes.)

Acide oxalique. — Précipité rouge cristallin, soluble dans l'ammoniaque.

Azotite de sodium. — Précipité jaune dans la solution acétique; le nickel n'est pas précipité, à moins que la solution ne renferme des sels de la quatrième section.

NICKEL.

§ 33. **Caractères et réactions des sels de nickel**. — Ce métal magnétique (cubes d'un aspect gris, poreux à l'intérieur) entre actuellement dans la composition d'un grand nombre d'alliages (argentan, métal d'Alger, fer nickélisé). Il se dissout à chaud dans les principaux acides minéraux.

Chauffés sur le charbon avec du carbonate de sodium, les sels de nickel abandonnent des paillettes grises, attirables à l'aimant.

Les sels de nickel sont verts ou jaunes (chlorure anhydre); leur solution est toujours *verte*.

Hydrogène sulfuré. — Pas de précipitation dans la liqueur chlorhydrique.

Sulfure d'ammonium. — Précipité noir (un peu soluble si le liquide contient de l'ammoniaque ou des sels ammoniacaux; le liquide surnageant est brun) insoluble dans l'acide chlorhydrique étendu et froid.

Potasse. — Précipité vert d'hydrate d'oxyde; l'ammoniaque redissout le précipité en un liquide bleu, qui est reprécipité en vert par un excès de potasse.

URANIUM.

§ 34. **Caractères des sels uraniques**. — Ces composés sont employés dans les verreries (verre jaune coloré par de l'oxyde), en photographie (acétate et azotate) et comme réactifs. Les sels de peroxyde d'urane sont *jaunes*; leurs solutions ont la même couleur; elles sont caractérisées par les réactifs suivants :

Hydrogène sulfuré. — Pas de précipité, couleur verte.

Sulfure d'ammonium. — Précipité brun chocolat (sulfure) qui ne tarde pas à passer au noir (protoxyde).

Potasse et ammoniaque. — Précipités jaunes insolubles dans un excès.

Ferrocyanure de potassium. — Précipité brun-rouge ; cette dernière réaction est très-sensible.

FER.

§ 35. **Caractères du métal et des oxydes.**—Le fer est un métal gris blanc, attirable à l'aimant, qui, chauffé au contact de l'air, se transforme en oxyde magnétique. Le *fer réduit* est noir ; il doit être exempt d'arsenic, de soufre, de phosphore et de carbone ; sa dissolution dans l'acide sulfurique étendu se fait avec dégagement d'hydrogène inodore. Le *fer porphyrisé*, qui a l'éclat métallique, doit présenter les mêmes caractères de pureté.

Le *protoxyde de fer* est très-instable ; il est blanc à l'état d'hydrate, mais se peroxyde très-vite.

Le *sesquioxyde* présente beaucoup de variétés. — Le fer oligiste est noir et cristallisé, mais sa poudre est brune. — Le *safran de Mars astringent, colcothar, rouge d'Angleterre,* est l'oxyde rouge anhydre préparé par calcination du vitriol. — Le *safran de Mars apéritif* est un hydrate rouge pulvérulent obtenu par l'exposition à l'air du carbonate ferreux ; l'*hydrate gélatineux brun* est le contre-poison de l'acide arsénieux. Ces composés, sauf le dernier, se dissolvent avec difficulté dans l'acide chlorhydrique, facilement dans l'eau régale.

Un hydrate soluble (oxyde soluble, saccharure de fer) ne possède plus aucun des caractères des composés ferriques ; on les fait reparaître par l'ébullition avec de l'acide chlorhydrique concentré.

L'*oxyde magnétique* ou *ferroso-ferrique* (aimant, oxyde de fer des battitures) est noir ; on peut l'obtenir par double décomposition (éthiops martial) sous forme d'une poudre noire attirable à l'aimant.

§ 36. **Principaux composés ferreux.** — Le *sulfure ferreux* est noir, attaquable par les acides ; le *bisulfure* (pyrite martiale) forme des cristaux cubiques jaunes qui, chauffés

3.

au chalumeau, dégagent de l'acide sulfureux et laissent de l'oxyde.

Le *sulfate ferreux*, SO'Fe7Aq (vitriol vert) est un sel vert (blanc à l'état anhydre), soluble dans l'eau froide, abandonnant par la calcination du colcothar. Le sel du commerce renferme souvent du sulfate de cuivre et un sel ferrique.

Le *chlorure ferreux* est un sel vert cristallisé, se peroxydant très-vite. Il en est de même de l'*iodure ferreux* (pilules de Blancard, dragées de Gille).

Le *carbonate ferreux* (pilules de Blaud, de Vallet) est un sel blanc, insoluble dans l'eau, mais soluble dans l'acide carbonique; il se dissout dans les acides; il verdit quand on l'expose au contact de l'air, et se transforme ensuite en sesquioxyde. Ce sel se trouve à l'état de bicarbonate dans les eaux minérales ferrugineuses.

Le *tartrate ferroso-potassique* entre dans la composition des boules de Nancy.

Le *lactate ferreux* est un sel blanc verdâtre, cristallisant en petits cristaux; le sel bien séché se conserve assez bien à l'état solide. (Dragées de Gélis et de Conté.)

§ 37. **Réactions caractéristiques des sels ferreux.** — La solution des sels ferreux est verte; leur couleur à l'état solide est verte ou blanche (sels anhydres). Un sel ferreux exposé au contact de l'air se transforme en sel de peroxyde; il se forme en même temps de l'oxyde ferrique insoluble. Les solutions qui ne renferment pas de matières organiques (sucre, gomme), s'altèrent encore plus rapidement.

Hydrogène sulfuré. — Pas de précipité dans les solutions acidulées par un acide fort.

Sulfure d'ammonium. — Précipité noir, très-soluble dans l'acide chlorhydrique étendu d'eau; ce précipité se sulfatise très-rapidement au contact de l'air.

Potasse et ammoniaque. — Précipités blancs, devenant verts, noirs, puis rouges.

Ferrocyanure de potassium. — Précipité blanc bleuissant.

Ferricyanure de potassium. — Précipité de bleu de Prusse.

Tannin. — Pas de précipité.

Sulfocyanure de potassium. — Pas de coloration.

Hypermanganate de potassium. — Le réactif est décoloré.

§ 38. **Principaux composés ferriques.** — Le *sulfate ferrique* est un sel jaune ou blanc (anhydre); il est surtout employé en solution (liqueur hémostatique de Moncel.

Le *chlorure ferrique* anhydre se présente sous forme de paillettes noires; le sel cristallisé est jaune et déliquescent; il est soluble dans l'eau, l'alcool et l'éther (teinture de Bestucheff, gouttes d'or); sa solution est brune quand elle est concentrée et peut dissoudre de fortes proportions d'hydrate ferrique. Le sel coagule l'albumine, mais un excès redissout le coagulum.

Arséniate ferrique. — Sel blanc insoluble dans l'eau, soluble dans les acides (pilules de Biett).

Phosphate ferrique. — Ce sel ressemble au précédent.

Le *pyrophosphate de fer et de sodium*, souvent mêlé de citrate (sel de Leras) se présente sous forme de paillettes jaunâtres ou blanchâtres, solubles dans l'eau; la solution n'a pas la saveur astringente des sels ferriques dont certaines réactions sont masquées. On doit, pour les faire reparaître, traiter le sel à l'ébullition par de l'acide chlorhydrique. Il en est de même du *tartrate ferrico-potassique* et du *tartrate ferrique* (paillettes noires très-brillantes) et du *citrate ferrique ammoniacal* (cristaux de couleur rubis). Les deux premiers sels se décomposent lentement, même à l'état solide; leur solution dans l'eau est alors incomplète, et il reste un résidu insoluble d'hydrate ferrique.

L'*acétate ferrique* (teinture martiale de Klaproth) se décompose par l'ébullition; la solution est rouge. Le *pyrolignite de fer* est usité comme désinfectant en place du sulfate ferreux.

§ 39. **Réactions caractéristiques des sels ferriques.** — Les sels anhydres sont blancs ou noirs; les sels hydratés sont jaunes ou rouge brunâtre, quelques-uns presque noirs. Les solutions sont *jaunes* ou *jaune rougeâtre*, leur couleur se fonce par l'ébullition; celle des acétate, sulfite, méconate et sulfocyanure ferriques sont *rouges*.

Hydrogène sulfuré. —Précipité blanc de soufre dans les solutions acidulées; le précipité peut être passagèrement bleu ou noir; le sel ferrique est réduit à l'état de sel ferreux.

Sulfure d'ammonium. — Précipité noir de sulfure ferreux mêlé de soufre; on obtient une coloration verte dans les solutions très-étendues.

Potasse et ammoniaque.'— Précipité brun-rougeâtre insoluble dans un excès; la précipitation est complétement entravée par la présence des acides organiques fixes, du sucre, etc.

Ferrocyanure de potassium. — Précipité bleu de Turnbull.

Ferricyanure de potassium. — Coloration verte.

Tannin. — Précipité noir.

Sulfocyanure de potassium. — Coloration rouge; le liquide, agité avec de l'éther, abandonne la coloration à ce dissolvant. La réaction devient ainsi des plus sensibles. La couleur ne disparaît pas par l'acide chlorhydrique et jaunit par le perchlorure d'or.

L'hypermanganate de potassium n'est pas décoloré.

§ 40. **Transformation réciproque des sels de fer.** — On transforme les sels ferreux en sels ferriques soit par l'acide azotique, soit en ajoutant un excès de l'acide du sel et peroxydant par le chlore, dont on chasse l'excès par une chaleur modérée.

Les sels ferriques sont réduits à l'état de sels ferreux soit par l'hydrogène sulfuré, soit par l'acide sulfureux. Un procédé plus expéditif, lorsque l'introduction de métaux n'a pas d'inconvénients, consiste à faire bouillir la solution soit avec du zinc, soit avec du fer.

MANGANÈSE

§ 41. **Caractères et réactions caractéristiques des principaux composés.** — Ce métal forme de nombreux oxydes : le *protoxyde* (blanc à l'état hydraté) forme des sels bien définis; le *carbonate* (sel rose) a été employé en médecine. Le *peroxyde* ou *bioxyde de manganèse* se trouve à l'état natif;

traité par l'acide chlorhydrique, il dégage du chlore et donne naissance à du chlorure manganeux ; il perd par la calcination une partie de son oxygène et se transforme en *oxyde manganoso-manganique*. L'*oxyde manganique* forme des sels couleur groseille, peu stables, et sans intérêt pour nous.

Les sels formés par l'*acide manganique* sont verts ; ces derniers, sous l'influence des agents oxydants, se transforment en *hypermanganates*.

L'*hypermanganate de potassium* est un sel cristallisé en aiguilles foncées, très-brillantes, peu solubles dans l'eau ; la solution a un pouvoir colorant considérable ; elle est du plus beau violet ; tous les corps qui peuvent s'oxyder la décomposent (il reste en suspension de l'hydrate manganique brun, si le milieu n'est pas acide). Ce sel est usité comme désinfectant.

Nous ne nous occuperons que des caractères des *sels manganeux :* ces sels sont blancs ou roses ; leur solution est rose.

Hydrogène sulfuré. — Pas de coloration.

Sulfure d'ammonium. — Précipité couleur de chair, se fonçant au contact de l'air.

Potasse et ammoniaque. — Précipités blancs de protoxyde, qui absorbent l'oxygène et brunissent. Le *chlorure d'ammonium* empêche la précipitation par l'ammoniaque.

Une solution exempte de chlore, traitée à chaud par de l'acide azotique et du peroxyde de plomb (ou du minium), donne un liquide pourpre (il s'est formé de l'acide hypermanganique).

Les sels de manganèse, chauffés sur une lame de platine avec de la soude, donnent une masse *verte*, qui devient bleuâtre par le refroidissement.

CHROME.

§ 42. **Réactions principales des composés du chrome.** — Le chrome possède deux degrés d'oxydation principaux : l'un est un acide puissant, l'autre une base. Nous ne séparerons pas l'étude de ces deux combinaisons, car le passage de l'une à l'autre se fait très-facilement.

. L'*oxyde de chrome* est une poudre verte, fréquemment employée comme matière colorante (vert Guignet) ; il est complétement insoluble dans les acides quand il a été calciné ; chauffé avec de l'azotate de potassium, il se transforme en une *masse jaune* de chromate alcalin. Un de ses sels, l'*alun de chrome* (alun violet), est employé dans l'industrie ; il cristallise en octaèdres violet foncé. La couleur des solutions des sels de chrome est verte ou violette.

Le *sulfure d'ammonium* y produit un précipité vert bleuâtre d'hydrate d'oxyde.

La *potasse* précipite en vert bleuâtre ; le précipité est soluble dans un excès, mais l'oxyde est reprécipité par l'ébullition et par le chlorure d'ammonium.

L'*ammoniaque* précipite d'une manière différente les solutions vertes et violettes. Ces détails nous intéressent peu, et peuvent être passés sous silence.

L'*acide chromique* est un corps rouge cristallisé, déliquescent, caustique et toxique ; la solution est jaune rougeâtre. On lui substitue parfois le *chromate acide de potassium* (cristaux rouges). Les chromates sont jaunes ou rouges ; les sels alcalins sont seuls solubles ; on emploie fréquemment en peinture les chromates de plomb (*voy.* § 22). Tous ces composés sont faciles à reconnaître, car leurs solutions se transforment en sel de chrome vert sous l'influence de l'acide sulfureux ou de l'acide chlorhydrique et de l'alcool.

ALUMINIUM.

§ 43. **Caractères et réactions des principaux composés de l'aluminium.** — L'*aluminium* est un métal blanc très-résistant, ne s'oxydant que difficilement. Sa densité est très-faible, 2,56. Presque insoluble dans l'acide azotique, il se dissout avec dégagement d'hydrogène dans la potasse et dans l'acide chlorhydrique.

L'*alumine* est une poudre blanche, poreuse, non volatile, happant à la langue; difficilement attaquée par les acides quand elle a été calcinée, l'alumine se dissout par la fusion dans les alcalis. Les acides redissolvent avec facilité l'hydrate d'alumine précipité des solutions.

Le *sulfate d'aluminium* est un sel blanc cristallisé en feuillets déliquescents, coagulant l'albumine, mais un excès de précipitant redissout le coagulum (solution alumineuse de Mentel).

L'*acétate d'aluminium* est un sel blanc déliquescent, employé comme désinfectant.

L'*alun* ou *sulfate double d'aluminium et de potassium*, est le sel d'alumine le plus connu; ce sel est blanc et cristallisé en octaèdres $SO^4K^2(SO^4)^3Al^2 + 24Aq$. Sa saveur est astringente et sucrée; il perd, par la calcination modérée, une partie de son eau de cristallisation, et se transforme en *alun calciné*. Ce corps blanc pulvérulent doit, lorsque la calcination n'a pas été poussée trop loin, se redissoudre complétement dans l'eau tiède. Une calcination poussée trop loin décompose le sulfate d'alumine avec dégagement d'acide sulfurique. L'alun est employé comme escharrotique (alun calciné, pierre divine) et comme hémostatique (eau de Pagliari).

On employait anciennement divers *silicates d'alumine* colorés par des variétés d'oxyde ferrique (terre bolaire, terre sigillaire, terre de Lemnos). Ces silicates sont transformés, par l'acide sulfurique, en sulfate d'alumine et en silice.

Les *solutions alumineuses* sont incolores, ont une saveur astringente et sucrée, et possèdent les caractères suivants :

Sulfure d'ammonium. — Précipité blanc d'*oxyde*.

Potasse. — Précipité blanc, soluble dans un excès; la solution n'est pas précipitée par l'hydrogène sulfuré, mais par le chlorure d'ammonium.

Ammoniaque. — Précipité blanc insoluble dans un excès (lorsque l'ammoniaque est exempte de bases organiques volatiles).

Les sels d'alumine calcinés avec de l'*azotate de cobalt* se colorent en bleu.

ZINC.

§ 44. Caractères des principaux composés de zinc. — Métal blanc bleuâtre, cassant à chaud, fusible et répandant à l'air des fumées blanches ; il se dissout dans tous les acides et dans la potasse.

L'*oxyde de zinc* est un corps blanc amorphe, qui jaunit quand on le chauffe, peu soluble dans l'eau, mais soluble dans les acides et les alcalis (fleurs de zinc, *lana philosophica*, il entre dans la composition des pilules de Méglin et de la pommade aux tuthies).

Le *carbonate de zinc* est un sel blanc insoluble.

Le *sulfate*, SO^4Zn7Aq (vitriol blanc) est un sel blanc cristallisé en petites aiguilles solubles dans l'eau (collyre à l'eau de rose).

Le *chlorure* est un sel blanc déliquescent, volatil (caustique de Canquoin) ; un mélange d'oxyde et de chlorure donne un mastic dentaire qui se solidifie très-vite.

L'*iodure* est également un sel blanc déliquescent.

L'*acétate* et le *valérianate* sont des sels blancs solubles ayant l'aspect de corps gras et répandant l'odeur caractéristique de leurs acides. Le valérianate est quelquefois sophistiqué avec du butyrate ; on reconnaît cette addition par l'acétate de cuivre en solution concentrée qui précipite le butyrate et non le valérianate.

Le *lactate de zinc* est un sel blanc, cristallisant en petits cristaux accolés sous forme de plaques, solubles dans 58 parties d'eau froide et dans 6 d'eau bouillante. Il est insoluble dans l'alcool.

§ 45. Réactions caractéristiques des solutions zinciques. — *Sulfure d'ammonium.* — Précipité blanc de sulfure de zinc.

Hydrogène sulfuré. — Ne précipite pas les solutions

acidulées par l'acide chlorhydrique, mais celles qui le sont par l'acide acétique.

Potasse. — Précipité blanc, soluble dans un excès ; la solution n'est pas précipitée par le chlorure d'ammonium, mais par l'hydrogène sulfuré.

Ammoniaque. — Précipité blanc, soluble dans un excès.

Ferrocyanure de potassium. — Précipité blanc, insoluble dans les acides étendus.

Les sels de zinc chauffés sur le charbon avec du carbonate de sodium, donnent à la flamme d'oxydation des fumées blanches qui se condensent en une auréole jaune qui devient blanche par le refroidissement.

Les sels de zinc chauffés avec de l'*azotate de cobalt* se colorent en vert.

IVᵉ SECTION.

MAGNÉSIUM.

§ 46. **Composés magnésiens.** — Le *magnésium*, le plus léger de tous les métaux usuels, se reconnaît à l'éclat avec lequel il brûle en se transformant en magnésie. Il se dissout facilement dans les acides. La *magnésie* (oxyde de magnésium) est une poudre blanche très-légère, infusible, peu soluble dans l'eau (cette dernière bleuit cependant le tournesol), soluble dans tous les acides sans effervescence.

Le *sulfite de magnésium* est un sel peu soluble, essayé comme désinfectant.

Le *sulfate de magnésium*, $SO^4Mg.7Aq$ (sel d'Epsom, de Sedlitz) est un sel blanc cristallisé en petites aiguilles non efflorescentes ; la solution a une amertume extrême (eaux minérales purgatives de Seidschütz, Pülna, Niederbronn, etc.)

Carbonate de magnésium. — Blocs blancs très-légers, insolubles dans l'eau, solubles dans les acides.

Phosphate ammoniaco-magnésien, $PhO^4MgAzH^4 + 6Aq$. — Sel insoluble, mais soluble dans les acides, se rencontrant fréquemment dans l'économie (concrétions rénales et intestinales, selles des typhiques, urines putréfiées, etc.). Cristaux microscopiques, mais très-nets au microscope. Il est transformé par la calcination en pyrophosphate de magnésium, $Ph^2O^7Mg^2$.

Citrate de magnésium. — Sel blanc, soluble dans l'eau chaude (dans l'eau froide quand il est préparé récemment); la solution n'a pas la saveur désagréable des sels magnésiens (limonade purgative de Roger).

§ 47. **Réactions caractéristiques.** — Les sels de magnésium dont l'acide est incolore sont incolores; chauffés avec de l'azotate de cobalt, ils deviennent roses.

Ils ne précipitent ni par l'*hydrogène sulfuré*, ni par le *sulfure d'ammonium*, ni par le *sulfate de calcium*, ni par l'*oxalate d'ammonium* mêlé de *chlorure d'ammonium*.

Le *carbonate de sodium* les précipite à froid, à chaud seulement, quand le liquide contient du chlorure d'ammonium.

Le *phosphate de sodium* précipite en blanc les solutions auxquelles on a ajouté du chlorure d'ammonium et de l'ammoniaque; le précipité tarde quelquefois à se produire.

CALCIUM.

§ 48. **Composés calciques.** — La *chaux anhydre* (oxyde de calcium) absorbe avec avidité l'eau, s'échauffe et s'hydrate. La *chaux hydratée* se dissout dans l'eau (1 1/2 pour mille); cette solution est précipitée par l'acide carbonique; elle sert à la préparation du liniment oléo-calcaire. La chaux est plus soluble dans l'eau sucrée; cette solution se trouble par la chaleur.

Le *monosulfure de calcium* est une poudre blanche obtenue en calcinant un mélange de sulfate de calcium et de charbon (dépilatoire de Boettcher). Le *bisulfure de calcium* est un liquide rouge foncé.

Le *sulfate de calcium* (plâtre, gypse) est un sel blanc cristallisé $SO^4Ca + Aq$ (gypse en fer de lance); un litre d'eau en dissout environ 3 grammes. Le sel calciné absorbe de l'eau de cristallisation et se prend en masse (plâtre). Les eaux qui le contiennent sont dites *séléniteuses* et sont impropres à la cuisson et aux savonnages.

Le *chlorure de calcium* anhydre dégage de la chaleur quand il s'hydrate ; le sel cristallisé produit au contraire du froid par sa dissolution.

Le *carbonate de calcium* se présente sous un grand nombre d'aspects différents ; cristallisé, il forme le spath d'Islande (rhomboèdre) et l'aragonite (prisme) ; il est à l'état cristalloïde dans les divers marbres ; on le trouve dans les trois règnes (os, corail, coquille coralline, etc.). On l'obtient par précipitation (potion crayeuse) sous forme d'une poudre blanche.

Il est soluble avec effervescence dans les acides, et abandonne par la calcination un résidu qui bleuit le papier de tournesol. Il se dissout dans l'acide carbonique ; les eaux calcaires (incrustantes) se troublent par l'ébullition ou par l'exposition à l'air.

L'*hypochlorite de chaux* est un sel blanc, pulvérulent, que l'on reconnaît à son odeur chlorée ; c'est le désinfectant le plus employé.

Le *phosphate neutre de calcium* $(PhO^4)^2Ca^3$ est un sel blanc, insoluble dans l'eau, soluble dans tous les acides, même dans l'acide acétique. Il existe dans les os. On peut l'obtenir par précipitation. Le phosphate acide de calcium $(PhO^4)^2CaH^4$ est soluble.

L'*oxalate de calcium* est un sel blanc, insoluble dans l'eau ; les cristaux vus au microscope sont des octaèdres ; le sel se dissout sans effervescence dans les acides inorganiques ; il est insoluble dans l'acide acétique. Le sel noircit passagèrement par la calcination et laisse un résidu alcalin.

§ 49. **Réactions caractéristiques.** — Les sels de calcium sont incolores ; les sels solubles dans l'alcool communiquent à ce dernier la propriété de brûler avec une flamme *rouge un peu jaunâtre*.

Les composés volatils examinés au spectroscope donnent un

grand nombre de raies; sont caractéristiques une raie orangée et une raie verte.

Les solutions ne sont pas précipitées par l'*hydrogène sulfuré*, le *sulfate de calcium*. Le *carbonate de sodium* et le *phosphate de sodium ammoniacal* les précipitent en blanc; les précipités sont solubles dans tous les acides.

L'*oxalate d'ammonium* (mêlé de chlorure) précipite les solutions neutres ou ammoniacales; le précipité se dissout dans tous les acides, sauf l'acide acétique; la précipitation se fait lentement lorsque les solutions ne sont pas concentrées.

STRONTIUM.

§ 50. Caractères des composés de strontium. — Les composés de ce métal n'ont que peu d'intérêt pour le médecin; ils ne sont pas vénéneux. Quelques eaux minérales contiennent des traces de *bicarbonate;* l'*azotate* et le *carbonate* sont employés en pyrotechnie. Les sels de strontium (dont l'acide est incolore) sont blancs; leur solution n'est pas précipitée par l'*hydrogène sulfuré* et le *sulfure d'ammonium;* le *carbonate de sodium* les précipite en blanc; le *sulfate de calcium* précipite lentement, même les solutions concentrées; le précipité est soluble dans les acides. Le *sulfate d'ammonium* (solution au 1/4) précipite les solutions des sels de strontium et ne précipite pas celles de calcium; le précipité ne se dissout pas dans un excès de sulfate, même à chaud, mais dans un grand excès de carbonate de sodium. L'*oxalate d'ammonium* et le *phosphate de sodium* précipitent également les solutions strontiques; le *chromate de strontium* ne les précipite pas.

Les sels solubles dans l'alcool (chlorure) communiquent à ce dernier la propriété de brûler avec une flamme *pourpre*. Au spectroscope on voit un grand nombre de raies, parmi lesquelles sont caractéristiques une raie orangée (α), deux raies rouges (β et γ) et la raie *bleue* (δ).

BARYUM.

§ 51. **Caractères des composés barytiques.**—La *baryte* anhydre se présente sous forme de masses grises, solubles dans l'eau bouillante et dans les acides ; l'*hydrate de baryte* cristallise en lamelles transparentes, qui se ternissent rapidement en absorbant l'acide carbonique atmosphérique. Les sels de baryum solubles sont vénéneux ; on a essayé le chlorure comme médicament. Le *sulfate de baryum* (baryte française) est une poudre blanche très-lourde, insoluble dans l'eau et dans les acides, qui sert en peinture ; il est inoffensif et est mêlé quelquefois aux verts arsenicaux.

Les sels de baryum ne sont pas précipités par l'*hydrogène sulfuré* et le *sulfure d'ammonium ;* le *carbonate de sodium*, l'*oxalate d'ammonium* et le *phosphate de sodium* (ammoniacal) les précipitent en blanc ; les précipités ainsi obtenus sont solubles dans les acides.

Le *sulfate de calcium*, le *sulfate d'ammonium au* 1/4, le *sulfate* ou le *chromate de strontium* précipitent en blanc ; le précipité est insoluble dans les acides et dans le carbonate de sodium à froid.

Les sels solubles dans l'alcool communiquent à ce dernier la propriété de brûler avec une flamme *verte*. Le spectre du baryum présente des raies rouges, orangées, vertes et bleues ; sont caractéristiques les trois raies vertes α, β et γ.

Vᵉ SECTION.

AMMONIUM.

§ 52. **Composés ammoniques.** — On doit envisager les composés ammoniques comme des sels métalliques dans lesquels le radical AzH^4, l'ammonium, fait fonction de métal. Nous avons déjà parlé des principaux sels ammoniacaux (*roy.* chap. I), et il ne nous reste à ajouter que quelques mots. L'*a-*

zotate d'ammonium est un sel blanc cristallisé qui, par la calcination, dégage du protoxyde d'azote. *Carbonate d'ammonium* : le sel le plus fréquemment employé est le *sesquicarbonate* (sel volatil d'Angleterre), qui se présente sous forme de masses blanches demi-transparentes devenant opaques, à odeur ammoniacale. — On nomme *esprit volatil de corne de cerf* un produit liquide obtenu par la calcination des os contenant du carbonate, de l'acétate, du cyanure d'ammonium et des huiles empyreumatiques ; on lui substitue quelquefois le *succinate d'ammoniaque* empyreumatique. L'*acétate d'ammonium* (esprit de Minderer) ne se manie qu'en solution. Le *valérianate d'ammonium* est un sel blanc, déliquescent, à aspect gras et à odeur de valériane.

§ 55. **Réactions caractéristiques.**—Tous les sels ammoniacaux sont *volatils* ou *décomposables* par la chaleur. Chauffés avec de la *chaux* ou de la *chaux sodée*, ils dégagent du gaz ammoniaque qui bleuit le papier de tournesol et fume au contact d'une baguette imprégnée d'acide chlorhydrique.

L'*hydrogène sulfuré* et le *sulfure d'ammonium* ne les précipitent pas ; il en est de même du *carbonate de sodium ;* la solution portée à l'ébullition dégage du gaz ammoniac.

Les solutions concentrées versées *dans* une solution concentrée d'acide tartrique précipitent en blanc ; la précipitation peut tarder et est favorisée par l'agitation.

Le *bichlorure de platine* précipite de leurs solutions du chlorure double de platine et d'ammonium (PtCl⁴2AzH⁴Cl) ; ce précipité jaune serin est un peu soluble dans l'eau, mais insoluble dans un mélange d'alcool et d'éther. Séché et chauffé dans un tube, il se décompose et dégage du chlorure d'ammonium qui se condense dans les parties refroidies sous forme d'un enduit blanc.

Les sels ammoniacaux donnent avec le *réactif de Nessler* (p. 17) un précipité brun ou du moins une coloration jaune.

LITHIUM.

§ 54. **Caractères des composés lithiques.** — Le *carbonate de lithium* est une poudre blanche soluble dans 100 parties d'eau ; le *chlorure de lithium* est un sel blanc cristallisé et déliquescent ; ces deux composés, qui se rencontrent en quantité très-faible dans un grand nombre d'eaux minérales, sont employés en médecine. Les sels de lithium sont très-répandus dans la nature ; il est facile de constater leur présence dans les cendres du tabac, du sang, des muscles, etc.

La recherche de la lithine se fait facilement à l'aide du spectroscope. Une solution, *exempte* de sels de strontium et de calcium, et transformée en chlorure, est évaporée à siccité ; le résidu est traité par un mélange d'alcool et d'éther qui dissout le chlorure de lithium. Ce sel, introduit dans la flamme de l'alcool, produit une flamme *pourpre;* il donne au spectroscope une raie (α) d'un rouge carmin très-vif et une raie d'un orangé très-pâle (β).

SODIUM.

§ 55. **Composés sodiques.** — *Soude.* — Masses blanches déliquescentes, très-solubles dans l'eau, attirant l'acide carbonique et se transformant en un sel efflorescent.

Sulfure de sodium (sel de Baréges), $SNa^2 + 9Aq$. — Cristaux jaunâtres, déliquescents, à forte odeur sulfureuse, très-altérables et toxiques.

Polysulfures. Foie de soufre solide (trisulfure mêlé d'hyposulfite). — Masses brunes, odeur sulfureuse, réaction alcaline, très-altérables au contact de l'air.

Quintisulfure. — Liquide rouge brunâtre, réaction alcaline et odeur sulfureuse.

Sulfate de sodium (sel de Glauber, d'Epsom, de Lorraine), $SO^4Na^2 + 10Aq$. — Le sel cristallise en petits cristaux aiguillés, *efflorescents*, très-solubles dans l'eau, d'une saveur amère, mais moins nauséeuse que celle du sulfate de magnésium.

Sulfite de sodium. — Sel blanc cristallisé, saveur de sulfite.

Hyposulfite. — Sel blanc, cristaux volumineux. Le premier de ces sels s'altère au contact de l'air et se sulfatise.

Chlorure de sodium (sel gemme). — Sel blanc cristallisé en cubes (trémies), décrépitant par la chaleur, soluble dans l'eau et dans l'alcool affaibli.

Hypochlorite de soude (eau de Labarraque). — Solution incolore, à odeur de chlore.

Iodure de sodium. — Sel blanc cristallisé, soluble dans l'eau et l'alcool, mais peu employé, parce qu'il se décompose au contact de l'air en jaunissant.

Phosphate de sodium ($PhO^4Na^2H + 12Aq$). — Sel blanc cristallisé en prismes, efflorescent, soluble dans l'eau. La calcination le transforme en pyrophosphate, $Ph^2O^7Na^4$.

On trouve dans les urines un sel double appelé autrefois *sel microcosmique*, qui a pour formule $PhO^4NaAzH^4H + 4Aq$.

Hypophosphite de sodium. — Sel blanc soluble dans l'eau; le sel brûle sur le charbon; la solution réduit les sels d'argent.

Arséniate neutre. — Ce sel est isomorphe avec le phosphate; il est efflorescent (liqueur arsenicale de Pearson).

Biborate (borax). — Sel cristallisé, peu soluble dans l'eau froide, saveur alcaline. Le sel se boursoufle quand on le chauffe, puis fond en un verre incolore.

Carbonate de sodium, $CO^3Na^2 + 10Aq$. — Sel blanc cristallisé, soluble dans l'eau; cristaux efflorescents, saveur très-caustique.

Bicarbonate. — Sel blanc amorphe et en petits cristaux; la solution ne doit pas précipiter par le sulfate de magnésium, quand elle est exempte de carbonate (sels de Darcet, de Vichy); sa saveur est peu caustique; elle perd par l'ébullition de l'acide carbonique et se transforme en carbonate.

§ 56. **Réactions caractéristiques.** — Les sels de sodium sont incolores (à moins que l'acide ne soit coloré) et presque tous efflorescents. Leurs solutions ne sont précipitées ni par *l'hydrogène sulfuré*, ni par le *sulfure d'ammonium*, ni par le *carbonate de sodium*, ni par le *phosphate de sodium*, ni par *l'acide tartrique*, ni par le *chlorure de platine*. Les solutions concentrées, neutres ou alcalines, sont précipitées par *l'antimoniate de potassium*; l'agitation favorise la précipitation.

Les sels de sodium sont néanmoins très-faciles à caractériser, car ils communiquent aux flammes une couleur jaune très-intense; cette flamme, examinée au spectroscope, ne présente qu'une raie jaune coïncidant avec la raie D du spectre solaire. Cette réaction est sensible au millionième.

POTASSIUM.

§ 57. Composés potassiques. — *Potasse.* — Plaques blanches, déliquescentes; la *pierre à cautère* (KHO) s'obtient en fondant le corps précédent. La *poudre de Vienne* est un mélange de chaux et de potasse.

Sulfures. — Mêmes caractères extérieurs que les sulfures de sodium.

Sulfate (sel de Duobus). — Sel blanc, cristaux durs, peu solubles. Le sel est souvent arsenical.

Chlorure (sel fébrifuge de Sylvius). — Sel blanc cristallisé en cubes, produisant un froid considérable pendant sa solution.

Hypochlorite. — Vendu sous forme liquide (eau de Javelle).

Chlorate. — Sel blanc cristallisant en lamelles hexagonales, peu soluble dans l'eau froide (pastilles de Dethan). Le sel fond et dégage de l'oxygène quand on le chauffe dans un tube.

Bromure de potassium. — Cubes blancs, solubes dans l'eau et dans l'alcool; le sel est souvent mêlé d'iodure et de chlorure.

Iodure. — Cristaux cubiques blancs, transparents, plus souvent opaques, neutres au papier de tournesol, solubles dans l'eau et l'alcool; le sel contient souvent des chlorures, des sulfates, carbonates et iodures.

Azotate (nitre, salpêtre). — Prismes blancs cannelés, saveur fraîche et piquante, très-solubles dans l'eau, insolubles dans l'alcool. Le sel fond quand on le chauffe dans un tube; une calcination prolongée le transforme en azotite.

Carbonate de potassium (cendres). — Sel blanc amorphe, déliquescent, saveur très-caustique, à réaction très-alcaline, rarement pur. (*V.* Chap. I, 15.)

Bicarbonate. — Cristaux assez volumineux. (*V.* sel de soude.)

Cyanure. — Sel blanc cristallisé en cubes ou en masses opaques; soluble dans l'eau et dans l'alcool; il s'altère à l'air humide et répand une odeur prussique. Sa solution précipite puis redissout un grand nombre de solutions métalliques; ces cyanures doubles sont employés en industrie (or, argent, etc.).

Ferrocyanure de potassium (prussiate ou cyanure jaune. — Cristaux volumineux jaunes solubles dans l'eau; le sel noircit par la chaleur et se transforme en cyanure de potassium et en carbure de fer; l'acide sulfurique concentré et bouillant en dégage de l'oxyde de carbone, l'acide étendu de l'acide cyanhydrique.

Ferricyanure ou prussiate rouge. — Cristaux rouge-rubis. (*V.* Chap. I.)

Silicate de potassium (ou de sodium). — Masse vitreuse blanche, soluble dans l'eau bouillante, réaction alcaline. (Liqueur des cailloux, bandages silicatés, médicament dialytique.) La solution ne doit pas renfermer un excès d'alcali.

Arsénite de potassium (liqueur de Fowler).

Arséniate (sel de Macquer), AsO^4KH^2. — Cristaux volumineux très-solubles dans l'eau à réaction acide.

Acétate de potassium. — Sel très-déliquescent, transformé par la calcination en carbonate (diurétique).

Tartrate acide de potassium (crème de tartre). — Cristaux durs, solubles dans 76 parties d'eau chaude, saveur acidule. Le sel calciné dégage une odeur de caramel et laisse un résidu noir (mélange de carbonate et de charbon), nommé *flux noir.*

Tartrate neutre de potassium (sel végétal). — Sel blanc,

très-soluble dans l'eau ; se comportant comme le sel précédent par la calcination.

Crème de tartre soluble (tartrate borico-potassique). — Sel blanc très-soluble, déliquescent.

Sel de Seignette (sel de la Rochelle, des tombeaux). — Prismes volumineux, saveur salée, soluble dans l'eau.

On doit, pour constater la présence de la potasse dans les tartrates, calciner ces sels et redissoudre le résidu dans de l'eau ; le liquide filtré, acidulé et évaporé de nouveau à siccité, est soumis aux réactifs.

§ 58. **Réactions caractéristiques.** — Les sels potassiques sont presque tous déliquescents ; leurs solutions neutres ne sont pas précipitées par l'*hydrogène sulfuré*, le *sulfure d'ammonium*, le *phosphate de sodium* et le *carbonate de sodium*. Ils ne dégagent pas d'*ammoniaque*, lorsqu'on les fait bouillir avec le carbonate de sodium ou l'eau de chaux.

Versées en solution concentrée *dans* un excès d'*acide tartrique*, elles fournissent par l'agitation un précipité blanc de crème de tartre.

Le *bichlorure de platine* les précipite en jaune-serin ($PtCl^4, 2KCl$) ; le précipité est insoluble dans l'alcool éthéré ; il se décompose par la calcination en platine et en chlorure de potassium non volatil.

Les sels de potassium exempts de sels de sodium, introduits dans la flamme, la colorent en *bleu violet ;* cette couleur est masquée par les sels sodiques, mais on réussit quelquefois à la voir en regardant la flamme à travers un verre bleu. On voit deux raies au spectroscope : l'une α dans le rouge, l'autre β dans le bleu ; l'intervalle est éclairé.

II. — MÉTALLOIDES ET ACIDES.

§ 59. **Généralités.** — Il serait trop difficile de suivre dans l'étude des caractères des acides une marche qui serait basée uniquement sur les réactions analytiques ; il vaut mieux étudier simultanément les acides que fournit un même métal-

loïde. Nous ferons précéder cette étude de l'histoire du métalloïde, et nous grouperons ces derniers d'après leur atomicité,
faisant une exception pour l'oxygène, auquel nous rattachons
les oxydes, dont la recherche embarrasse si souvent le commençant.

§ 60. **Oxygène et ses composés.** —*a*) *Oxygène*. — Ce
corps présente deux, peut-être trois états allotropiques.

L'*oxygène ordinaire* est un gaz neutre, incolore, inodore,
rallumant une allumette présentant un point en ignition, ren-
dant rutilant le bioxyde d'azote, peu soluble dans l'eau, non
absorbé par la potasse, mais absorbé en totalité par le phosphore, par le mélange d'acide pyrogallique et de potasse, et
par le chlorure cuivreux ammoniacal. L'*ozone* se distingue de
l'oxygène par son odeur phosphorée; il brunit de plus l'argent, bleuit le papier ioduré et noircit le papier imprégné de
chlorure de manganèse. La chaleur transforme l'ozone en oxygène ordinaire. L'*antozone* (encore mal étudié) ne bleuirait
pas le papier ioduré et décolorerait le papier bruni de manganèse; il formerait avec l'eau de l'*eau oxygénée;* on caractérise
cette dernière en agitant le liquide avec du bichromate de potassium et de l'éther; ce dernier surnage avec une couleur
bleue.

b) *Oxydes*. — Un même métal peut former avec l'oxygène
divers degrés d'oxydation. Il sera souvent très-facile de démontrer qu'un corps est un oxyde; c'est ainsi que les oxydes d'argent, de mercure, le minium, l'oxyde puce, dégagent de l'oxygène par la calcination dans un tube; d'autres ne dégagent
leur oxygène qu'à l'état d'eau, sous l'influence de l'hydrogène
(oxyde de cuivre, oxyde ferrique); il en est (alumine) pour
lesquels des procédés plus détournés sont nécessaires. Je ne
puis entrer dans ces détails. L'analyste arrivera le plus souvent à la notion d'oxyde par exclusion; il a déterminé le
métal qui se trouve dans la combinaison, et n'a pas réussi à
y déceler un acide; le corps ne peut être qu'un métal ou qu'un
acide. L'aspect physique suffit souvent à trancher la question, mais ne suffit pas toujours. Je citerai comme exemple le

fer réduit et l'oxyde ferroso-ferrique; on fait intervenir dans
ce cas l'acide chlorhydrique ou l'acide azotique, qui dissolvent
les oxydes sans dégagement de gaz, et les métaux avec dégagement d'hydrogène et de vapeurs rutilantes. Les bioxydes de
plomb, de manganèse, le minium, dégagent du chlore avec
l'acide chlorhydrique, ce qui n'est pas le cas pour les protoxydes
et les sesquioxydes. Le bioxyde de baryum fait exception; traité
par de l'acide chlorhydrique, il donne de l'eau oxygénée.

§ 61. **Acides du chlore.** — *a*) *Chlore.* — Le chlore est un
gaz vert, d'une odeur caractéristique, décolorant le papier de
tournesol et bleuissant le papier ioduré. Ce gaz est absorbé par
la potasse et ne peut être recueilli sur le mercure qu'il attaque.
Le chlore est soluble dans l'eau (*voy.* § 4.)

b) *Acide chlorhydrique.* — L'acide chlorhydrique est un gaz
acide, incolore, fumant au contact de l'air humide et de l'ammoniaque. Ce gaz est très-soluble dans l'eau; la solution (§ 3),
quand on la chauffe, perd d'abord une partie de son gaz,
puis *passe en totalité à la distillation à* + 110°. Il n'attaque
pas le mercure; le cuivre n'est transformé en chlorure qu'au
contact de l'air. L'acide libre colore en brun les tissus; il dissout à l'ébullition les matières albuminoïdes en un liquide
bleu violacé.

Chlorures. — La formule de ces sels est celle des oxydes,
dans lesquels O est remplacé par 2Cl. Quelques-uns sont liquides (liqueur fumante de Libavius); ceux qui sont solides
ont un aspect salin, vitreux ou terreux. L'eau ou l'eau aiguisée
d'acide chlorhydrique dissout tous les chlorures, sauf les chlorures d'argent, mercureux et de plomb; encore ce dernier est-
il soluble dans l'eau bouillante et un peu dans l'eau froide.

Presque tous les chlorures sont volatils sans décomposition;
font exception : les chlorures d'or, de platine et de cuivre.

L'acide sulfurique versé sur les chlorures solides en dégage
à froid des vapeurs d'acide chlorhydrique; font exception les
chlorures d'argent et de mercure. L'acide sulfurique versé sur
un mélange de chlorure et de peroxyde de manganèse (ou de
plomb) en dégage du chlore. Des chlorures distillés avec un

mélange de bichromate de potassium et d'acide sulfurique
fournissent un liquide que l'ammoniaque colore en *vert*.

Les solutions ne sont pas précipitées par l'azotate de baryum ;
l'azotate d'argent y produit un précipité blanc caillebotté, insoluble dans l'acide azotique, soluble dans l'ammoniaque et noircissant à la lumière. Elles ne se colorent pas quand on les traite
par de l'eau chlorée et de l'empois d'amidon ou du sulfure de
carbone.

c) Acide hypochloreux. — Les hypochlorites alcalins nous
intéressent seuls ; ils sont faciles à reconnaître à leur odeur
de chlore, surtout quand on les traite par un acide faible.
Les solutions des hypochlorites sont toujours alcalines (elles
renferment un excès de base) ; aussi ne décolorent-elles immédiatement que les solutions colorées acides, comme l'indigo. L'hypochlorite de chaux solide, chauffé dans un tube, dégage de l'oxygène.

d) Acide chlorique. — Les chlorates alcalins sont solubles ;
chauffés, ils dégagent de l'oxygène et déterminent l'ignition
vive du charbon. L'acide sulfurique versé sur eux *colore le sel
en rouge ;* il se dégage ensuite un gaz jaune verdâtre, d'une
odeur de chlore et de caramel, qui détone fortement surtout
quand on chauffe. L'acide chlorhydrique, versé sur un chlorate,
en dégage un gaz vert, qui est du chlore. Les solutions ne sont
précipitées ni par l'azotate d'argent, ni par l'azotate de baryum ; elles ne se colorent pas en rose par le mélange de sulfate ferreux et d'acide sulfurique. Évaporées et calcinées dans
un tube, elles dégagent de l'oxygène et fournissent un résidu
(chlorure) qui précipite par l'azotate d'argent.

§ 62. **Composés du brome.** — *a) Brome.* — Liquide d'un
rouge brun ; à la température ordinaire, le brome émet des vapeurs rouges jaunâtres, d'une odeur irritante et bout à + 63°.
Il est soluble dans 55 fois son volume d'eau, dans l'alcool et
dans l'éther ; la couleur de ces solutions est rouge ou jaune ;
la benzine, le chloroforme et le sulfure de carbone le dissolvent
en se colorant en rouge plus ou moins vif. L'amidon est coloré
en jaune par le brome du commerce. La potasse le dissout en

le transformant en un mélange de bromure et de bromate incolores.

b) *Acide bromhydrique.* — Ce gaz possède les mêmes caractères que l'acide chlorhydrique, mais il se décompose facilement en se colorant en brun par le brome qui est mis en liberté. La solution subit rapidement cette altération ; elle présente les mêmes caractères que les solutions des bromures.

Bromures. — Ces sels ont la même formule que les chlorures correspondants ; ils sont isomorphes, leur solubilité est la même ; l'action de la chaleur est un peu différente (les bromures sont moins volatils).

L'acide sulfurique dégage des bromures solides (font exception quelques bromures métalliques) non-seulement des fumées blanches d'acide bromhydrique, mais encore des vapeurs de brome ; le mélange de bromure et de peroxyde de manganèse perd tout son brome quand on le traite par de l'acide sulfurique.

Les solutions ne sont pas précipitées par l'azotate de baryum, mais l'azotate d'argent y produit un précipité jaunâtre, insoluble dans l'acide azotique, et se dissolvant avec quelque difficulté dans l'ammoniaque.

L'*eau chlorée,* versée dans une solution, met le brome en liberté ; il s'ensuit que l'amidon est jauni, et que l'éther ou le sulfure de carbone se colorent en jaune. Ce dernier procédé est plus sensible, car le brome est condensé sous un petit volume et devient visible alors même qu'il n'y en a que des traces. Cette réaction doit être faite avec quelque précaution, car un excès d'eau chlorée réagirait sur le brome mis en liberté et le transformerait en composés qui ne présenteraient plus les réactions précédentes. Il convient par suite de ne se servir que d'une *eau chlorée très-étendue* et d'ajouter au mélange, si l'on a dépassé le but, du zinc et quelques gouttes d'acide chlorhydrique. Notons encore que la recherche du brome ne doit jamais se faire dans des liquides alcalins ou contenant des matières organiques, car l'action du chlore se porterait de préférence sur les composés étrangers.

Le *chlorure d'or* a été indiqué récemment comme réactif d'une grande sensibilité ; quelques gouttes versées dans le liquide chaud (exempt d'iodure) donnent une coloration jaune-paille très-intense.

c) Acides oxygénés. — L'*hypobromite* est aussi facile à reconnaître que l'hypochlorite. Les *bromates* fusent sur le charbon, dégagent de l'oxygène par la calcination, et se transforment en bromures. L'acide sulfurique en dégage du brome. Les solutions se colorent en jaune par l'acide chlorhydrique, et décomposent l'hydrogène sulfuré en produisant un dépôt de soufre.

§ 63. **Composés de l'Iode.** — *a) Iode.* — Ce métalloïde se reconnaît à son aspect métallique gris noir, à son odeur, et surtout aux vapeurs violettes qu'il dégage quand on le chauffe. Ses solutions dans l'eau (1/7000), dans les iodures, dans l'alcool et dans l'éther sont jaunes ou brun rougeâtre ; elles sont pourpres dans le sulfure de carbone et le chloroforme, d'un rouge vif dans la benzine. L'empois d'amidon récent est coloré en bleu par l'iode ; cette coloration disparaît à chaud et ne reparaît que lorsqu'on a chauffé dans un vase qui n'ait pas permis le renouvellement de l'air. La potasse transforme l'iode en un mélange incolore d'iodure et d'iodate.

b) Acide iohydrique. — Cet acide, gazeux à l'état ordinaire, se décompose encore plus facilement que l'acide bromhydrique ; il en est de même de sa solution. Les iodures sont isomorphes avec les chlorures ; beaucoup d'entre eux, dont les chlorures correspondants sont incolores, sont colorés (en jaune les iodures de plomb et d'argent ; en brun celui de bismuth ; en vert le sel mercureux ; en rouge le sel mercurique et celui d'antimoine).

Les iodures de la troisième, quatrième et cinquième section et ceux de cadmium et d'arsenic sont solubles, les autres sont ou insolubles ou peu solubles.

Ils sont moins volatils que les chlorures, et quelques-uns dégagent des vapeurs d'iode par la calcination dans le tube ou sur le charbon.

L'acide sulfurique dégage de la plupart des iodures (quelques sels métalliques font exception) un mélange de fumées blanches très-épaisses d'acide iodydrique et de vapeurs violettes. Il ne se dégage que de l'iode quand on a ajouté du peroxyde de manganèse.

Les solutions ne sont pas précipitées par l'azotate de baryum; l'*azotate d'argent* y produit un précipité jaune qui est insoluble dans l'acide azotique et l'ammoniaque (le précipité devient blanc).

Le *chlorure de palladium* précipite les iodures en noir.

La réaction caractéristique consiste à mettre l'iode en liberté par l'*eau chlorée* et à en déceler la présence soit par l'amidon, soit par le sulfure de carbone. On doit prendre toutes les précautions indiquées à propos de la recherche des bromures; on peut, dans quelques cas, substituer avec avantage à l'eau chlorée l'acide azotique rutilant ou l'acide sulfurique auquel on a fait absorber des vapeurs nitreuses.

c) Iodates. — Les sels alcalins sont solubles, fusent sur le charbon, dégagent par la calcination de l'oxygène mêlé quelquefois de vapeurs d'iode.

L'acide sulfurique est sans action apparente.

Leurs solutions mêlées d'amidon ne sont pas colorées par le chlore ou par l'acide chlorhydrique; l'hydrogène sulfuré et l'acide sulfureux les colorent en bleu, mais la coloration disparaît quand on emploie un excès de réactif.

§ 64. **Composés du fluor.** — Les fluorures alcalins sont solubles; celui de calcium est insoluble. Ces composés traités par de l'acide sulfurique dégagent un gaz très-fumant qui corrode le tube dans lequel on a fait l'essai. La corrosion n'est souvent apparente que lorsque le tube a été lavé et séché. De grandes précautions sont nécessaires quand il s'agit d'en reconnaître des traces; l'acide sulfurique doit avoir été purifié par l'ébullition, et l'on doit substituer le quartz à la lame de verre.

§ 65. **Composés du soufre.** — *a) Soufre.* — Ce corps polymorphe se reconnaît aux caractères qu'il présente quand on le chauffe dans un tube. Il fond en un liquide jaune, qui brunit de plus en plus, devient visqueux, et entre enfin en ébullition en laissant déposer de la fleur de soufre dans les parties refroidies du tube. Chauffé sur le charbon, il brûle avec une flamme bleue, et répand l'odeur d'acide sulfureux. Les diverses variétés de soufre fondues et lentement refroidies, sont solubles dans le sulfure de carbone; la solution l'abandonne par l'évaporation lente en octaèdres. L'ébullition avec les alcalis transforme ce métalloïde en un liquide brun rougeâtre (foie de soufre, mélange de polysulfure et d'hyposulfite).

b) *Acide sulfhydrique.* — Gaz incolore, odeur d'œufs pourris, brûle avec une flamme bleue (odeur d'acide sulfureux) et noircit le papier plombique. Le chlore le décompose avec dépôt de soufre. La solution des réactifs qui renferme de 2 à 3 volumes de gaz ne se conserve qu'à l'abri de l'air; elle ne rougit que faiblement la teinture de tournesol.

Sulfures. — Les sulfures ont les mêmes formules que les oxydes correspondants, O se substituant à S; il existe des polysulfures. Leur aspect est quelquefois métallique ou vitreux, plus souvent terreux. Les sulfures de la 4e et de la 5e section sont solubles.

Ils dégagent de l'acide sulfureux quand on les chauffe sur le charbon dans la flamme oxydante; quelques-uns même (surtout les polysulfures) brûlent avec une flamme bleue.

L'acide sulfurique concentré ne dégage d'hydrogène sulfuré que d'"un nombre très-restreint de sulfures; c'est de l'acide sulfureux qui se dégage quand on chauffe. L'acide étendu, mieux encore l'acide chlorhydrique, met en liberté de l'hydrogène sulfuré qui noircit le papier plombique. Les sulfures de mercure, d'or et de platine qui ne sont pas attaqués par ces acides sont caractérisés par la production d'acide sulfurique sous l'influence de l'eau régale.

Les solutions des sulfures alcalins ne sont pas précipitées par l'azotate de baryum; l'azotate d'argent y produit un précipité noir soluble dans l'acide azotique. Elles donnent, avec le *nitro-prussiate de sodium*, une coloration d'un beau violet-rouge très-fugace. Cette réaction est très-sensible.

Il est facile de distinguer les solutions des monosulfures de celles des polysulfures; ces dernières sont colorées et précipitent du soufre blanc par l'acide chlorhydrique.

c) Acide sulfurique. — Liquide incolore (ou légèrement brunâtre), inodore, de consistance huileuse; bout vers 350° en dégageant des fumées blanches très-irritantes; il produit de la chaleur quand on le mêle avec l'eau et précipite en blanc les sels de baryum. L'acide de Nordhausen (glacial ou fumant) répand des fumées blanches à l'air humide.

L'acide sulfurique concentré *charbonne le papier, la saccharose;* en solution étendue, il saccharifie l'amidon. Une solution étendue, évaporée à l'étuve avec du sucre ou sur une feuille de papier, donne une coloration qui varie du vert au brun ou au noir. Cet acide est soluble dans l'alcool. Il dégage de l'acide sulfureux quand on le chauffe avec du charbon ou du cuivre.

L'acide sulfurique ($SO^4 H^2$), acide bibasique, forme deux espèces de sels; nous nous occuperons exclusivement des sels neutres.

Sulfates. — Ces sels se comportent d'une manière très-diverse quand on les chauffe à la flamme oxydante; quelques-uns dégagent de l'acide sulfureux. Tous sont transformés en *sulfures* quand on les calcine avec un mélange de charbon et de carbonate de sodium. Le charbon détaché à l'endroit où l'essai a été fait, a une saveur d'œufs pourris, et noircit une pièce d'argent quand on l'humecte.

Les sulfates de plomb et de baryum sont insolubles; ceux de strontium, de calcium, d'argent, de mercure sont peu solubles; tous les autres sont solubles dans l'eau. Presque tous les sulfates (le sulfate ferrique excepté) sont insolubles dans l'alcool.

L'acide sulfurique (ou chlorhydrique), même à + 100°, ne réagit pas visiblement sur les sulfates.

Les solutions sont précipitées par l'azotate ou par le chlorure de baryum; ce précipité *est insoluble* dans les acides azotique ou chlorhydrique. Il est important, quand on fait ce dernier essai, d'ajouter *beaucoup d'eau* avant de se prononcer, car le chlorure et l'azotate de baryum sont peu solubles dans les liquides acides et pourraient être précipités; ce dépôt (qui a un aspect cristallin) pourrait être confondu avec le précipité amorphe de sulfate de baryum.

d) Acide sulfureux. — Gaz incolore, odeur caractéristique, éteignant les corps en combustion, décolorant le papier de tournesol, colorant en bleu le papier iodaté, et en vert celui imprégné de chromate. Le gaz est absorbé par l'eau (*voy.* chap. I), par la potasse et par le borax (caractère distinctif de l'acide carbonique).

L'acide sulfureux ($SO^5 H^2$), acide bibasique, forme deux espèces de sels; nous ne parlerons que des sulfites alcalins.

Sulfites. — Ces sels, chauffés sur le charbon, se transforment en sulfures.

Ils dégagent à froid de l'acide sulfureux quand on les mouille avec de l'acide sulfurique ou chlorhydrique concentré. On constate le dégagement d'acide sulfureux par l'odeur ou par l'un des papiers mentionnés.

La solution a une saveur d'acide sulfureux; elle ne doit pas précipiter par l'azotate de baryum; le précipité, s'il s'en forme un, doit être soluble dans un acide. Le sulfite du commerce renferme toujours assez de sulfate pour masquer ce caractère.

Les sulfites donnent, avec le chlorure ferrique, une coloration rouge et colorent en vert le chromate acide de potassium.

e) Hyposulfites alcalins. — Ces sels, chauffés sur le charbon, brûlent avec une flamme bleue (odeur sulfureuse). Ils présentent les mêmes caractères que les sulfites, mais l'acide chlorhydrique précipite de leur solution du soufre blanc. L'azotate de baryum donne avec eux un précipité blanc, soluble dans beaucoup d'eau et dans l'acide azotique étendu à froid. L'azotate d'argent les précipite en blanc; un excès d'hyposulfite dissout le précipité; le liquide, peu de temps après, instantanément à chaud, laisse déposer du sulfure d'argent noir.

§ 66. **Composés de l'azote.** — *a) Azote.* — Gaz neutre

incolore, inodore, éteignant les corps en combustion, ne troublant pas l'eau de chaux, non absorbable à froid.

b) Protoxyde d'azote. — Gaz neutre, incolore, inodore, rallumant une allumette présentant un point en ignition, n'est pas absorbé par le mélange d'acide pyrogallique et de potasse; ne rend pas rutilant le bioxyde d'azote; soluble dans l'eau et dans l'alcool.

c) Bioxyde d'azote. — Gaz incolore, devenant rutilant au contact de l'air ou du chlore humide; le sulfate ferreux absorbe ce gaz en se colorant en brun.

d) Azotites. — Les azotites alcalins déterminent faiblement l'ignition du charbon; ils dégagent des vapeurs rutilantes sous l'influence des acides; leur solution colore en brun le sulfate ferreux.

e) Acide azotique. — Cet acide est caractérisé par les vapeurs rutilantes qu'il dégage en présence du cuivre, par la coloration jaune qu'il communique aux tissus épidermiques, et par la décoloration de l'indigo. Une feuille d'or qui ne se dissout pas dans l'acide chlorhydrique, se dissout en un liquide jaune, quand on y ajoute une goutte d'acide azotique.

L'acide azotique en quantité très-faible colore en rose ou en brun un mélange de sulfate ferreux et d'acide sulfurique. On fait tomber au fond du liquide deux ou trois cristaux de sulfate ferreux bien pur, et l'on verse de l'acide sulfurique le long des parois. La coloration se produit autour des cristaux et à la surface de séparation.

La réaction suivante est peut-être plus sensible : on mêle le liquide acide avec une solution au 1/1000 de brucine (2 à 5 gouttes) et l'on verse de l'acide sulfurique le long des parois; il se produit une teinte rouge à la zone de séparation.

Azotates. L'acide azotique est un acide monobasique; on connaît quelques sels basiques.

Les azotates (les alcalins exceptés), chauffés dans un tube, dégagent des vapeurs rutilantes; ils déterminent l'ignition vive du charbon. Tous les azotates sont solubles, sinon dans l'eau, du moins dans l'eau faiblement acidulée.

L'acide sulfurique déplace, à la température ordinaire, l'acide azotique des azotates, mais ce n'est qu'à +100° qu'il en dégage des vapeurs acides et incolores qui deviennent rutilantes quand on ajoute à l'essai précédent du cuivre.

Les solutions ne sont pas précipitées par l'azotate de baryum et par l'azotate d'argent; elles sont caractérisées, même quand elles sont très-étendues, par les réactions du mélange d'acide sulfurique et de sulfate ferreux ou de brucine.

§ 66bis. **Composés du phosphore.** — *a) Phosphore.* — Métalloïde polymorphe présentant deux états allotropiques. Le phosphore ordinaire est un corps jaunâtre, d'une odeur alliacée, mou comme de la cire, d'un aspect corné, lumineux dans l'obscurité, s'oxydant au contact de l'air (qu'il ozonise), et pouvant même s'enflammer. Les vapeurs qu'il émet à l'air humide réduisent l'azotate d'argent. Son dissolvant est le sulfure de carbone; l'acide azotique le transforme en acide phosphorique.

Le *phosphore rouge* ou *amorphe* est une poudre rouge, insoluble dans le sulfure de carbone; il n'est pas lumineux dans l'obscurité, et brûle avec une flamme blanche quand on le chauffe vers +250°. L'acide azotique le transforme en acide phosphorique.

b) Hypophosphites. — Les sels alcalins sont solubles. Ils brûlent comme le phosphore quand on les chauffe sur le charbon. Leur solution ne précipite pas l'azotate de baryum; elle réduit à froid et surtout à chaud la solution d'azotate d'argent, ainsi que celles de sulfate de cuivre.

c) Acide phosphoreux. — Le produit de l'oxydation du phosphore à l'air humide, nommé acide phosphatique, est un mélange d'acide phosphorique et d'acide phosphoreux; ce liquide réduit l'azotate d'argent et le chlorure d'or. L'acide azotique le transforme en acide phosphorique.

Les *phosphites alcalins* sont solubles; ils brûlent sur le charbon comme le phosphore; l'azotate de baryum ne précipite que les solutions neutres; l'azotate d'argent est réduit à froid, mais plus facilement à chaud.

d) Acide phosphorique. — L'*anhydride phosphorique* est une poudre blanche qui attire rapidement l'humidité en se transformant d'abord en acide métaphosphorique, puis en acide ordinaire.

L'*acide métaphosphorique* se présente sous forme d'une masse vitreuse, lentement soluble dans l'eau froide; sa solution coagule l'albumine. Les *métaphosphates* alcalins sont solubles; leur solution, acidulée par l'acide acétique, coagule l'albumine; l'azotate d'argent les précipite en blanc; l'acide azotique concentré les transforme en phosphates.

Nous ne dirons rien de l'*acide pyrophosphorique*, et nous nous contenterons d'indiquer quelques caractères des *pyrophosphates alcalins*. Les solutions donnent avec l'azotate de baryum un précipité blanc soluble dans les acides; l'azotate d'argent précipite en blanc; le précipité est soluble dans les acides et dans l'ammoniaque; la solution, mêlée d'acide acétique, ne coagule pas l'albumine; le molybdate d'ammonium ne la précipite pas en jaune. L'ébullition avec un mélange d'acides azotique et sulfurique les transforme en phosphates.

L'*acide phosphorique ordinaire* (PhO^4H^3) est un corps cristallisé, très-soluble dans l'eau et dans l'alcool; sa solution chauffée perd de l'eau, puis se transforme en acide métaphosphorique, et se volatilise faiblement vers $+ 300°$. Il ne coagule pas l'albumine et précipite en jaune par le molybdate d'ammonium.

L'acide phosphorique forme trois espèces de sels : les sels trimétalliques PhO^4M^3 (basiques), les sels bimétalliques monohydriques PhO^4M^2H (neutres), les sels monométalliques bihydriques (acides) PhO^4MH^2.

Les phosphates, chauffés sur le charbon, ne présentent aucun phénomène caractéristique; l'acide sulfurique ne produit avec eux aucune réaction visible. Tous les sels acides et les sels neutres et basiques des métaux alcalins sont solubles; les autres sont insolubles, mais se dissolvent dans l'acide azotique, quelques-uns même dans l'acide acétique.

e) Phosphates alcalins. — L'azotate de baryum précipite

leur solution en blanc ; le précipité est soluble dans les acides.

L'azotate d'argent donne un précipité jaune, soluble dans l'acide azotique et l'ammoniaque. Le liquide précipité par l'azotate d'argent est *acide* lorsqu'il provient d'un phosphate neutre ; *neutre*, quand il provient d'un sel basique.

Les phosphates acides (qui bleuissent la teinture de tournesol) ne précipiteront ces deux réactifs qu'après neutralisation par de l'ammoniaque ; un excès d'ammoniaque est à éviter. On pourra se servir de l'*azotate d'argent ammoniacal*, que l'on obtient en versant dans ce réactif de l'ammoniaque jusqu'à ce que le précipité qui s'est formé en premier lieu se soit redissous.

Un mélange limpide de sulfate de magnésium, de chlorure d'ammonium et d'ammoniaque, donne dans les solutions de phosphates un précipité blanc cristallin, de phosphate ammoniaco-magnésien ($PhO^5MgAzH^4 + 6Aq$). La précipitation est favorisée par l'agitation, mais exige quelque temps pour être complète.

Les phosphates versés en solution azotique dans un *excès* de molybdate d'ammonium précipitent en jaune-serin.

L'albumine n'est pas coagulée par ces sels mêlés à de l'acide acétique.

f) Phosphates métalliques. — On les caractérise en versant dans le molybdate d'ammonium leur solution azotique.

On peut redissoudre le précipité jaune bien lavé dans de l'ammoniaque, et en précipiter l'acide phosphorique par un mélange de sulfate de magnésium et de chlorure d'ammonium.

L'*acétate d'uranium* précipite en blanc les solutions azotiques des phosphates auxquelles on a ajouté assez d'acétate de sodium pour que le phosphate soit tenu en dissolution par l'acide acétique. Le phosphate ferrique, insoluble dans l'acide acétique, se précipite par cette addition d'acétate ; on isolera l'acide phosphorique de ce composé par une méthode spéciale ou par le molybdate.

§ 67. **Composés du carbone.** — *a) Carbone.* — Toutes les variétés de carbone, chauffées dans un courant d'oxygène, se transforment en acide carbonique. Ce métalloïde est inattaquable par les acides et par les alcalis.

b) Oxyde de carbone. — Gaz neutre incolore, inodore, brûle avec une flamme bleue (formation d'acide carbonique), ne trouble pas l'eau de chaux, n'est absorbé ni par la potasse, ni par l'acide pyrogallique, mais par le chlorure cuivreux (en solution acide ou ammoniacale) et par le chlorure de palladium qu'il réduit.

c) Acide carbonique. — Gaz incolore, inodore, peu acide (rouge-vineux), éteignant les corps en combustion, troublant l'eau de chaux et absorbé par la potasse. Densité, 1.529. Il se dissout dans son volume d'eau. Il fonctionne comme un acide bibasique et forme des sels neutres CO^3M^2, et des sels acides CO^3MH.

d) Carbonates neutres. — Les carbonates métalliques sont décomposés quand on les chauffe sur le charbon. Tous les carbonates traités par un acide dégagent de l'acide carbonique; l'essai doit se faire dans un petit tube muni d'un tube coudé, qui fait passer les gaz dans de l'eau de chaux (*voy.* fig. 4). On évite des méprises si le carbonate est pulvérulent, en le mouillant avec de l'eau pour chasser l'air interposé. On peut encore, dans les cas douteux, introduire le carbonate au haut d'un

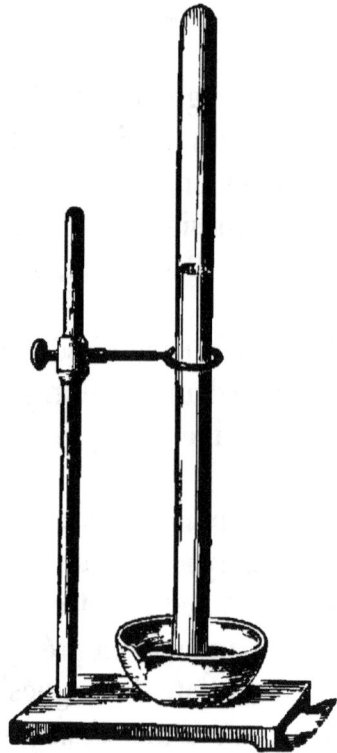

Fig. 7.

long tube rempli de mercure et retourné sur une cuvette: on y a fait arriver au préalable un peu d'acide chlorhydrique étendu d'eau (*fig.* 7.)

Les carbonates alcalins sont seuls solubles; leur solution précipite les azotates de baryum et d'argent; les précipités blancs sont solubles avec effervescence dans l'acide azotique;

le sulfate de magnésium est également précipité en blanc.

e) *Carbonates acides* (bicarbonates). — Ces sels, à part les
sels alcalins, n'existent qu'en solution; cette dernière, chauffée, se décompose en acide carbonique qui se dégage, et en carbonate neutre qui se dépose ou qui, dans le cas des carbonates
alcalins, reste en solution et communique au liquide la propriété de bleuir la teinture de tournesol. Les solutions des bicarbonates alcalins ne précipitent pas le sulfate de magnésium.

§ 68. **Composés du cyanogène.** — *a*) *Cyanogène.* — Gaz
incolore, inodore, odeur irritante rappelant les amandes amères, brûlant avec une flamme pourpre, absorbé par l'eau, l'alcool et la potasse.

b) *Acide cyanhydrique.* — Liquide incolore, d'une odeur
caractéristique, brûlant avec une flamme bleue, et volatil à
+ 27°. Il se dissout dans l'eau et dans l'alcool; ses solutions
s'altèrent et deviennent noires. L'azotate d'argent les précipite
en blanc; le précipité se dissout dans l'ammoniaque et dans
l'acide azotique bouillant.

La solution, traitée par de la potasse, se transforme en cyanure qui, par l'addition de sulfate ferreux, donne naissance à
du ferrocyanure; ce sel donne, avec le chlorure ferrique, du
bleu de Prusse, dont la couleur n'apparaît nettement que lorsqu'on dissout par l'acide chlorhydrique l'oxyde ferrique que la
potasse en excès a précipité des sels ferriques ajoutés.

L'acide cyanhydrique, évaporé à l'étuve avec quelques gouttes de sulfure d'ammonium, donne naissance à du sulfocyanure qui colore en rouge les sels ferriques.

Les vapeurs de ce corps bleuissent le papier de gaïac imprégné d'une solution au quart de sulfate de cuivre. Cette réaction
est très-sensible; elle indique avec certitude l'absence d'acide
cyanhydrique; mais elle est sujette à caution quand elle réussit. (Réaction de Schönbein.)

d) *Cyanures.* — Les cyanures ont la même formule que les
chlorures, Cl et Cy ayant la même atomicité. L'action de la
chaleur sur eux est très-variable; les uns dégagent du cyanogène (argent et mercure), d'autres de l'azote: les sels alcalins

ne se décomposent qu'au contact de l'air, en se transformant en cyanates.

L'acide sulfurique dégage de beaucoup de cyanures de l'oxyde de carbone ; l'acide étendu ou l'acide chlorhydrique mettent en liberté de l'acide cyanhydrique.

Les cyanures de la 4e et de la 5e section, ceux de mercure et d'or sont solubles. La réaction la plus caractéristique de ces sels est celle du bleu de Prusse ; les cyanures alcalins peuvent encore être caractérisés par l'azotate d'argent.

e) Cyanures doubles. — Les cyanures alcalins dissolvent les cyanures métalliques et forment des combinaisons solubles tout aussi *toxiques* que les cyanures alcalins (excepté ceux de fer, de cobalt et de chrome). Un acide faible décompose le cyanure alcalin avec dégagement d'acide cyanhydrique, et le cyanure métallique, s'il est insoluble, se précipite.

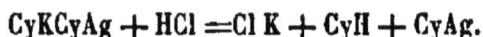

$$CyKCyAg + HCl = Cl K + CyH + CyAg.$$

f) Ferrocyanures et ferricyanures. — Les cyanures de fer (de cobalt et de chrome) forment avec le cyanure de potassium des composés non toxiques dans lesquels le cyanogène du cyanure alcalin se combine avec le cyanure métallique en formant un nouveau radical ferro ou ferricyanogène. L'acide chlorhydrique versé dans une solution de ferrocyanure en précipite de l'acide ferrocyanhydrique blanc au moment où il se forme, mais qui ne tarde pas à bleuir,

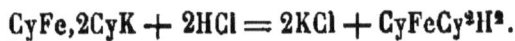

$$CyFe,2CyK + 2HCl = 2KCl + CyFeCy^2H^2.$$

Le ferrocyanure de potassium calciné sur le charbon noircit, scintille et dégage une odeur cyanée et ammoniacale. L'acide sulfurique concentré en dégage de l'oxyde de carbone, l'acide étendu et l'acide chlorhydrique de l'acide cyanhydrique avec formation de bleu de Prusse. Sa solution précipite en blanc le sulfate ferreux, en bleu (bleu de Prusse) le chlorure ferrique.

Le ferricyanure, au contraire, précipite en bleu (bleu de

Turnbull) le sulfate ferreux et ne colore qu'en vert le chlorure ferrique.

Les ferro et ferricyanures alcalins sont solubles et précipitent la plupart des solutions métalliques. L'analyse de ces sels insolubles se fait à l'aide de la potasse, qui les décompose en ferro ou ferricyanures alcalins faciles à caractériser. On calcine le sel après avoir constaté la présence de l'acide ferro ou ferricyanhydrique (réaction du bleu de Prusse), et on reprend le résidu par de l'acide chlorhydrique bouillant (ou eau régale); cette solution sert à la recherche des métaux.

g) Sulfocyanures. — Le sel alcalin est soluble dans l'eau et dans l'alcool; sa solution est caractérisée par le chlorure ferrique, qui la colore en rouge. Le sulfocyanure de mercure est un sel toxique (comme sel mercuriel?) qui entre dans la confection des jouets dits serpents de Pharaon.

§ 69. **Composés du bore.** — *Acide borique.* — Corps blanc cristallisé en lamelles nacrées, grasses au toucher, fusibles mais non volatiles; il est soluble dans l'eau bouillante, mais peu soluble à froid. Sa solution alcoolique brûle avec une flamme verte.

Le *borax*, ou *borate de sodium*, fond sans se décomposer; il est peu soluble dans l'eau, mais lui communique une réaction alcaline. La solution donne avec l'azotate de baryum un précipité blanc soluble sans effervescence dans les acides. L'azotate d'argent, suivant la plus ou moins grande concentration du borate, précipite en blanc, en jaune ou en noir; les précipités se dissolvent dans l'acide azotique et dans l'ammoniaque.

Les borates mélangés avec de l'acide sulfurique et chauffés pendant quelque temps, puis arrosés avec de l'alcool, donnent une coloration vert jaunâtre à la flamme; cette dernière ne devient souvent visible qu'au moment où l'on retire la baguette du mélange; celle-ci est alors entourée d'une auréole verte très-fugace.

§ 70. **Composés de l'acide silicique.** — Cet acide fixe, insoluble dans l'eau et dans les acides, se transforme en silicate, soluble par la fusion avec la potasse. Les silicates alcalins (presque toujours mêlés de carbonates, sont seuls solubles); les acides chlorhydrique ou sulfurique en précipitent de la silice gélatineuse ; l'acide silicique peut rester parfois en solution et ne se déposer sous forme d'une masse pulvérulente insoluble que lorsqu'on reprend le résidu du liquide évaporé par de l'eau.

Un grand nombre de silicates solubles (argiles) sont attaqués par les acides (avec dépôt de silice en gelée) ; ceux qui ne le sont pas et qui nous intéressent sont transformés par la fusion avec le mélange de carbonates de potassium et de sodium en un silicate alcalin.

CHAPITRE III

.

§ 71. Généralités. — Les analyses peuvent être rapportées à quatre cas généraux :

1) La substance est liquide ou solide, mais soluble dans l'eau.

2) Elle est insoluble dans l'eau, mais soluble dans les acides.

3) Elle est insoluble dans l'eau et dans les acides.

4) Elle contient à la fois des corps insolubles et solubles.

I. — SUBSTANCES SOLUBLES DANS L'EAU.

§ 72. Solubilité dans l'eau. — Le commençant est souvent très-embarrassé pour reconnaître si une substance peu soluble se dissout dans l'eau.

On s'assure de la solubilité d'un corps en le réduisant en poudre et en le chauffant dans un tube, avec de l'eau distillée ; le tube doit être incliné et chauffé latéralement ; le liquide est décanté, puis filtré bouillant, on en évapore quelques gouttes sur une lame de platine (*fig.* 8), en ne dépassant pas la température de 100°. On jugera du degré de solubilité du corps à l'abondance du résidu ; lorsque ce dernier est faible, on doit recommencer l'expérience sur la partie insoluble restée dans le tube. Si l'on n'obtient qu'un résidu insignifiant, bien moins abondant que le premier, on sera en droit de conclure que la majeure partie de la substance à analyser est insoluble et que des impuretés seules se sont dissoutes dans la première expérience.

On doit, du reste, *toujours* même quand il s'agit de l'analyse d'un liquide, s'assurer par l'évaporation de quelques gouttes de sa richesse en corps dissous ; cela est *indispensable*, comme nous allons le voir, pour éviter bien des erreurs dues à la présence des matières étrangères que renferment les sels fournis par le commerce. Le chlorure de sodium, par exemple, est rarement exempt de sulfate ; le chimiste constatera dans le cours de l'analyse la présence de ce dernier corps par la réaction de l'azotate de baryum, qui donnera un précipité ; mais ce précipité sera peu abondant et ne sera pas en rapport avec celui que donnerait une solution de sulfate de sodium de même concentration que celle du chlorure. L'analyste regardera la présence du sulfate comme accidentelle, et continuera ses recherches s'il possède des renseignements sur la quantité de sel dissous.

Fig. 8.

On ne doit également soumettre aux réactions que des solutions concentrées, que l'on obtient en concentrant par l'évaporation le liquide à analyser ou en dissolvant le sel à l'ébullition, de manière qu'il reste toujours un excès de sel non dissous. Il vaut mieux en effet faire les essais sur quelques gouttes d'un liquide concentré que sur un verre de solution étendue ; les réactions sont toujours nettes dans le premier cas et ne mettent pas le commençant dans l'embarras de savoir si le réactif a oui ou non précipité. Je le répète encore une fois : *opérer sur une solution concentrée, et se demander à chaque fois si le précipité est en rapport avec la quantité de matière dissoute*, sont deux des conditions capitales pour le succès rapide d'une analyse.

ESSAIS PRÉLIMINAIRES

§ 73. **Essais préliminaires.** — On doit toujours, lorsque la substance à analyser est solide, faire quelques essais préliminaires qui donnent souvent des renseignements précieux. Ces essais sont au nombre de trois :

1) Chauffer le corps dans un tube.

2) Le chauffer au chalumeau sur une lame de platine ou sur le charbon.

3) Le chauffer sur le charbon après l'avoir mêlé avec du carbonate de sodium.

§ 74. **Calcination dans un tube.** — On se sert de tubes de 6 à 8 centimètres de long et de 1 de diamètre intérieur, que l'on étire soi-même sur la lampe à gaz. On y introduit une petite quantité de matière, puis on chauffe lentement en inclinant le tube; vers la fin on peut donner un coup de feu. Il se dégagera souvent de la vapeur d'eau qui se condensera dans la partie refroidie; il faut se garder, dans ce cas, de redresser brusquement le tube, ce qui amènerait une rupture ou une explosion.

Nous résumons au tableau I les principaux points qui doivent attirer notre attention.

CALCINATION DANS UN TUBE
(Tableau I.)

I *La matière noircit.* — Substance organique non volatile et cyanures.
II. *Elle se sublime.* — Sels ammoniacaux. — Sels mercuriels (quelques-uns se décomposent, et il se condense des gouttelettes de mercure). — Soufre et quelques sulfures. — Iode et quelques iodures métalliques. — Arsenic, acide arsénieux, sulfures. — Quelques composés antimoniaux. — Acides organiques volatils (oxalique, succinique, benzoïque). — Une poudre rouge qui produit un sublimé jaune qui redevient rouge par le frottement est de l'iodure mercurique. — L'azotate d'ammonium se décompose sans laisser de résidu; il se dégage du protoxyde d'azote.

III. *Il se dégage un gaz.*

a) *Coloré.* — *Vapeurs vertes.* — Chlorures métalliques. — *Vapeurs rutilantes.* — Azotates métalliques. — *Vapeurs violettes.* — Iodures métalliques.

b) *Incolore.*

    1) *Combustible.* — Flamme *pourpre.* — Cyanures métalliques. — Flamme *bleue.* — Formiates, oxalates, lactates, etc.

    2) *Qui éteint les corps en combustion et trouble l'eau de chaux.* — Carbonates, oxalates et beaucoup de sels organiques.

    3) *Qui rallume une allumette présentant un point en ignition.* — Chlorates, hypochlorites, bromates, iodates, azotates, azotites, oxydes.

    4) *Odorant.* — *Odeur d'acétone.* — Acétates. — *Odeur de caramel.* — Tartrates, corps hydrocarbonés. — *Odeur phosphorée.* — Hydrophosphites et phosphites.

§ 75. Essai sur le charbon ou la lame de platine. — Une quantité de matière aussi petite que possible est placée sur une cavité *peu profonde*, que l'on creuse sur le charbon avec l'extrémité arrondie d'une baguette en verre ; on chauffe d'abord dans la flamme oxydante, puis dans la flamme désoxydante. Il peut arriver que le sel décrépite ; on le réduit alors en poudre fine que l'on place sur un centimètre carré de papier à filtre, humide, et l'on chauffe le mélange comprimé entre les deux œillets d'un fil de platine ; on obtient ainsi une croûte qui ne décrépite plus. L'emploi de la lame de platine doit être réservé pour les substances qui ne renferment ni métaux, ni phosphore, ni arsenic.

Nous devons dire ici quelques mots de l'emploi du *chalumeau;* cet appareil, d'ordinaire en laiton, se compose (*fig.* 9) du tube *ab*, quelquefois muni d'une embouchure en corne, du réservoir *cd* (qui condense l'humidité et sert en même temps de réservoir à air),

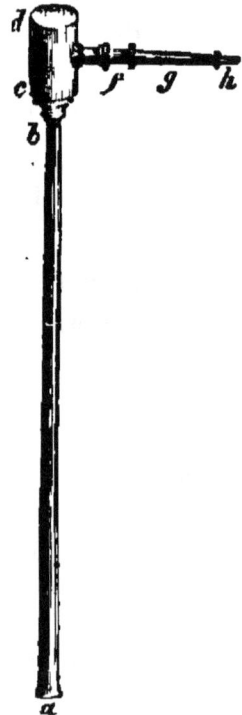

Fig. 9.

du tube *fg*, par lequel s'écoule l'air. Ce tube est muni d'un bec
en platine *h* percé d'un petit trou, qui s'adapte à frottement,
ou qui, d'autres fois, est soudé à l'intérieur du tube *fg*. On
ne doit jamais plonger l'extrémité du chalumeau dans le mélange que l'on chauffe, car il n'est pas toujours facile de net-
toyer le tube engorgé ; on y arrive le plus facilement en portant
l'extrémité *h* au rouge et soufflant fortement (l'emploi d'une
aiguille en acier, trop sujette à se briser, est à éviter). L'habitude de se servir de cet appareil s'acquiert facilement.

On produit à volonté avec le chalumeau des phénomènes
d'*oxydation* ou de *réduction ;* on règle l'écoulement du gaz de

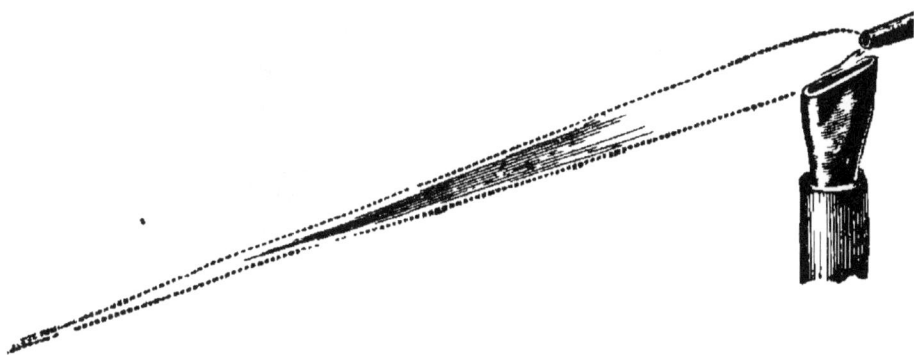

Fig. 10.

manière que l'on n'ait pas de peine à dévier toute la flamme ;
la figure 10 indique la position qu'il faut donner pour oxyder,
et la figure 11 celle qui produit les phénomènes de réduction.
Les parties ombrées des deux figures représentent les parties
les plus lumineuses ; on chauffe le corps à réduire dans le cône
ombré (*fig.* 11), et le corps à oxyder au delà du cône ombré
(*fig.* 10) ; la température sera d'autant plus élevée qu'on ap-
prochera plus de la pointe de ce dernier.

On peut, dans beaucoup de cas, se passer du chalumeau et
chauffer le corps placé sur un fil de platine dans la flamme d'un

bec à gaz, à condition de connaître parfaitement toutes les particularités qu'elle présente.

La lampe à gaz est munie à sa partie inférieure (*fig.* 12) d'une virole *a*, qui permet de régler l'écoulement de l'air ; lorsque la virole est fermée, il n'y a que du gaz qui brûle à l'extrémité *d ;* la flamme est *éclairante*, mais noircit un fragment de porcelaine que l'on y tient pendant quelque temps. La flamme qui doit nous servir ne doit pas noircir ; on l'obtient facilement de la manière suivante : 1º La virole étant fermée, on

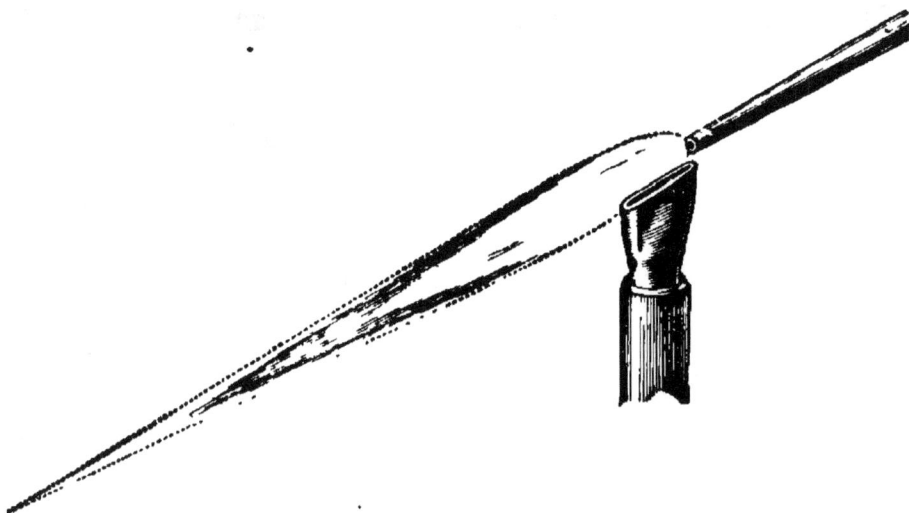

Fig. 11.

règle la hauteur de la flamme à l'aide du robinet qui se trouve à l'embranchement du tube qui amène le gaz ; 2º on tourne lentement la virole en s'arrêtant au moment où la flamme n'est plus jaune, mais bleue.

Il doit y avoir un certain rapport entre le volume du gaz qui est débité et celui de l'air qui est appelé ; un excès d'air rabat la flamme ; on entend une petite explosion, et le gaz continue à brûler en *a* à la partie inférieure, chauffant la lampe au point qu'on ne peut plus la manier. Une cheminée *b*, placée sur le support étoilé *c*, empêche les vacillations.

On reconnaît dans cette flamme bien réglée six régions (*fig.* 13) :

1) α. Base de la flamme, température très-faible dans laquelle se vaporisent les corps très-volatils.

2) β. Point le plus chaud de la flamme (+2500°).

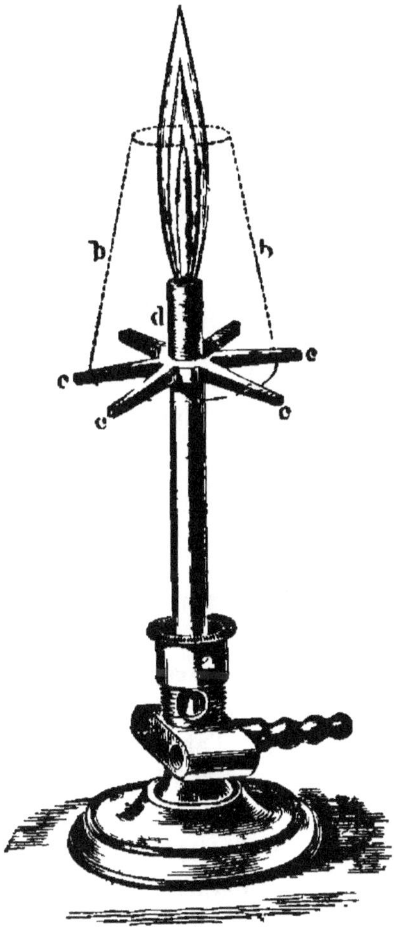

Fig. 12.

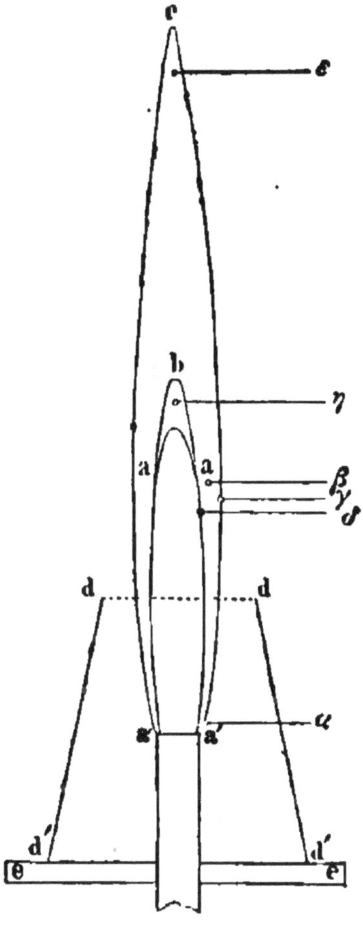

Fig. 13.

3) γ. Région inférieure d'oxydation.

4) ε. Région supérieure d'oxydation, très-propre aux grillages.

5) δ. Région inférieure de réduction.

6) η. Région supérieure de réduction, très-propre à la réduction des métaux.

§ 76. **Essai sur le charbon imprégné de carbonate de sodium.** — On mélange le sel d'une manière intime avec dix fois son poids de carbonate de sodium effleuri; le mélange est placé sur le charbon dans une cavité un peu plus profonde que celle que l'on a faite pour l'essai précédent, et l'on chauffe; il devient quelquefois nécessaire de mouiller le mélange avec une goutte d'eau distillée.

Nous résumons au tableau II les indications principales que fournissent les deux essais précédents.

ESSAI SUR LE CHARBON AVEC OU SANS CARBONATE DE SODIUM.

(TABLEAU II)

1°) La matière détermine *l'ignition vive* du charbon. — Chlorates, bromates, iodates, azotates (azotites).

2°) La matière *brûle* avec une flamme *bleue* (odeur sulfureuse). — Hyposulfites, sulfures (polysulfures), avec une flamme *blanche* (odeur alliacée). — Phosphites et hypophosphites.

3°) La matière n'émet pas de vapeurs ou de fumées, mais disparaît dans les pores du charbon. — Sels de la V° et quelques-uns de la IV° section.

4°) La matière *n'émet pas de vapeurs ou de fumées*, mais reste sur le charbon avec sa couleur plus ou moins modifiée. — Sels de la IV° section, oxydes de la III° section (le zinc excepté). — La flamme de désoxydation réduit le métal de quelques combinaisons du plomb, du bismuth, du cuivre, de l'étain et de l'argent.

5°) La matière *émet des vapeurs ou des fumées. — Incolores et inodores.* — Quelques composés d'antimoine et de zinc. — *Incolores et odeur alliacée.* — Composés arsenicaux. — *Colorées.* — Composés du cadmium. — *Vapeurs violettes de quelques iodures.* — La matière se dépose plus ou moins modifiée à quelque distance de l'endroit chauffé (auréole).

6°) La matière, chauffée avec du carbonate de sodium, donne dans la flamme de désoxydation :

Une *auréole jaune* à chaud, blanche à froid. . . . . . Zinc.

Un *enduit jaune brun*. . . . . Cadmium.

Un *culot blanc; enduit blanc* à la flamme d'oxydation. Étain.

Un *culot blanc* malléable; *enduit jaune rougeâtre* id. Plomb.

Un *culot blanc* cassant   id.   id. Bismuth.

Un *culot blanc ne s'oxydant pas*. . . . . Argent.

Un *culot blanc; fumées blanches sans odeur alliacée* à

la flamme d'oxydation. . . . . Antimoine.

Une *vapeur à odeur alliacée*. . . . . Arsenic.

7°) Le résidu de la calcination précédente détachée, avec une parcelle de charbon sous-jacente, a une saveur sulfureuse et noircit une pièce d'argent lorsque la matière était un *sulfure*, un *sulfite* ou un *sulfate*.

RECHERCHE DU MÉTAL.

§ 77. **Essai de la solution**. — Nous avons vu dans le chapitre précédent que notre méthode de séparation *exige que l'on ne verse* l'hydrogène sulfuré que dans une solution *acidulée par de l'acide de chlorhydrique*. Cette addition d'acide chlorhydrique dans le liquide primitif, que nous désignerons par A, peut entraîner un certain nombre de réactions qui embarrasseraient beaucoup un commençant non prévenu.

Il peut se produire un précipité blanc laiteux de soufre avec les solutions de polysulfures et d'hyposulfites; la liqueur dégage dans ce cas une odeur sulfureuse ou sulfhydrique (noircit le papier plombique).

Il peut se produire un dépôt blanc gélatineux de silice avec les silicates, blanc cristallisé en écailles avec les solutions concentrées de borates, blanc d'acide ferrocyanhydrique (mais bleuissant rapidement) avec les ferrocyanures.

L'acide chlorhydrique, en neutralisant certains dissolvants, amènera la précipitation du corps dissous s'il est insoluble (le précipité se redissout quelquefois dans un excès d'acide); doivent leur précipitation à ces motifs, les solutions potassiques des oxydes d'antimoine et de molybdène, les solutions de cyanures doubles, les sulfosels métalliques.

Sont enfin précipitées, à cause de l'insolubilité de leurs chlorures, les solutions des sels *mercureux, argentique* et *plombique*. Ces précipités sont lourds et se distinguent facilement des précipités laiteux de soufre, dont la précipitation est du reste accompagnée d'un dégagement de gaz. L'ammoniaque permet de différencier entre eux les trois précipités métalliques, car elle noircit le chlorure mercureux, dissout sans le colorer le sel argentique et ne modifie pas le précipité plombique. La solution ammoniacale neutralisée par de l'acide azotique, laisse redéposer le chlorure d'argent qui noircit à la lumière.

On procède de la manière suivante quand l'acide chlorhydrique a donné un précipité : le liquide, fortement acidulé par de l'acide chlorhydrique, est abandonné à lui-même ou filtré. Le liquide filtré sera exempt de sels d'argent et de protoxyde de mercure, mais il contiendra toujours du plomb, car ce dernier sel n'est pas complétement insoluble. La partie insoluble sera traitée à part, comme nous le dirons en parlant des corps insolubles. On porte le liquide filtré à l'ébullition pour chasser les gaz (hydrogène sulfuré, acide cyanhydrique, chlore, acide sulfureux) qui ont pu se former, et l'on continue l'analyse avec le liquide, refiltré s'il est besoin, que nous désignerons par B.

§ 78. **Précipitation par l'hydrogène sulfuré.** — L'hydrogène sulfuré précipite les solutions des métaux de la Ire et de IIe section; ces précipités sont tous colorés. Ce réactif peut donner naissance à quelques réactions secondaires. On obtient un dépôt de magistère de soufre avec les *sels ferriques* (la liqueur se décolore et se transforme en sel ferreux), les *chromates* (le liquide jaune ou rouge se change en sel de chrome vert), l'*hypermanganate de potassium* (la solution est décolorée), les *iodates*, les *bromates*. Il se précipitera de même du soufre dans les liquides qui donnent naissance, sous l'influence de l'acide chlorhydrique, à du *chlore* (hypochlorites, chlorates, azotates), à du *brome*, à de l'*iode*, à des *vapeurs rutilantes*. L'*acide sulfureux* (des sulfites et des hyposulfites) décompose également l'hydrogène sulfuré.

Ce dépôt de soufre n'entrave pas les réactions ultérieures; il y a seulement perte de réactif. En suivant la marche que nous avons indiquée au § 77, nous obtenons un liquide exempt de chlore, de brome, d'iode, de vapeurs rutilantes et d'acide sulfureux.

L'analyste versera dans la solution B une solution récente

d'hydrogène sulfuré (il est bon de vérifier chaque jour son
état de conservation), sans *s'inquiéter* du précipité blanc qui se
forme. Il s'assurera que le liquide bien remué possède après
quelque temps une odeur forte d'hydrogène sulfuré ; il reconnaît à ce caractère que l'*action de ce réactif est épuisée.*

Deux cas peuvent se présenter :

1° L'hydrogène sulfuré n'a pas produit de précipité, ou n'a
produit qu'un précipité blanc ;

2° L'hydrogène sulfuré a donné naissance à un précipité coloré.

On filtre s'il y a un précipité, et l'on obtient un liquide H
et un précipité C. On peut décanter au besoin et laver le précipité une ou deux fois avec de l'eau sulfureuse ; ce procédé est
plus expéditif, quand on opère dans un tube.

A ce précipité on ajoute quelques gouttes d'ammoniaque et
un peu de sulfure d'ammonium ; on chauffe vers + 70°. Trois
cas peuvent se présenter :

Le précipité se dissout en totalité (D) ;

Le précipité ne se dissout que partiellement ;

Le précipité ne se dissout pas.

On filtre quand les deux derniers cas se présentent ; il reste
sur le filtre un précipité E et il passe une solution (D).

Cette dernière peut renfermer les sulfures de la Ire section ;
on s'en assure en la neutralisant par de l'acide chlorhydrique
étendu ; il se formera dans tous les cas un précipité de soufre
(car nous savons que le sulfure d'ammonium est toujours
polysulfuré), qui sera accompagné, s'il y a lieu, des précipités colorés que fournissent les métaux de la Ire section.

On traite, dans ce dernier cas, une quantité plus forte de liquide, non par une solution, mais par un courant d'hydrogène
sulfuré. Le précipité, traité par le sulfure d'ammonium, se
sépare en un liquide D (métaux de la Ire section) et en une
partie insoluble E (métaux de la IIe).

Lorsque l'essai préliminaire a démontré l'absence de métaux
de la IIe section, on prend une partie du liquide H et l'on y
ajoute de l'ammoniaque et du sulfure d'ammonium ; s'il ne se

forme pas de précipité, le liquide est exempt également de métaux de la IIIe section et l'on peut abréger de beaucoup l'analyse en supprimant la précipitation au moyen de l'hydrogène sulfuré et soumettant directement le liquide B aux réactions que nous allons indiquer.

§ 79. **Séparation des métaux de la Ire section.** — Le liquide D est porté à l'ébullition avec de l'acide chlorhydrique, auquel on ajoute de temps en temps un peu de chlorate de potassium; on concentre, quand tout est dissous, pour chasser l'excès de chlore, et l'on a ainsi une solution qui peut contenir l'acide arsénique[1] et les perchlorures d'or, de platine, d'antimoine, d'étain. Nous avons vu dans quel cas on pouvait se servir directement du liquide B. La solution est incolore quand elle ne contient ni sel d'or ni sel de platine.

Si la solution est colorée, on en traite quelques gouttes par du *chlorure stanneux*, qui donne du pourpre de Cassius, s'il y a de l'*or*. Une autre portion est traitée par du chlorure d'ammonium; un précipité jaune-serin indique la présence du *platine*.

Après avoir obtenu cet indice, on précipite de la solution tous les métaux à l'aide d'une *lame de zinc très-pur*; il se dégage de l'hydrogène mêlé d'hydrure d'arsenic volatil quand il y a de l'arsenic; ce gaz se reconnaît à son odeur caractéristique. On détache mécaniquement le précipité du zinc, on le lave par décantation et on le soumet à l'action de l'acide chlorhydrique concentré et bouillant, qui dissout l'*étain*. Cette solution est partagée en deux parties : l'une précipitera en brun-marron par l'hydrogène sulfuré; l'autre donnera du pourpre de Cassius avec le chlorure d'or.

L'action de l'acide chlorhydrique étant épuisée (ce que l'on reconnaît quand le liquide décanté ne précipite plus par l'hydrogène sulfuré), on lave la poudre métallique pour enlever tout le chlorure (le liquide ne doit plus précipiter par l'azotate

---

[1] Je ne parlerai pas du molybdène; la présence de ce corps se reconaît du reste à la couleur bleue que prend la solution traitée par l'hydroène sulfuré.

d'argent). On la traite ensuite par de l'acide azotique concentré et l'on évapore à siccité. L'eau enlève à ce résidu *l'acide arsénique* qui s'est formé aux dépens de l'arsenic; on le caractérise par le précipité rouge-brique que donne l'azotate d'argent dans cette solution neutralisée par de l'ammoniaque (dont il ne faut pas mettre un excès).

La poudre insoluble, chauffée avec de l'acide azotique mêlé d'un peu d'acide tartrique, se dissout en totalité si elle est formée par de *l'antimoine*. Cette solution est précipitée par l'hydrogène sulfuré en rouge orangé. La partie insoluble sera formée par l'or et le platine, qui se dissoudront dans l'eau régale et que l'on caractérise comme nous l'avons indiqué.

Le but de l'analyse n'est pas atteint, car nous avons transformé dans nos opérations l'étain en sel stanneux, et l'antimoine et l'arsenic en leurs degrés supérieurs d'oxydation. Les essais suivants nous permettront de décider à quel état se trouvent ces corps dans le liquide primitif A.

1) L'étain ne peut être qu'à l'état de peroxyde si la solution renferme également de l'or; si elle n'en contient pas on ajoute au liquide A du chlorure d'or, qui donne un précipité de pourpre de Cassius, si l'étain y existe au minimum d'oxydation.

2) L'arsenic, à l'état d'acide arsénique, précipite en rouge-brique par l'azotate d'argent ammoniacal; un excès d'acide ou d'alcali doit être évité; le précipité est jaune avec l'acide arsénieux.

3) L'essai pour l'antimoine n'a d'intérêt que lorsqu'il s'agit des oxydes et des sulfures; on se servira dans ce cas des procédés indiqués au § 14.

Le tableau III résume les principales réactions qui devront être faites pour confirmer les résultats précédents.

§ 80. **Séparation des métaux de la deuxième section.** — Le précipité (E) obtenu par l'hydrogène sulfuré et débarrassé des sulfures métalliques de la première section, par digestion avec le sulfure d'ammonium, est lavé à plusieurs reprises avec de l'eau chargée d'hydrogène sulfuré. Ce précipité encore humide est traité dans une capsule par de l'acide azo-

(TABLEAU III)

	COULEUR DE LA SOLUTION	HYDROGÈNE SULFURÉ	POTASSE	CHLORURE D'OR	SULFATE FERREUX	LAME DE ZINC
Solution Aurique. . .	Jaune.	Précipité noir.	0	0	Précipité bleu par transmission, brun par réflexion. A chaud, réduction de noir de platine.	Précipité brun d'or soluble dans l'eau régale.
— Platinique. . .	Jaune rougeâtre	Id.	Précipité jaune.	0		Précipité noir soluble dans l'eau régale.
— Molybdique. . .	Incolore.	Précipité brun noir liquide bleuâtre.	»	»	»	Précipité brun, solution bleue.
— Stanneuse. . .	Id.	Précipité brun-marrou.	Précipité blanc soluble dans un excès.	Précipité de pourpre de Cassius.	»	Précipité d'étain cristallisé, soluble dans l'acide chlorhydrique; chauffé, se recouvre d'un enduit blanc.
— Stannique. . .	Id.	Précipité jaunâtre	Id.	0	»	Précipité noir, insoluble dans l'acide chlorhydrique et azotique; chauffé, il donne des fumées blanches inodores.
— Antimonieuse. .	Id.	Précipité rouge orangé.	Précipité blanc. — AZOTATE D'ARGENT.	Réduction d'or métallique.	»	
— Arsénieuse. . .	Id.	Précipité jaune.	Précipité jaune.	0	»	Précipité brun d'arsenic et dégagement d'hydrure arsenical; au chalumeau, fumées blanches avec odeur alliacée.
— Arsénique. . .	Id.	Précipité blanc jaunâtre.	Précipité rouge-brique.	0	»	

65

tique pur et bouillant. Se dissolvent (solution F) à l'état d'azotates : les sulfures de cadmium, de plomb, de bismuth, de cuivre
et de palladium ; restent à l'état insoluble (G) : le sulfure de
mercure, du soufre non attaqué par l'acide azotique et un peu
de sulfate de plomb (provenant de l'oxydation partielle du sulfure). Nous rappellerons que le liquide B est exempt de sels
argentiques et mercureux qui ont été précipités par l'acide
chlorhydrique.

Ce traitement peut être abrégé lorsque l'essai préalable a
indiqué l'absence de métaux de la première section ; il est inutile dans ce cas de traiter le précipité par du sulfure d'ammonium.

Examen du liquide F. — L'addition d'acide sulfurique
étendu précipite le *plomb ;* le précipité blanc, lavé, doit se dissoudre dans le tartrate d'ammonium et être reprécipité en jaune
par le chromate de potassium.

Le liquide précédent filtré est traité par de l'ammoniaque
en excès qui précipite de l'hydrate d'oxyde de *bismuth.* Ce précipité lavé, redissous dans une faible quantité d'acide chlorhydrique, doit être reprécipité en blanc par un grand excès d'eau.

La liqueur filtrée sera bleue si elle contient du *cuivre ;* il
est quelquefois nécessaire de la concentrer pour déceler des
traces de ce métal ; il vaut mieux, dans ce cas, aciduler la solution par de l'acide acétique et ajouter du ferrocyanure de potassium, qui précipite en brun ou en rose.

La solution ammoniacale peut renfermer, en outre, du cadmium et du palladium ; on lui ajoute, si elle contient du cuivre,
une solution de cyanure de potassium jusqu'à décoloration, puis
de l'hydrogène sulfuré qui précipitera le *cadmium* à l'état de
sulfure jaune ; l'addition de cyanure devient inutile en l'absence
du cuivre. Le *palladium* se reconnaît à la couleur de ses solutions qui est brune ; il est précipité en noir par l'iodure de potassium ; la solution ammoniacale est précipitée en blanc par le
cyanure de mercure.

Examen du précipité G. — Le tartrate d'ammonium en-
lèverait à ce précipité le sulfate de plomb, mais ce traitement

est inutile, et l'on peut traiter directement le précipité par de l'eau régale. Le sulfure de mercure sera transformé en chlorure mercurique ; la solution, débarrassée de l'excès d'acide, donnera, avec la potasse, un précipité jaune, et avec l'iodure de potassium, un précipité rouge soluble dans un excès.

Examen d'une solution exempte de métaux de la première et de la troisième section. — Il est inutile de précipiter par l'hydrogène sulfuré ; l'opération se conduit de la manière suivante :

1) Précipitation du *plomb* par l'acide sulfurique.

2) Le liquide filtré est traité par du carbonate d'ammonium en excès qui dissout le *cuivre*, l'*argent* et le *palladium*.

3) Le précipité contient le *cadmium*, le *bismuth* et le *mercure*.

On reconnaît le *bismuth* et on l'élimine par l'acide chlorhydrique étendu de beaucoup d'eau. Le liquide filtré est concentré ; l'ammoniaque précipite le *mercure* en blanc, et la solution ammoniacale renferme le *cadmium*, que l'on précipite par l'hydrogène sulfuré.

Il est bien entendu que le mercure retrouvé dans le précipité E existait à l'état de sel mercurique dans la liqueur primitive ; celui qui y aurait été contenu à l'état de sel mercureux a été précipité en même temps que l'*argent* par la première addition d'acide chlorhydrique.

§ 81. **Séparation des métaux de la troisième section.** — Le liquide II renferme les métaux des trois dernières sections ; il faut s'assurer avant tout que la précipitation par l'hydrogène sulfuré a été complète (le liquide ne doit plus précipiter par ce réactif). Le liquide étant acide, on ne peut y verser le sulfure d'ammonium (polysulfuré) qu'après l'avoir neutralisé par de l'ammoniaque ; on évite ainsi un dépôt de soufre.

On verse, sans s'inquiéter du précipité qui a pu se produire par l'addition d'ammoniaque, du sulfure d'ammonium ; ce réactif précipite les métaux de la troisième section, mais il peut encore précipiter quelques sels de la quatrième section, c'est-à-dire tous ceux qui ne sont solubles que dans les acides ; le sulfure d'ammonium neutralisant le dissolvant, le corps dissous se précipite. Sont dans ce cas les phosphates et les oxalates (fluorures). Les précipités sont blancs et gélatineux comme ceux que donne le sulfure d'ammonium avec les sels de zinc et d'aluminium ; ils s'en distinguent néanmoins par leur insolubilité dans la potasse; leur recherche n'est utile que si la solution primitive est fortement acide.

Le précipité (I) dû au sulfure d'ammonium est recueilli sur un filtre et lavé pour empêcher sa sulfatisation avec de l'eau saturée d'hydrogène sulfuré; le liquide filtré J est mis de côté et réuni aux eaux de lavage.

Examen du précipité I.—Le précipité est blanc ou gris lorsque la solution ne renferme ni fer, ni cobalt, ni nickel.

On étale le filtre humide dans une capsule et on l'arrose par de l'acide chlorhydrique étendu. Restent insolubles avec leur couleur noire les sulfures de *cobalt* et de *nickel;* on filtre et on redissout ces précipités bien lavés dans de l'acide chlorhydrique concentré, et on caractérise ces deux métaux par les réactions de la potasse et de l'ammoniaque; on pourrait les séparer par l'azotite de potassium ou de sodium (*V.* § 52).

La solution dans l'acide chlorhydrique faible[1] est traitée par un excès de potasse qui dissout :

L'*aluminium*, le *chrome*, le *zinc*,
et ne dissout pas:

Le *manganèse*, le *fer* et les phosphates et oxalates de la quatrième section.

Examen de la solution potassique. — L'ébullition en laisse déposer de l'oxyde de *chrome* gris verdâtre; le liquide filtré est divisé en deux parties : dans l'une on verse du chlorure d'ammonium qui précipite de l'oxyde d'*aluminium;* dans la seconde de l'hydrogène sulfuré qui précipite en blanc du sulfure de *zinc.*

Examen de la partie insoluble dans la potasse. — On re-

---

[1] On fait bien de la faire bouillir avec quelques gouttes d'acide azotique pour peroxyder le fer.

dissout le précipité dans de l'acide chlorhydrique ; on ajoute à la solution du chlorure d'ammonium en excès et de l'ammoniaque ; le *manganèse* passe dans la liqueur filtrée, mais la filtration doit être rapide, sans quoi le manganèse passerait à un degré supérieur d'oxydation et se reprécipiterait. On évapore la solution et on caractérise le manganèse par la production de permanganate (*V.* § 40) par voie sèche ou par voie humide.

La partie insoluble dans l'ammoniaque se dissout dans les acides ; on y constate la présence du *fer* par le ferrocyanure de potassium. Un essai fait avec la solution A, à l'aide du ferrocyanure de potassium, indiquera si le fer était à l'état de sel ferreux ou de sel ferrique.

Nous verrons plus loin comment on reconnaît les sels de la quatrième section précipités par le sulfure d'ammonium.

§ 82. **Séparation des métaux de la quatrième section.** — Le liquide J contient de l'ammoniaque, du sulfure d'ammonium et les sels de la quatrième et de la cinquième section. On l'acidule avec de l'acide chlorhydrique, on le chauffe pour chasser l'hydrogène sulfuré, on le concentre et on le divise en deux parties ; l'une (K) est consacrée à la recherche des métaux de la quatrième section, et l'autre (L) à celle de ceux de la cinquième.

Examen du liquide K. — On traite une partie du liquide par le sulfate de calcium qui précipite immédiatement les sels de *baryum*, à la longue et par l'agitation ceux de *strontium* ; on distinguera les sels de baryum et de strontium par le chromate (ou sulfate) de strontium, qui ne précipite que les sels de baryum. On reconnaît le strontium en présence du baryum en évaporant la solution à siccité et reprenant le résidu par de l'*alcool absolu*, qui dissout le chlorure de strontium et brûle avec une flamme pourpre.

Lorsque cet examen a démontré l'absence des sels de baryum et de strontium, on verse dans une autre partie du liquide K du chlorure d'ammonium et de l'oxalate d'ammonium ; un précipité qui se forme indique la présence d'un sel de *calcium* ; l'oxalate de calcium ne se dissout pas dans l'acide acétique, mais dans les acides minéraux; le liquide K ne doit donc pas être trop acide. On filtre l'oxalate et on précipite le liquide (s'assurer que la précipitation est complète) par de l'ammoniaque et du phosphate d'ammonium ou de sodium; il se forme soit immédiatement, soit après quelque temps, un précipité blanc de phosphate ammoniaco-magnésien qui indique la présence d'un sel de *magnésium*.

CARACTÈRES

SOLUTIONS DE	COULEUR DES SOLUTIONS	COULEUR DU PRÉCIPITÉ PAR L'HYDROGÈNE SULFURÉ	POTASSE	AMMONIAQUE	CARBONATE D'AMMONIU EN EXCÈS
Cadmium .	Incolore.	Jaune.	Précipité blanc insoluble.	Précipité blanc soluble.	Précipité bl insoluble
Cuivrique .	Bleue ou verte.	Noir.	Précipité bleu insoluble.	Précipité bleu, solution bleue.	Précipité ve solution ble
Cuivreux..	Incolore (brune).	Id.	Précipité jaune insoluble.	Solution incolore, bleuissant à l'air.	Solution incol bleuissant à l
Plomb. . .	Incolore.	Id.	Précipité blanc soluble à chaud.	Précipité blanc insoluble.	Précipité bl insoluble .
Bismuth. .	Id.	Id.	Précipité blanc insoluble.	Précipité blanc insoluble.	Précipité bl insoluble .
Mercureux.	Id.	Id.	Précipité noir. insoluble.	Précipité noir insoluble.	Précipité g noirâtre.
Mercurique	Id.	Blanc, jaune, puis noir.	Précipité jaune insoluble.	Précipité blanc insoluble.	Précipité bl insoluble .
Argent. . .	Id.	Noir.	Précipité brun insoluble.	Pas de précipité.	Précipité bl jaunâtre solu
Palladium.	Brun rougeâtre.	Id.	Précipité brun jaunâtre.	0 ou précipité jaune soluble.	

Il est *indispensable* d'ajouter, en faisant cet essai, du chlorure d'ammonium qui empêche la précipitation par l'ammoniaque des sels de magnésium en solution concentrée. On débarrasse le liquide K des sels de baryum et de strontium en le faisant digérer à + 100° avec une solution au 1/4 de sulfate d'ammonium ammoniacal; on remplace l'eau et l'ammoniaque qui se dégagent et l'on filtre après une demi-heure. Le liquide filtré est alors traité comme précédemment.

§ 83. **Séparation des métaux de la cinquième section.** — Bien des méthodes ont été indiquées; la suivante est une des plus rapides et des plus sûres. Le liquide K, exempt de sels de strontium et de baryum (on les séparerait, s'il n'en était pas ainsi, par le sulfate d'ammonium), est précipité par l'oxa-

LS DE LA IIᵉ SECTION (TABLEAU IV)

IODURE DE POTASSIUM	ACIDE CHLORHYDRIQUE.	LAME DE CUIVRE OU DE ZINC	RÉACTION AU CHALUMEAU AVEC CO^3Na^2	RÉACTIONS SPÉCIALES
0	0	Lamelles grises.	Auréole rouge-brunâtre.	
écipité lilas (..lé d'iode).	0	Dépôt rouge sur le fer.	Coloration verte du dard.	Ferrocyanure de potassium. Précipité brun-rouge.
»	0	Dépôt rouge sur le fer.	Coloration verte du dard.	
cipité jaune.	Précipité blanc insoluble dans ammoniaque.	Dépôt noir sur le zinc.	Globule malléable, enduit jaune.	Les sels de plomb sont précipités par l'acide sulfurique.
cipité brun.	0 mais précip. par addition d'eau.	Dépôt noir sur le zinc.	Globule cassant, enduit jaune.	Les sels de bismuth sont précipités par l'eau ; le précipité est insoluble dans l'acide tartrique.
cipité jaune verdâtre.	Précipité blanc noirci par ammoniaque.	Dépôt blanc de mercure sur le cuivre.	Volatil.	Le cuivre blanchi, calciné dans un tube, laisse sublimer des globules métalliques.
cipité rouge.	0	Dépôt blanc de mercure sur le cuivre.	Volatil.	
cipité jaune.	Précipité blanc soluble dans ammoniaque.	Dépôt d'argent cristallisé.	Globule métallique inoxydable.	»
cipité noir.	0	Dépôt noir sur le zinc.	»	»

late d'ammonium ; on évapore à siccité le liquide filtré et on le calcine pour chasser les sels ammoniacaux ; le résidu est repris par de l'eau ; on précipite les sulfates par le chlorure de baryum et l'on verse dans le liquide filtré bouillant de l'eau de baryte en léger excès ; la magnésie reste sur le filtre ; on chasse l'excès de baryte par du carbonate d'ammonium ammo-

6.

niacal (l'emploi de l'acide sulfurique a quelquefois des inconvénients); on filtre et l'on évapore.

Le résidu *calciné*, pour chasser toute trace de sel ammoniacal est repris par de l'eau; la solution est *neutralisée* par de

CARACTÈRES □

SELS DE	COULEUR DES SOLUTIONS	SULFURE D'AMMONIUM EN SOLUTION NEUTRE	POTASSE	AMMONIAQUE
Aluminium..	Incolore.	Précipité blanc d'oxyde	Précipité blanc soluble.	Précipité blanc insoluble.
Zinc.	Id.	Précipité blanc de sulfure.	Précipité blanc soluble.	Précipité blanc soluble.
Chrome.. . .	Verte ou violette.	Précipité gris-vert d'oxyde.	Précipité gris verdâtre soluble.	Précipité gris verdâtre, solution ros.
Manganèse. .	Rose clair.	Précipité chamois	Précipité blanc, jaune, puis brun insoluble.	.
Ferreux. . .	Vert clair.	Précipité noir.	Précipité blanc, puis vert, puis noir, puis rougeâtre, insoluble.	Mêmes réactions que la potasse.
Ferrique. . .	Jaune rougeâtre.	Précipité noir-mêlé de soufre.	Précipité brun rougeâtre insoluble.	
Uranium.. .	Jaune.	Précipité brun noir.	Précipité jaune insoluble.	
Nickel. . . .	Verte.	Précipité noir.	Précipité vert insoluble.	Précipité vert, solution violette.
Cobalt. . . .	Rouge.	Id.	Précipité bleu (vert) insoluble, devenant brunâtre.	Précipité bleu, solution rouge bleuâtr.

l'acide chlorhydrique. On verse une partie du liquide concentré dans une solution concentrée et en excès d'acide tartrique; il se forme par l'agitation un précipité blanc de crème de tartre s'il y a un sel de *potassium*. Un fil de platine imprégné d'une goutte de la solution colore la flamme en jaune s'il y a un sel de *sodium*. Il faudrait, si l'on voulait rechercher le *lithium*, évaporer le liquide et reprendre le résidu par de l'éther alcoolisé; ce mélange dissout principalement le chlo-

S DE LA III° SECTION   (Tableau V)

CARBONATE D'AMMONIUM	FERROCYANURE DE POTASSIUM	FERRICYANURE DE POTASSIUM	RÉACTION PAR VOIE SÈCHE	RÉACTIONS SPÉCIALES
cipité blanc nsoluble.	0 ou précipité blanc.	0	Le sel calciné avec de l'azotate de cobalt donne une masse bleue	La solution potassique est précipitée par ClAzH⁴.
cipité blanc soluble.	Précipité blanc.	Précipité jaune rougeâtre.	Le sel calciné avec de l'azotate de cobalt donne une masse verte Chauffé seul le sel se colore en jaune à chaud.	La solution potassique est précipitée par H²S.
cipité vert ir soluble.	—	—	Calcination avec AzO³K + CO³Na² masse jaune.	La solution potassique est précipitée par la chaleur.
cipité blanc nsoluble.	Précipité rosé.	Précipité brunâtre.	Calcination du sel avec CO³Naˣ, masse verte de manganate.	Le sel chauffé avec PbO²et AzO³H,exempt de chlore, donne une solution violette.
cipité blanc evenant vert noir.	Précipité blanc devenant bleu.	Précipité bleu de Turnbull.	—	L'hydrogène sulfuré précipite du soufre en présence des sels ferriques ; ces derniers précipitent le tannin en noir et colorent le sulfocyanure en rouge ; les sels ferreux sont sans action.
cipité brun clair.	Précipité bleu de Prusse.	Solution verte.	—	
cipité jaune soluble.	Précipité rouge-brun.	0	—	
cipité vert-omme solue.	—	—	—	Les précipités noirs, produits par le sulfure d'ammonium, se dissolvent avec facilité dans l'acide chlorhydrique étendu.
cipité rouge soluble.	—	—	Chauffé avec de l'alumine: masse bleue.	

rure de lithium, que l'on reconnaît facilement au spectroscope.

Les procédés que nous avons suivis ont introduit dans le liquide primitif des sels d'ammonium et chassé ceux qui s'y trouvaient ; on recherchera l'*ammonium* dans la solution primi-

CARACTÈRES DES SELS DE LA IVᵉ SECTION

(Tableau VI)

TE DE SODIUM	PHOSPHATE DE SODIUM AMMONIACAL	SULFATE DE CALCIUM	CHROMATE DE STRONTIUM	OXALATE D'AMMONIUM	
pité blanc.	Précipité blanc.	Précipité blanc.	Précipité blanc.	Précipité blanc dans les sol. concentrées.	J
Id.	Id.	Id. mais lent à se former.	0	Précipité blanc.	
Id.	Id.	0	0	Id.	F
Id. me qu'à chaud sence des sels iacaux.	Id.	0	0	0 En présence du sel ammoniaac.	

tive A, à l'aide de la potasse ou d'un lait de chaux ; un papier de tournesol rougi placé à l'orifice du tube (mais préservé des projections) doit bleuir.

Le problème si complexe de l'analyse d'une solution contenant tous les métaux usuels est donc résolu ; c'est un cas extrême qui ne se présente jamais, car l'analyse est, en réalité, toujours plus rapide, surtout lorsque la solution ne contient que des corps appartenant à la même section.

L'exécution manuelle n'est difficile que lorsqu'on oublie les précautions suivantes : *Ne jamais rechercher un métal d'une section si l'on n'est pas assuré de l'absence des métaux des sections précédentes ; — n'essayer l'action d'un réactif que lorsque celle du réactif précédent est épuisée ; — opérer sur des liqueurs concentrées, et n'ajouter le réactif que goutte à goutte, car tout excès peut devenir nuisible et faire perdre à la réaction une partie de sa netteté.*

CARACTÈRE DES SELS DE LA Ve SECTION   (TABLEAU VII.)

SELS DE	CARBONATE DE SODIUM	PHOSPHATE DE SODIUM	ACIDE TARTRIQUE	BICHLORURE DE PLATINE	FLAMME DE L'ALCOOL
Potassium .	0	0	Précipité blanc.	Précipité jaune-serin.	Violette.
Sodium. ...	0	0	0	0	Jaune.
Lithium. .	Précipité dans les sol. très - concentrées.	Précipité dans les sol. concentrées	0	0	Pourpre.
Ammonium	Dég. d'ammoniaque.	0	Précipité blanc.	Précipité jaune-serin.	—

RECHERCHE DE L'ACIDE.

§ 84. **Recherche de l'élément acide dans la solution.** — La recherche des métaux nous a fourni à l'avance quelques renseignements importants. Nous avons vu que l'addition d'acide chlorhydrique produisait un dépôt de soufre dans les solutions d'*hyposulfite*, de *polysulfure ;* on doit noter également avec soin si l'addition à froid de cet acide a dégagé un gaz ; les *carbonates* se reconnaissent à l'effervescence et au dégagement d'un gaz incolore et inodore ; les *sulfures* dégagent de l'hydrogène sulfuré qui noircit le papier plombique, les *sulfites* et *hyposulfites* de l'acide sulfureux qui a une odeur caractéristique, verdit le papier chromaté et bleuit le papier iodaté ; les *hypochlorites* dégagent du chlore. Nous savons de plus que l'acide chlorhydrique précipite des paillettes d'*acide borique* des solutions concentrées de *borates*, un dépôt gélatineux amorphe de silice des *silicates*, et donne, avec les *ferrocyanures*, un précipité blanc amorphe bleuissant rapidement à l'air.

L'addition d'hydrogène sulfuré fait reconnaître les *bromates*, les *iodates*, les *arsénites*, les *arséniates* (plus difficilement), les *antimoniates*, les *chromates* (le liquide devient vert), les *hypermanganates* (la solution est décolorée).

On se reportera, suivant l'indication, au paragraphe consacré à l'étude de l'acide que l'on suppose exister, et l'on tentera les réactions qui y sont indiquées.

Les méthodes générales, qui permettent de séparer les divers acides, sont longues ; je me contenterai d'indiquer une méthode abrégée qui ne concerne que les acides les plus usuels et qui est fondée sur l'emploi successif de deux réactifs : l'azotate de baryum et l'azotate d'argent (*V.* tableau VIII). J'y joins les indications que fournit le chlorure ferrique ; elles sont précieuses pour la recherche de quelques acides organiques. Ces réactions peuvent être essayées avec la solution primitive ; il faut cependant, lorsque la présence d'un métal est nuisible, l'éliminer par l'hydrogène sulfuré. On enlève l'excès de gaz par l'agitation avec du carbonate de plomb pur. Il est bien entendu que l'on ne peut pas rechercher dans la solution l'acide que l'on y aura introduit, par exemple l'acide chlorhydrique avec lequel on l'a acidulée. Nous insisterons plus loin sur quelques procédés de séparation qui nous intéressent davantage.

L'AZOTATE DE BARYUM PRÉCIPITE EN BLANC LES		L'AZOTATE D'ARGENT DONNE DES PRÉCIPITÉS AVEC LES	NE PRÉCIPITENT PAS PAR CES DEUX RÉACTIFS LES	LE CHLORURE FERRIQUE COLORE OU PRÉCIPITE LES	
Sulfates. . . .	Le précipité ne se dissout pas dans l'acide chlorhydrique.	*Chlorures.* — Précipité blanc, soluble dans AzH³, insoluble dans AzO³H.	*Azotates.*—Color. pourpre avec le mélange de sulfate ferreux et d'ac. sulfuriq.	Ferrocyanures en bleu.	
Sulfites.. . . .	Le précipité se dissout sans effervescence	La solution A acidulée, verdit par le chromate de potassium.	*Bromures.* — Précipité jaunâtre, soluble dans AzH³, insoluble dans AzO³H.	*Chlorates.*—Pas de coloration par ce mélange. Les chlorates, après leur calcination, précipitent par l'azotate d'argent.	Ferricyanures en vert.	
Borates. . . .		La solution A traitée par l'acide sulfurique colore la flamme de l'alcool en vert.	*Iodures.* — Précipité jaune, insoluble dans AzH³ et AzO³H.		Tannates et gallates en noir.	
Phosphates . .		La solution A (absence de silicates) jaunit le molybdate d'ammonium.	*Arsénites.*—Précipité jaune, soluble dans AzH³ et AzO³H.		Benzoates en brun clair.	
Carbonates.. .	Le précipité se dissout avec effervescence	La solution A précipite par le sulfate de magnésium.	*Arséniates.* — Précipité rouge-brique, sol. dans AzH³ et AzO³H.		Succinates en brun clair.	
Bicarbonates..		La solution A ne précipite pas.	*Sulfures.* — Préc. noir, ins. dans AzH³, sol. dans AzO³H.		Sulfocyanures	Ins. dans l'acide chlorhydrique.
Tartrates. . .	Le précipité se dissout dans les acides	L'acide retiré de la solution primitive précipite les sels de potassium.	*Sulfocyanures.* — Précipité blanc, insoluble dans AzH³, soluble dans AzO³H.		Acétates. . .	
Citrates. . . .		L'acide retiré de la solution primitive ne les précipite pas.	*Cyanures.* — Précipité blanc, soluble dans AzH³ et à chaud dans AzO³H.		Formiates. . .	En rouge. La dissolution doit être neutre.
			Phosphates. — Préc. jaune, sol. dans AzH³ et AzO³H.		Sulfites. . . .	
			Hypophosphites. — Précipité noir d'argent.		Méconates. . .	

§ 85. **Recherche de l'élément acide dans un sel solide.**
— La méthode suivante conduit quelquefois plus rapidement
au but que la précédente; elle peut toujours être employée
comme moyen de contrôle, et a l'avantage de s'appliquer également à la recherche des corps insolubles.

On débute par l'analyse au chalumeau, puis on se sert de
l'acide sulfurique concentré (auquel on substitue quelquefois
l'acide chlorhydrique); l'acide sulfurique, en réagissant sur les
sels, donne naissance à un sulfate et à l'acide qui caractérise le
sel; on met les caractères de ce dernier en évidence par diverses réactions, et notamment en chauffant. Il est ESSENTIEL
de ne pas employer trop d'acide sulfurique, ni de chauffer à
une température supérieure à $+100°$, car les vapeurs que
l'acide sulfurique dégage à une température plus élevée pourraient induire en erreur.

On chauffe le sel sur le charbon, et l'on porte son attention
sur les deux points suivants : le sel détermine-t-il l'ignition
vive du charbon? — Le sel brûle-t-il?

DÉTERMINENT L'IGNITION VIVE DU CHARBON : Les *chlorates, azo-*
tates, bromates, azotates, iodates, perchlorates et periodates.
On traite une partie du sel par de l'acide sulfurique concentré.

Il se dégage des vapeurs colorées : en jaune verdâtre (le sel
rougit), avec les *chlorates;* en jaune rougeâtre, avec les
azotites et avec les *bromates* (odeur de brome).

Le sel ne produit pas de vapeurs colorées; on reconnaît les *azotates* par les vapeurs rutilantes qu'ils dégagent
avec le cuivre et l'acide sulfurique; les trois autres sels laissent par la calcination un résidu qui présente les caractères des
chlorures et des iodures.

BRULENT SUR LE CHARBON. 1) *Avec une flamme blanche* et
une odeur de phosphore : — Les *phosphites* et *hypophos-*
phites.

La solution de ces deux sels réduit l'azotate d'argent; le
sulfate de cuivre en solution acétique, réduit les hypophosphites, et non les phosphites.

2) *Avec une flamme bleue :* — *Polysulfures, sulfures* et *hyposulfites.*

Cet essai préliminaire achevé, on introduit une petite quantité de sel dans un tube ; on tient le tube perpendiculairement, et on l'arrose avec de l'acide sulfurique concentré ; on chauffe légèrement, après quelque temps, mais en tenant le tube droit et à la hauteur de l'œil pour éviter les projections. On doit s'attendre à une détonation avec les chlorates ; elle se produit même quelquefois à froid. L'essai doit se faire dans un tube sec, de manière que les réactifs tombant au fond, ne s'attachent pas aux parois, et rendent plus difficile l'appréciation du phénomène (V. tableau IX).

ACTION DE L'ACIDE SULFURIQUE SUR LES SELS SOLIDES.   (TABLEAU IX.)

A. PAS DE DÉGAGEMENT DE GAZ NI DE VAPEURS.

Sulfates. — Le sel chauffé avec du carbonate de sodium se transforme en sulfure qui noircit une pièce d'argent.

Borates. — Le sel traité par de l'acide sulfurique et de l'alcool, brûle avec une flamme verte.

Phosphates. — La solution azotique précipite en jaune le molybdate d'ammonium.

Silicates. — Le sel évaporé à siccité laisse un résidu de silice ; elle se dépose quelquefois de suite.

Arsénites. / *Arséniates.* — Ces deux sels chauffés sur le charbon avec du carbonate de sodium dégagent une odeur alliacée. | H^2S précipite la solution chlorhydrique des arsénites en jaune serin ; celle des arséniates en jaune pâle.

B. DÉGAGEMENT D'UN GAZ OU D'UNE VAPEUR INCOLORE.

a) Inodore, peu acide, éteignant les corps en combustion et troublant l'eau de chaux.

Carbonates.

Bicarbonates.

b) Inodore, neutre, brûlant avec une flamme bleue (oxyde de carbone).

Ferrocyanures. — Le sel bleuit le chlorure ferrique.

Oxalates. — Le sel précipite les sels de calcium ; le gaz est mêlé d'acide carbonique.

Formiates. — Le sel réduit les sels d'argent.

c) *Odeur d'acide acétique.*

Acétates. — Le sel calciné dégage une odeur d'acétone ; sa solution rougit par le chlorure ferrique

d) *Odeur sulfureuse, éteignant les corps en combustion, verdissant le papier chromaté.*

Sulfites. ⎱ La solution traitée par de l'acide chlorhydrique laisse
Hyposulfites. ⎰   déposer du soufre si elle contient un hyposulfite.

Sulfures insolubles. — Le sel traité par de l'acide chlorhydrique dégage de l'hydrogène sulfuré.

e) *Odeur d'hydrogène sulfuré, le gaz brûle avec une flamme bleue et noircit le papier plombique.*

Sulfures et polysulfures. — Ces derniers laissent un dépôt de soufre.

f) *Inodore, acide, fumant au contact de l'air humide et de l'ammoniaque.*

   α) Se dégageant à froid.

. *Chlorures.* — Le gaz ne corrode pas le verre. Les chlorures métalliques font souvent exception, mais tous dégagent du chlore quand on leur ajoute un bioxyde.

Fluorures. — Le gaz corrode le verre.

   β) Se dégageant à chaud.

Azotates. — Le sel traité par du cuivre et de l'acide sulfurique dégage des vapeurs rutilantes.

C. Dégagement d'un gaz ou d'une vapeur colorée.

1) *Vapeurs vertes, odeur de chlore.*

Hypochlorites.

2) *Vapeurs rutilantes.*

Azotites. — Le sel brunit par le sulfate ferreux.

3) *Vapeurs rouges jaunâtres, odeur de chlore et de caramel.*

Chlorates. — Le gaz détone quand on chauffe ; le sel rougit.

4) *Vapeurs rouges, odeur de brome.*

Bromures. — Le gaz est mêlé de fumées blanches d'acide bromhydrique ; en ajoutant du peroxyde on n'obtient que du brome.

5) *Vapeurs violettes.*

Iodures. — Le gaz est mêlé de fumées blanches d'acide iodhydrique ; tous les iodures mélangés de bioxyde dégagent leur iode.

§ 86. **Contrôle de l'analyse.** — Nous avons déterminé l'élément acide et l'élément métallique du composé soumis à notre examen ; nous connaissons ainsi le nom du sel et il ne nous reste qu'à vérifier si le composé en possède toutes les propriétés. On vérifiera d'abord tous les caractères qui se trouvent inscrits sur les tableaux correspondants, puis on se reportera au second chapitre qui indique les caractères physiques des principaux composés. *Ce contrôle doit toujours être fait;* c'est la seule manière de redresser les erreurs commises par suite de réactions mal faites ou mal interprétées.

Le contrôle devient plus difficile lorsqu'il s'agit d'un mélange; on se demandera dans ces cas si l'analyse ne conduit pas à des résultats incompatibles. C'est ainsi qu'une solution aqueuse ne peut renfermer à la fois de l'acide sulfurique et un sel de baryum, etc.

Le liquide à analyser est un *acide* quand l'analyse n'a pas révélé la présence d'un métal; un acide ne peut être caractérisé uniquement par le dégagement d'acide carbonique qu'il produit avec les carbonates, car les sels acides se comportent de la même manière.

Les *bases* se reconnaissent d'une manière analogue.

II. — SUBSTANCES INSOLUBLES DANS L'EAU.

§ 87. **Analyse des corps solubles dans les acides.** — Lorsqu'une substance est insoluble dans l'eau, on essaye sur elle l'action des dissolvants acides : acide chlorhydrique, acide azotique et eau régale. Nous allons passer rapidement en revue les cas qui peuvent se présenter.

a) SOLUTION DANS L'ACIDE CHLORHYDRIQUE. — Il convient, lorsque la substance à examiner n'est pas un métal ou un alliage, de commencer l'attaque par l'acide chlorhydrique. On place une petite quantité du corps à essayer dans un tube; on y ajoute 2 à 3 cent. cubes d'acide chlorhydrique; on chauffe légèrement, si l'attaque ne se fait pas à froid. Il peut se dégager des gaz; les carbonates dégagent de l'*acide carbonique*, les sulfures et polysulfures de l'*hydrogène sulfuré* (ces derniers avec dépôt de soufre), les cyanures et les ferrocyanures de l'acide *cyanhydrique*. Un dégagement de chlore indique la présence d'un *bioxyde*, de plomb (minium) ou de manganèse.

Les corps dissous peuvent être envisagés comme transformés en chlorures ; l'acide chlorhydrique ne change pas leur degré d'oxydation ; les sels ferreux sont dissous à l'état de chlorure ferreux, les sels ferriques à l'état de chlorure ferrique ; l'acide azotique et l'eau régale n'ont pas cet avantage, car ils font passer le métal au degré supérieur d'oxydation.

Recherche de la base. — Elle se fait comme pour les sels solubles dans l'eau.

Recherche de l'acide. — On ne recherche pas les acides dont tous les sels sont solubles, ni ceux qui se dégagent à l'état de gaz sous l'influence du dissolvant acide. La recherche des autres acides se fera d'après les tableaux VIII ou IX ; il peut être avantageux d'éliminer l'élément métallique par l'hydrogène sulfuré.

Un chlorure ne saurait être retrouvé par ce procédé. On en constatera la présence par une voie détournée en faisant fondre le corps avec du *carbonate de sodium* en grand excès (l'ébullition avec une solution concentrée suffit très-souvent) ; on reprend par de l'eau et on verse dans le liquide filtré, *acidulé* par de l'acide azotique, de l'azotate d'argent ; l'addition d'acide azotique est indispensable pour transformer en azotate l'excès de carbonate qui précipite également le réactif employé.

Ce procédé peut s'appliquer à la recherche des acides de presque toutes les combinaisons insolubles ; le résidu de la fusion avec le mélange de carbonates alcalins repris par de l'eau, contient l'élément acide à l'état de sel alcalin, avec l'excès de carbonate ; la partie insoluble renferme le métal à l'état d'oxyde ou de carbonate soluble dans les acides.

b) SOLUTION DANS L'ACIDE AZOTIQUE. — Le procédé opératoire est le même que pour l'acide chlorhydrique. Cet acide n'exerce qu'une action dissolvante lorsqu'il ne se produit pas de vapeurs rutilantes ; le cas contraire indique qu'il y a oxydation (on distingue quelquefois de cette manière un métal d'un oxyde). Les sulfures sont dissous avec dégagement de vapeurs rutilantes et dépôt de soufre qui se réunit souvent sous forme de globules. Les chlorures dégagent du chlore, les iodures et les bromures des vapeurs violettes ou rouges brunâtres.

Recherche des bases. — On doit se rappeler que la dissolution faite à chaud transforme toujours le métal au degré supérieur d'oxydation; c'est ainsi que le calomel insoluble se change en sublimé. Des expériences de contrôle sont par suite toujours nécessaires pour déterminer l'état réel du corps.

Recherche de l'acide. — Il nous reste à ajouter à ce que nous avons dit plus haut que les sulfures sont partiellement transformés en sulfates; il se formera un dépôt blanc de sulfate si le mélange renferme du plomb; ce précipité se dissout, du reste, dans le tartrate d'ammonium.

Action de l'acide azotique sur les métaux et les alliages. — L'emploi de l'acide azotique est avantageux dans l'analyse des alliages, car il transforme les métaux qu'il attaque en azotates solubles, sauf l'étain et l'antimoine, qui sont peroxydés en acides métastannique et antimonique, insolubles dans l'eau, (surtout après leur calcination). L'or et le platine ne sont pas attaqués par l'acide azotique.

c) Solution dans l'eau régale. — Le composé est transformé en perchlorure. Nous n'avons rien à ajouter à ce que nous avons dit en ce qui concerne la recherche de l'acide et de la base. Le réactif, que l'on prépare au moment de s'en servir, dissout les métaux nobles, les oxydes d'antimoine, d'étain, le sulfure de mercure, etc.

III. — SUBSTANCES INSOLUBLES DANS L'EAU ET LES ACIDES.

§ 88. Analyse des corps insolubles dans les acides. —Le nombre des corps qui sont dans ce cas est très-restreint; il l'est encore davantage en se plaçant à notre point de vue. Je me contenterai de mentionner le *sulfate de baryum*, le *sulfate de plomb* (il peut se dissoudre partiellement dans les liquides acides), le *chlorure d'argent*, l'*acide silicique*, quelques *silicates*, l'*oxyde de chrome vert*, le *soufre* et le *charbon*, le *fluo-*

rure de calcium. On caractérise ces corps par quelques essais particuliers.

Le *sulfate de baryum*, mélangé de charbon et de carbonate de sodium, se transforme en sulfure de baryum, sel soluble et facile à caractériser.

Le *sulfate de plomb*, traité de la même manière, laisse du plomb métallique reconnaissable au chalumeau.

Le *chlorure d'argent* noircit à la lumière et est soluble dans l'ammoniaque ; la calcination avec le carbonate de sodium le réduit en un globule métallique inoxydable.

L'*acide silicique* et beaucoup de *silicates* se tranforment par la fusion avec de la potasse en silicates ; d'autres sont attaqués par l'acide sulfurique concentré et bouillant (*V.* § 70).

L'*oxyde de chrome* est vert et se transforme par la fusion avec de l'azotate de potassium en chromate jaune soluble.

Le *soufre* brûle sur le charbon avec une flamme bleue et répand une odeur sulfureuse ; il est, du reste, attaqué lentement par l'acide azotique, et plus rapidement par l'eau régale. Je le range cependant dans ce groupe, car sa solution dans l'acide azotique, faite dans les conditions où nous nous plaçons, n'est jamais que partielle. La solution précipitera par l'azotate de baryum.

Le *charbon* se reconnaît à sa couleur et se volatilise sans résidu à la flamme oxydante.

IV. — MÉLANGE DE CORPS DE DIFFÉRENTE SOLUBILITÉ.

§ 89. Analyse d'un mélange de corps de différente solubilité. — On sépare le mélange en divers groupes ; le premier contient les corps solubles dans l'eau ; le second ceux que dissout l'acide chlorhydrique, etc., et l'on rentre ainsi dans les cas précédents. Il importe d'épuiser l'action de chaque dissolvant avant de passer à un autre.

CHAPITRE IV

DÉTERMINATION DE LA NATURE DES SUBSTANCES ORGANIQUES

§ **90. Généralités.** — Déterminer la nature d'une substance organique est l'un des problèmes les plus complexes qui se présentent en analyse; il n'existe pas de méthode générale analogue à celle que nous avons étudiée dans le chapitre précédent pour les substances inorganiques. Cela n'a rien d'étonnant si l'on songe au grand nombre de ces composés, à leurs caractères souvent peu tranchés, à la facilité avec laquelle un grand nombre d'entre eux se transforment sous l'influence des réactifs. Plus d'une fois l'analyse quantitative permettra seule de fixer la nature d'un composé; souvent même elle sera insuffisante et devra être complétée par l'étude des produits de transformation. Nous n'aborderons pas l'étude de ces cas difficiles.

Les corps usuels que le médecin a intérêt à connaître possèdent heureusement des propriétés *physiques*, *organoleptiques*, etc., qui facilitent la tâche de l'analyste et la réduisent parfois à la constatation de quelques réactions d'identité. On devra donc s'appliquer dans l'étude des corps organiques, à porter toute son attention sur les caractères précédents; celui qui se sera familiarisé avec eux arrivera très-vite à reconnaître un grand nombre de substances sans le secours d'aucun réactif. Je citerai comme exemple : l'alcool amylique, le chloroforme, le phénol, le camphre, les résines, etc.

§ **91. Essais préliminaires.** — On s'assure d'abord que la substance est de nature organique, c'est-à-dire qu'elle renferme du *carbone*. Presque toutes les matières organiques noircissent quand on les calcine dans un tube; il en est qui sont volatiles et font exception. Quelques-unes de ces dernières brûlent quand on les chauffe sur une lame de platine. Le procédé suivant réussit dans tous les cas : on mélange la matière à examiner avec de l'oxyde de cuivre que l'on introduit au fond d'un tube; on ajoute un excès d'oxyde et l'on chauffe au rouge, en chauffant d'abord la couche supérieure d'oxyde; il se dégage ainsi de l'acide carbonique, que l'on peut diriger dans de l'eau de chaux qui est troublée.

On s'occupera en second lieu de la recherche de l'*azote* après s'être assuré qu'il n'est pas contenu dans la matière organique sous le forme de *cyanogène, d'ammoniaque, d'amine* ou *corps nitré*.

Les corps *nitrés* (collodion, nitromannite, acide picrique) explodent quand on les chauffe sur une lame de platine d'une manière plus ou moins vive; chauffés en petite quantité dans un tube, ils dégagent des composés nitrés (bioxyde d'azote, vapeurs rutilantes).

Les corps *cyanogénés*, traités par de la potasse, donnent la réaction du bleu de Prusse.

Les sels *ammoniacaux* dégagent *à froid* de l'ammoniaque quand on les traite par la potasse; les sels formés par les *amines* se comportent d'une manière analogue; l'*amine*, mise en liberté, bleuit le papier de tournesol; elle est quelquefois combustible (éthylamine) ou possède une odeur caractéristique (odeur de saumure de harengs pour la propylamine).

On chauffe, ces essais préliminaires étant terminés, la matière avec de la *chaux sodée sèche;* les corps azotés dégagent dans ce cas tout leur azote (les corps nitrés exceptés) à l'état d'*ammoniaque*, qui bleuit le papier de tournesol.

L'analyse se scinde ainsi en deux parties : étude des corps non azotés et étude des corps azotés.

I. — SUBSTANCES ORGANIQUES NON AZOTÉES.

§ 92. **Essais préliminaires.** — Le nombre de ces corps est considérable, mais on peut les diviser en plusieurs groupes à l'aide des réactions qu'ils présentent quand on les chauffe et quand on les met en contact avec les dissolvants.

1) *Action de la chaleur. Fondent* quand on les chauffe dans un tube en un liquide transparent, les *corps gras*, les *acides gras*, les *acides supérieurs de la série oxalique*, les *résines*, etc.

Fondent et se volatilisent : les *acides aromatiques*, la *naphtaline*, le *camphre, quelques alcools et quelques éthers.*

Sont décomposés par la chaleur : les *corps sucrés* et les *matières glycogènes*, les *acides végétaux et leurs sels*, l'*acide oxalique*, l'*acide formique* et *les sels* de presque tous les acides.

La combustion sur une *lame de platine* fournit également des indications précieuses ; quelques corps brûlent avec une flamme bleue peu éclairante, d'autres avec une flamme fuligineuse (cholestérine, résines) ; les produit de la combustion répandent l'odeur d'acroléine avec les corps gras ; celle de caramel avec les corps hydrocarbonés, les tartrates, malates, etc.; celle d'acétone avec les acétates, etc. Les sels à acides organiques, à l'exception des sels ammoniacaux, laissent sur la lame de platine un résidu de métal ou d'oxyde. On classe l'acide en chauffant le sel dans un tube avec de l'acide sulfurique concentré. Les acides volatils se dégagent et se reconnaissent à leur odeur (aigre, aromatique ou spéciale) ou à leurs produits de sublimation (ac. benzoïque, etc.). L'acide formique et oxalique dégagent dans ce cas de l'oxyde de carbone.

2) *Action des dissolvants.* — L'action successive des dissolvants neutres nous sera d'une ressource précieuse pour continuer l'analyse.

α) *Eau* (chaude au besoin). — Se dissolvent :

Les *acides et les sels* de la *série acétique et oléique*, qui contiennent moins que cinq de carbone ; ceux de la série *ben-zoïque, cinnamique, lactique, oxalique* (les sels alcalins seulement) ; les acides végétaux (*malique, tartrique, citrique*) et leurs sels alcalins, le *tannin*, l'*acide gallique* et *quelques autres acides* (méconique, quinique, etc.).

Quelques corps hydro-carbonés (*dextrine, gomme*) les *corps sucrés* et quelques *glucosides*. Ces derniers corps réduisent la liqueur de Bareswill soit immédiatement, soit quand on les a chauffés avec de l'acide sulfurique étendu.

L'*alcool éthylique et méthylique*, l'*éther* et *quelques éthers composés* sont également plus ou moins solubles dans ce dissolvant.

2) *Alcool.* — Se dissolvent dans l'alcool froid les *acides gras* (margarique, palmitique, stéarique, oléique), les *hydrocarbures* (naphtaline, paraffine, etc.), les *résines*, les *alcools des termes supérieurs* (amilyque), les *éthers composés*, le *chloroforme*, les *huiles essentielles*, l'*huile de ricin*, le *phénol*, les *camphres*.

3) *Éther.* — Se dissolvent dans l'éther les corps suivants que l'alcool n'a pas dissous : les *corps gras*, la *cholestérine*.

4) *Sont insolubles dans ces dissolvants :* la *cellulose*, la *pectose*, l'*amidon*. On différencie ces trois corps par la teinture d'iode ; celle-ci colore immédiatement en bleu l'amidon ; elle ne colore la cellulose que lorsque celle-ci a subi l'influence de l'acide sulfurique ; la pectose n'est pas colorée, mais se transforme par l'ébullition avec les acides faibles en *pectine* ; ce corps est soluble à chaud et se prend en gelée par le refroidissement.

Les essais préliminaires nous ont fourni des indices précieux sur la nature probable des corps. On continuera l'analyse, en se reportant à ce que nous dirons de chacun des groupes suivants que nous avons pu établir, et en tentant les réactions qui y sont indiquées.

Corps solubles dans l'eau. — *Acides volatils et leurs sels.*

                                  Acides fixes et leurs sels.

                                  Matières glycogènes (solubles et insolubles).

> *Corps sucrés.*
> *Glucosides.*

Corps solubles dans l'alcool.—*Dérivés alcooliques.*
> *Huiles essentielles et hydro-*
>   *carbures.*
> *Résines.*

Corps solubles dans l'éther.—*Corps gras.*
> *Cholestérine.*

§ 93. **Acides volatils et leurs sels.** — On doit, lorsque l'acide est mélangé à une forte proportion d'eau (ce qui, dans nos recherches de chimie biologique, sera le cas général), le concentrer par le procédé suivant : On neutralise le liquide par du carbonate de sodium et on l'évapore à siccité ; le résidu est desséché et introduit dans un petit appareil distillatoire avec de l'acide sulfurique concentré, dont on doit éviter un excès pour ne pas décomposer l'acide formique. On extrait les acides de leurs sels par le même procédé. J'indiquerai en temps utile les modifications dont ce procédé est susceptible.

SÉRIE FORMIQUE. — *Acide formique,* $CHO^2.H$. — Liquide incolore, odeur vinaigrée très-forte, volatil à $+100°$, ne coagule pas l'albumine, réduit l'azotate d'argent et se dédouble en oxyde de carbone et en eau quand on le chauffe avec de l'acide sulfurique.

Les formiates sont solubles dans l'eau (le sel de plomb dans 36 d'eau) ; ils *réduisent les sels d'argent et de mercure* et se colorent en rouge par le chlorure ferrique. L'acide sulfurique en excès en dégage à chaud de l'oxyde de carbone.

Acide acétique, $C^2H^3O^2.H$. — Liquide incolore, odeur caractéristique, volatil à $+120°$, ne coagule pas l'albumine, ne réduit pas l'azotate d'argent, *forme avec l'oxyde de plomb un sel basique soluble ;* chauffé (ainsi que ses sels) avec de l'alcool et de l'acide sulfurique, il donne de l'acétate d'éthyle d'une odeur caractéristique. Les acétates dégagent par la calcination une odeur d'*acétone* et une odeur de *cacodyle* quand on les calcine avec de l'acide arsénieux ; ils colorent en rouge le chlorure ferrique.

Acide propionique, $C^3H^5O^2.H$. — Liquide incolore, odeur aigre, volatil à $+142°$; il se produit du propionate d'éthyle (odeur de fruits) quand on le traite par de l'alcool et de l'acide sulfurique. Le propionate de sodium est bien plus soluble que l'acétate (caractère de séparation).

Acide butyrique, $C^4H^7O^2.H$.— Liquide incolore, peu soluble dans l'eau, odeur vinaigrée (de beurre rance quand il est impur), volatil à $+160°$.

L'acide butyrique et ses sels, chauffés avec de l'alcool et de l'acide sulfurique, donnent du butyrate d'éthyle d'une odeur de fraise. L'acide butyrique peut être précipité de ses solutions concentrées sous forme de gouttelettes huileuses par l'addition de chlorure de calcium.

Acide valérique, $C^5H^9O^2.H$. — Liquide incolore, odeur caractéristique, presque insoluble dans l'eau, (soluble dans 30 parties), volatil à $+175°$; le valérianate d'éthyle a une odeur de fruits et de valériane. Le valérate de baryum tournoie sur l'eau comme le camphre.

Acide caproïque, $C^6H^{11}O^2.H$. — Liquide incolore, huileux, odeur de sueur, volatil à 202°, presque insoluble dans l'eau.

Acide œnanthylique, $C^7H^{13}O^2.H$. — Liquide incolore (jaune) huileux, odeur de punaise.

Acide caprylique, $C^8H^{15}O^2.H$.—Liquide onctueux, insoluble dans l'eau, odeur de sueur; il cristallise vers $+12°$.

Acide caprique, $C^{10}H^{19}O^2.H$.—Solide, fusible à $+27°$, faible odeur de bouc.

On sépare les acides butyrique, caproïque, caprylique et caprique par la différence de solubilité de leurs sels de baryum. Le butyrate est très-soluble, le caproate exige 12 et le caprylate, 125 parties d'eau; le caprate est presque insoluble.

On reconnaît la pureté de l'acide que l'on a isolé en le transformant en sel d'argent ou de baryum par précipitation par les acétates de ces deux métaux. L'emploi du sel de baryum est assez avantageux; on calcine le sel lavé et on le transforme en sulfate par évaporation avec de l'acide sulfurique étendu; en multipliant le poids de sulfate de baryum par 0,5879, on obtient le baryum contenu dans le sel. Le sel d'argent abandonne par la calcination de l'argent métallique.

100 d'acétate contiennent 53,80 de baryum.
— de propionate — 48,41 —
— de butyrate — 44,05 —
— de valérate — 40,41 —
— de caprate — 57.33 —
— de caprylate — 32,39 —
— de caprate — 28,60 —
— de palmitate — 21,17 —
— de stéarate — 19,49 —

Le sel est pur lorsqu'il abandonne par la calcination un résidu dont le poids est voisin de ceux que nous venons d'indiquer.

Acide palmitique. — Solide, fusible à + 62°, insoluble dans l'eau.

Acide margarique.   id.   à + 60° (?).

Acide stéarique.   id.   à + 69°,2.

Série oléique. — *Acide oléique,* $C^{18}H^{33}O^2.H$. — Liquide jaunâtre (se fige à + 4° et fond à + 14° s'il est pur), huileux, insoluble dans l'eau, soluble dans l'alcool, l'éther et le chloroforme, se transforme par la distillation en acides de la première série et en acide sébacique. La fusion avec la potasse le dédouble en acétate et en palmitate. L'*oléate de plomb est soluble dans l'éther* (caractère de séparation des stéarates). Les vapeurs nitreuses (réactif de Millon) *solidifient rapidement* l'acide oléique; il se transforme en un isomère l'acide élaïdique.

Savons. — Oléostéarates (ou margarates, palmitates) alcalins; ces sels précipitent toutes les solutions métalliques; on obtient, en les traitant par un acide, une couche qui surnage; cette couche est un mélange d'acide oléique liquide et d'acide stéarique (margarique ou palmitique) solide, que l'on peut séparer par l'expression. On peut encore séparer ces acides en précipitant le savon par de l'acétate de plomb et traitant par de l'éther le mélange sec de savons plombiques; l'oléate seul est dissous.

Série benzoïque. — *Acide benzoïque,* $C^7H^5O^2.H$. — Aiguilles fines soyeuses, fusibles à + 120°, et se volatilisant entre + 150 et 200°. Les cristaux obtenus par solution (*fig.* 14) sont moins nets que ceux obtenus par sublimation. Les tables rectangulaires présentent souvent des facettes latérales à un ou à deux angles ; l'acide est peu soluble dans l'eau froide, soluble dans l'alcool et dans l'éther ; sa solution, neutralisée par de l'ammoniaque, précipite les sels ferriques.

Il se transforme en benzine quand on le chauffe avec de la chaux. Sa solution, neutralisée par de l'ammoniaque, précipite en brun clair le chlorure ferrique.

SÉRIE CINNAMIQUE. — *Acide cinnamique*, $C^9H^9O^2.H$. —Lames nacrées et prismes rhomboïdaux ; cet acide se distingue de l'a-

Fig. 14. — Acide benzoïque.   Fig. 15 — Lactate de calcium.

cide benzoïque, avec lequel il a les plus grandes analogies par l'odeur d'amandes amères qu'il dégage quand on le traite par un mélange de bichromate de potassium et d'acide sulfurique.

Remarque. — La volatilisation peut encore mettre en liberté quelques autres acides, mais toujours d'une manière incomplète ; l'acide *oxalique* se sublime en partie, mais la majeure partie se décompose ; l'acide *succinique* se volatilise plus facilement ; l'*acide picrique*, qui est jaune, détone quand on ne

le chauffe pas avec précaution; l'acide gallique se décompose
et laisse volatiliser de l'acide pyrogallique.

§ 94. **Recherche des acides non volatils.** — *Acide lactique*, $C^3H^4O^5.H.H.$ — Liquide, incolore, sirupeux, incristallisable, soluble dans l'eau, l'alcool et l'éther, ne coagulant pas l'albumine et formant avec l'oxyde de zinc un sel très-soluble à chaud et peu soluble à froid.

L'acide lactique est diatomique et monobasique. Les lactates sont solubles dans l'eau, quelques-uns même dans l'alcool; l'éther dissout le lactate de plomb. Le lactacte de zinc forme de petits cristaux prismatiques à quatre pans avec facettes sur les angles. Le lactate de calcium (*fig.* 15) se présente sous forme de sphérules qui, examinées au microscope, sont composées d'aiguilles très-fines.

L'acide lactique retiré de la chair est nommé acide *paralactique ou sarcolactique*; les deux acides ont les mêmes caractères, mais il n'en est pas de même des sels.

Les lactates se distinguent des sarcolactates par leurs différences de solubilité et par l'eau de cristallisation.

Lactate de calcium 5 Aq. sol. dans 9,5; de zinc 3 Aq. sol. dans 58
Sarcolactate de calcium 4 Aq. sol. dans 12,4; de zinc 2 Aq. sol. dans 5,7

Le sarcolactate de zinc est de plus soluble dans 2,2 d'alcool.

ACIDES RETIRÉS DES VÉGÉTAUX. — *Procédé d'extraction.* — Le suc ou l'infusion de la plante est coagulé par la chaleur; le liquide filtré (débarrassé de l'albumine, de la chlorophylle) est précipité par de l'acétate de plomb; le précipité, bien lavé, est décomposé par l'hydrogène sulfuré; on sépare le sulfure de plomb et l'on concentre à cristallisation.

On doit suivre une voie analogue lorsqu'il s'agit de la recherche de l'acide d'un sel de la cinquième section (tartrate de potassium, etc.); les sels de la quatrième section peuvent être décomposés immédiatement par l'acide sulfurique, s'ils sont à base de calcium ou de baryum; ceux de la première et de la deuxième sont décomposés par l'hydrogène sulfuré; le sulfure d'ammonium transforme ceux de la troisième en sels de la quatrième.

Acide oxalique, $C^2O^4H^2$. — Cristaux blancs à saveur aigre, solubles dans l'eau, volatils en se décomposant partiellement en volumes égaux d'acide carbonique et d'oxyde de carbone ; la transformation est complète sous l'influence de l'acide sulfurique. Sa solution réduit les sels d'or et donne, avec le chlorure de calcium, un précipité blanc, insoluble dans l'acide acétique, mais soluble dans les acides minéraux sans effervescence. La forme cristalline de l'oxalate de calcium (*fig.* 16) est caractéristique ; c'est un octaèdre dont l'un des axes est plus allongé et qui ressemble beaucoup à une enveloppe de lettre. Ce sel abandonne par la calcination un résidu de chaux qui bleuit le papier de tournesol.

Acide succinique, $C^4H^4O^4H^2$. — Cristaux volumineux, ai-

Fig. 16. — Oxalate de calcium.   Fig. 17. — Acide succinique.

guilles à quatre pans ou lamelles hexagonales (*fig.* 17), saveur aigre, fusibles à $+180°$, et se sublimant à une température plus élevée. Ils sont solubles dans 2,2 d'eau chaude, dans l'alcool, presque insolubles dans l'éther ; leur solution neutralisée précipite les sels ferriques. Le chlorure de calcium ne précipite pas les solutions neutres assez étendues ; l'alcool précipite de la solution du succinate de calcium gélatineux soluble dans du chlorure d'ammonium.

Acide malique, $C^4H^4O^5H^2$. — Cristaux déliquescents, solubles dans l'alcool. La solution ne précipite ni par le chlorure de calcium, ni par les sulfate de calcium et de potassium. L'acétate de plomb précipite du malate caséeux qui cristallise après quelque temps. L'acide malique ne précipite pas l'azotate d'argent (son dérivé, sous l'action de la chaleur *l'acide fumarique*, le précipite).

Acide tartrique, $C^4H^4O^6II^2$. — Prismes assez volumineux, saveur acidule, solubles dans l'eau et dans l'alcool, insolubles dans l'éther; l'acide se boursoufle quand on le chauffe, et noircit en répandant des vapeurs ayant l'odeur de caramel. Il dévie la lumière polarisée à droite. Sa solution *précipite les sels de potassium*, elle ne précipite pas le sulfate et le chlorure de calcium; l'eau de chaux en excès y produit un précipité (trèssoluble dans le moindre excès d'acide). *L'acide racémique*, son isomère qui est sans action sur la lumière polarisée, précipite immédiatement le chlorure de calcium.

Acide citrique, $C^6II^5O^7II^5$. — Cristaux rhomboédriques droits, saveur acide agréable, solubles dans l'eau, l'alcool et l'éther, sans action sur la lumière polarisée; l'acide chauffé dans un tube, jaunit et dégage une odeur piquante (acétone). L'acide citrique ne précipite pas les sulfates de potassium de calcium, le chlorure de calcium et l'eau de chaux employée en grand excès. *Cette dernière solution se trouble par l'ébullition, et redevient limpide à froid.*

L'acide citrique, chauffé dans un tube jusqu'à ce qu'il jaunit, se transforme en acide *aconitique*. Cet acide, neutralisé par de la chaux, forme un sel soluble à froid, et se troublant par l'ébullition.

Séparation des acides oxalique, tartrique, citrique et malique. — Ajouter à la solution du chlorure de calcium et un excès d'eau de chaux (réaction alcaline).

Le précipité contient de l'*oxalate* et du *tartrate;* ce dernier se dissout à froid dans la potasse, et en est reprécipité par la chaleur à l'état gélatineux.

Le liquide contient le *citrate* et le *malate* à l'état de sels de calcium le premier se précipite quand on chauffe; le liquide, filtré et évaporé, est précipité par l'alcool.

Acide tannique. — Corps jaune, soluble dans l'eau, l'alcool et l'éther; la solution est précipitée en noir par les sels ferriques, en blanc par l'émétique et la gélatine.

Acide gallique, $C^7 H^5 O^5$. H^3. — Corps blanc, peu soluble dans l'eau, précipite en bleu les sels ferriques, ne *précipite pas la gélatine*, et brunit au contact de l'air et de la potasse. La chaleur le transforme en acide *pyrogallique* qui se sublime.

Acide quinique, $C^7 H^8 O^4$. — Cet acide, blanc et cristallisé, se caractérise en distillant un extrait sirupeux qui le renferme avec du peroxyde de manganèse et de l'acide sulfurique; il se sublime des cristaux jaunes de quinone, qui deviennent bruns par l'ammoniaque, et verts par l'eau chlorée.

Acide méconique. — Acide blanc, cristallisé en paillettes; le chlorure ferrique colore sa solution en rouge; la couleur disparaît par l'acide chlorhydrique, et ne devient pas jaune par le perchlorure d'or, caractère distinctif des sulfocyanures.

§ 95. Matières glycogènes. — Les corps rangés dans ce groupe font partie des corps hydrocarbonés, puisque leurs formules peuvent être envisagées comme des hydrates de charbon. On les nomme ainsi parce qu'ils se transforment en corps sucrés proprement dits par l'action des acides étendus. Les ferments végétaux (diastase de l'orge germée) et animaux (ptyaline, pancréatine, suc intestinal) possèdent la même propriété.

Nous avons résumé, dans le tableau X, les caractères de ces composés, qui suffiront à les faire reconnaître. Il nous reste à ajouter quelques mots relativement à la *cellulose;* cette dernière forme, avec l'acide azotique, deux composés nitrés, l'un qui a des propriétés balistiques, et l'autre qui sert à préparer le collodion. Ce dernier est soluble dans un mélange d'alcool et d'éther; le premier ne se dissout que dans l'éther acétique. On régénère la cellulose en faisant bouillir les composés nitrés avec un sel ferreux; il se dégage du bioxyde d'azote.

On distingue la cellulose de la *pectose*, par l'action des acides étendus et des bases; la pectose est transformée à l'ébullition par une solution au 3 1000 d'acide chlorhydrique en pectine soluble, qui se dépose en gelée par le refroidissement; il se forme du pectate de sodium quand on la fait bouillir avec une solution étendue de carbonate de sodium ; l'acide chlorhydrique précipite, de la solution refroidie, une gelée d'acide pectique (ou pectosique) ; rien de semblable ne se produit avec la cellulose.

Notons encore que la *dextrine* du commerce contient toujours un peu de glucose ; c'est ce dernier corps qui réduit la liqueur de Barreswill ; ce fait, mal interprété, conduit beaucoup d'auteurs à attribuer à la dextrine des propriétés réductrices ; l'alcool peut servir à séparer ces deux corps. La *matière glycogène* du foie a les mêmes propriétés que la dextrine purifiée.

§ 96. **Corps sucrés.** — Le tableau XI (p. 129) résume les réactions qui permettent de reconnaître et de différencier les divers corps sucrés ; je n'insisterai ici que sur quelques caractères spéciaux.

PRINCIPAUX CARACTÈRES DES MATIERES GLYCOGÈNES
(Tableau X)

	EAU	ALCOOL	TEINTURE D'IODE	ACIDE SULFURIQUE	LUMIÈRE POLARISÉE
Cellulose...	Insoluble.	Insoluble.	Coloration bleue après la réaction de SO^4H^2	Transformation en dextrine et en glucose.	0
Amidon...	Insoluble se gonfle à chaud	Id.	Coloration bleue.	Id.	0
Amidon soluble....	Soluble.	Id.	Id.	Id.	+
Dextrine...	Id.	Id.	Coloration rose.	Transf. en glucose.	+
Gomme arabique...	Id.	Id.	0	Transf. en un sucre qui réduit la liqueur de Barreswill.	—
Gomme adragante...	Se gonfle en augmentant de volume.	Id.	0	—	
Lichénine..	Insoluble gelée à chaud.	Id.	0	—	
Inuline...	Sol. à chaud.	Id.	Coloration jaune.	Transf. en lévulose.	

La *glucose* cristallise en sphérules ; les cristaux examinés

au microscope, rayonnent du centre et sont composés, le plus
souvent, de lamelles à 4 pans, à contours bien tranchés
(V. fig. 18). Elle forme, avec le chlorure de sodium, des cristaux volumineux (rhomboèdres ou prismes à 4 ou 6 pans).

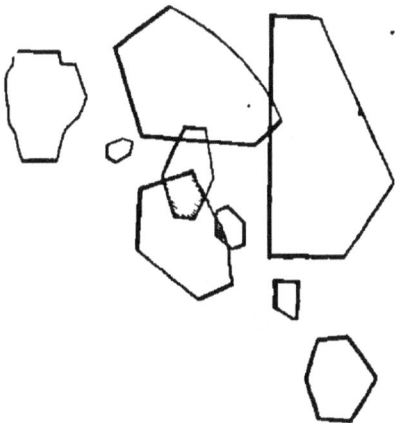

Fig. 18. — Glucose.   Fig. 19. — Lactose.

Les cristaux de *lactose*, sont durs et craquent sous la dent ;
ils appartiennent au système rhomboédrique (prismes obliques à
4 pans) ; on obtient rare-
ment des formes aussi
nettes que celles repré-
sentées par la fig. 19.

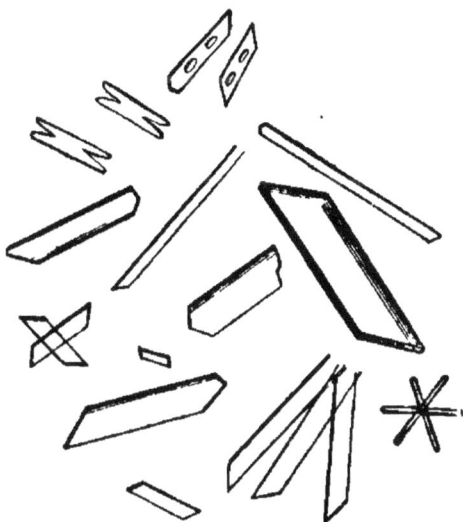

L'*inosite* forme des cristaux qui s'effleurissent rapidement à l'air ; leur
forme vue au microscope
(fig. 20) est peu caractéristique. Le caractère spécial de ce composé est sa
précipitation par le sous-
acétate de plomb, qui permet de le séparer des corps
étrangers. On retire l'inosite de ce précipité plom-

Fig. 20 — Inosite.

bique par précipitation à l'aide d'hydrogène sulfuré ; on la re-

ASPECT	EAU	ALCOOL	LIQUEUR DE BARRESWILL	LUMIÈRE POLARISÉE	RÉACT
aux mame-lonnés.	Soluble dans 1,2 d'eau.	Insoluble dans l'alcool absolu, soluble dans 9,7 d'alcool de 0,880 de densité.	Réduction.	+ 56° (solution faite à chaud).	Brunit rédui caline de bi
aux peu nets.	Soluble.	Moins soluble que la glucose.	Id.		
e incristalli-sable.	Très-soluble.	Très-soluble.	Id.	+	
Id.	Id.	Peu soluble.	Id.	— 23°	
Id.	Id.	Id.	Id.	—	Résiste ment cose.
staux durs.	Soluble dans 6 et 2,5 à chaud.	Presque insolu-ble.	Id.	+ 58°,2	Noircit furiq la po
tes lamelles xagonales.	Soluble.	Id.	Id.	+ 83°,2	
staux durs.	Soluble dans 1/3 d'eau.	Insoluble.	Pas de réduction.	+ 73°,8	Noircit furiq le tra cre i
aux aiguillés	Soluble.	Soluble à chaud.	Pas de réduction.	0	Précipi acéta
Id.	Soluble dans 6 d'eau.	Insoluble.	Pas de réduction.	0	évapo + Ca colo l'amn

précipite de sa solution à l'aide de l'alcool. Les cristaux ainsi obtenus, sont chatoyants et nacrés; évaporés presque à siccité sur une lame de platine avec de l'acide azotique, humectés avec du chlorure de calcium et de l'ammoniaque, ils prennent, par une évaporation ménagée, une coloration rose. Cette réaction, due à Scherer, ne réussit qu'avec une substance purifiée par quelques cristallisations.

La *mannite* n'est pas un corps hydrocarboné; elle renferme un excès d'hydrogène $C^6 H^{14} O^6$. On la retire de la manne par l'alcool bouillant, qui la dissout à chaud; la partie de la manne soluble dans l'alcool froid est seule purgative, et réduit la liqueur de Barreswill.

On a cherché à mettre à profit pour l'analyse, la manière différente dont les corps sucrés se comportent en présence de la levûre de bière; ces essais sont un peu longs, échouent quelquefois pour des motifs inconnus, aussi croyons-nous pouvoir les passer sous silence.

§ 97. **Glucosides.** — Nous rattachons l'étude de ces corps, qui comprend un grand nombre de composés très-différents, à celle de la glucose. Les *glucosides, maintenus pendant quelque temps en ébullition avec de l'acide sulfurique étendu, fournissent un liquide qui, neutralisé avec de la potasse, est réduit par la liqueur de Barreswill.* Il est très-difficile de décider à quel glucoside on a affaire, car les produits de dédoublement sont des plus variés et difficiles souvent à caractériser; l'étude détaillée des produits de décomposition mettra seule sur la voie.

L'*amygdaline* (V. plus loin), le *tannin*, les *principes purgatifs du jalap*, sont des glucosides; je ne m'occuperai en ce moment que de la salicine.

La *salicine* est un corps blanc cristallisé en petites aiguilles, soluble dans l'eau; sa saveur est amère; elle se colore en *rouge* par l'acide sulfurique concentré, et donne l'odeur agréable de reine des prés (hydrure de salicyle) quand on la traite par un mélange de bichromate de potassium et d'acide sulfurique.

§ 98. **Dérivés alcooliques.** — C'est dans ce groupe que viennent se ranger les *alcools méthylique, éthylique, amylique, leurs éthers composés,* l'*éther,* les *éthers chlorés,* le *chloroforme.*

L'analyse de ces substances, au point de vue qualitatif se base sur leurs caractères organoleptiques et leurs points d'ébullition ; on fait bien de comparer le produit à analyser avec les produits purs sur l'origine desquels on peut compter.

1) L'alcool *méthylique* ($C H^4 O$) bout vers + 66° ; le produit est incolore, d'une odeur un peu empyreumatique, ne brunit pas par la potasse et ne produit pas la réaction de l'iodoforme (V. plus loin) ; le produit commercial brunit au contraire et laisse déposer de l'iodoforme. On peut le caractériser en le transformant en acide formique ; on ajoute à 30 gouttes d'alcool suspect, 20 d'acide sulfurique concentré, 125 centigrammes de bichromate et 125 d'eau ; on filtre après 10 minutes, et l'on neutralise par de la chaux ; le liquide filtré est précipité par de l'acétate de plomb ; on filtre de nouveau, on concentre à 7 cent. cubes et l'on fait bouillir dans un tube avec quelques gouttes d'acide acétique et d'azotate d'argent ; ce sel doit être réduit.

2) L'*alcool éthylique* ($C^2 H^6 O$) bout à + 78°,41 ; il est caractérisé par sa transformation en acide acétique, sous l'influence du noir de platine ; l'acide acétique formé, neutralisé par de la chaux et calciné avec de l'acide arsénieux, répand l'odeur de *cacodyle* (procédé de Buckheim).

L'*acide sulfurique* et quelques gouttes d'*acide butyrique* donnent une odeur de fraise (butyrate d'éthyle), qui se développe d'une manière plus nette par l'addition d'eau.

L'alcool colore en *vert* un mélange de bichromate de potassium et d'acide sulfurique.

L'alcool traité par un peu de potasse et une quantité suffisante d'iode pour communiquer au liquide une teinte jaune brunâtre, abandonne après quelque temps un précipité d'iodoforme, qui, examiné au microscope, se compose de lamelles hexagonales.

3) L'*alcool amylique* ($C^5H^{12}O$) est un liquide incolore, d'une odeur irritante et caractéristique; il est peu soluble dans l'eau, qu'il surnage (huile de pommes de terre); il bout vers $+152°$. Ce liquide, distillé avec quelques gouttes d'acide acétique et d'acide sulfurique, donne de l'acétate d'amyle, odeur de poire (réaction de Cros). On peut obtenir du valérianate d'éthyle (odeur framboisée) en distillant l'alcool avec du bichromate et de l'acide sulfurique; le produit distillé, neutralisé par du carbonate de sodium, est repris par quelques gouttes d'alcool et d'acide sulfurique.

4) *Éther* ($C^4H^{10}O$). *V.* p. 2.

5) *Ethers composés.* — Ces composés sont *neutres*; on ne peut y déceler la nature de l'acide qu'après avoir décomposé le produit. Le meilleur procédé consiste à introduire l'éther dans un tube scellé avec des cristaux d'hydrate de baryte; on chauffe à $+140°$; le produit distillé contient l'alcool, et le résidu renfermera l'acide à l'état de sel de baryum.

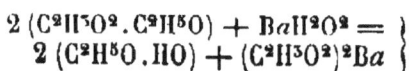

$$2\,(C^2H^3O^2.C^2H^5O) + BaH^2O^2 = \left.\begin{array}{l} \\ \end{array}\right\}$$
$$2\,(C^2H^5O.HO) + (C^2H^3O^2)^2Ba \left.\begin{array}{l} \\ \end{array}\right\}$$

Je me contenterai d'indiquer les caractères suivants des principaux éthers employés en médecine :

Azotite d'éthyle, odeur de pomme de reinette, bout à $+21°$.

Azotate d'éthyle, bout à $+85°$; odeur douce et suave; saveur sucrée, un peu amère.

Acétate d'éthyle, odeur de fruits, bout à $+74°$; il est soluble dans huit fois son poids d'eau.

Butyrate d'ethyle, odeur de fraise, bout à $+119°$.

6) *Produits chlorés ou iodés.* — *Chloroforme*, C^2HCl^3. Liquide incolore, odeur caractéristique, volatil à $+64°,8$, insoluble dans l'eau, soluble dans l'alcool. Sa densité est $1,5$; sa vapeur brûle difficilement avec une flamme bordée de vert. Il ne précipite pas l'azotate d'argent; sa vapeur est décomposée par la chaleur en divers produits, parmi lesquels je mentionnerai l'acide chlorhydrique. Une solution alcoolique de potasse

transforme le chloroforme en formiate qui réduit les sels d'argent.

Éther chlorhydrique monochloré, $C^2H^4Cl.Cl$. — Liquide incolore qui bout vers $+ 62°$ (à $+ 110°$ s'il est impur, éther anesthésique d'Aran); densité, $1,189$; saveur douce et sucrée; n'est pas attaqué à froid par la solution alcoolique de potasse.

Le *chlorure d'éthylène* $C^2H^4Cl^2$ (liqueur des Hollandais) est l'éther chlorhydrique du glycol; il est huileux, insoluble dans l'eau, soluble dans l'alcool et l'éther; il bout à $+ 82°,5$, et brûle avec une flamme bordée de vert.

Le *bichlorure de méthylène* bout vers $+55$' et a également une odeur de chloroforme. On peut distinguer ces quatre anesthésiques par le procédé empirique suivant : en y dissolvant quelques parcelles d'iode, on obtient des colorations très-différentes; il est facile de décider auquel des quatre corps on a affaire par la comparaison avec des solutions typiques.

Iodoforme. — Paillettes nacrées d'un jaune de soufre et d'une odeur safranée, insolubles dans l'eau et dans les solutions alcalines et acides; il est soluble dans l'eau et l'alcool; il se volatilise en partie en présence de l'eau mais une partie se décompose et dégage des vapeurs violettes d'iode.

Chloral, C^2HCl^3O. — On emploie l'hydrate (C^2HCl^3O,H^2O), qui est un corps blanc cristallisé et qui, sous l'influence des bases, se transforme en formiate et en chloroforme. Le choral est peu soluble dans l'eau, mais plus soluble dans l'alcool; il brûle avec une flamme bordée de vert.

Glycérine, $C^3H^8O^3$. — Corps blanc huileux, de saveur sucrée, difficilement volatil, soluble dans l'eau et dans l'alcool; ce corps chauffé sur une lame de platine ou dans un tube avec de l'acide phosphorique anhydre (ou sulfate acide de potassium) donne l'odeur d'*acroléine*, qui est très-caractéristique.

§ 99. **Huiles essentielles et hydrocarbures.** — Les hydrocarbures et les corps qui s'y rattachent sont très-nombreux et présentent des caractères très-différents. Les uns sont solides (paraffine, naphtaline, caoutchouc), les autres liquides (es-

sences de térébenthine, de citron, de pétrole); je ne parlerai
pas des produits gazeux.

Les hydrocarbures sont solubles dans l'eau; ils se volatilisent
en présence de l'eau bouillante et sont solubles dans l'alcool;
ils tachent le papier comme les corps gras, mais la tache disparaît par la chaleur. Il est difficile de différencier ces corps
autrement que par les caractères organoleptiques et physiques.
Quelques-uns d'entre eux forment avec l'acide chlorhydrique
des composés solides analogues au *camphre* par l'odeur, leur
solubilité dans l'alcool et leur insolubilité dans l'eau. Ils se
distinguent du camphre naturel, parce qu'ils brûlent avec une
flamme bordée de vert, et que les produits de leur combustion
précipitent par l'azotate d'argent.

Les *huiles essentielles* sont un mélange d'hydrocarbures
(isomères des essences de térébenthine et de citron) et de composés oxygénés, dont les uns font fonction d'*acides*, les autres
d'*aldéhydes* ou de *camphols*. On sépare ces deux corps en soumettant l'huile essentielle à un froid intense; le corps solide
cristallisé qui se sépare (*stéaroptène*) est oxygéné; la partie liquide (*élaiène*) est l'hydrocarbure. Le stéaroptène fait fonction
d'*aldéhyde* lorsqu'il se solidifie en une combinaison cristalline
par l'action du sulfite acide de sodium.

Le *camphre* du Japon est le type des camphols.

Le *phénol* (ou acide phénique) C^6H^6O. — Corps blanc solide,
fusible à une température modérée, d'une odeur caractérisque;
il est presque insoluble dans l'eau, mais soluble dans l'alcool
et dans la potasse. L'eau bromée précipite en blanc jaunâtre des
solutions encore étendues au 1/45000; le sulfate ferrique le
colore en lilas; il précipite l'albumine et la gélatine. L'acide
phénique colore la peau en blanc et se transforme par l'acide
azotique en acide picrique.

§ 100. **Résines, Baumes et Gommes-résines.** — Ces
substances ont pour caractère commun d'être insolubles dans
l'eau, de se ramollir quand on les chauffe, et de brûler avec
une flamme fuligineuse.

Les *résines* sont solubles dans l'alcool; cette solution est précipitée par l'eau. On les divise en *résines acides* et en *résines neutres*; les premières se dissolvent dans les alcalis, et leur solution alcoolique n'est pas précipitée par la solution aqueuse de potasse. On nomme *térébenthines* un mélange de résines et d'huile essentielle; l'essence se volatilise par la distillation, et la résine reste plus ou moins altérée (baume cuit, colophane). L'odeur suffit pour distinguer les diverses térébenthines de Bordeaux, d'Alsace (odeur de violette, de copahu).

Les *baumes* sont un mélange de résines et de corps encore peu connus (composés alcooliques ou éthers), qui se décomposent par la chaleur et laissent sublimer de l'acide benzoïque (benjoin, tolu) ou cinnamique (styrax). On sépare les acides des résines par l'ébullition avec un lait de chaux; les résinates de calcium restent sur le filtre; les benzoate et cinnamate sont solubles et précipités dans le liquide filtré par les acides.

Les *gommes résines* sont formées par un mélange de résines (solubles dans l'alcool), de gomme (variété insoluble dans l'eau) et d'une petite quantité d'huile essentielle sulfurée.

§ 101. **Corps gras et acides gras insolubles.** — Les corps gras sont ou *liquides* à la température ordinaire (huiles), ou *solides*, de consistance plus ou moins butyreuse. Ces derniers fondent tous en un liquide huileux, à une température inférieure à + 100°. Les premiers abandonnent par le refroidissement des principes solides.

Les corps gras envisagés au point de vue chimique sont un mélange de divers *principes gras solides* à la température ordinaire et d'un *principe* liquide, l'*oléine*. Ce dernier corps (peut-être présente-t-il des modifications isomériques) existe dans tous les corps gras. La présence de l'oléine différenciera un *corps* d'un *principe gras*. Cette constatation peut se faire physiquement ou chimiquement.

Constatation physique. — On exprime la matière étalée en lames minces entre des feuilles de papier buvard; l'oléine traverse le papier et le tache; on chauffe ces papiers avec de l'eau et l'oléine surnage.

Constatation chimique. — On distille les corps gras avec de l'acide azotique; *l'acide sébacique*, produit d'oxydation de l'acide oléique, passe dans les produits de la distillation et se condense en un corps blanc, qui, fondu, a l'aspect d'une huile, mais se dissout dans l'eau bouillante.

On peut encore saponifier le corps gras avec de l'oxyde de plomb en présence de l'eau; on décante le liquide bouillant, dans lequel on peut rechercher la glycérine; l'emplâtre que l'on obtient est lavé, séché et repris par de l'éther qui dissout l'oléate de plomb. (*V.* 93.)

Un principe gras est l'éther neutre de l'alcool triatomique, la glycérine; un principe gras diffère d'un acide gras par la glycérine que l'on peut en retirer en examinant le liquide que l'on obtient par la saponification à l'aide de l'oxyde de plomb; il fournit par la concentration un liquide huileux, à saveur sucrée, qui dégage une odeur d'acroléine quand on le calcine avec de l'anhydride phosphorique.

Les *acides gras* seront retirés de l'emplâtre plombique par l'acide sulfurique; on traite par l'alcool bouillant, qui dissout les acides. Ce liquide est précipité par l'eau, qui enlève l'excès d'acide sufurique; le résidu desséché doit être fondu et soumis à un traitement méthodique. (*V.* Analyse de la graisse humaine.)

La *stéarine* est moins soluble dans l'alcool et dans l'éther que les autres corps gras; elle se dépose de cette solution sous forme de tables rectangulaires ou de prismes rhomboïdaux. Elle fond à +63°, mais le point de fusion varie entre 55°et 66°, suivant les traitements qu'on lui a fait subir dans son extraction. Son point de solidification oscille également entre 60 et 61°.

La *palmitine* est plus soluble dans l'alcool et dans l'éther que le corps précédent; on indique comme points de fusion 46°, 62° et 65°, comme point de solidification 45°.

La palmitine mélangée de stéarine se dépose de ses solutions en sphérules qui, examinées au microscope, se composent de lamelles ou aiguilles s'irradiant d'un centre. C'est ce mélange impur (*V.* fig. 21) que l'on nommait autrefois *margarine*.

Les *huiles* se différencient, suivant leur origine, par leur odeur, leur couleur, leur densité et les réactions de coloration qu'elles prennent sous l'influence de l'acide sulfurique concentré ou de l'acide azotique rutilant. L'huile de ricin se distingue des autres corps gras par sa solubilité dans l'alcool et par la production d'acide œnanthylique (à odeur de punaise) sous l'influence de l'acide azotique.

La *cire* et le *blanc de baleine* ne sont pas des composés glycéridés. Le blanc de baleine ou palmitate palmitylique fond à + 49° et se dissout dans l'alcool bouillant. La cire des abeilles fond vers + 63° et se dédouble sous l'influence de l'alcool

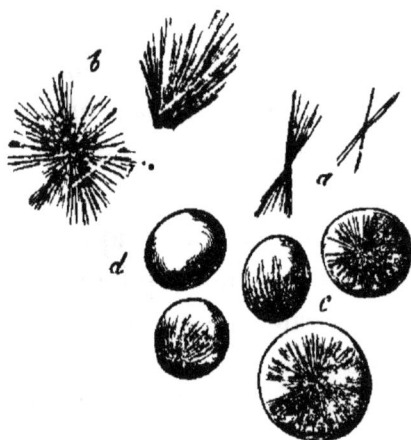

Fig. 21. — Margarine.

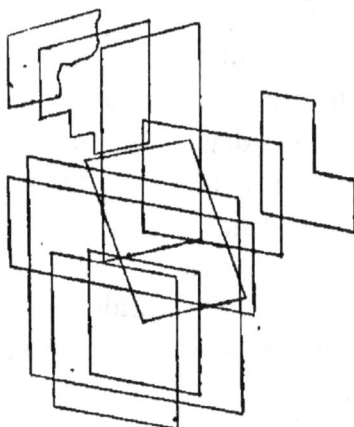

Fig. 22. — Cholestérine.

bouillant, en myricine insoluble et en acide cérotique soluble.

§ 102. **Cholestérine**, $C^{26}H^{44}O + H^2O$. — Cette substance, que l'on peut envisager comme un alcool secondaire de la série cinnamique, cristallise de ses solutions en lamelles rhomboïdales nacrées (*fig.* 22), incolores, inodores, fusibles à + 137° en un liquide huileux qui se fige en cristaux aiguillés ; elle se volatilise sans décomposition ; elle brûle avec une flamme fuligineuse. Elle est insoluble dans l'eau, peu soluble dans l'alcool froid, soluble dans 9 d'alcool bouillant et dans 3,7 d'éther. *Elle n'est pas saponifiée par la potasse* (séparation des corps gras).

L'acide sulfurique la colore en rouge ; le chloroforme versé sur le mélange se colore en rouge ou en violet ; l'acide azotique fumant fait passer la couleur au violet, au bleu, puis au vert.

La solution sulfurique se colore en violet sous l'influence de l'iode ; la couleur vire au bleu, puis passe au rouge.

L'acide chlorhydrique contenant un peu de chlorure ferrique colore la cholestérine à chaud en violet ou en bleu.

L'acide azotique la transforme par une douce chaleur en un résidu jaune que l'ammoniaque fait passer au rouge.

Ces réactions de coloration, que l'on peut observer également au microscope, exigent cependant que la cholestérine soit déjà assez pure.

II. — SUBSTANCES ORGANIQUES AZOTÉES.

§ 103. **Essais préliminaires.** — Quelques réactions bien simples permettent de ranger les corps azotés en un certain nombre de groupes nettement définis.

La potasse dégage à froid des sels à base d'ammoniaque ou d'*amine*, de l'ammoniaque ou un corps voisin en possédant les principales propriétés. On continue l'action de la potasse à chaud ; les *amides* et les *corps qui se dédoublent en amides* (créatine) et les *matières albuminoïdes* dégagent de l'ammoniaque dans ces conditions. Nous avons donc, par ces essais préliminaires et ceux indiqués au § 91, divisé les corps azotés en :

1) Composés nitrés.
2) Composés cyanogénés.
3) Composés ammoniacaux et amines.
4) Composés amidés.
5) Composés alcaloïdes.
6) Composés albuminoïdes.

Il nous reste à différencier les matières albuminoïdes des alcaloïdes.

Les *alcaloïdes* sont cristallisés, amorphes ou liquides ; ce sont des bases qui neutralisent parfaitement les acides et forment des sels neutres cristallisant très-facilement. Ils possèdent un certain nombre de réactions communes : ils précipitent par le *phosphomolybdate d'ammonium*, par le *tannin*, et par l'*iodure de mercure dissous dans l'iodure de potassium*.

Il existe cependant un certain nombre de corps *cristallisés azotés* qui ne présentent pas les réactions des alcaloïdes ; je citerai l'*amygdaline*, l'*acide hippurique*, les *acides de la bile*, la *taurine*, le *cystine*, l'*acide urique* et jusqu'à un certain point la *créatine* et la *créatinine*.

La recherche de ces derniers corps présente de grandes difficultés, lorsqu'on ne connaît pas l'origine du produit ; elle est facilitée, au contraire, lorsqu'on sait de quelle humeur ou de quel tissu provient le liquide à examiner. Nous réunirons leur étude en un paragraphe particulier. L'*amygdaline*, qui est un corps cristallisé *neutre* et soluble dans l'eau, se reconnaît à l'acide cyanhydrique (caractérisé par le bleu de Prusse) qu'il produit quand on le met en contact avec une émulsion d'amandes douces.

Les matières *albuminoïdes* contiennent toujours, outre l'azote, du soufre, dont on décèle la présence par l'ébullition avec de la potasse ; le liquide précipitera en noir par l'acétate de plomb ou dégagera de l'acide sulhydrique quand on le traitera par de l'acide chlorhydrique. Ces substances sont incristallisables, insolubles dans l'alcool, et quelques-unes dans l'eau. Celles qui sont liquides passent très-facilement à une modification insoluble ; ce phénomène, nommé *coagulation*, est déterminé par un grand nombre d'agents (chaleur, acides, sels, etc.). La potasse les dissout ; l'acide chlorhydrique concentré les transforme à chaud et au contact de l'air en un liquide bleu ou violet ; le *réactif de Millon*, enfin, les colore en rouge.

Nous allons passer en revue les divers groupes que nous venons d'établir.

1. Composés nitrés.

§ 104. **Composés nitrés.**— Nous avons dit quelques mots des produits nitrés de la cellulose (V. 95) ; il nous reste à parler de l'acide picrique et de la nitrobenzine.

Acide picrique (trinitrophénique, amer de Welter).

$$(C^6H^2(AzO^2)^5.OH)$$

Cet acide forme des cristaux jaunes allongés, peu solubles dans l'eau bouillante, mais très-solubles dans l'eau chaude; la saveur est très-amère; il détone quand on le chauffe trop rapidement· Il précipite les sels de potassium, et précipite en *vert* une solution ammoniacale de sulfate de cuivre. Il se colore en *rouge intense* quand on le chauffe avec de la potasse renfermant une trace de sulfure d'ammonium.·

Nitrobenzine ($C^6H^5(Az^2O)$) (essence de mirbane). — Liquide huileux incolore, $d = 1,209$; odeur d'amandes amères, bout à $+213°$, insoluble dans l'eau, soluble dans l'alcool et l'éther. Ce corps ne se combine pas avec le sulfite acide de sodium (car. dist. de l'essence d'amandes amères) et se transforme par les agents réducteurs (zinc et acide chlorhydrique) en *aniline* qu'il est facile de caractériser.

2. Composés cyanés.

§ 105. **Composés cyanés.** — On pourrait rattacher à ces produits l'acide urique et ses dérivés qui, dans de certaines conditions, donnent naissance à des composés prussiques; nous préférons cependant les étudier à part avec les corps azotés cristallisés, qui ne sont ni amides, ni alcaloïdes.

3. Composés ammoniacaux et amines.

§ 106. **Composés ammoniacaux ou amines** — L'é-

thylamine $\left. \begin{array}{l} C^2H^5 \\ H \\ H \end{array} \right\} Az$ est un liquide d'une forte odeur ammoniacale, qui bleuit le papier de tournesol, neutralise les acides et précipite les sels métalliques. Le précipité d'alumine, qui est insoluble dans l'ammoniaque, se dissout dans l'éthylamine.

La *propylamine* $\left. \begin{array}{l} C^5H^7 \\ H \\ H \end{array} \right\} Az$ ou son isomère la *triméthylamine*

$$\left.\begin{array}{c} CII^{5} \\ CII^{5} \\ CII^{5} \end{array}\right\} Az,$$ est un liquide incolore d'une odeur de saumure de harengs.

Les sels formés par ces amines sont solubles dans l'alcool (le chlorure d'ammonium ne l'est que peu) ; la potasse en dégage un gaz à odeur ammoniacale qui brûle avec une flamme éclairante jaune.

4. Amides et composés qui s'y rattachent.

§ 107. Urée ou carbonyldiamide. — Les amides ne dégagent pas d'ammoniaque à froid quand on les traite par de la potasse, mais ils en dégagent à l'ébullition, qui régénère le sel ammoniacal dont ils dérivent.

L'urée CII^4Az^2O est un corps blanc cristallisé, d'une saveur très-fraîche, soluble dans 1 d'eau froide, 5 d'alcool froid et 1 d'alcool bouillant, insoluble dans l'éther. Les cristaux sont des prismes allongés aplatis (*fig.* 23 *a*), souvent cannelés, dont les faces ne sont

Fig. 23. — Urée.

pas développées uniformément ; les cristaux se déposent souvent sous la forme dendritique (*b*). On obtient quelquefois des prismes et des lamelles rhomboïdales d'une combinaison d'urée et de chlorure de sodium ; ces cristaux se décomposent facilement quand on les fait recristalliser ; ils ont pour formule $CII^4Az^2ONaCl + II^2O$.

L'acide sulfurique et la potasse décomposent l'urée par l'ébullition.

L'acide azotique exempt de vapeurs rutilantes précipite de l'urée des cristaux (*fig. 24 a*) d'azotate d'urée; les cristaux qui se forment rapidement sont des tables rhomboïdales ou hexagonales.

L'acide oxalique précipite des cristaux d'oxalate (*fig. 24 b*) plus volumineux que ceux d'azotate; les cristaux sont solubles dans 62 d'alcool froid et plus solubles dans l'eau bouillante. Ces combinaisons ne peuvent être considérées comme des sels

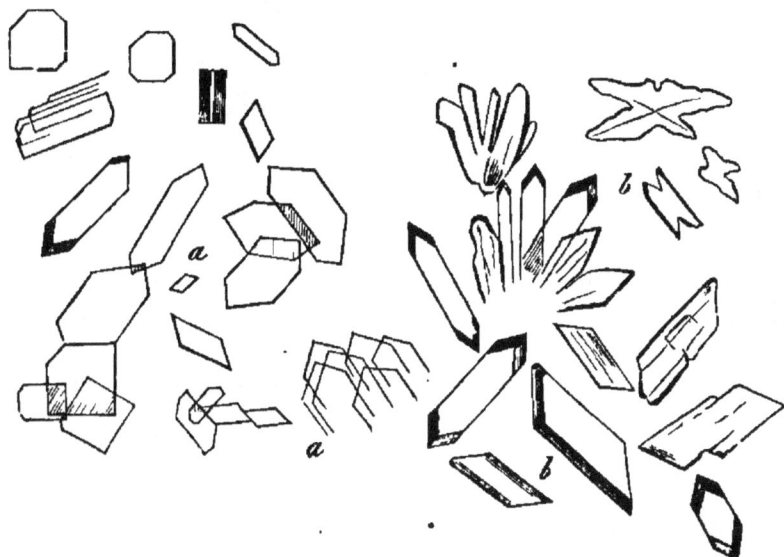

Fig. 24. — a) Azotate d'urée. — b) Oxalate d'urée.

proprement dits, car elles font effervescence avec les acides; leur formule explique facilement ce fait :

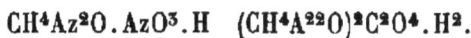

$$CH^4Az^2O.AzO^5.H \quad (CH^4A^{22}O)^2C^2O^4.H^2.$$

L'hydrogène *acide H* peut être remplacé par un métal.

L'urée en solution aqueuse chauffée en tubes scellés à +140° se transforme en carbonate d'ammonium (procédé de dosage de Bunsen).

$$CH^4Az^2O. + 2H^2O = CO^5(AzH^4)^2.$$

L'azotate mercurique versé dans une solution étendue d'urée produit un précipité blanc de la formule $CH^4Az^2O.2HgO$, qui ne jaunit pas par le carbonate de sodium (procédé de dosage de Liebig).

Le réactif de Millon décompose l'urée en azote et en acide carbonique (procédés Millon et Gréhant).

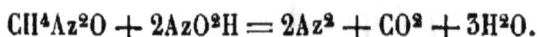

$$CH^4Az^2O + 2AzO^2H = 2Az^2 + CO^2 + 3H^2O.$$

L'eau chlorée ou l'hypochlorite de sodium la décompose en azote et en acide carbonique (procédé Lecomte).

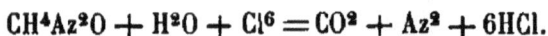

$$CH^4Az^2O + H^2O + Cl^6 = CO^2 + Az^2 + 6HCl.$$

L'hypobromite produit une décomposition semblable.

L'urée n'est pas précipité par l'acétate, ni par le sous-acétate de plomb ; cette propriété peut être mise à profit pour sa purification.

§ 108. **Glycocolle.** — Ce corps se produit par le dédoublement des acides hippurique ou glycocholique sous l'influence de l'acide chlorhydrique ; on peut l'envisager comme l'amide de l'acide glycollique ; sa formule rationnelle $\dfrac{CH^2.AzH^2}{CO^2.H}$ nous fait voir que ce corps peut fonctionner comme base et comme acide, car l'hydrogène placé au voisinage de CO^2 peut être remplacé par un métal. Cette manière de voir fait comprendre les réactions diverses que présente ce composé.

Le *glycocolle* (sucre de gélatine, acide acétamique) cristallise en rhomboèdres ou en prismes à quatre pans (*fig.* 25) très-durs, fusibles à +170°, solubles dans quatre fois leur poids d'eau froide, presque insolubles dans l'alcool et dans l'éther ; la saveur de la solution est sucrée, mais elle rougit le tournesol.

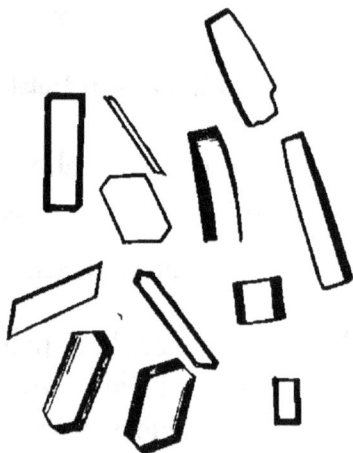

Fig. 25. — Glycocolle.

Évaporé avec de l'acide chlorhydrique, il forme un sel $C^2H^5AzO^2.HCl$ *très-soluble* dans l'alcool.

Il forme avec l'oxyde d'argent une combinaison $\dfrac{CH^2.AzH^2}{CO^2.Ag}$.

soluble dans l'eau, insoluble dans l'alcool ; une combinaison semblable se fait à chaud avec de l'oxyde cuivrique ; la *solution bleue n'est pas réduite par la chaleur et abandonne par le refroidissement* ou par l'addition d'alcool des *cristaux bleus aiguillés*.

§ 109. **Sarcosine ou méthylglycocolle** $\dfrac{CH^2AzH.CH^3 —}{CO^2.H}$

Ce corps est l'homologue supérieur du glycocolle, dont il pos-

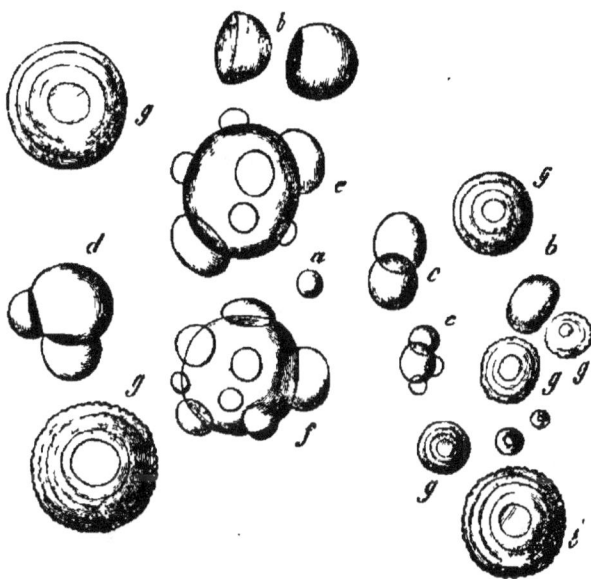

Fig. 26. — Leucine.

sède les principaux caractères ; il cristallise en larges feuillets très-solubles dans l'eau, presque insolubles dans l'alcool et dans l'éther ; il se volatilise sans décomposition et est précipité de de ses solutions alcooliques par le chlorure de zinc.

§ 110. **Leucine**, $C^6H^{11}(AzH^2)O^2$. — Ce corps, qui est le gly-cocolle de l'acide oxycaproïque, fonctionne tantôt comme acide, tantôt comme base. La leucine est un corps blanc cristallisé en lamelles minces, grasses au toucher. Les cristaux, examinés au microscope, se présentent sous forme de sphérules, à structure concentrique, dont les bords sont nets, mais très-foncés; un examen superficiel pourrait les faire confondre avec de la graisse, mais ils s'en distinguent par leur insolubilité dans l'éther. On remarque à un plus fort grossissement, que les sphérules sont formées par le groupement de lamelles très-minces.

La leucine est soluble dans 27 d'eau froide et 1040 d'alcool; elle est insoluble dans l'éther; ses solutions sont neutres et ne sont précipitées par l'acétate de plomb qu'en présence de l'ammoniaque. Elle se dissout dans l'ammoniaque et dans les acides; elle se comporte avec l'hydrate cuivrique comme le glycocolle. *Chauffée avec précaution* dans un tube, elle se sublime en flocons qui ressemblent à l'oxyde de zinc; une partie se décompose et répand une odeur d'amylamine $C^6H^{11}(AzH^2)O^2$ $= CO^2 + C^5H^{11}AzH^2$. Cette réaction est caractéristique, ainsi que la suivante, due à Scherer. La leucine évaporée sur la lame de platine avec de l'acide azotique laisse un résidu incolore qui, humecté par de la soude, se dissout en un *globule huileux jaune ou brun* qui présente le phénomène de Boutigny.

Le procédé suivant m'a également donné de bons résultats; la leucine en solution alcaline est transformée en acide valérique par l'hypermanganate de potassium; le mélange traité par de l'alcool et de l'acide sulfurique

Fig. 27. — Tyrosine.

développe l'odeur caractéristique du valérianate d'éthyle.

§ **111. Tyrosine.** — On rencontre presque toujours simultanément la leucine et la tyrosine. La constitution chimique de ce corps n'est pas encore nettement établie ; il a pour formule $C^9H^{11}AzO^3$. Il cristallise en aiguilles brillantes et soyeuses presque insolubles dans l'eau froide, l'alcool et l'éther, solubles dans l'ammoniaque et les acides étendus (l'acide acétique excepté). Il ne se sublime pas quand on le chauffe, mais il se décompose en répandant l'odeur de corne brûlée. Sont caractéristiques pour la tyrosine les trois réactions suivantes :

1) *Réaction de Scherer.* — Évaporée sur une lame de platine, avec de l'acide azotique, elle se colore en orangé et laisse un résidu jaune foncé que la soude fait virer au rouge ; le liquide, évaporé de nouveau, se colore en brun noirâtre.

2) *Réaction de Hoffmann.* — Chauffée avec une solution *neutre* d'azotate mercurique, la tyrosine donne un liquide rose qui laisse déposer plus tard un résidu rouge.

3) *Réaction de Piria.* — On humecte des cristaux de tyrosine avec 1 ou 2 gouttes d'acide sulfurique concentré, et l'on chauffe le tout à l'étuve pendant 1/2 heure ; le liquide étendu, neutralisé par du carbonate de baryum, et filtré, se colore en violet par le chlorure ferrique.

§ **112. Créatine.** — ($C^4H^9Az^3O^2$). Ce corps se rattache aux précédents par la décomposition que lui fait subir la baryte à l'ébullition ; elle le transforme en urée et en sarcosine.

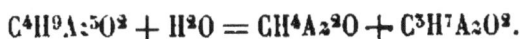

$$C^4H^9Az^3O^2 + H^2O = CH^4Az^3O + C^3H^7Az O^2.$$

Elle cristallise en prismes rhomboédriques incolores (fig. 28), renfermant 1 partie d'eau de cristallisation, solubles dans 74 parties d'eau froide (saveur âcre) presque insolubles dans l'alcool et insolubles dans l'éther. La solution est *neutre*. Il est très-difficile de caractériser ce corps, car ses produits de transformation (sarcosine et urée) possèdent des réactions aussi peu nettes qu'elle-même. Elle réduit bien à l'ébullition l'oxyde mercurique en mercure ; mais cette réaction n'est pas caractéristique. Il vaut peut-être mieux la transformer par l'ébullition avec les acides en créatinine, qui est précipitée par le chlorure de zinc.

§ 113. **Créatinine** $C^4 H^7 Az^3 O$. — La *créatinine* est une *base puissante*, non volatile qui déplace l'ammoniaque de ses sels. Elle forme des cristaux prismatiques brillants (v. fig. 29), solubles dans 11,5 d'eau froide, et 100 d'alcool (plus solubles à chaud), et peu solubles dans l'éther. Les solutions concentrées sont précipitées par l'azotate d'argent (aiguilles fines solubles dans

Fig. 28. — Créatine. Fig. 29. — Créatinine.

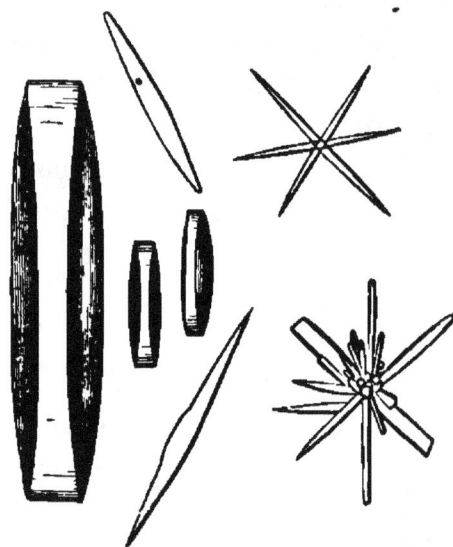

l'eau bouillante), par le chlorure et l'azotate mercuriques (dans les solutions neutres).

Une solution sirupeuse de *chlorure de zinc* précipite les solutions concentrées (alcooliques surtout); les cristaux ont pour formule $(C^4H^7Az^3O)^2ZnCl^2$ (chlorure double de zinc et de créatinine); ils sont microscopiques et se groupent en petits mamelons assez durs. On se sert de cette combinaison pour isoler la créatinine; on l'en retire en la faisant bouillir avec de l'oxyde de plomb ou en la traitant par le sulfure d'ammonium; une partie de la créatinine se transforme toujours par l'hydratation en créatine; la proportion en est d'autant plus forte que les solutions sont plus étendues. Le chlorure de zinc ne précipite le chlorhydrate de créatinine qu'en présence de l'acétate de sodium.

Le chlorure a pour formule $C^4H^7Az^3O.HCl$, et cristallise en prismes transparents ou en tables rhomboïdales.

5. — Alcaloïdes.

§ 114. **Alcaloïdes.** — Les alcaloïdes sont des corps azotés; il n'y en a que trois de liquides; les autres sont cristallisés ou amorphes; ils neutralisent les acides et forment avec eux des sels définis. Ils présentent un certain nombre de caractères communs dont les plus importants sont :

1) *Précipitation par le phospho-molybdate de sodium* (réactif de Sonnenschein) [1], dans les liqueurs qui ne sont pas alcalines.

2) *Précipitation par l'iodure double de mercure et de potassium* (réactif de Mayer [2]). Les précipités formés dans la nicotine et la conicine deviennent cristallins.

3) *Précipités par le chorure platinique et le chlorure d'or.*

4) *Précipités par le tannin.*

On différencie les alcaloïdes entre eux à l'aide des réactions de coloration qu'ils manifestent avec l'acide sulfurique, le réactif de Froehde [3], l'acide *azotique*, le *brome*. On se sert de ce dernier réactif de la manière suivante : on ajoute à la solution sulfurique le mélange de bromure et de bromate que l'on a obtenu en dissolvant le brome dans la potasse.

Nous résumons, au tableau XII, les principaux caractères des alcaloïdes les plus usités; ce n'est que par des tatonnements que l'on peut arriver à la solution du problème. On

---

[1] On précipite le réactif molybdique par du phosphate de sodium; on redissout le précipité lavé dans de la soude et on calcine jusqu'à ce que le mélange ne dégage plus d'ammoniaque. On redissout dans de l'eau, légèrement acidulée par de l'acide azotique.

[2] Chlorure mercurique, $13^{gr},546$; iodure de potassium, $49,8$. Eau q.s. pour compléter 1 litre.

[3] 1 milligramme de molybdate de sodium dissous dans 1 centimètre cube d'acide sulfurique.

doit essayer successivement les diverses réactions de coloration que nous indiquons.

L'*expérimentation physiologique* nous donne quelquefois des indices précieux ; on se sert ordinairement de grenouilles que l'on place dans un vase rempli d'eau ; le corps à essayer est introduit en solution neutre par voie hypodermique, ou, s'il est solide, on fait une incision à la peau de la partie interne de la cuisse ; on décolle la peau à l'aide d'une baguette, et, après avoir introduit le toxique, on réunit l'incision par quelques points de suture. On fait bien d'injecter à un animal *témoin*, une quantité égale du toxique que l'on suppose exister, et, à un second, de l'eau distillée. Nous indiquerons, au chapitre V, une méthode qui permet non-seulement de retirer les alcaloïdes des mélanges organiques, mais encore de les classer en un certain nombre de groupes.

6. — *Corps azotés cristallisés non sériés.*

§ 115. **Généralités.** — Nous n'étudierons dans ce chapitre que les corps azotés qui existent dans l'économie animale ; nous grouperons autour d'un même corps tous ceux qui en dérivent ; c'est ainsi que nous étudierons l'alloxane et l'allantoïne après avoir fait l'histoire de l'acide urique.

§ 116. **Acide hippurique.** $C^9H^9AzO^5$. — Cristaux blancs, prismes rhomboédriques à 4 pans, modifiés par des facettes latérales sur les arêtes. La figure 30 p. 152 représente ces cristaux vus au microscope.

Cet acide est soluble dans 600 parties d'eau froide, plus soluble dans l'eau et l'alcool bouillants, et *presque insoluble dans l'éther* ; il est monobasique. L'hippurate d'argent est soluble à chaud et se dépose par le refroidissement en cristaux aiguillés très-brillants. Il se dédouble sous l'influence de l'acide chlorhydrique bouillant en *glycocolle* et en *acide benzoïque*, dont la forme cristalline est différente.

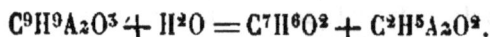

$$C^9H^9AzO^5 + H^2O = C^7H^6O^2 + C^2H^5AzO^2.$$

CARACTÈRES ET RÉACTION

	ASPECT PHYSIQUE.	EAU.	ALCOOL.	ÉTHER.	ACIDE SULFUR. CONCENTRÉ.	RÉACTIF D FRÖHDE.
Aconitine.. .	Amorphe	Peu soluble	Soluble.	Soluble.	Jaune brun virant au violet.	Jaune brun puis incol
Aniline., . .	Huile colorée en jaune.	Insoluble.	Soluble.	Soluble.	—	—
Atropine...	Masse cristalli-sée.	Sol. dans 300	Très-soluble	Presque insol.	0	0
Brucine.. .	Cristal. ou amorphe.	Sol. dans 850	Très-soluble	Peu soluble.	0 ou (rose)?	Rouge pu jaune.
Caféine.. .	Cristaux feu-trés.	Sol. dans 98.	Soluble.	Peu soluble.	0	0
Cinchonine..	Cristaux.	Sol. d. 3810.	Soluble.	Insoluble.	0	0
Codéine.. .	Cristaux anhy-dres.	Soluble.	Soluble.	Soluble.	0 (bleu après 8 jours).	Vert sale, l royal, pu jaune.
Conicine. . .	Liquide clair.	Soluble.	Très-soluble	Très-soluble.	0	Jaune cla
Curarine. . .	Crist. hygrosc.	Très-soluble	Très-soluble	Très-soluble,	Rouge virant au violet.	—
Digitaline (Nativelle)	Cr. (Nativelle). Amorphe (digi-taléine.)	Insoluble. Soluble.	Très-soluble	Soluble.	Brun foncé puis rougeât. rouge cerise ap. 24 h.	Orangée, rouge, brune.
Émétine. . .	Poudre jaune.	Peu soluble.	Très-soluble	Peu soluble.	Brun verdâtre.	Solution ro puis vert
Ésérine.. .	Cristaux,	Peu soluble.	Soluble.	Soluble.	Colorat. jaune.	—
Hyoscyamine	Cristaux (?)	Très-soluble	Très-soluble	Très-soluble.	Comme pour atropine. (?)	—
Morphine.. .	Prismes allon-gés.	Sol. d. 1000.	Dans 90 d'al-cool.	Peu sol. (quand elle est cris-tallisée.)	0	Violet p. v jaune etbl
Narcéine., .	Crist. soyeux.	Sol. d. 1285.	Soluble au 1/1000.	Presque insol	Gris puis rouge sanguin.	Brun, vert rouge, p. b
Narcotine..	Prismes. incol.	Sol. d. 25000.	Dans 220 d'alcool.	Dans 126.	0 puis jaune, rouge et fram-boisé.	Vert, vert l nâtre, pu jaune et ro
Nicotine. . .	Liquide hui-leux,	Très-soluble	Très-soluble	Très-soluble.	0	Jaune vira rouge.
Papavérine..	Cristaux.	Presque in-soluble.	Diff. soluble	Diff. soluble.	0	Vert, violet rouge cer
Picrotoxine..	Crist. à 4 pans.	Sol. d. 150.	Très-soluble	Très-soluble.	Jaune d'or ou safran.	Jaune (réac lente.
Quinine.. .	Amorphe.	Sol. d. 1167.	Très-soluble	Soluble.	0	Verte, puis coloratio
Quinidine.. .	Cristaux.	Sol. d. 1680.	Soluble.	Peu soluble.	Col. jaunâtre.	Id.
Strychnine. .	Crist. prisma-tiques.	Soluble dans 6667 d'eau.	Insol. d. l'al-cool abso-lu, plus so-lub. d. l'a. étendu.	Insoluble.	0	0
Thébaïne.. .	Tablettes car-rées.	Insoluble.	Soluble.	Soluble.	Rouge sang, vi-rant à l'orangé.	Orangée, incolore

ES ALCALOÏDES

TABLEAU XII.

CIDE AZOTIQUE. (t, ѕ de densité.)	VAPEURS DE BROME.	ACTION PHYSIOLOGIQUE.	RÉACTIONS SPÉCIALES.
une très-faible.	Rouge brunâtre.	Poison asphyctique.	Chauffée avec l'acide phosphorique, elle donne une col. rouge qui, par l'action de la chaleur, devient violette.
—	—	—	Elle devient violette ou bleue par les hypochlorites ; la couleur devient plus nette après l'action de l'éther.
st. bruns, solut. incolore.	Coloration jaune des bords.	Dilatation de la pupille à la suite de l'application locale.	
idu rouge, solut. orangée.	Coloration brune se fonçaut.	Moins prononcée à dose égale que celle de la strychine.	La solution azotique vire au rouge violet par le chlorure stanneux.
0	Bords orangés.		Évaporée avec HCl + ClO³K, color. brune passant au *violet pourpre* par ammoniaque.
0	Coloration jaune sur les bords.	—	Elle n'est pas colorée par le chlore et l'ammoniaque.
Solution jaune.	Stries rouges, puis solution uniforme.	—	L'acide sulfurique renfermant des traces d'acide azotique, la colore en bleu.
Solution incolore ou jaune. Pourpre.	Pas de coloration.	Paralysie des nerfs périphériques, le cœur bat.	Acide azotique fumant, coloration bleue.
	—	Cœur continue de battre, les poumons paralysés, pupille dilatée, muscles excitables.	Bichromate et acide sulfurique, coloration bleue non fugace.
aiblement brune.	Pourpre très-clair couleur violette.	Pupille dilatée, pulsations diminuées.	L'acide chlorhydrique colore la digitaline en vert, la digitaléine en brun verdâtre.
Orangée.	—	Vomissements.	
—	Col. rouge brune.	Contraction de la pupille.	
—	—	Dilat. de la pupille à la suite d'une application locale.	Elle produit également des mouvements de déglutition.
rangée, puis jaune clair.	Se décolore.	Excitation initiale suivie de coma.	Le chlorure ferrique la colore en bleu ; elle réduit les iodates.
Solution jaune.	Se décolore.	—	
Solution jaune, puis 0	Coloration rouge, puis rouge cerise.	—	
l. jaune ou teinte violette passant au rouge.	—	Paralysie du cerveau et des muscles inspirateurs.	Il se dépose des cristaux quand on ajoute une solution éthérée d'iode à une solution éthérée de nicotine.
olution jaune, puis orangée.	Solution décolorée, brune sur les bords.	—	
—	—	—	Ce corps est plutôt un acide.
0	Coloration jaune sur les bords.	—	L'eau chlorée colore en vert les sels de quinine en présence de l'ammoniaque, et en rouge foncé le ferrocyanure.
0	—	—	Elle précipite en blanc par l'iodure de potassium.
Jaune clair.	Coloration brune se fonçant.	Crampes tétaniques.	Solution de bichromate (1/100) précipite des cristaux qui sont colorés en bleu foncé par l'acide sulfurique concentré.
Solution jaune.	—	—	

Le chlorure ferrique précipite les solutions neutres en une poudre amorphe d'un brun clair.

L'acide hippurique ne se volatilise pas quand on le chauffe, mais il se décompose en acide cyanhydrique, en acide benzoïque et en benzonitrile. Il répand l'odeur de nitro-benzine quand on l'évapore avec de l'acide azotique concentré ; cette réaction lui est commune avec l'acide benzoïque, dont il se distingue par son insolubilité dans l'éther.

Les corps étrangers masquent parfois cette odeur. Le procédé suivant m'a très-bien réussi dans ces cas ; il n'a qu'un inconvénient, celui d'être très-long ; on calcine le corps que l'on suppose être de l'acide hippurique avec de la chaux dans un tube fermé par un bouchon ; ce bouchon est traversé par un tube recourbé sur la partie horizontale duquel on a soufflé une petite boule dans laquelle on introduit une petite quantité d'acide azotique fumant. On fait tomber le liquide acide dans un tube fermé à l'aide d'une pissette, et on y ajoute une lame de zinc ; il se produit ainsi de l'*aniline ;* le produit de la réaction neutralisée par de la soude est agité avec de l'éther ; la couche éthérée, décantée et évaporée à la température ordinaire, se colore en bleu ou en violet par l'addition d'hypochlorite de soude, dont on ne doit pas mettre un excès.

Figure 30. — Acide hippurique.

§ 117. **Acide glycocholique.** $C^{26}H^{43}AzO^6$. — Corps blanc cristallisant en aiguilles très-fines (fig. 31), presque insoluble dans l'eau froide et l'éther, plus soluble dans l'eau chaude et surtout dans l'alcool. Il se dissout facilement dans les alcalis ; il est précipité par l'*acétate de plomb ;* le précipité se dissout dans l'alcool bouillant. Le glycocholate de sodium cristallise facilement en aiguilles (v. fig. 32). L'acide glycocholique et ses sels se transforment par ébullition en *acide cholalique* et en *glycocolle* :

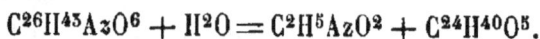

$$C^{26}H^{43}AzO^6 + H^2O = C^2H^5AzO^2 + C^{24}H^{40}O^5.$$

Cet acide est caractérisé par la *réaction de Pettenkofer :* les acides de la bile, traités par de l'acide sulfurique concentré et par quelques gouttes d'une solution au 1/4 de sucre de canne, prennent, quand on les chauffe vers + 70°, une coloration pourpre. Cette réaction n'est caractéristique qu'en l'absence des matières albuminoïdes et des corps gras. *Bogo-*

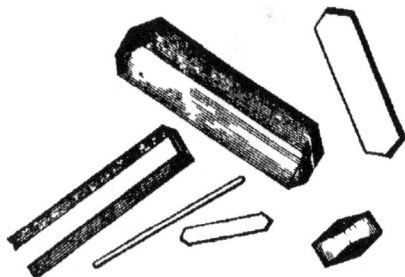

Fig. 31. — Acide glycocholique   Fig. 32. — Glycocholate de soude.

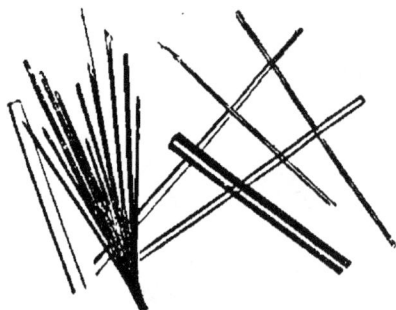

moloff évapore à siccité la solution alcoolique des acides biliaires, étale le résidu sur les parois, le mouille avec 1 ou 3 gouttes d'acide sulfurique concentré, puis y ajoute une goutte d'alcool ; il se produit des zones jaunes, orangées, rouges, violettes et indigo à l'extérieur ; un *excès d'alcool* est nuisible. Ce procédé serait, d'après l'auteur, plus sensible que celui de Pettenkofer, et pourrait également se prêter aux recherches microscopiques.

Les glycocholates alcalins sont solubles; les acides en précipitent de l'acide glycocholique qui se dépose sous forme de gouttelettes huileuses, qui cristallisent à la longue.

§ 118. **Acide taurocholique** $C^{26}H^{43}AzS^2O^7$. — Cet acide est difficile à obtenir pur et cristallisé.

Son sel de sodium ressemble beaucoup au glycocholate ; les solutions sont précipitées par le *sous-acétate de plomb* et non par l'acétate. Les acides et les alcalis le transforment en acide cholalique et en taurine

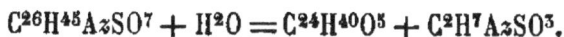

$$C^{26}H^{45}AzSO^7 + H^2O = C^{24}H^{40}O^5 + C^2H^7AzSO^3.$$

Cet acide, comme le précédent, donne la réaction de Pettenkofer ; il s'en distingue par la production de sulfate quand on le calcine avec un mélange d'azotate et de carbonate de potassium.

Acide cholalique $C^{24}H^{40}O^5$. — Cet acide, produit de dédoublement des deux acides précédents, sous l'influence des acides, des bases et des ferments, se caractérise également par la réaction de Pettenkofer. Il est amorphe ou cristallise en prismes quadrangulaires, quelquefois en octaèdres ou en tétraèdres. L'acide possède les mêmes solubilités que l'acide glycocholique ; la modification amorphe est un peu plus soluble dans l'eau et plus soluble dans l'éther que l'acide cristallisé. Les sels alcalins sont solubles dans l'eau et dans l'alcool et cristallisent facilement par l'évaporation. Il est précipité par l'acétate de plomb. Cet acide chauffé perd de l'eau et se transforme en *acide choloïdique* (?) et en *dyslysine*; ce dernier corps est insoluble dans l'eau, l'alcool et peu soluble dans l'éther. L'ébullition avec la potasse le retransforme en acide cholalique.

Tous ces acides, retirés de la bile, possèdent un pouvoir rotatoire à droite, que l'on a mis à profit pour l'analyse quantitative.

§ **119. Taurine** $C^2H^7AzSO^3$. — Ce corps, qui résulte du dédoublement de l'acide taurocholique, paraît exister dans le liquide musculaire et dans le poumon (où il proviendrait du dédoublement de l'acide pneumique).

La taurine cristallise en prismes assez volumineux à quatre ou six pans (*fig.* 33), solubles dans 15 à 16 parties d'eau froide, peu solubles dans l'alcool étendu, *insolubles* dans l'alcool absolu et l'éther. La potasse la dissout plus facilement que l'eau ; elle n'est pas décomposée par l'ébullition avec les acides et les bases faibles; elle n'est précipitée ni par les sels métalliques, ni par le phospho-molybdate de sodium.

On voit que ce corps est difficile à caractériser surtout en l'absence de toutes données sur son origine; le caractère sui-

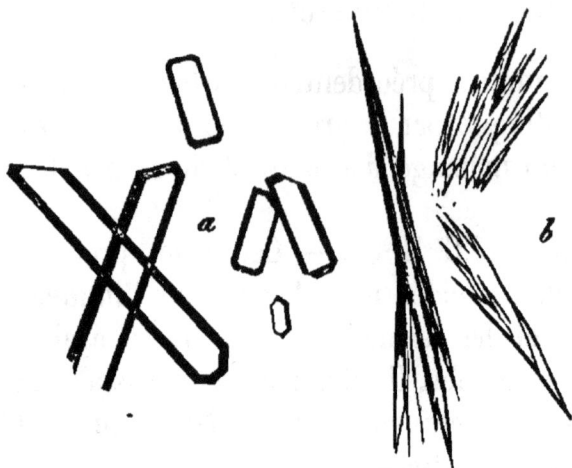

Fig. 33. — Taurine.

vant peut être mis à profit dans quelques cas : un corps peu soluble dans l'eau, insoluble dans l'alcool et dans l'éther, qui ne précipite pas l'azotate de baryum, mais qui le précipite quand il a été calciné avec un mélange d'azotate de potassium et de carbonate de sodium, peut-être de la taurine.

§ 120. **Cystine** $C^5H^7AzSO^2$. — Ce dernier caractère appartient également à la cystine, que l'on rencontre assez rarement dans des calculs urinaires, dans l'urine et dans le foie.

La cystine cristallise en lamelles hexagonales incolores (*fig.* 34), qui se distinguent des formes semblables que peut présenter l'acide urique par leur *solubilité dans l'ammoniaque.* Elle est insoluble dans l'eau, l'alcool

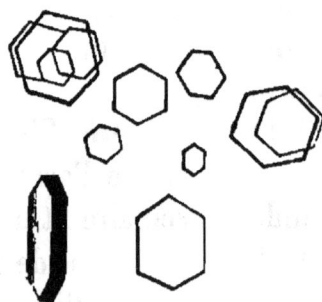

Fig. 34. — Cystine.

et l'éther; elle se dissout dans l'ammoniaque, dans la potasse, *dans les acides minéraux* et l'acide oxalique (insoluble dans l'acide tartrique et l'acide acétique). Elle est décomposée par la calcination avec dégagement d'une huile fétide. L'ébullition avec la potasse la décompose ; et il se forme un sulfure il se dégage un gaz combustible.

Sont caractéristiques pour la cystine, *à condition que la solution soit exempte de matières albuminoïdes et mucilagineuses*, les deux réactions suivantes :

1) La cystine, évaporée avec de la soude sur une lame de platine, donne une tache noire ou brune ;

2) Elle colore en brun un mélange d'acétate de plomb et de potasse chauffé à l'ébullition ;

3) Sa solubilité dans l'ammoniaque, dans l'acide chlorhydrique et sa forme cristalline la différencient de l'acide urique.

§ 121. **Acide urique** $C^5H^2Az^4O^3H^2$. — Cet acide est bibasique et forme des sels neutres qui sont en général plus solubles dans l'eau que les sels acides.

L'acide urique est un corps blanc cristallisé, soluble dans 14000 d'eau froide (1800 d'eau bouillante), insoluble dans l'alcool et dans l'éther. Les formes cristallines de l'acide urique sont des plus variées, comme le fait voir la fig. 35 ; cette différence de formes tient d'une part à la rapidité avec laquelle la cristallisation s'est faite, et d'autre part à la nature du milieu. On voit des prismes à quatre pans (*a*), des rhomboèdres, des losanges, qui se groupent d'une manière très-diverse ; les cristaux qui se déposent de l'urine, sont presque toujours un peu colorés en jaune

Fig. 35. — Acide urique.

ou en rouge. La forme *c*, dite forme à haltères, est assez fréquente dans l'urine de certaines affections.

L'acide urique se décompose par la calcination ; il laisse un charbon difficile à incinérer, et il se dégage des vapeurs à odeur prussique et ammoniacale.

Il se dissout dans les alcalis ; les carbonates, phosphates, borates, lactates, acétates alcalins le dissolvent également ; il se forme un sel acide et un urate acide qui est plus soluble que l'acide urique

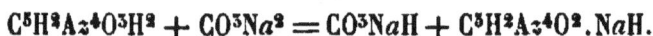

$$C^5H^3Az^4O^3H^2 + CO^3Na^2 = CO^3NaH + C^5H^2Az^4O^2.NaH.$$

L'urate d'ammonium est presque insoluble, aussi le *chlorure d'ammonium précipite-t-il les solutions potassiques concentrées d'acide urique.*

Une solution potassique d'acide urique réduit à l'ébullition le sulfate de cuivre ; la solution, d'abord bleue, laisse déposer de l'oxyde cuivreux.

Réaction de la murexide. — L'acide urique évaporé avec quelques gouttes d'acide azotique à une température qui ne doit pas être trop élevée, se colore en jaune ou en rouge ; ce résidu, exposé aux vapeurs ammoniacales, devient pourpre ; il devient violet quand on l'humecte avec une *trace* de potasse ; un excès d'alcali ne fait pas apparaître la coloration.

Urates. — Les sels alcalins neutres sont très-solubles ; leurs solutions sont précipitées par l'acide carbonique à l'état d'urate acide.

Les sels acides nous intéressent spécialement, car on les rencontre souvent dans les sédiments urinaires.

L'*urate acide d'ammonium* $C^5H^2Az^4O^3HAzH^4$, forme des cristaux peu nets (*fig.* 36), présentant les formes les plus variées et souvent celles de la leucine. Le sel, soluble dans l'eau chaude, exige pour sa solubilité 1,600 parties d'eau froide.

L'*urate acide de sodium* $C^5H^3Az^4O^3HNa$ (*fig.* 37) ressemble beaucoup au sel précédent ; il se dissout dans 1,100 (1,200) parties d'eau froide et dans 125 d'eau bouillante.

L'*urate acide de potassium* est soluble dans 800 d'eau froide et 70 à 80 d'eau bouillante.

La différence de solubilité des urates acides à chaud et à

froid permet d'employer ce caractère pour la purification de l'acide; elle explique également la facile dissolution des dépôts urinaires d'urates dès que l'on tiédit l'urine.

Les *urates de calcium et de magnésium* sont presque insolubles.

Les urates se comportent comme l'acide urique quand on

Fig. 36 — Urate, acide d'ammonium.   Fig. 37. — Urate, acide sodium.

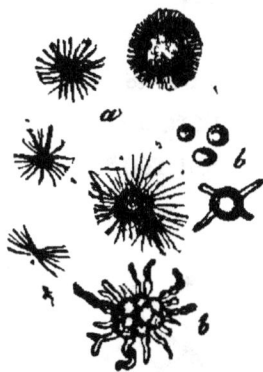

les chauffe sur une lame de platine, mais ils abandonnent un dépôt de carbonates (sauf celui d'ammonium) ou d'oxydes. Leurs solutions sont précipitées par les acides; les urates, traités par l'acide azotique, donnent également la réaction de la murexide.

§ 122. **Produits de tranformation de l'acide urique.** — L'acide azotique concentré et froid transforme l'acide urique en *alloxane*; ce corps, dont la formule est $C^4H^2Az^2O^4+4H^2O$, cristallise en cristaux volumineux, solubles dans l'eau; la solution est acide, *colore la peau en rose* et répand une odeur désagréable; le corps humide rougit rapidement au contact de l'air. L'hydrogène sulfuré le réduit avec dépôt de soufre et formation d'alloxantin[.] Il est douteux que ce corps existe dans l'économie.

L'ozone et le peroxyde de plomb transforment les solutions alcalines d'acide urique en urée et en allantoïne.

L'*allantoïne* $C^4H^6Az^4O^3$ a été signalée dans les eaux de l'amnios dans l'urine des enfants et des veaux et dans les urines rendues après l'ingestion d'acide tannique. Ce corps cristallise en petits prismes très-transparents (*fig.* 38), solubles dans 160 parties d'eau froide, plus solubles dans l'eau et l'alcool bouillants, insolubles dans l'alcool froid et l'éther; il se dissout dans les carbonates alcalins, ne se combine pas avec les acides, mais forme des combinaisons métalliques.

L'allantoïne chauffé se charbonne en dégageant des vapeurs ammoniacales.

L'*azotate d'argent ammoniacal* précipite des solutions d'allantoïne des flocons blancs qui se prennent en grains et qui abandonnent de l'argent métallique quand on les chauffe à + 100°.. Le résidu doit renfermer 40,75 d'argent. L'azotatate mercurique la précipite ; le sublimé-corrosif est sans action sur elle. On profite de la première réaction pour isoler l'allantoïne de corps étrangers. Le précipité, décomposé par l'hydrogène sulfuré, donne un liquide que l'on fait cristalliser ; on caractérise les cristaux par la formation et l'analyse de la combinaison argentique.

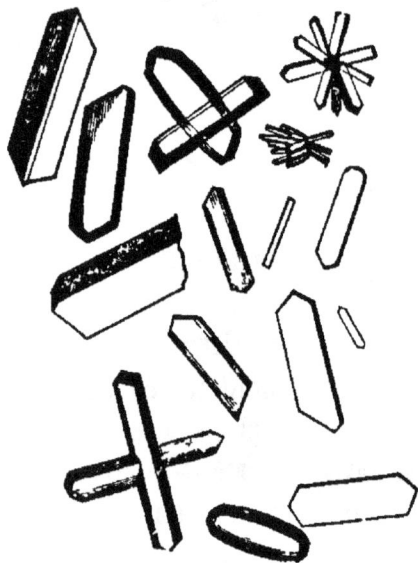

Fig. 38. — Allantoïne.

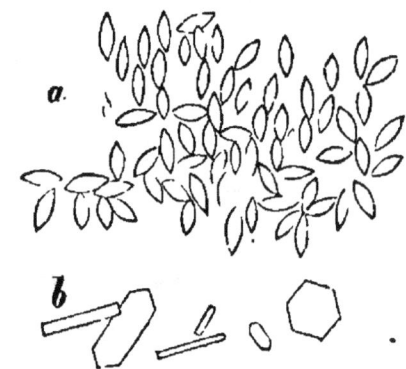

Fig 39. — Xanthine.

§ 123. **Xanthine** $C^5H^4Az^4O^2$ (acide ureux). — Corps blanc à éclat cireux, presque insoluble dans l'eau (même chaude), insoluble dans l'alcool et l'éther, soluble dans les alcalis et *même dans l'ammoniaque* (caract. dist. de l'acide urique); il se dépose de cette solution sous forme de paillettes cristallines.

La xanthine peut cristalliser et former des cristaux semblables à ceux de l'acide urique (*fig.* 39 a). Il forme avec les acides des combinaisons cristallisées (*fig.* 40); la combinaison chlorhydrique est peu soluble; ce caractère permet de séparer la xanthine de la guanine et de l'hypoxanthine. Elle est précipitée, de sa *solution ammoniacale* par le chlorure de zinc, le chlorure de calcium et l'acétate de plomb; de sa *solution aqueuse* à chaud (flocons verts) par l'acétate de cuivre et par l'acétate mercurique. Ces caractères sont mis à profit pour *séparer* ce corps des liquides organiques. Elle est caractérisée par les réactions suivantes :

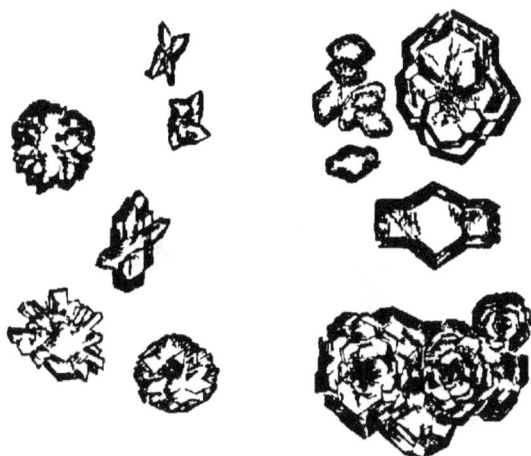

Fig. 40. — Chlorhydrate de Xanthine. — Azotate de Xanthine.

1) Solubilité dans l'ammoniaque;

2) Évaporée avec de l'acide azotique, la xanthine laisse un résidu *jaune* qui devient *rouge, puis pourpre par l'addition de soude.*

3) Une parcelle de xanthine se colore en vert, puis en brun fugace, quand on la traite dans un verre de montre avec de la soude qui contient une petite quantité d'hypochlorite de chaux.

4) L'azotate d'argent précipite de la solution azotique de xanthine, un précipité floconneux qui se dissout à chaud et se dépose par le refroidissement sous forme de masses cristallines.

5) L'azotate d'argent ammoniacal précipite des solutions ammoniacales un dépôt floconneux de la formule $C^5H^4Az^4O^2.Ag^2O$, qui se *réduit* à l'ébullition, quand on le chauffe avec un excès de sel argentique.

§ 124. **Hypoxanthine.** $C^5H^4Az^4O$ (sarcine des Allemands).

—Corps blanc cristallisant en aiguilles très-fines, solubles dans 500 parties d'eau froide (78 d'eau bouillante), insoluble dans l'alcool et dans l'éther ; elle se dissout dans les acides étendus dans les bases, dans l'ammoniaque. La solution chlorhydrique bouillante et concentrée laisse déposer par le refroidissement des cristaux blancs nacrés de la formule $C^5H^4Az^4O.HCl$, cette solution, traitée à l'ébullition par le bichlorure de platine, abandonne par le refroidissement des cristaux de la composition suivante : $[C^5H^4Az^4O.HCl]^2Pt Cl^4$.

L'acide azotique se combine avec l'hypoxanthine à froid

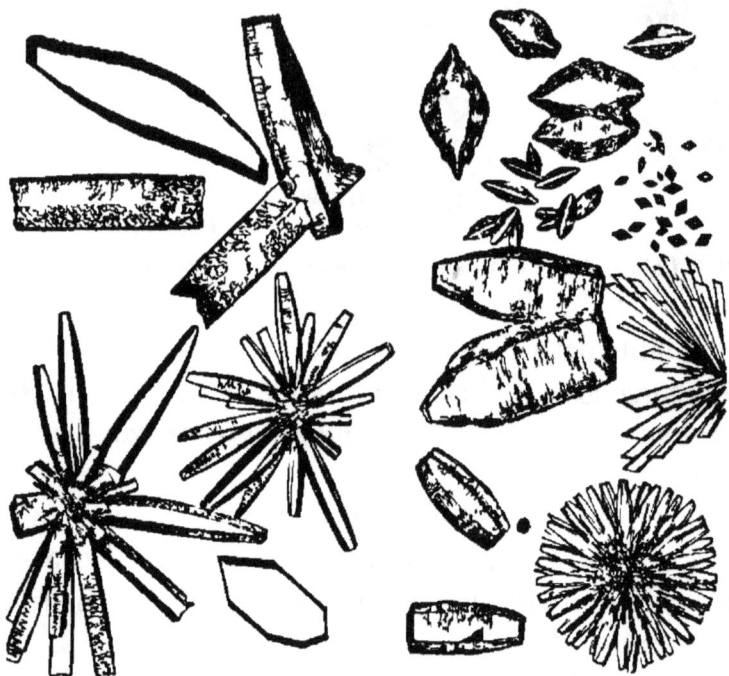

Fig. 44. Chlorhydrate d'Hypoxanthine. — Azotate d'Hypoxanthine.

(fig. 41) ; l'acide concentré, évaporé avec elle à une *température élevée*, la transforme en un *résidu jaune qui se colore en rouge sous l'influence des alcalis*.

Elle est précipitée par l'acétate cuivrique (gris brunâtre), par les sels de zinc, de mercure, par la baryte.

L'*azotate d'argent* la précipite : le précipité insoluble dans l'acide azotique étendu se dissout dans l'acide concentré et chaud, et s'en dépose sous forme de paillettes cristallines $C^5H^4Az^4O AzAgO^3$; l'ébullition avec l'azotate d'argent ammoniacal transforme ce précipité en une masse gélatineuse $C^5H^4Az^4O.Ag^2O$.

§ 125. **Guanine.** $C^5H^5Az^5O$. — Ce corps, retiré d'abord du guano, existe également dans le pancréas, le foie, etc. ; il présente beaucoup d'analogies avec les corps précédents ; l'acide hypoazotique le transforme en xanthine. La guanine est un corps blanc amorphe *insoluble* dans l'eau, l'alcool, l'éther et l'ammoniaque (car. dist. de la xanthine), soluble dans les alcalis et les acides étendus. Le chlorhydrate cristallise (fig. 42). Ce sel est soluble et forme également, avec le chlorure de platine, un sel double. L'azotate d'argent neutre, et l'azotate ammoniacal, se comportent avec la guanine d'une manière analogue à l'hypoxanthine ; elle est précipitée par l'acétate de cuivre.

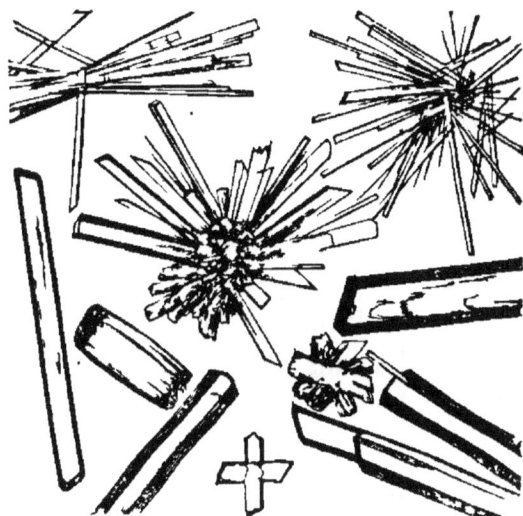

Fig. 42. — Chlorhydrate de guanine.

Évaporée avec de l'acide azotique, la guanine se colore en *jaune*, le résidu se colore en *rouge* à froid, et en *pourpre* à chaud, quand on le traite par de la soude.

7. — *Matières albuminoïdes.*

§ 126. **Généralités.** — Les substances albuminoïdes comprennent un grand nombre de composés ayant une composition centésimale très-identique et des propriétés très-voisines. Ces différences tiennent-elles à des états isomériques, ou à des impuretés qui modifient légèrement quelques réactions ? C'est là une question qui est loin d'être tranchée. On admet actuellement comme substances différentes : *l'albumine du blanc d'œuf*, la *sérine* (albumine du sérum), la *globuline*, l'*hémoglobine*, la *vitelline*, la *myosine*, la *substance fibrinogène*, la *substance fibrinoplastique*, la *fibrine*, la *caséine*, l'*albuminate alcalin*, la *syntonine*, l'*acidalbumine*, la *substance amyloïde*, la *paralbumine*, la *métalbumine*, l'*albuminose* ou les *peptones*.

Nous exposerons les propriétés des quatre types principaux autour desquels on peut grouper les autres substances ; ces types sont : l'*albumine soluble*, la *fibrine* (albumine insoluble) ; la *caséine* (albumine en solution alcaline) ; l'*albuminose* (albumine en solution acide). Cette dernière n'est déjà plus regardée comme matière albuminoïde par quelques auteurs. Nous nous contenterons de résumer en un tableau les caractères des autres composés, sauf à y revenir avec plus de détail dans l'étude des tissus et des humeurs. L'étude complète de l'hémoglobine pure sera faite dans le chapitre consacré à l'étude du sang.

Nous joindrons à l'étude des matières albuminoïdes celle des matières qui en dérivent dans l'économie, comme l'*osséine*, la *gélatine*, la *mucine*, etc. ; ces dernières, en solution acétique, ne sont pas précipitées par le ferro-cyanure de potassium comme les premières.

1. — *Matières albuminoïdes proprement dites.*

§ 127. **Caractères généraux appartenant à toutes les matières albuminoïdes.** — Ces corps sont tous azotés, et renferment en outre du soufre ; l'ébullition avec de la potasse leur fait perdre une partie de leur azote à l'état d'ammoniaque, et transforme leur soufre en sulfure de potassium. Le liquide, après l'ébullition, neutralisé par de l'acide chlorhydrique, dégage de l'hydrogène sulfuré et abandonne un précipité blanc gélatineux de nature albuminoïde et de composition variable (protéine de Mülder).

RÉACTIONS CARACTÉRISTIQUES ET DIF

	ÉTAT NATUREL	EAU	ALCOOL	ACIDE MINÉR
Sérine	Sang, lymphe, chyle, liquides séreux, musculaires; de l'amnios; à l'état pathologique dans le lait, les kystes, le pus, l'urine, etc.	Soluble; la solution coagule par la chaleur de + 72° à + 73.	Pp. ins. dans l'eau. quand il a séjourné quelques temps avec l'alcool.	Pp. insol. d excès ; PhO coagule pas
Paralbumine. . .	Kystes ovariques.	Soluble; louche à chacal ; le pp. devient abondant avec C²H⁴O² ; le liquide filtre difficilement.	Pp. se redissolvant dans l'eau tiède.	AzO³H — pp. sol. dans un
Métalbumine. . .	Liquide hydropique.	Solution filante.	Idem.	Précipite
Fibrine.	Sang, chyle, lymphe: à l'état pathologique, dans les liq. séreux.	Insoluble.	Insoluble.	Insoluble.
Syntonine. . . .	Muscles lisses et striés.	Insoluble.	Insoluble.	Insol. dans A sol. dans HC
Myosine.	Liquide musculaire. — Pus?. — Cylindre-axe?.	L'eau froide la coagule ; la chaleur la transforme en un corps insoluble dans NaCe.	Précipité.	—
Caséine, ...	Lait.—(Jaune d'œuf, sérum, chyle, pus, liquide musculaire, séreuses, cerveau, allantoïde. On ne sait si dans ce dernier cas, ce n'est pas un albuminate alcalin	Solution non coagulée par la chaleur; il se forme une pellicule à sa surface.	Précipité.	Précipité
Albuminate alcalin.	Id.	Sol. pp. par CO².	Pas de précipité.	Pp. sol. dans excès.
Paraglobuline (S. fibrinoplastique. Sérum caséine.)	Sérum, plasma, globule sanguin, chyle, liquide séreux, cristallin.	Sol. pp. par CO² en flocons ; elle est soluble dans l'eau aérée.	La sol. aérée n'est pas précipitée.	Pp. insol. dan excès.
Métaglobuline. (S. fibrinogène.)	Plasma sanguin, hydrocèle, péricarde.	Sol. pp. par CO² ; le pp. est poisseux et se forme difficilement.	Pp. par un mélange de 3 d'alcool et de 1 d'éther.	—
Acidalbumine. . . ,	Sol. chlorhydrique d'albumine ou de mucine (?).	Soluble , pas coagulée à chaud.	Insoluble.	Sol. dans les a étendus, pp les acides co très, insol. un excès
Substance amyloïde.	Foie cireux. cerveau, moelle, nerf optique, rate dégénérée.	Insoluble.	Insoluble.	Sol. dans HCl centré, pp. eau.
Albuminose. . . .	(Peptones) résultat de la digestion ultime des matières albuminoïdes	Soluble: pas de coagulation.	Pp. soluble dans l'eau.	Pp. sol. dans excès.
Hémoglobine. . .	Globules rouges.	Soluble; la solution est décomposée par la chaleur.	Pp. pouvant cristalliser.	Décomposé

S DES MATIÈRES ALBUMINOÏDES (Tableau XIII)

ORGANIQUES (DE ACÉTIQUE)	SELS MINÉRAUX.	CHLORURE DE SODIUM	ACIDE CHLORHYDRIQUE ÉTENDU	RÉACTIONS SPÉCIALES
le précipité.	Précipités solubles dans un excès d'albumine ou de sels.	Pas de pp. ; la sol. précipite par acide acétique.	Transforme en albuminose.	—
e pp. à froid.	Précipités abondants.	—	Pas de précipité.	Précipitée par CO^2.
Id.	Id.	—	0	La sol. acét. n'est pas pp. par le cyanure jaune.
Soluble.	—	—	Se gonfle, mais ne se dissout que peu.	Soluble dans une solution étendue d'azotate de potassium.
Solution.	—	La solution calcaire ou alcaline est pp. par NaCl et SO^4Mg surtout à chaud.	Solution complète, pp. à froid par les alcalis et sol. dans un excès.	Sol. dans l'eau de chaux et le sel. étendus, insol. dans une solution étendue de AzO^3k.
le dans les les étendus.	—	Pp. par la solution au 1/10 ou au 1/20; mais sol. dans la solution étendue.	Pp. et transformé en syntonine.	—
nais solution s un excès.	Pp. même par $CaCl^2$ et SO^4Mg.	—	Transformation en albuminose.	La caséine est coagulée par la pepsine.
Id.	Id.	—	Transformation en syntonine.	CO^3K^2 donne un pp et filtre à travers l'argile.
—	Se comporte comme l'albumine.	Solution; les alcalis étendus dissolvent également.	—	Ces deux corps en solut. dans le chlorure de sodium donnent naissance à de la fibrine
—	Pp. par SO^4Cu insol. dans un excès.	—	—	
Soluble.	Précipité.	Pas de pp. ; pp. dans les liquides acides.	—	N'est pas un corps bien défini et bien étudié.
—	—	—	Difficilement soluble dans les acides étendus.	L'iode la colore en rouge et en violet? quand on a fait ré gi d'abord SO^4H^2. Elle est très endosmotique.
de précipité.	Précipité.	—	Pp. très-soluble dans un excès.	
écomposée.	Id.	Un peu soluble.	—	deux bandes d'absorption au spectroscope.

Toutes fournissent, par la calcination avec la potasse, ou par l'ébullition avec l'acide sulfurique, de la *leucine* et de la *tyrosine*. L'acide azotique, concentré et chaud, les attaque et les transforme en un corps *jaune* que l'on nomme acide *xanthoprotéique*.

Elles sont *insolubles* dans *l'eau chaude acidulée* par de l'acide acétique, *dans l'alcool* et *dans l'éther*, dans les *acides minéraux concentrés*.

L'*acide acétique* en excès les dissout; cette solution est précipitée par le *ferro-cyanure de potassium*, et souvent par les sels alcalins ou alcalino-terreux solides, la gomme arabique et la dextrine.

Elles *sont solubles* dans les *alcalis*.

Les *sels minéraux* (acétate de plomb, sublimé corrosif) donnent des précipités quelquefois solubles dans un excès de précipitant ou d'albumine.

On obtient une *coloration violette* (réaction de Piotrowski) quand on fait bouillir leur solution potassique avec quelques gouttes de sulfate de cuivre.

Elles se colorent en *rouge* vers $+70°$, mieux encore à l'ébullition, par le *réactif de Millon*.

L'acide chlorhydrique concentré et bouillant se colore en bleu violet au contact de l'air avec les matières albuminoïdes; cette dernière réaction ne réussit pas à coup sûr.

§ 128. **Sérine.** — Il est très-difficile d'obtenir ce corps à l'état de pureté et exempt de sels; on peut y arriver de la manière suivante: on ajoute au sérum étendu d'eau de l'acide acétique étendu jusqu'à ce qu'il se forme un précipité floconneux; le liquide filtré est concentré par l'évaporation dans de larges capsules à une température de $+40°$; on le *neutralise* avec du carbonate de sodium, et on le soumet à l'action du *dialyseur* dont on renouvelle fréquemment l'eau; on obtient ainsi une solution qui ne contient presque plus de sels.

La sérine est un corps blanc jaunâtre, hygroscopique, qui se dissout lentement dans l'eau froide; les solutions concentrées sont visqueuses, filantes, un peu fluorescentes ou opalines. Elles dévient la lumière polarisée à gauche (α jaune = — 56° et — 55°,5 pour l'albumine).

Action de la chaleur. — La solution de sérine se *coagule* quand on la chauffe vers + 70°; la coagulation n'est pas complète, le liquide devient *alcalin*, et il reste en solution de l'albuminate alcalin. La coagulation, pour être complète, doit se faire dans un liquide acidulé par de l'acide acétique; un excès d'acide est nuisible, puisque le précipité s'y redissout. La température doit être portée à + 100° lorsque la solution est très-étendue. Il suit, de ce qui précède, qu'un liquide très-alcalin n'est jamais coagulé par la chaleur. La température de la coagulation peut être abaissée à + 50 et même à + 20°, par l'addition de sels neutres (chlorure de sodium) ou d'acides acétique ou phosphorique étendus. Ce cas se présente pour les urines albumineuses.

Alcool et éther. — L'alcool concentré précipite la sérine : le précipité, suivant la durée du contact de l'alcool, se redissout complétement, incomplétement ou pas du tout, dans un excès d'eau. L'éther ne précipite pas la sérine (l'albumine est coagulée).

Action des acides. — Les *acides carbonique, acétique, tartrique, lactique, phosphorique* ne coagulent pas l'albumine; il se produit néanmoins une modification, car le pouvoir rotatoire augmente de 56 à 71°.

Les autres acides, en solution très-étendue, ne coagulent pas l'albumine; les solutions concentrées, au contraire, précipitent abondamment: l'*acide azotique* et l'*acide métaphosphorique*, l'*acide picrique*, le *phénol* et le *tannin* se recommandent principalement comme agents de précipitation.

Les acides non coagulants, comme les acides lactique et acétique, précipitent les solutions d'albumine quand elles renferment une quantité notable de sels alcalins dont l'acide coagule l'albumine. Agissent ainsi comme précipitants les chlorures, azotates, sulfates, métaphosphates; les phosphates, pyrophosphates, acétates sont sans action.

Action des bases. — La potasse en solution concentrée fait prendre la sérine en gelée; la solution étendue ne produit aucun phénomène visible, mais elle est modifiée car elle ne coagule pas par la chaleur, et est précipitée, même par les acides non coagulants.

Action des sels alcalins. — Elles ne modifient la solution qu'au point de vue de la coagulation par la chaleur et par les acides.

Action des sels alcalino-terreux. — Le sulfate de magnésium ne la précipite pas, même quand elle est en solution acétique.

Action des sels métalliques. — Presque tous les sels donnent des précipités que l'on envisage comme des albuminates métalliques, et dont quelques-uns ont une composition assez constante. Ces précipités *se redissolvent dans un excès de sel ou d'albumine;* sont employés comme coagulants (hémostatiques et caustiques), l'alun, le sulfate de zinc, le chlorure et sulfate ferriques, le chlorure et azotate mercuriques, le sulfate de cuivre, etc.

§ 122. **Caséine.** — Ce corps s'obtient à l'état de pureté en agitant le lait rendu alcalin par de la soude avec de l'éther; on sépare le liquide éthéré, et on précipite le liquide décanté par de l'acide acétique; le précipité est lavé avec de l'eau pure.

Action de l'eau. — La caséine se gonfle dans l'eau distillée, mais ne s'y dissout pas; elle se dissout difficilement dans l'acide acétique et dans la solution potassique quand elle a subi la dessication; elle se dissout très-facilement dans de l'eau légèrement alcalinisée quand elle est à l'état floconneux; cette solution se comporte à peu de chose près comme le lait; elle n'est pas coagulée par la chaleur.

Alcool. La caséine est précipitée à froid; le précipité se dissout partiellement ou en totalité dans l'alcool bouillant.

Action des acides étendus. — Les acides acétique, lactique, phosphorique précipitent la solution de caséine; il en est de même de l'acide carbonique. La précipitation est incomplète, et peut même ne pas avoir lieu, quand la solution est trop alcaline ou renferme trop de *phosphate alcalin;* elle est plus complète quand on chauffe.

La caséine ainsi coagulée se redissout facilement dans un excès d'acide acétique ou dans une solution qui renferme 4 pour mille d'acide chlorhydrique fumant.

Action des sels alcalins. — La caséine ne se dissout pas dans une solution concentrée de chlorure de sodium.

Action des sels alcalino-terreux. — La caséine est précipitée par le sulfate de magnésium et le chlorure de calcium; le précipité est soluble dans l'eau.

Action des sels métalliques. — La caséine est précipitée par le sulfate de cuivre, l'azotate d'argent, le chlorure mercurique, etc.

Les solutions de caséine dévient la lumière polarisée à gauche, mais le pouvoir rotatoire varie avec la proportion et la nature du dissolvant.

§ 123. **Fibrine.** — Ce corps, retiré par battage du sang, est blanc, mou et élastique; il est *insoluble* dans l'eau, mais diverses variétés retirées du sang provenant de personnes malades s'y gonflent et se dissolvent même partiellement.

La fibrine se dissout dans les acides étendus (acétique, lactique, phosphorique), partiellement ou en totalité; elle se gonfle un peu dans l'acide chlorhydrique étendu au 1/1000 (mais pas autant que la fibrine musculaire); les solutions étendues sont précipitées par le ferro-cyanure de potassium. La potasse et les carbonates alcalins la dissolvent; cette solution est précipitée par l'acide acétique, et n'est pas coagulée par la chaleur Elle se gonfle et se dissout dans les sels alcalins (azotate, iodure, etc.), surtout quand le milieu est un peu alcalin.

§ 124. **Albuminose.** — L'albuminose est le produit de la transformation ultime des substances albuminoïdes sous l'influence de l'acide chlorhydrique très-étendu et tiède; c'est le même corps qui se produit par la digestion des matières albuminoïdes.

L'albuminose n'est pas coagulée par la chaleur dans les solutions exemptes de sels.

Elle est précipitée par les acides concentrés; le précipité formé par l'acide azotique est soluble dans un excès. Elle est précipitée par les sels métalliques; le ferro-cyanure de potassium précipite les solutions acétiques.

L'alcool précipite ses solutions mais le précipité se redissout dans l'eau. Elle est *endosmotique* et dévie la lumière polarisée à gauche.

2. *Dérivés des matières albuminoïdes.*

§ 125. **Osséine**. — On nomme ainsi la substance que l'on obtient en traitant les os par de l'acide chlorhydrique étendu au 1 10°. Elle a la forme de l'os, mais elle est molle et flexible; l'eau froide la ramollit, mais ne la gonfle pas. L'ébullition prolongée la transforme en *gélatine*.

2) *Gélatine*. — Corps blanc jaunâtre, qui se gonfle dans l'eau froide, et se dissout dans l'eau bouillante; la solution se prend en *gelée* par le refroidissement; ce caractère se perd lorsqu'on chauffe trop longtemps ou que l'on ajoute un acide.

Les solutions de gélatine ne sont *pas précipitées* par : les acides minéraux, les bases, l'acide acétique et le ferrocyanure (car. dist. des matières albuminoïdes).

Elles sont précipitées par le *tannin* et le *chlorure mercurique*, et donnent avec la soude et le sulfate de cuivre la coloration violette des matières albuminoïdes.

Son pouvoir rotatoire à gauche ($\alpha = -130°$) est très-prononcé, mais il varie par l'addition des acides et des alcalis.

3) *Chondrine*. — Les cartilages traités comme les os abandonnent une substance que l'on nomme *chondrogène*. Elle se transforme par l'ébullition en *chondrine*, qui, comme la gélatine, ne se dissout que dans l'eau chaude et se prend en gelée par le refroidissement, à moins que l'ébullition n'ait été trop prolongée. Elle dévie fortement la lumière polarisée à gauche ($\alpha = -213\ 5$,) quand elle est en solution alcaline; ce pouvoir rotatoire augmente avec la proportion de base. Elle est insoluble dans l'alcool et dans l'éther.

Elle n'est *pas coagulée* par les alcalis et l'ammoniaque.

Elle est *précipitée* par les acides minéraux, l'acide acétique, l'alun, le chlorure ferrique, l'acétate de plomb, l'azotate d'argent. Ces précipités sont solubles dans un excès de réactif.

La *chondrine précipitée par l'acide acétique* se dissout *dans les sels alcalins;* ce caractère la distingue nettement des matières albuminoïdes proprement dites, dont la solution acétique est précipitée à chaud par les sels alcalins. La mucine donne avec l'acide acétique un précipité qui ne se dissout pas dans les sels alcalins.

4) *Épidermose* (élasticine, kératine). — Ce corps, très-hygroscopique, se dissout avec difficulté dans l'eau bouillante; l'ébullition en tubes clos à + 150° fournit une solution laiteuse, qui sent fortement l'hydrogène sulfuré et qui ne se gélatinise pas par le refroidissement. Il se gonfle dans l'acide acétique et dans les alcalis; les solutions ne sont pas précipitées par les acides, mais par le *tannin.* L'ébullition avec les acides la transforme en divers produits parmi lesquels prédomine la leucine.

5) *Mucine.* — Ce corps se gonfle dans l'eau, mais ne se dissout pas complétement; le liquide peut néanmoins être filtré et être précipité par l'alcool. *L'acide acétique y produit un précipité insoluble qui ne se dissout pas dans les sels alcalins*[1]. Les acides étendus donnent des précipités solubles dans un excès; la chaleur ne coagule pas la solution de mucine; cette dernière n'est pas précipitée par le chlorure mercurique, par l'acétate de plomb et par le ferro-cyanure en solution acétique.

La *pepsine* est un corps très-voisin par ses réactions chimiques de la mucine. Nous étudierons cette substance ainsi que la *ptyaline* et la *pancréatine* en faisant l'étude des sucs digestifs (CHAP. XIII).

---

[1] La *pyine* s'y dissoudrait; ce caractère permet d'envisager ce corps comme une matière albuminoïde.

NATUREL	EAU ET CHALEUR	ALCOOL	ACIDE MINÉRAUX	ACIDE ACÉTIQUE	SELS MINÉRA...
des muqueu... su colloïdal, ..s, tendons (?) ...onnectif du ...).	Peu sol. dans l'eau ; consistance visqueuse ; ne se trouble pas par la chaleur.	Insoluble.	AzO³H ⎫ PO⁴H³ ⎬ pp. sol dans un excès. ClH ⎭	Pp. blanc insol. dans un excès.	HgCl², p. de Alun, pas de Sous-acétate plomb, abondant.
...m, épiderme corne, che- ...umes, etc.	Ins. Sol. par une longue ébullition ; le liquide ne gélatinise pas par le refroidissement ce que fait l'osséine qui se ramollit à froid.	In-oluble.	PhO⁴H³ et AzO³H coloration jaune.	Se gonfle et se dissout. (Les cheveux etc.)	—
...ges, tendons.	—	—	—	—	—
...e la transf. de ...e par une lon- ...ullition.	Insol. dans l'eau froide et se gonfle ; sol. dans l'eau bouillante ; la solution gélatinise à froid.	Pp. sol. dans l'eau.	Pas de pp.	Pas de pp.	HgCl², p. de ... Alun, pas de ...
...a transf. des ...es costaux des tendons.	Id.	Pp. sol. dans l'eau.	Pp. sol dans un excès.	Pp. sol. dans un excès.	HgCl², pp. Alun, pp.
...la ptyaline, ...ncréatine.	Soluble dans l'eau.	Pp. sol. dans l'eau.	AzO³H pas de coloration jaune.	Pp. sol. dans un excès.	HgCl², p de ... Acétate de plomb, pp

CHAPITRE V

ÉLÉMENTS DE TOXICOLOGIE

§ 126. **Généralités.** — Il est utile que le médecin soit familiarisé avec les procédés que l'on emploie pour la recherche des principaux toxiques, pour qu'il puisse, dans des cas d'expertise, assister d'une manière intelligente le chimiste auquel il sera adjoint ; s'il n'assumera jamais à lui seul la responsabilité d'une affaire judiciaire, il pourra au moins se hasarder à faire lui-même des recherches qui auront pour lui un intérêt physiologique ou pathologique.

§ 127. **Organes à soumettre à l'analyse.** — On soumet à l'expertise les organes suivants : Estomac, (une ligature a dû être posée sur ses deux orifices, au moment de l'autopsie). — Intestins et leur contenu. — Foie (rate et pancréas). — Sang. — Urine. — Cerveau.

Les résultats fournis par l'examen de l'estomac et de l'intestin indiquent que le toxique a été *ingéré* ; ceux fournis par les autres organes démontrent que le toxique a été *absorbé*. On comprend, sans qu'il soit nécessaire d'insister, que l'examen des matières rejetées (vomissements, urines, excréments) ne doit jamais être négligé.

§ 128. **Essais préliminaires.** — Ces essais ne doivent jamais être négligés, car ils mettent souvent sur la voie du toxique ; on y consacrera une partie du contenu de l'estomac et des intestins. Ces organes sont placés sur un plat bien net et ouverts longitudinalement à l'aide d'une paire de ciseaux ; on note immédiatement l'*odeur*, et l'on percevra les odeurs caractéris-

tiques des corps suivants qui auront pù être ingérés : acide
cyanhydrique, phosphore, alcool, éther, chloroforme, huiles
essentielles, camphre, phénol, aniline, nicotine, cicutine, ammoniaque, composés de l'opium, etc. Ces odeurs sont souvent
masquées par les produits de putréfaction. On expose à ces vapeurs le papier de Schoenbein (p. 78) ; il est inutile de s'occuper
de la recherche de l'acide prussique s'il n'est pas bleui.

La *couleur* du contenu stomacal et des parois met sur la
trace des empoisonnements par l'acide azotique (jaune), l'acide
sulfurique (ingéré sous forme de bleu d'indigo), les chromates
(jaunes, rouges ou verts), les couleurs arsenicales (verte), les
sels de cuivre, etc.

On isolera par des moyens mécaniques ou par *décantation*
les corps lourds, comme l'acide arsénieux, le cinabre, etc., les
substances organiques (fragments de feuilles de belladone, etc.).
On obtient souvent de cette manière des indices très-précieux
sur la direction que l'on doit imprimer aux recherches ultérieures.

L'examen au papier de tournesol devra toujours être tenté;
une forte coloration rouge fera supposer un empoisonnement
par les acides ; une coloration bleue, quand les matières ne
sont pas putréfiées, devra faire rechercher les bases.

La masse, chauffée dans un endroit obscur, deviendra lumineuse s'il y a du phosphore (à moins que le contenu stomacal
ait été en contact avec de l'alcool ou de l'essence de térébenthine).

Je vais indiquer la série des opérations qu'il faut faire subir
aux matières pour reconnaître l'existence du toxique.

§ 129. **Recherche du phosphore.** — On doit, *sans perdre
de temps*, consacrer à cette recherche le 1/5 du contenu stomacal et intestinal. La masse fluidifiée, s'il est besoin, est acidulée par de l'acide sulfurique (qui saccharifie les corps féculents et facilite la distillation) et introduit dans une fiole (*fig.* 43)
fermée A par un bouchon traversé par un tube deux fois recourbé *b*; ce dernier communique avec un tube *c* plongé dans
un réfrigérant B; les produits se condensent en C.

Il vaut mieux chauffer la fiole sur un bain de sable placé dans une chambre obscure, de manière que les rayons de la source de chaleur ne causent pas d'illusion par leur réflexion sur les parois du verre. Le phosphore distille dans ces condi-

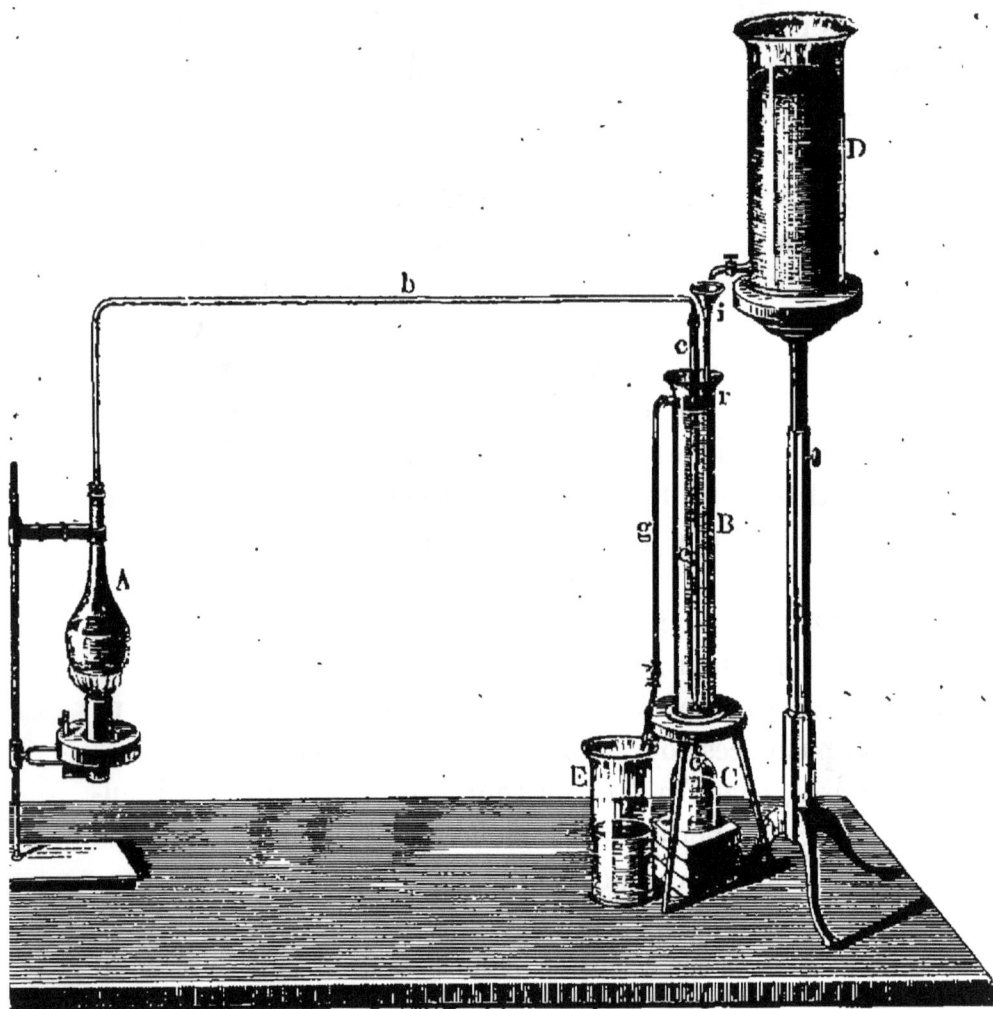

Fig. 43.

tions, et le tube devient lumineux à l'endroit où se condensent des gouttelettes de liquide; ces lueurs se propagent avec l'élé- vation de température de l'appareil, mais se fixent longtemps en *b*. Ce caractère est *précieux*, mais peut manquer quand les matières ont été mêlées à de l'alcool (introduit par les boissons ou ajouté pour faciliter la conservation), de l'éther ou de l'essence de térébenthine (contre-poison de l'empoisonnement par le phosphore).

Le phosphore distillera néanmoins, dans ces derniers cas, et se condensera dans la fiole C. On doit être sûr qu'il n'y ait pas eu de projections, car l'empoisonnement par le phosphore ne peut être diagnostiqué que lorsqu'on a isolé des *produits phosphorés volatils*.

On évapore le liquide distillé (il sera lumineux en l'absence des corps précédents) après y avoir ajouté de l'acide azotique, ce qui transforme le phosphore et l'acide phosphoreux qui a pris naissance en acide phosphorique. Une goutte du liquide évaporé doit précipiter *en jaune* par le molybdate d'ammonium. On prescrit quelquefois d'examiner une portion du liquide avant l'addition d'acide azotique avec de l'azotate d'argent; ce sel est réduit à chaud à l'état métallique par l'acide phosphoreux.

La recherche du phosphore doit être faite immédiatement, car ce métalloïde s'oxyde rapidement à l'air et est transformé en produits non volatils qui ne peuvent être constatés par le procédé précédent et échappent ainsi à notre investigation.

§ 150. **Recherche des acides.** — Cette recherche devient inutile quand le papier de- tournesol n'a pas été fortement . rougi. La marche à suivre dépend un peu de la nature de l'acide que l'on recherche; la coloration des parois stomacales, œsophagiennes, pharyngiennes donnera quelques indices.

Une coloration en jaune, devenant orangée par l'ammoniaque, indique presque à coup sûr l'acide azotique; les acides sulfurique et chlorhydrique colorent en brun ou en noir; l'acide oxalique ne modifie que peu la teinte (quelquefois cependant elle est brune).

On consacre à cette recherche le 1/5 du contenu de l'estomac; la masse est délayée et filtrée. On distrait une portion très-faible, du liquide filtré pour le soumettre aux réactifs suivants : *azotate de baryum, azotate d'argent, sulfate ferreux* et *acide sulfurique, chlorure de calcium.* Les résultats obtenus ne doivent être regardés que comme des indices.

En l'absence d'acide oxalique et azotique, on distille le liquide à une température qui ne doit pas dépasser +105°; (*fig.* 44) le produit condensé renfermera toujours de l'*acide chlorhydrique* (et acétique) en petite quantité qui proviendra du suc gastrique; un *précipité abondant* devra seul être pris en considération.

Le liquide qui reste dans la cornue est repris par de l'alcool éthéré, qui dissout l'*acide sulfurique* et non les sulfates. Le liquide est concentré au bain-marie, une partie évaporée à

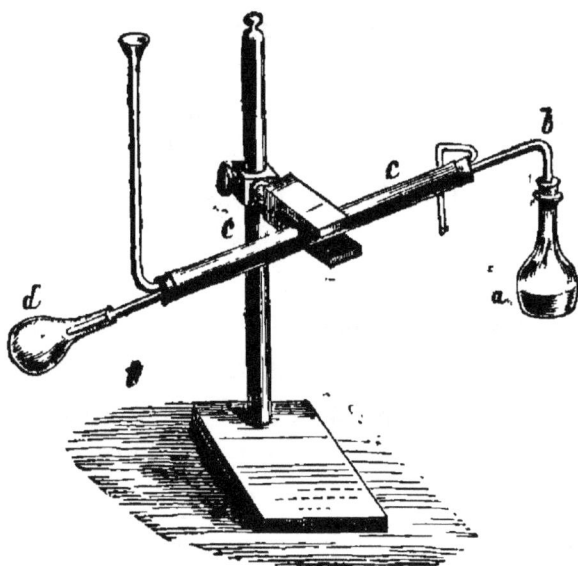

Fig. 44.

l'étuve avec une goutte d'eau sucrée se colore en brun ou en noir; un papier, sur lequel on trace quelques caractères avec ce liquide, se colore en noir aux endroits mouillés, lorsqu'on le dessèche. Le restant du liquide est précipité par de l'azotate de baryum; ce précipité de sulfate, calciné avec du charbon et du carbonate de sodium, se transformera en sulfure qui noircira une pièce d'argent.

L'*acide azotique* est plus difficile à caractériser, car le sulfate ferreux et l'acide sulfurique peuvent se colorer en rose par les matières albuminoïdes. Le liquide filtré est évaporé avec du carbonate de baryum ; le résidu est traité par de l'alcool qui dissout les matières étrangères et laisse de l'azotate de baryum ; ce sel est transformé par le carbonate de potassium en azotate de potassium que l'on purifie par cristallisation ; on le caractérise par les procédés indiqués au § 94.

On isolerait l'*acide oxalique* par la digestion du liquide acidulé par l'acide chlorhydrique avec de l'alcool concentré. Le liquide filtré et évaporé sera examiné comme il est dit au § 94.

§ 131. **Recherche de l'acide cyanhydrique.** — On distille le liquide suspect retiré de l'estomac et acidulé par un peu d'acide tartrique, dans un appareil distillatoire chauffé à une température inférieure à 100°. Les produits volatils condensés dans la potasse, sont traités par le sulfate ferreux, le chlorure ferrique et l'acide chlorhydrique ; il se forme du bleu de Prusse. L'acide que l'on a isolé peut provenir de la décomposition des cyanures alcalins, et même de celle des ferrocyanures.

§ 132. **Recherche des bases.** — Le contenu stomacal doit être fortement alcalin ; on met à profit la solubilité des oxydes dans l'alcool fort pour les enlever au mélange, et notamment pour les séparer des carbonates. La solution alcoolique sera évaporée à siccité, transformée en chlorures et examinée comme il est dit au § 83. On pourrait déterminer la richesse en alcali, en soumettant le liquide filtré à un examen alcalimétrique.

§ 133. **Recherche des poisons métalliques.** — On consacre à cette recherche l'estomac et le 1/5 de son contenu, l'intestin grêle et le 1 4 de son contenu ; on peut y ajouter le résidu de la distillation de la recherche du phosphore et des acides. 250 grammes de foie seront soumis, à part, à un examen identique.

Les matières organiques masquent les caractères des solutions métalliques d'une manière souvent totale ; il faut donc les détruire avant d'aller plus loin.

Destruction des matières organiques. — Les matières suspectes, divisées à l'aide de ciseaux, sont introduites dans une fiole assez grande, avec un poids d'acide chlorhydrique pur égal à celui de la matière organique supposée sèche. On chauffe au bain-marie, et quand le mélange a atteint + 50 à + 60°, on y projette 2 grammes de chlorate de potassium; cette addition est renouvelée dès que le dégagement de gaz a cessé, tant que la masse ne s'est pas transformée en un liquide jaune qui ne se fonce plus quand on continue à chauffer pendant 10 à 15 minutes [1]. On chasse l'excès de chlore par un courant lent d'acide carbonique, et on laisse refroidir le liquide. La graisse, qui résiste en grande partie à la décomposition, se fige; on peut décanter le liquide, et ne pas s'occuper des corps gras, qui ne retiennent qu'une quantité insignifiante de toxique.

Le liquide filtré contient les métaux [2] à l'état de chlorures, l'arsenic à l'état d'acide arsénique, et une petite quantité de matières organiques qui n'entrave pas les réactions ultérieures ; on peut donc suivre, à partir de ce moment, la marche générale que nous avons indiquée au chapitre III, et il ne reste qu'à mentionner quelques petites modification de détail.

Précipitation par l'hydrogène sulfuré. — On fait passer dans le liquide un courant de gaz sulfhydrique; il se produira, même en l'absence de composés métalliques, un précipité jaune, que l'on a pris quelquefois pour du sulfure d'arsenic, mais qui n'est en réalité qu'un mélange de soufre et de matières organiques [3]; on s'arrête lorsque le liquide sent l'hydrogène sulfuré, et l'on bouche la fiole. On fait repasser le gaz si après

---

[1] Si l'addition de chlorate ne faisait pas jaunir le liquide, cela tiendrait à un manque d'acide chlorhydrique; il faudrait en ajouter dans ce cas, mais en se rappelant qu'un excès de ce réactif est nuisible.

[2] La majeure partie de l'argent reste à l'état de chlorure sur le filtre ; il suffit, pour le retrouver, de faire déflagrer le filtre avec de l'azotate de potassium dans un creuset et de reprendre le résidu lavé (débarrassé des chlorures) par de l'acide azotique.

[3] La proportion de soufre précipité augmenterait et pourrait devenir nuisible. Si le liquide contenait encore du chlore.

12 heures le liquide a perdu son odeur; la précipitation exige souvent de 24 à 48 heures pour être complète; elle se fait mieux dans des liqueurs qui ne sont pas trop concentrées. Le précipité est souvent assez poisseux pour qu'il adhère aux parois du flacon; on peut, dans ce cas, décanter le liquide, qui pourra être consacré à la recherche des corps des 3 dernières sections [1]. Le précipité sera lavé avec de l'eau chargée d'hydrogène sulfuré pour empêcher la sulfatisation des sulfures recueillis sur un petit filtre. On arrose le filtre avec de l'ammoniaque à laquelle on peut ajouter un peu d'hydrogène sulfuré; il passe un liquide brun qui est un mélange de matière organique précipitée par l'hydrogène sulfuré et des sulfures de la Ire section (avec un peu de sulfure de cuivre [2]). La partie insoluble renferme les sulfures de la IIe section.

Précipité par l'hydrogène sulfuré. — On traite le précipité et le filtre par de l'acide azotique concentré; une partie du soufre reste sous forme de globule; on évapore le liquide filtré à une douce température, et l'on y recherche le *plomb*, le *cuivre* et le *bismuth* (v. § 80). Le sulfure de *mercure* n'est dissous qu'en quantité très-faible dans ces conditions, surtout si le précipité est exempt de chlorures; on redissout le résidu dans l'eau régale. On peut, lorsqu'on a des présomptions de retrouver le mercure, isoler ce dernier par *voie électrolytique*. On plonge dans le liquide résultant de la destruction des matières organiques une lame de platine qui communique avec le pôle positif de 2 piles de Bunsen, et un fil d'or aplati à la partie inférieure qui répond au pôle négatif. Le mercure se dépose sur l'or et le blanchit; il faut dessécher le fil, l'enrouler en spirale, l'introduire dans un tube effilé que l'on étire, et chauffer; le mercure se volatilise et se condense dans les parties refroidies. On isolera presque toujours, dans l'analyse du foie, des traces de cuivre et de plomb qui ont été introduites

[1] Nous ne parlerons pas de cette recherche, car aucun de ces métaux, le zinc peut être excepté, ne forme des composés bien toxiques.

[2] On remplace l'ammoniaque par du sulfure de sodium lorsqu'on est en droit de supposer la présence du cuivre.

dans l'économie par les aliments ; ce sont ces traces que l'on a désignées improprement sous le nom de *cuivre* ou de *plomb normal.*

Solution des sulfures de la Iʳᵉ *section.* Un procédé expéditif pour s'assurer de la présence de l'arsenic et de l'antimoine, est la *méthode de Reinsch.* On ajoute à la solution de l'acide azotique et l'on évapore ; on reprend le résidu avec quelques gouttes d'acide chlorhydrique (un excès est à éviter), et l'on y

Fig. 45.

place une lame de laiton ou un fil de cuivre. L'arsenic se dépose en un enduit gris, très-adhérent, ne tachant pas les doigts, qui, chauffé dans un tube (fig. 45), laisse se volatiser de l'acide arsénieux blanc qui cristallise en octaèdres (fig. 46) visibles à la loupe. L'antimoine donne un enduit bleuâtre, qui ne se volatilise pas, mais se dissout dans une solution affaiblie de potasse colorée en rouge par de l'hypermanganate ; le liquide est précipité en rouge orangé par l'acide chlorhydrique et l'hydrogène sulfuré. On précipiterait de même à l'état métallique le plomb, le cadmium, l'argent et le mercure s'ils n'avaient pas été éliminés au préalable. La présence de l'acide

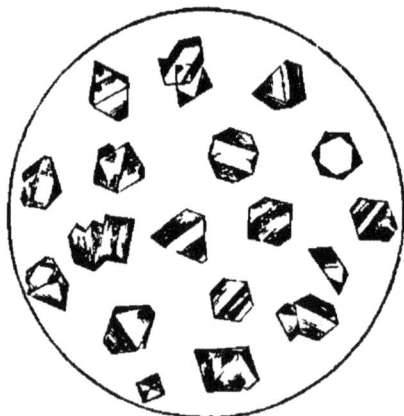

Fig. 46.

sulfureux peut jeter du doute sur la réaction, car il se produit un dépôt de sulfure de cuivre noir tachant les doigts et ne se dissolvant pas comme l'enduit arsenical dans l'acide chlorhydrique bouillant étendu de son volume d'eau.

Méthode de Marsh. — Ce procédé plus long que le précédent, permet d'isoler plus facilement les corps volatils. Le liquide est neutralisé par de l'acide sulfurique puis oxydé par un mélange d'acide azotique et d'acide sulfurique concentrés ; on évapore et on reprend le traitement lorsque le résidu est trop coloré ; la température ne doit pas dépasser + 150°. Ce liquide, *exempt d'acide azotique*, sera introduit dans l'appareil de Marsh.

Le principe de la méthode repose sur les faits suivants : l'hy-

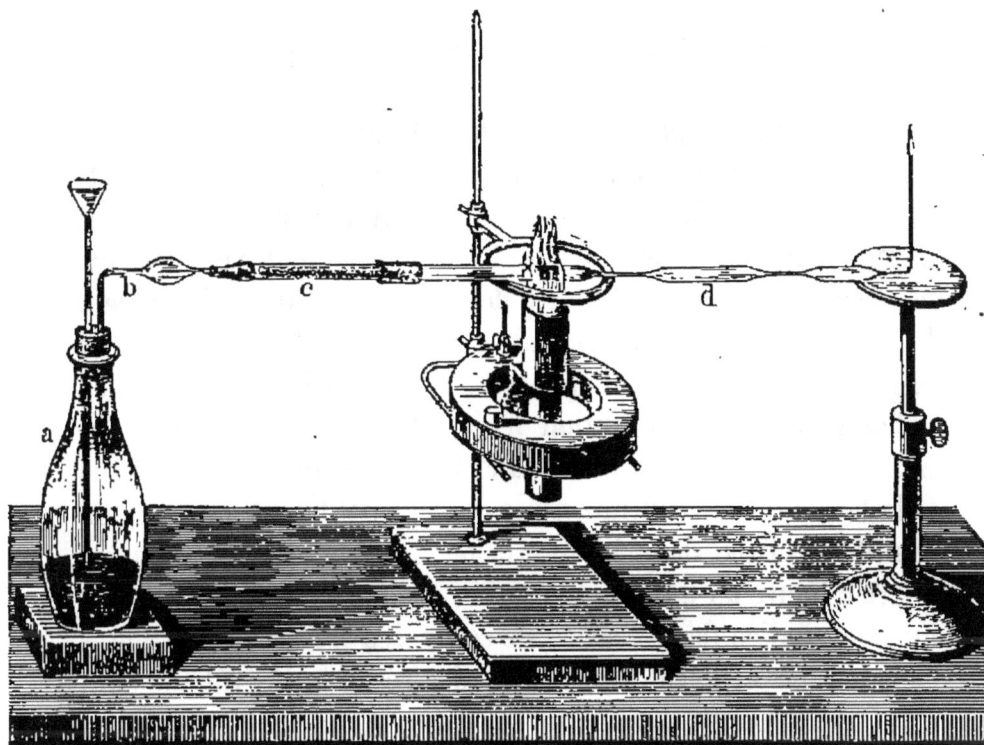

Fig. 47.

drogène à l'état naissant réduit à l'état métallique et s'y combine tous les composés de l'arsenic et de l'antimoine (les sulfures exceptés). Les hydrures volatils qui se dégagent sont décomposés par la chaleur en métal et en hydrogène.

L'appareil de Marsh (*fig. 47*) se compose d'un flacon *a* muni d'un bouchon à deux trous ; dans l'un s'engage un tube entonnoir qui plonge jusqu'au fond, dans le second un tube recourbé à angle droit par lequel le gaz se dégage ; ce tube communique avec un

tube en verre *c* un peu large qui contient de l'amiante pour retenir l'humidité et les corps entraînés ; le gaz desséché passe
dans un tube en verre de Bohème peu fusible *d* effilé à l'une
de ses extrémités, long de 50 à 75 centimètres, d'un calibre de
5 à 7 millimètres et de 1 1/2 d'épaisseur en verre. La partie
chauffée du tube sera recouverte d'une feuille de laiton ; on se
servira comme source de chaleur du charbon, d'une lampe à
alcool à double courant ou d'une lampe à gaz. L'extrémité du
tube doit être soutenue pour qu'il ne s'affaisse pas sous l'action
de la chaleur.

Conduite de l'opération. — On introduit dans la fiole des
lames de zinc pur et un mélange refroidi d'acide sulfurique (1)
et d'eau (8). L'addition de ce liquide doit être ménagée, car le
dégagement de gaz doit être lent ; la fiole ne doit pas s'échauffer, car il pourrait se produire de l'hydrogène sulfuré ; on peut
la plonger dans un vase rempli d'eau. Après 10 à 12 minutes
le gaz a chassé l'air de l'appareil ; il est bon de s'en assurer en
enflammant avec précaution le jet de gaz qui sort du tube
effilé ; une explosion a lieu quand le gaz est encore mêlé d'air.
Cela fait, tout en continuant le dégagement lent de gaz, on
chauffe le tube dans la moitié de sa longueur pendant un
quart d'heure au moins ; la partie refroidie du tube doit rester
incolore, indice de l'absence de composés arsenicaux contenus
dans le zinc et l'acide sulfurique des réactifs. Il faut pendant
cette opération s'assurer que le gaz continue à se dégager en
l'enflammant de temps en temps ; on doit immédiatement
éteindre la flamme, car le tube se boucherait.

On introduit maintenant à intervalles très-longs et par petites portions, le liquide suspect car il se produit facilement un
dégagement tumultueux de gaz et une mousse (que l'on fait
tomber en ajoutant un peu d'huile) qui peut faire déborder le
liquide. Le dégagement doit être assez lent pour que les hydrures aient le temps de se décomposer ; on s'en assure en
odorant le gaz qui se dégage ; il doit être inodore ou du moins
ne pas avoir d'odeur alliacée. Une secoupe F que l'on présente à la flamme (*fig.* 48) et que l'on y promène de manière

à l'écraser un peu, ne doit pas présenter de taches noires. On a proposé pour ne perdre aucune trace de gaz arsenical de le faire passer dans une solution étendue d'azotate d'argent placée dans un tube à boules ; l'hydrure d'arsenic réduit l'azotate d'argent mais on augmente ainsi la pression dans l'appareil. L'opération peut être regardée comme achevée après une demi-heure ; des traces de gaz arsenical continueront cependant à se dégager pendant une ou deux heures ; c'est là une des causes qui expliquent les pertes que l'on subit en suivant cette méthode ; on ne retrouve souvent que la moitié ou les deux tiers du toxique introduit. L'appareil de Marsh, représenté par la fig. 48 est d'un emploi très commode, car il permet de chauffer le tube

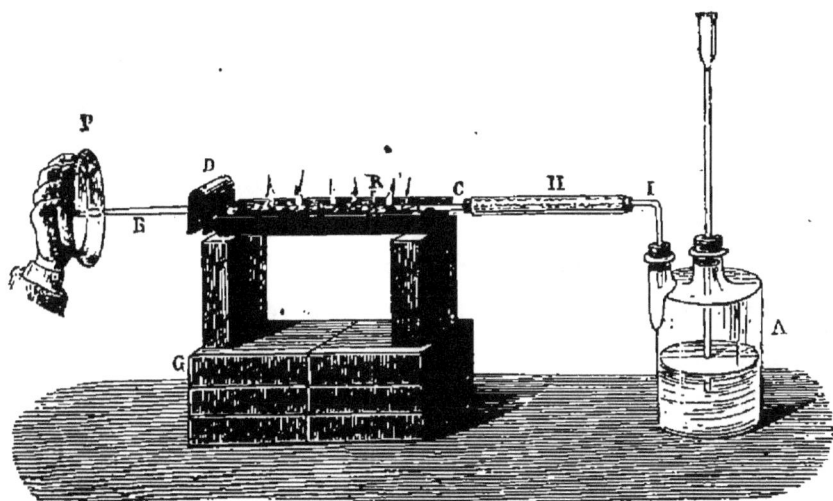

Fig. 48.

avec du charbon sur une longueur très-grande, ce qui est une garantie de plus de la décomposition totale de l'hydrure.

Un nouveau perfectionnement consiste à introduire dans l'effilure du tube *d*, un fil de platine que l'on chauffe fortement ; l'arsenic se dépose en partie sur le platine et peut en être isolé facilement par l'acide azotique.

Anneau arsenical. — Cet anneau [1] se forme à une certaine

---

[1] La disposition du tube indiquée dans la figure 47 est très-commode, car elle permet, en variant les points de chauffe, d'obtenir du même coup deux ou trois anneaux, ce qui facilite les recherches ultérieures.

distance de l'endroit chauffé ; il est d'un brun métallique et se déplace facilement quand on le chauffe. On détache l'endroit du tube où se trouve l'anneau, à l'aide de deux traits de lime ; l'anneau chauffé un instant dans la flamme dégage une *odeur alliacée* caractéristique.

L'hypochlorite de sodium (exempt de chlore) dissout immédiatement la tache arsenicale ; il en est de même de l'acide azotique étendu (1,3 de densité) et froid [1]. La solution que l'on obtient ainsi, évaporée, laisse un résidu qui se colore en rouge brique par l'azotate d'argent.

Anneau antimonial. — L'anneau est d'un noir velouté et se dépose plus près de l'endroit chauffé ; souvent même il se produit un second anneau dans la partie antérieure. L'anneau se volatilise avec difficulté ; il ne répand pas d'odeur alliacée quand on le chauffe ; il n'est pas attaqué par l'hypochlorite de soude ; il se dissout dans l'eau régale, et la solution est précipitée en rouge orangé par l'hydrogène sulfuré.

Anneau mixte. — Le procédé suivant est le plus rigoureux ; on dissout l'anneau à chaud dans de l'eau régale ; il se forme ainsi de l'acide arsénique et du chlorure d'antimoine ; on ajoute à cette solution le mélange *limpide* suivant : acide tartrique (pour empêcher la précipitation des sels d'antimoine par l'eau), sulfate de magnésium, chlorure d'ammonium et ammoniaque en excès ; l'acide arsénique se précipite à l'état d'*arséniate ammoniaco-magnésien* blanc et cristallisé ; on filtre après quelques heures et l'on précipite l'*antimoine* par l'*hydrogène sulfuré.*

§ 134. **Recherches des alcaloïdes** — On consacre à cette recherche le 1/5 du contenu stomacal, les matières vomies et les aliments auxquels le poison aurait pu être incorporé. Le problème qui nous occupe présente les plus grandes difficultés surtout quand on ne possède aucun renseignement ni sur la présence probable de tel ou de tel corps ni sur les

[1] On fait bouillir le morceau de verre détaché dans un tube étroit en y ajoutant aussi peu que possible d'acide étendu, car il faut toujours évaporer l'excès d'acide.

symptômes observés pendant l'empoisonnement. Dragendorff a imaginé un procédé très-long qui, par l'action successive d'un grand nombre de dissolvants sur des solutions tantôt acides et tantôt alcalines, permet d'isoler et de reconnaître l'alcaloïde ; sa méthode est très recommandable et préférable à celle de Stas. Je la résume ici en la restreignant aux alcaloïdes les plus usités, ceux dont les caractères figurent au tableau[1] XII.

On divise finement les matières à essayer et l'on y ajoute de l'eau distillée pour obtenir une masse très-fluide que l'on acidule avec de l'acide sulfurique dilué au cinquième (10cc pour 100 de liquide). On fait digérer le mélange *acide* pendant quelques heures à + 50° ; le résidu exprimé est repris par 100 centimètres cubes d'eau. Les liquides aqueux sont réunis, filtrés, évaporés à consistance sirupeuse et introduits dans un flacon avec leur quadruple volume d'alcool marquant 95° ; on filtre après vingt-quatre heures et l'on évapore l'alcool dans une cornue. Le résidu est étendu à 50 centimètres cubes et agité avec 20 ou 30 centimètres cubes de pétrole ; ce réactif dissout quelques impuretés et la pipérine.

On rend *alcaline* le liquide dont on a décanté le pétrole et on le fait macérer à + 60° avec une nouvelle quantité de ce dissolvant. On dissout ainsi : la *strychnine*, la *brucine*, la *quinine*, l'*émétine*, la *vératrine*, la *conicine* et *la nicotine*, des traces seulement des alcaloïdes suivants.

Le liquide alcalin séparé par un entonnoir à robinet est rendu *acide* par l'acide sulfurique ; on l'agite avec le chloroforme, qui dissout la *caféine*, la *colchicine*, la *digitaline*, la *thébaïne*, la *papavérine*, la *narcotine*. Les autres alcaloïdes seront enlevés par le chloroforme au liquide acide précédent, neutralisé par de l'ammoniaque.

Le pétrole et le chloroforme abandonnent l'alcaloïde par l'évaporation, quelquefois déjà sous la forme cristalline. Des corps étrangers peuvent cependant entraver la cristallisation ; on reprend alors le résidu par de l'acide sulfurique et on dé-

---

[1] Pour la séparation complète, l'auteur emploie en outre la benzine.

cante le liquide clair du résidu poisseux qui adhère aux parois du vase ; on évapore à siccité sous le vide de la machine
pneumatique ; le résidu est dissous dans de l'eau rendue légèrement alcaline par du carbonate de potassium ; le mélange
évaporé à siccité dans le vide, abandonne à l'alcool absolu
l'alcaloïde, qui souvent alors se dépose dans un état de pureté

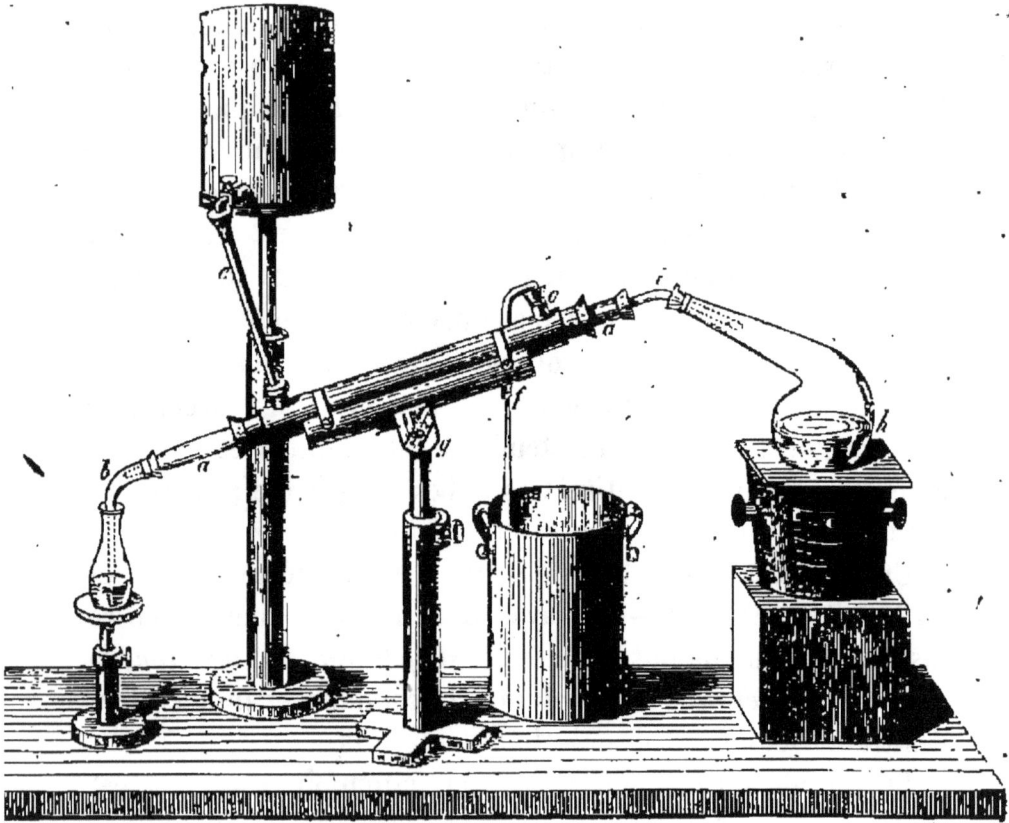

Fig. 49.

suffisant, pour pouvoir être caractérisé par les réactifs de coloration (*V.* tabl. XII) et être employé à l'expérimentation
physiologique.

§ 135. **Recherche de l'alcool.** — Ce composé peut être
recherché dans le contenu du tube digestif (quelquefois transformé en partie en acide acétique), dans le sang, le foie, le
cerveau et l'urine. Nous devons ajouter que, d'après Bé-

champ l'urine de personnes qui n'auraient pas absorbé d'alcool, en contiendrait néanmoins des traces.

Les liquides suspects délayés au besoin avec un peu d'eau, sont introduits dans une cornue d'une capacité suffisante pour parer aux inconvénients de la mousse (*fig.* 49), et dont le col est incliné de manière que l'eau puisse refluer; on chauffe à une température de $+100°$, et l'on condense les produits dans un récipient fortement refroidi. Ce liquide est mis en digestion dans une cornue plus petite avec du carbonate de potassium sec et redistillé.

On obtient ainsi quelques gouttes avec lesquelles on fait les essais suivants:

1) Le *bichromate de potassium* et l'*acide sulfurique* sont colorés en *vert*.

2) *Une ou deux gouttes du liquide* suspect traité par un peu de potasse et une quantité suffisante d'iode pour communiquer au liquide une teinte jaune, donnent naissance à un précipité jaunâtre d'*iodoforme* qui, examiné au microscope se compose de lamelles hexagonales. Cette réaction due à Lieben se produit encore avec d'autres substances notamment avec les produits de distillation de l'urine.

3) On promène sur les parois du ballon condensateur 1 à 3 cent. cubes d'acide sulfurique concentré et 2 à 3 gouttes d'acide butyrique; il se produit au bout de quelque temps une odeur de fraise (butyrate d'éthyle), qui devient plus nette quand on ajoute un peu d'eau.

On pourrait abandonner sous une cloche le restant du liquide avec du noir de platine. Un papier de tournesol ne tarderait pas à être rougi par l'acide acétique qui se forme.

§ 136. **Recherche du chloroforme dans le sang.** — On volatilise le chloroforme et on décompose ses vapeurs en les faisant passer dans un tube de porcelaine, rempli de fragments de cette substance et chauffé au rouge; il se produit ainsi de l'acide chlorhydrique qui est décomposée par l'azotate d'argent.

Un flacon de un litre reçoit le sang; il est fermé par un bouchon à deux trous; dans le premier s'engage un tube qui plonge jusqu'au fond et communique avec un soufflet. L'air qui a barbotté dans le sang, s'écoule par le second tube, arrive dans un flacon de même forme (destiné à parer aux inconvénients de la mousse), traverse un tube à boules rempli d'azotate d'argent, passe de là dans le tube en porcelaine chauffé et s'échappe par un deuxième tube à boules rempli d'azotate d'argent. Le liquide du second tube à boules doit seul être précipité ; le liquide du premier tube doit rester transparent, ce qui nous donne la certitude que des produit chlorés réduisant le sel d'argent avant la calcination n'ont pu être entraînés. On peut à la fin de l'opération placer le flacon dans de l'eau chauffée à + 50 ou + 60°.

§ 137. **Recherche de la cantharidine.** — Ce poison qui n'est pas un alcaloïde, mais un acide peut être recherché dans le foie, les reins, le sang et quelquefois dans les urines. On retrouve les élytres chatoyantes des cantharides dans le contenu et sur les parois du tube digestif, quand l'empoisonnement est dû à une préparation faite avec les débris de ces animaux.

On fait bouillir les matières finement divisées avec une solution de potasse au 1/15e, jusqu'à ce que la masse soit fluide ; on filtre le liquide et on l'agite avec du chloroforme, qui dissout les corps étrangers. Le liquide est alors acidulé par de l'acide sulfurique et porté à l'ébullition avec cinq fois son volume d'alcool ; on filtre le liquide chaud ; on distille dans une cornue le liquide refroidi, filtré une seconde fois et l'on reprend le résidu aqueux par du chloroforme. On lave le chloroforme avec de l'eau distillée et l'on évapore le résidu ; une partie du résidu dissous dans un peu d'huile et appliquée, imbibée sur un morceau de coton, sur la poitrine, produit une vésication. Ce qui reste peut être soumis à quelques réactions.

La cantharidine est un corps cristallisé en petits prismes insolubles dans l'eau, et solubles dans l'alcool, le chloroforme, et les *alcalis*. Le cantharidate de potassium est cristallisé ; il précipite en vert le sulfate de cuivre, en blanc le chlorure mercurique ; le chlorure de palladium donne immédiatement naissance à un précipité cristallisé très-soyeux.

CHAPITRE VI

DOSAGES PAR LES MÉTHODES VOLUMÉTRIQUES.

§ 138. **Généralités** — Les analyses quantitatives faites par la méthode volumétrique ont l'avantage de substituer à des opérations et à des pesées souvent longues et délicates, une simple lecture de volumes et l'appréciation du moment où une couleur facile à saisir disparaît, ou apparaît. Les résultats obtenus peuvent être plus rigoureux que ceux que l'on obtient par la méthode des pesées, lorsqu'on s'astreint à une *scrupuleuse exactitude*. Cette condition est absolument nécessaire, car toute erreur, quelque faible qu'elle soit deviendra très-forte, lorsqu'on calcule le résultat final, car elle sera souvent multipliée par 100 ou 200. Les résultats obtenus sont alors tout à fait inexacts.

La méthode volumétrique exige l'emploi de vases gradués et de liqueur titrées.

§ 139. **Vases gradués.** — *Vases gradués destinés à mesurer un volume déterminé de liquide. — Ballons, éprouvettes, pipettes.*

Ballons (fig. 50). Ces vases doivent être en verre très-mince, ce qui facilite l'établissement de l'équilibre de température. Ils sont jaugés de manière qu'ils renferment le volume gravé sur leur panse, lorsqu'on les remplit jusqu'au trait de jauge qui se trouve dans la partie rétrécie, à la *température* à laquelle les vases ont été gradués. Les constructeurs ne sont malheureusement pas d'accord sur la température, à laquelle doit se faire la graduation. Les uns préfèrent la température

de + 4° (maximum de densité de l'eau), les autres celle de
+ 15°, température qui est celle à laquelle on opère d'ordinaire. Les instruments qui nous viennent de Bohême (à un bas
prix étonnant) sont gradués à + 14° Réaumur ou 17°, 5 centi-
grades.

Les *éprouvettes graduées* (*fig.* 51), sont toujours subdivi-

1/4

Fig. 50.

sées en centimètres cubes ou en 10 centimètres cubes, selon
leur diamètre. L'instrument sera d'autant plus exact qu'il sera
plus rétréci; il faut que l'intervalle entre chaque division soit
assez large pour que la lecture puisse être faite avec exactitude.

Cet appareil est moins exact que les ballons et les pipettes.

Les *pipettes* sont des instruments jaugés à l'écoulement. Une pipette, remplie jusqu'à un trait horizontal marqué 20 CC (*fig.* 52), laisse écouler ce volume lorsque le liquide et l'appareil ont réellement la température à laquelle le vase a été gra-

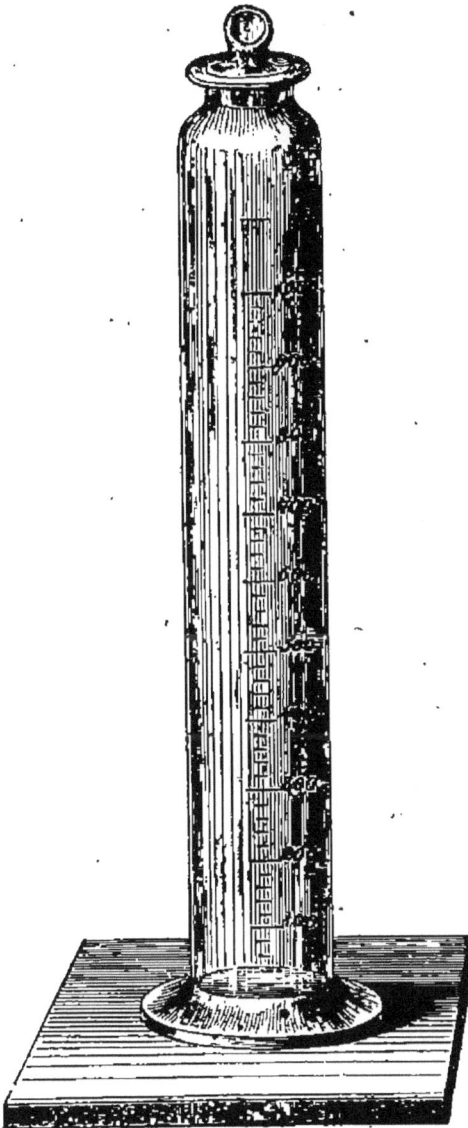

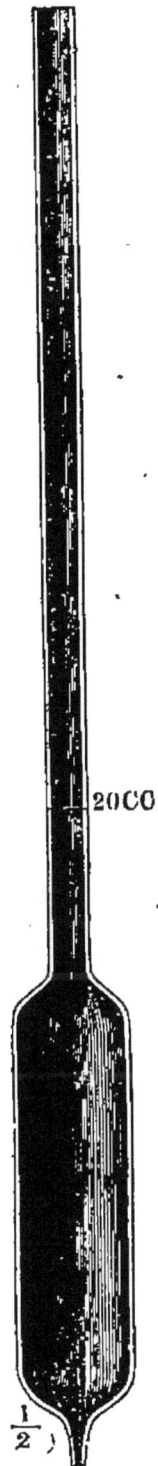

20CO

$\frac{1}{2}$

Fig. 51   Fig. 52.

dué. Du liquide reste adhérent à l'extrémité de la pipette; le résultat sera différent suivant qu'on ne tient pas compte de ce liquide, ou qu'on en fait sortir une partie en appuyant la pointe contre les parois du vase, ou qu'on l'expulse en y soufflant de l'air. Les pipettes à deux traits de jauge (*fig.* 55) n'ont pas cet inconvénient, on remplit l'appareil jusqu'au trait supérieur, et on laisse écouler le liquide jusqu'au trait inférieur;

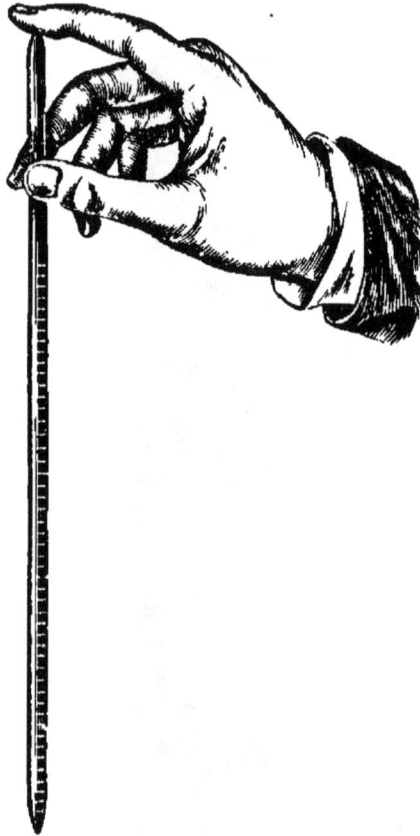

Fig. 53.　　　　　　　　Fig. 54.

on a ainsi d'une manière uniforme le volume compris entre ces divisions, tel qu'il a été fixé par le graduateur. Ces instruments peuvent être subdivisés; celui de la fig. 53 représente une pipette de 20 cent. cub., subdivisée en centimètres.

On remplit la pipette par aspirations au delà du trait de jauge, en ayant soin de maintenir la pointe de l'appareil dans

le liquide (on évite
ainsi des projections
dues à l'appel brusque
de l'air, lorsque la
pointe n'est plus bai-
gnée dans le liquide) ;
on substitue rapide-
ment à la bouche (*fig.*
54), l'index légère-
ment humide ; on par-
vient à régler à volonté
l'écoulement du li-
quide en diminuant
plus ou moins la pres-
sion de l'index sur
l'embouchure de la
pipette.

Vases gradués des-
tinés à mesurer des
quantités indétermi-
nées de liquide. Pi-
pettes graduées et di-
visées. Burettes forme
allemande et forme
anglaise.

La burette, forme
allemande (*fig.* 55 et
56), se compose d'un
tube bien calibré et
divisé, d'un petit tube
effilé relié au précé-
dent par un tube en
caoutchouc ; une pince
à forme variable dont
les mors s'écartent par
la pression (*fig.* 57)

Fig. 55.

supprime ou rétablit à volonté l'écoulement entre les deux tubes et permet de régler l'écoulement goutte à goutte. La burette

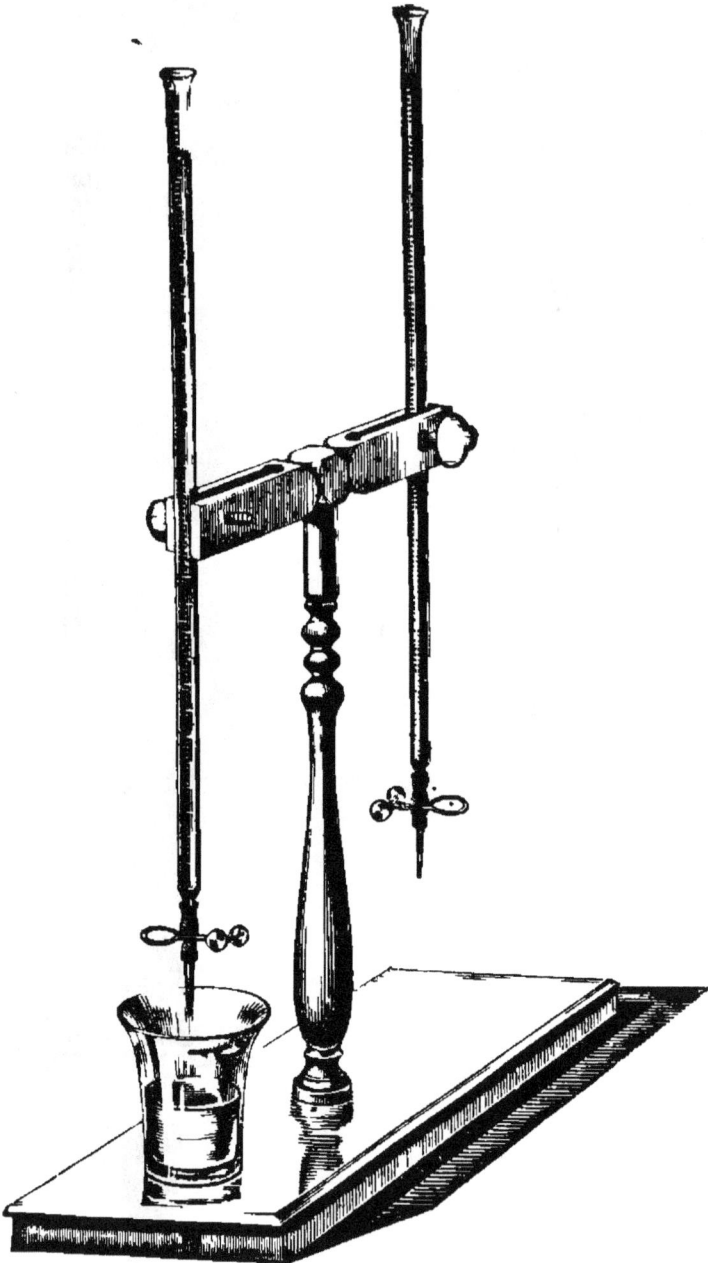

Fig. 56.

doit *toujours* être fixée de manière qu'elle soit bien verticale ; on la remplit au delà de l'origine des divisions et on laisse écouler le liquide jusqu'au zéro ; il reste de cette manière une certaine quantité de liquide dans le petit tube et, comme la burette a été graduée à l'écoulement, on suppose que le petit ajutage renferme toujours les mêmes quantités de liquide que le jour où l'instrument a été jaugé. Rien n'indique qu'il

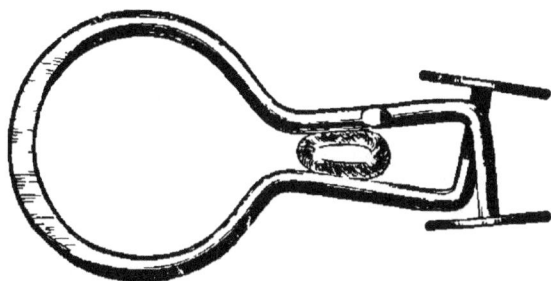

Fig. 57.

en soit ainsi rigoureusement, mais l'erreur sera faible lorsqu'on se place dans les conditions où se trouvait le constructeur qui a rempli la burette jusqu'à la partie supérieure de l'appareil.

Les burettes dont nous nous servons sont divisées ordinairement en centimètres cubes (CC) et subdivisées en 1/10; celle qui est représentée par la (*fig.* 55) est divisée en cent. cub., et subdivisée en 1/5; chaque petite division vaut par suite 0,2 de CC.

Burette forme anglaise. — L'inconvénient de la burette précédente n'existe pas pour la burette anglaise (*fig.* 58), qui présente encore l'avantage de pouvoir contenir des liquides qui attaquent le caoutchouc; on règle l'écoulement du liquide dans cet appareil, par la pression que l'on exerce sur l'entonnoir latéral ; *on doit avant de faire la lecture s'assurer que le liquide s'est écoulé complétement du tube effilé par lequel se fait l'écoulement.*

L'emploi de la 1re burette est cependant plus commode et exige moins d'habileté manuelle.

Lecture des volumes. — La surface des liquides se termine

par un ménisque concave; on en voit même deux. On doit
pour faire une lecture exacte :

1) *Placer l'appareil verticalement.*

2) *Placer l'œil à la hauteur de la surface à lire.*

3) *Lire la division qui correspond à la tangente au ménisque inférieur;* cette dernière lecture est facilitée de beaucoup par l'emploi d'un carton blanc (*fig.* 58), dont la moitié
est recouverte par une feuille de papier noir ou bleu; la sur-

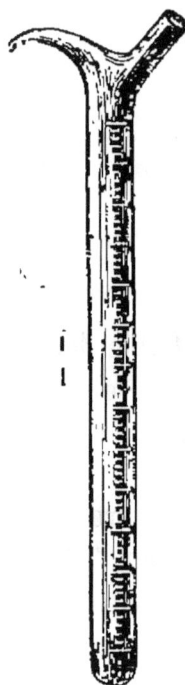

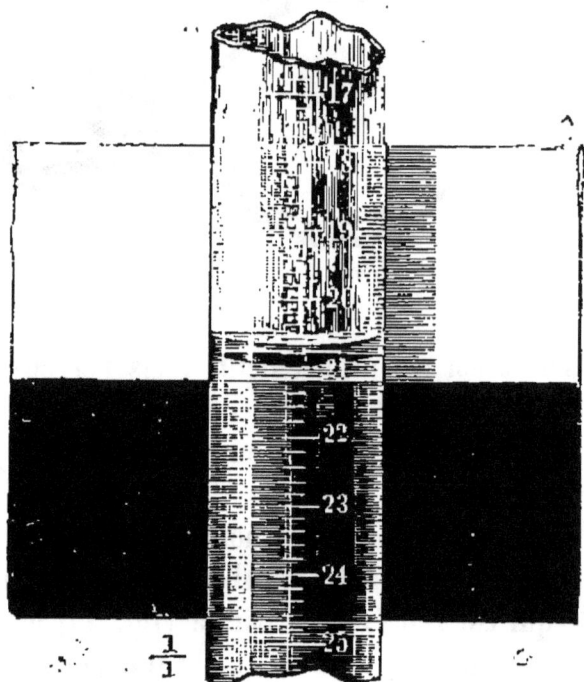

Fig. 58.   Fig. 59.

face de séparation doit être bien horizontale ; on place ce carton, le blanc en haut, derrière la burette en s'arrangeant de
manière que la ligne de séparation soit à un millimètre du ménisque inférieur; ce dernier ressort ainsi avec la plus grande
netteté.

§ 140. **Liqueurs titrées** — Le *titre*, c'est-à-dire la quantité
de réactif contenue par litre ou par cent. cub., varie suivant les
besoins. Il convient, lorsque des motifs particuliers ne s'y oppo-
sent pas, de se servir de liqueurs qui contiennent des quanti-

tés correspondantes aux poids atomiques. On les prépare en *pesant* un poids connu du réactif, l'introduisant dans un vase jaugé et ajoutant environ 900 gr. d'eau; lorsque la dissolution est achevée (elle peut s'accompagner d'une production de chaleur ou de froid) et que la température est de + 15°, on ajoute de l'eau distillée jusqu'au trait de jauge. Il est parfois nécessaire de vérifier le titre; quelques liqueurs (dosage de l'urée, des phosphates, etc.) sont préparées d'une manière un peu différente que nous indiquerons en temps et lieu. Les liqueurs titrées doivent être éparpillées dans de petits flacons (bien bouchés) et conservés à la cave; on doit leur laisser reprendre la température de + 15° avant de s'en servir.

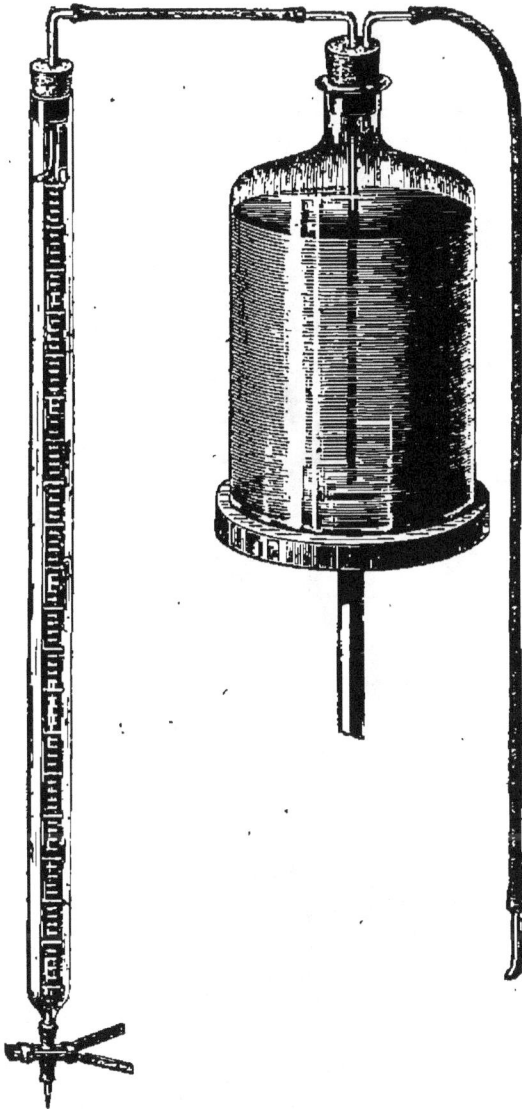

Fig. 60.

La disposition représentée par la figure 60 est très-commode lorsqu'on a à faire tous les jours un certain nombre d'opérations avec le même liquide titré; il suffit pour remplir la burette jusqu'au zéro de souffler par le tube de caoutchouc; lorsque le petit ajutage d'écoulement est une fois rempli, on s'arrête dès que le liquide a atteint ce point.

La figure 61 représente un certain nombre de pipettes et la manière dont il convient de les placer ; la partie que l'on porte à la bouche ne sera jamais en contact avec le réactif. Ces appareils se lavent par aspiration avec de l'eau distillée ; on les remplit jusqu'à la partie supérieure et on laisse écouler ; ce lavage doit être répété un certain nombre de fois.

Réactif indicateur. — La méthode volumétrique exige avec des vases gradués et des liqueurs titrées un moyen quelconque, qui indique que la consommation de la liqueur titrée est suffisante. Le corps que l'on choisit pour remplir ce but ne doit pas entraver la réaction principale et produire, quand celle-ci est achevée une réaction (presque toujours une coloration) facile à saisir ; cette réaction porte le nom de réaction finale ou *indicatrice* ; le corps qui la produit se nomme *réactif indicateur*. Il est des circonstances où la liqueur titrée fait office elle-même de réactif indicateur ; c'est le cas dans l'hydrotimétrie.

Fig. 61.

I. — ALCALIMÉTRIE ET ACIDIMÉTRIE.

§ 141. **Généralités.** — L'alcalimétrie et l'acidimétrie ont pour but de déterminer le poids d'acide ou d'alcali contenu dans un volume déterminé de liquide. Ces deux procédés reposent sur les principes suivants : les acides (qui rougissent le tournesol) et les bases (qui le bleuissent) forment en se combinant dans le rapport de leurs poids atomiques des sels neutres au papier de tournesol, c'est-à-dire qui ne rougissent pas le papier bleu et ne bleuissent pas le papier rouge. On peut, connaissant le poids et le nom d'un acide contenu dans une liqueur titrée, déduire par le calcul le poids de la base qu'il faut pour le saturer ; l'opération alcalimétrique se bornera à déterminer le volume de liquide dans lequel ce poids se trouve dissous.

L'acidimétrie est l'opération inverse.

La *teinture de tournesol sensibilisée* sert de *réactif indicateur* (p. 17). On se sert comme point de départ d'une liqueur titrée d'acide sulfurique (ou d'acide oxalique), qui sert de base à la préparation des autres.

§ 142. **Liqueur titrée d'acide sulfurique.** — *L'acide sulfurique titré* NORMAL *contient par litre* 98 *grammes de* SO^{4}H^2 (poids atomique en grammes de cet acide). — Cette solution se prépare en mesurant dans un ballon jaugé spécial (qui contient le volume qu'occupent à + 15°,98 grammes d'acide) de l'acide sulfurique pur que l'on vient d'obtenir par la distillation après avoir rejeté le premier quart. Quelques personnes remplacent l'acide sulfurique par de l'acide oxalique ; on doit purifier l'acide du commerce par cristallisations en farine, jusqu'à ce que le composé ne laisse plus de résidu par la calcination sur la lame de platine (oxalate de calcium). L'acide oxalique cristallisé et sec a pour formule C^{2}O^{4}H^2 + 2aq ; en en dissolvant 126 grammes, on a une liqueur qui peut remplacer l'acide sulfurique.

On se sert de la table des poids atomiques pour calculer

le poids des diverses bases nécessaires pour neutraliser 1^{cc}. d'acide titré. Nous allons faire ce calcul pour la soude.

On trouve en partant de la formule :

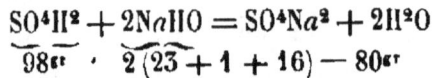

$$SO^4H^2 + 2NaHO = SO^4Na^2 + 2H^2O$$
$$\underbrace{98^{gr}}_{} \cdot \underbrace{2(23 + 1 + 16)}_{} - 80^{gr}$$

que 98 grammes de SO^4H^2 en neutralisent 80 de NaHO. Le litre d'acide normal contenant 98 grammes d'acide neutralise 80 grammes de soude ; 1^{cc} ou mille fois moins en neutralisera $\dfrac{80}{1000} = 0^{gr},08$. Nous nommerons pour abréger, *équivalent volumétrique* la quantité de substance neutralisée par 1^{cc} de liqueur titrée et nous le représenterons dans les formules par v. Les équivalents volumétriques correspondant à l'acide sulfurique ou oxalique normal sont :

Potasse (KHO)	$= 0^{gr},1124$
Soude (NaHO)	$= 0^{gr},0800$
Ammoniaque (AzH⁵)	$= 0^{gr},0540$
Quinine	$= 0^{gr},0650$
Carbonate de potassium	$= 0^{gr},1384$
Carbonate de sodium	$= 0^{gr},1060$

§ 145. **Dosage d'une solution.** — a) *Base.* — On mesure un volume déterminé du liquide à doser (10, 20 ou 50^{cc}) ; soit N ce volume ; on y ajoute de la teinture de tournesol en quantité suffisante pour que l'observateur perçoive nettement la teinte (un excès doit être évité) ; l'acide sulfurique placé dans une burette est versé goutte à goutte dans le liquide à doser que l'on agite avec une baguette en verre ; il arrive un moment où la goutte d'acide qui tombe, donne une coloration rouge, qui disparaît lentement ; on n'ajoute plus de liquide à partir de ce moment qu'après avoir remué après chaque goutte. On arrive ainsi à saisir nettement l'instant où l'addition d'une goutte fait *virer* la couleur du bleu au rouge pelure d'oignon[1].

---

[1] Les commençants dépassent d'ordinaire ce point, surtout lorsque, la teinte bleue étant trop faible, la teinte rouge le sera également ; ils ne trouvent pas le liquide *assez rouge*, oubliant que c'est un *changement de couleur* et non une intensité qu'il s'agit d'apprécier.

Soit n le nombre de cent. cubes d'acide employés ; il ne reste plus qu'à faire le calcul.

Exemple : Titre d'une solution de soude ; on en a mesuré $20^{cc} = N$ qui ont exigé pour leur neutralisation $15^{cc},4$ d'acide sulfurique $= n$.

Comme 1^{cc} d'acide neutralise $0^{gr},080$ de NaHO $= (v$ équivalent volumétrique), les $15^{cc},4$ en neutraliseront $15,4 \times 0^{gr},080$.

C'est là le poids contenu dans 20^{cc} de la soude à titrer.

On obtient la quantité par litre en posant la proportion :

$$1000 : 20 = X : 15,4 \times 0,08$$

On en tire :

$$X = 15,4 \times 0,08 \times \frac{1000}{20}$$

ou en remplaçant les chiffres par nos lettres de convention :

$$X = n \times v \times \frac{1000}{N}.$$

Cette formule peut être simplifiée dans la pratique, car on connaît à l'avance la valeur du quotient $\dfrac{1000}{N}$; elle sera

20 25 50 ou 100 suivant qu'on aura opéré sur
50 40 20 ou 10° centimètres cubes.

Carbonates. — L'opération se conduit d'une manière analogue pour le dosage des carbonates, mais il est difficile de saisir le moment où la couleur virera au rouge ; les acides forts colorent la teinture de tournesol en un rouge un peu jaunâtre que l'on nomme *pelure d'oignon* ; l'acide carbonique ne donne qu'une teinte violacée nommée *rouge vineux* ; la couleur bleue qui avec les bases virait du bleu au rouge, passe dans le cas des carbonates par le rouge vineux, car l'acide carbonique ne se dégage pas en totalité à froid ; le passage du rouge vineux au rouge pelure d'oignon est assez difficile à saisir à froid. On tournera cette difficulté en opérant à chaud ; une teinte rouge vineuse redevient bleue lorsque l'acide carbonique est chassé par l'action de la chaleur. Il est avantageux de se servir pour ce dosage de fioles ayant la forme indiquée par la figure 62. On peut encore prendre comme terme de comparaison un volume égal d'eau colorée par la même quantité de teinture de tournesol virée au rouge pelure d'oignon. On a encore proposé de verser de temps en temps une goutte sur du papier de tournesol bleui ; ce papier séché redevient bleu lorsque l'opération n'est pas achevée ; il reste rouge dans le cas contraire, car alors la réaction acide est due à l'excès d'acide minéral non volatil.

§ **144. Dosage des alcalis dans une substance solide** (cendres). — Une opération préliminaire est nécessaire ; on pèse un poids déterminé de la substance, p et on le dissout dans l'eau ; si elle n'est pas complétement soluble, on épuise sur elle l'action de

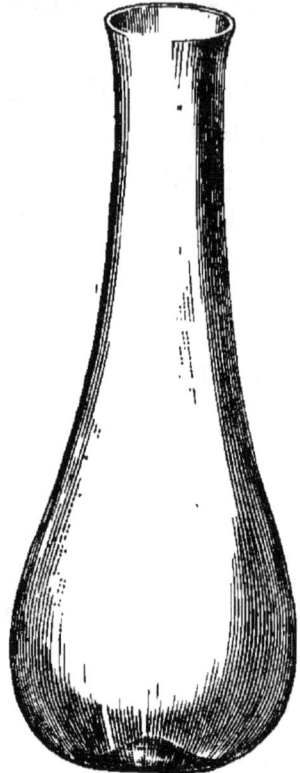

Fig. 62.

l'eau bouillante et l'on filtre. Les liquides sont versés dans une éprouvette jaugée et l'on y ajoute l'eau nécessaire pour compléter un volume déterminé, par exemple 100 cent. cub. On n'opère que sur la moitié ou une fraction de ce liquide, pour disposer d'une réserve dans le cas où le 1er essai viendrait à échouer. L'opération se conduit de la manière indiquée ; le calcul ne présente pas de difficultés.

Le corps solide a été dissous dans 100^{cc} ; on a opéré sur 20^{cc} de liquide, qui ont exigé pour leur neutralisation n^{cc} d'acide sulfurique ; ils contiennent par suite $(n \times v)$ grammes d'alcali ; les 100 cent. cubes en renferment 5 fois plus. $(5 \times n \times v)$ grammes représentent la quantité d'alcali contenu dans le poids p.

La proportion suivante indiquera la quantité pour cent

$$100 : X = p : (5 \times n \times v).$$

L'acide sulfurique ne peut être employé pour doser les bases avec lesquels il forme des sels insolubles, comme la chaux, la baryte et leurs carbonates ; on se sert, dans ces cas, d'un autre acide et d'une méthode plus longue (§ 149).

§ 145. **Liqueur titrée alcaline.** — Une liqueur alcaline titrée est nécessaire pour doser les acides ; on a proposé successivement l'emploi de la potasse, de la soude, de l'ammoniaque, de la baryte, de la chaux (en solution sucrée), etc. Nous nous servirons de la soude et de la baryte ; rien n'empêcherait d'arriver par tâtonnements à une liqueur qui contînt comme l'acide sulfurique un poids correspondant au poids atomique de la base, par exemple 40 grammes de soude par litre. Cette opération longue et fastidieuse devra être renouvelée fréquemment puisque quelques-uns de ces liquides (sucrate de chaux, baryte) s'altèrent par la précipitation qu'y produit l'acide carbonique atmosphérique. Il est donc plus commode de se servir d'une liqueur titrée préparée rapidement d'une manière approximative, mais dosée avec exactitude.

Nous nous servirons de préférence de la *soude*, qui doit être *bien décarbonatée* ; on la prépare par le procédé suivant. On délaye 100 grammes de chaux éteinte dans 600 cent. cubes d'eau ; on verse ce lait de chaux dans une marmite en fonte (munie d'un couvercle) et l'on y ajoute 1400 d'eau ; au liquide bouillant on ajoute peu à peu 400 grammes de carbonate de sodium cristallisé et pur ; l'ébullition doit être maintenue tout le temps et l'eau évaporée doit être remplacée ; on s'arrête lorsqu'une partie du liquide filtré ne précipite plus par l'eau de chaux. On retire du feu, on couvre et l'on syphonne le liquide clair et froid dans des flacons bouchés avec des bouchons en caoutchouc ; on peut, au besoin, ajouter à cette solution le 1/8 de son volume d'eau et l'on a ainsi une solution de concentration convenable.

On détermine le titre de cette soude comme il a été dit au

§ 145. Nous supposerons, dans nos calculs ultérieurs, que le litre contienne 56 grammes de soude.

§ 146. **Acidimétrie.** — Ce dosage exige les opérations suivantes :

1) Mesurer un volume déterminé de liqueur acide N.

2) Le colorer par de la teinture de tournesol.

3) Verser de la burette la soude titrée jusqu'au moment où la couleur vire au bleu ; lire le nombre des divisions n.

4) Effectuer les calculs.

On doit connaître l'équivalent volumétrique des divers acides pour notre soude titrée.

Le sodium étant monoatomique neutralise 1 d'acide monobasique, 1/2 d'acide bibasique, 1/5 d'acide tribasique.

$$40^{gr} \text{ de NaHO neutralisent } 36^{gr},5 \quad \text{de ClH}$$
$$63 \quad \text{de AzO}^5\text{H}$$
$$60 \quad \text{de C}^2\text{H}^3\text{O}^2\text{H}$$
$$49 = \frac{98}{2} \text{ de SO}^4\text{H}^2$$
$$22 = \frac{44}{2} \text{ de CO}^2$$
$$45 = \frac{90}{2} \text{ de C}^2\text{O}^4\text{H}^2$$
$$32^{gr},6 = \frac{98}{3} \text{ de PhO}^4\text{H}^5.$$

Mais un litre de notre liqueur titrée (§ 45) contient 56 et non 40 grammes de NaHO et neutralise une quantité d'acide azotique y qui est donnée par la proportion.

$$\frac{40^{gr}}{63^{gr}} = \frac{56}{y} \qquad \text{d'où } = 56^{gr},70 \text{ de AzO}^5 \text{ H.}$$

Si les 56 de NaHO contenus dans 1000^{cc} neutralisent $56^{gr},70$ d'acide azotique, 1 cent. cube en neutralisera mille fois moins ou $0^{gr},0567$; c'est là l'équivalent volumétrique v de l'acide azotique pour notre soude. On déterminerait de la même manière les équivalents volumétriques pour les autres acides. Ce calcul se fait une fois pour toutes et peut servir tant que la provision de liqueur titrée de soude n'est pas renouvelée ou altérée.

On obtiendra par suite la quantité d'acide contenue par litre à l'aide de la formule qui a servi pour les alcalis.

$$X = n \times v \times \frac{1000}{N}.$$

§ 147. Acétimétrie. — Une difficulté se présente pour le dosage de l'acide acétique contenu dans le vinaigre, car cet acide ne fait pas virer nettement la couleur de la teinture. On se servira dans ce cas comme réactif indicateur du papier de tournesol qui ne doit être ni rougi ni bleui ; le papier ne prend qu'une teinture violette à laquelle il faut s'arrêter. Les languettes de papier à deux couleurs (V. p. 18) sont d'un emploi très-commode.

§ 148. Dosage de l'acidité de l'urine. — On verse dans 100c d'urine filtrée une liqueur titrée de soude, dix fois plus étendue au moins que celle qui nous a servi jusqu'en ce moment ; la teinture de tournesol doit également être remplacée par le papier. On exprime l'acidité de l'urine de deux manières différentes : *on indique la quantité de soude neutralisée* ou l'on calcule la quantité d'acide sulfurique ou oxalique qui neutraliserait cette proportion de soude et l'on fait suivre le chiffre des mots suivants : *acidité de l'urine comptée comme acide sulfurique ou oxalique.* Cette manière de s'exprimer est nécessitée par notre ignorance sur la nature de l'acide ou des acides libres contenus dans l'urine.

§ 149. Carbonates insolubles ; dosage de l'acide carbonique. — La solution de ce problème très-important pour nous (analyse des os, des eaux calcaires, des calculs urinaires, etc.) exige l'emploi de deux liqueurs titrées, car la réaction de l'acide sur le carbonate insoluble n'est pas instantanée. Il est alors impossible de saisir l'instant où l'action de l'acide est épuisée ; on y arrive d'une manière détournée en dissolvant le carbonate dans un volume déterminé et en excès d'acide azotique ; on détermine cet excès par une opération alcalimétrique et il ne reste plus qu'à faire les calculs.

La marche des opérations est la suivante :

1) Pesée du carbonate P.

2) Dissolution du carbonate P dans un volume V d'acide azotique titré.

3) Déterminer par l'alcalimétrie le nombre de cc, de soude titrée qu'il faut pour neutraliser ce volume V; soit m ce nombre.

4) Refaire la même opération avec le liquide n° 2; il n'en faudra plus que m' cent. cub.

5) Déterminer à l'aide des données m et m' le poids p d'acide carbonique contenu dans P.

6) Rapporter ce poids p à 100 ou à 1000.

Exemple de calcul. — On a dissous P dans 20^{cc} de l'acide azotique titré au § 146 qui exigent pour leur saturation un volume de soude $m = 32^{cc}$; les 20^{cc} d'acide qui ont dissous P n'en exigent plus que $17 = m'$. La différence $(32 - 17 = m - m' = 15^{cc})$ représente le volume de la soude qui dans la troisième opération a neutralisé un volume d'acide azotique égal à celui qui dans la quatrième opération a décomposé le carbonate.

Or 1^{cc} de notre soude neutralise $0^{gr}, 0567$ d'acide azotique; les 15 ou $(m - m')$ en neutraliseront $0^{gr},0567 \times 15$; c'est là le poids d'acide azotique qu'il a fallu pour décomposer le carbonate. La proportion suivante indiquera le poids p d'acide carbonique mis en liberté, car on sait que 63 de AzO^5H équivalent à $22 \left(\dfrac{44}{2}\right)$ de CO^2.

$$63 : 22 = 0^{gr},0567 \times 15 : p.$$

La nouvelle proportion

$$P : p = 100 : X$$

indique la quantité d'acide carbonique contenue pour cent.

Le calcul peut être fait d'une manière différente.

Nous ne pouvons du poids d'acide carbonique contenu dans P déduire celui du carbonate que si nous sommes sûrs que l'acide carbonique n'est fixé qu'à une seule base. Ce calcul se fera à l'aide de la table des poids atomiques.

§ 150. **Dosage des sels de calcium**. — On précipite les solutions neutres par du chlorure d'ammonium et de l'oxalate d'ammonium; le précipité est recueilli sur un filtre, lavé, desséché et calciné jusqu'à ce que le résidu soit blanc. L'oxalate est ainsi transformé en un mélange de chaux et de carbonate. Nous rentrons à partir de ce moment dans le cas précédent; il devient même inutile de peser le poids du résidu si l'on connaît le volume du liquide ou le poids du corps solide d'où il provient.

63 de AzO^3H qui correspondent à 22 de CO^2 décomposeront 50 de CO^3Ca; c'est là la seule modification à introduire dans le calcul.

§ 151. **Dosage de l'acide carbonique dans l'air libre, et confiné, dans les produits de la respiration.** — Un tube plus ou moins long plonge dans le milieu gazeux et communique par un tube en caoutchouc avec une éprouvette remplie d'un volume v d'eau de baryte; le gaz est appelé par un vase aspirateur à travers un tube qui plonge jusqu'au fond; il se dépouille lentement de son acide carbonique et ne doit pas troubler l'eau de baryte d'une seconde éprouvette en tout semblable à la première qui communique avec un vase aspirateur de 20 à 30 litres de capacité; l'eau doit s'écouler lentement (10 à 20 litres dans deux heures). On mesure le volume V de l'eau qui s'est écoulée et on a ainsi celui de l'air qui a traversé l'appareil.

Principe. — L'acide carbonique précipite la baryte à l'état de carbonate insoluble; on pourra donc, connaissant le titre d'un volume v de baryte, calculer le poids d'acide carbonique si l'on détermine la quantité de baryte qui reste dans un volume semblable v après précipitation.

Conduite de l'opération :

1) Déterminer par l'alcalimétrie le nombre de cc. m qu'il faut pour neutraliser le dixième du volume v de baryte employé.

2) Faire passer l'air dans un volume v de baryte.

3) Filtrer le liquide à l'abri de l'air, et déterminer alcali-

métriquement le nombre de cc. m' qu'il faut pour neutraliser[1]
un volume $\frac{v}{10}$ du liquide filtré[2].

4) Effectuer les calculs.

5) Transformer le poids d'acide carbonique en volumes.

On détermine le titre de la baryte à l'aide d'un acide azotique très-étendu, celui par exemple que l'on obtiendrait en complétant à 1000, 100 centimètres cubes de notre acide titré ; chaque centimètre cube de cette solution contiendra $0^{gr},00567$ d'acide azotique et déplacera (§ 150) $0^{gr},001976$ de CO_2.

100 centimètres cubes de solution barytique (8 à 10 grammes par litre) sont neutralisés par n centimètres cubes d'acide azotique ; le liquide filtré après précipitation de la baryte par l'acide carbonique n'exige plus que n' centimètres cubes.

$(n-n')$ représente le volume d'acide azotique qui dans la première opération a neutralisé le volume de baryte, qui dans la seconde, a été précipité par l'acide carbonique.

$(n-n')$ $0^{gr},001976$ représente le poids de l'acide carbonique qui a été condensé dans le 10e du volume v de baryte employé. Ce résultat doit être multiplié par 10 et l'on a ainsi le poids p d'acide carbonique contenu dans le volume V d'air.

On traduit ce poids en volume de la manière suivante. Le litre d'acide carbonique mesuré à 0 et à la pression de 760 pèse $1^{gr},977$; on pose la proportion suivante

$$1^{gr},977 : 1000^{cc} = p : v'.$$

On en tire

$$v' = (p \times 505,26^{cc}).$$

Ce volume v' doit être ramené à ce qu'il serait à la température t et à la pression h car c'est dans ces conditions qu'a

---

[1] On pourrait, comme moyen de contrôle, déterminer la quantité d'acide carbonique contenu dans le précipité bien lavé par le procédé indiqué au § 150.

[2] On ne peut opérer sur tout le liquide filtré, car le précipité est gélatineux et retient le liquide dans lequel il s'est formé; on suppose que 1 volume n'a pas changé par la précipitation et l'on opère sur une fraction.

été déterminé le volume d'air V, qui a été soumis à l'analyse. La formule suivante nous donne le volume corrigé

$$v - v' \frac{760 \; 1 + 0,00369) \, t}{h}.$$

Il ne reste plus qu'à effectuer le rapport $\dfrac{v}{V}$.

Ce procédé subit quelques modifications dans la disposition des appareils lorsqu'il doit s'appliquer à l'étude des produits de la respiration. On trouvera des indications à cet égard dans les traités de physiologie. La disposition représentée par la figure 63 est facile à réaliser et permet de filtrer le liquide barytique à l'abri de l'air ; il suffit de bien roder la plaque et le bord supérieur de l'entonnoir.

§ 152. **Dosage de l'ammoniaque.** — Le procédé de dosage par différence a trouvé de nombreuses applications ; j'indiquerai ici le dosage de l'ammoniaque et de la quinine.

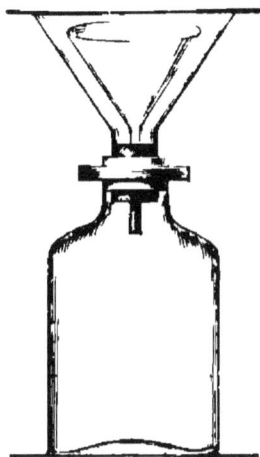

Fig. 63

On se sert dans ces cas des *liqueurs normales décimes d'acide sulfurique et de soude.*

$1^{cc} = 0^{gr},0098$ de SO^4H^2 et $0^{gr},0036$ de NaHO (dans notre hypothèse). On sait par une opération préalable que 20 centimètres cubes de notre acide sulfurique décime exigent pour leur neutralisation n centimètres cubes de soude.

On fait condenser (par des procédés que nous apprendrons à connaître) l'ammoniaque dans 20 autres cc. d'acide sulfurique et ces derniers n'exigeront plus pour leur neutralisation que n' cent. cub.

$(n-n')$ représente le volume de soude qui a neutralisé dans la première opération la quantité d'acide sulfurique qui dans la seconde a été neutralisée par l'ammoniaque à doser.

Nous savons que AzH^3 (17) équivaut à NaHO (40) ; chaque

centimètre cube de notre liqueur décime de soude qui renferme $0^{gr},0036$ de Na HO correspond par suite à un poids de AzH³ déterminé par la proportion $40 : 17 = 0^{gr},0036 : x$ d'où $x = 0^{gr},00153$ dans notre cas particulier.

Le poids d'ammoniaque s'obtient en multipliant $0^{gr},00153$ par $(n—n')$.

§ 153. **Dosage de la quinine dans les écorces de quinquina.** — Ce dosage se conduit comme celui de l'ammoniaque. Un de quinine correspond à deux de soude (V. § 142) ; on calcule la quantité de quinine qui correspond à 1 cent. cube de soude, par la proportion

$$2 \times 40 : 65 = 0,0036 : X.$$

Le procédé opératoire est le suivant : on mêle 10 grammes de poudre de quinquina avec son poids d'hydrate de chaux ; le mélange est épuisé dans un flacon bouché par 100 grammes d'éther pur. Le liquide est filtré et complété au besoin à 100^{cc} par une addition d'éther ; on ajoute au 1/5 de cette solution un volume déterminé d'acide sulfurique normal au 1/10 ; et l'on détermine l'excès d'acide employé. Le poids de quinine contenu dans ces 20^{cc} de solution éthérée sera

$$\frac{65 \times 0,0036}{2 \times 40} (n — n'),$$

le résultat multiplié par 5 indiquera le poids de quinine contenu dans les 10 grammes de quinquina.

II. — DOSAGE DE L'ACIDE CYANHYDRIQUE.

§ 154. **Dosage de l'acide cyanhydrique.** — *Principe.* — L'azotate d'argent donne avec le cyanure de potassium, un composé soluble de cyanure double d'argent et de potassium qui n'est pas précipité par les chlorures.

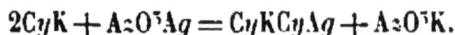

$$2CyK + Az0^5Ag = CyKCyAg + Az0^5K.$$

L'azotate d'argent versé dans un mélange de cyanure et de

chlorure porte d'abord son action sur le cyanure et ne précipite le chlorure que lorsque tout le cyanure est transformé en cyanure double. La formation d'un précipité blanc indique par suite la fin de l'opération.

Liqueur titrée. — 170 (AzO⁵Ag) correspondent à 2×27 (2CyH); on dissout dans un litre 17ᵍʳ d'azotate d'argent fondu ; chaque centimètre cube de cette liqueur correspond à 0ᵍʳ,0054 d'acide cyanhydrique.

Manuel opératoire. — On mesure 10 ou 20 cent. cubes de la liqueur prussique (acide médicinal, eau distillée de laurier-cerises, d'amandes amères); on neutralise par de la potasse (qui contient toujours assez de chlorure) et l'on ajoute de l'azotate d'argent jusqu'à l'apparition d'un précipité permanent de chlorure. L'eau distillée d'amandes amères se trouble quelquefois par la séparation de l'essence ; il faut étendre dans ce cas le liquide d'eau, et il sera facile alors de distinguer le trouble laiteux du précipité. Le calcul se conduit d'après la formule générale :

$$x = v \times n \times \frac{1000}{N} = 0^{gr},0054 \times n \times \frac{1000}{N}.$$

III. — DOSAGE DES CHLORURES.

§ 155. **Dosage dans les liqueurs neutres.** — *Principe.* — 1) Les chlorures donnent un précipité *blanc* avec l'azotate d'argent. — AzO⁵Ag + ClM = AzO⁵M + ClAg.

2) Le chromate de potassium donne avec l'azotate d'argent un précipité *rouge* de chromate d'argent *soluble* dans les acides.

3) L'azotate d'argent versé graduellement dans un mélange de chlorure et de chromate ne précipite ce dernier sel que lorsque tout le chlorure est précipité : en ce moment la couleur du précipité deviendra *rose* (mélange de blanc et de rouge).

Liqueur titrée. — La liqueur précédente peut servir. 1 cent.

cube (0^{gr},017) d'azotate d'argent correspond à 0^{gr},00365 de HCl ou à 0^{gr},00355 de Cl. [1]

Manuel opératoire. — On dissout un poids p de chlorure dans un volume déterminé d'eau 100^{cc} par exemple ; on en prend 20^{cc} qu'on colore en jaune par quelques gouttes de chromate de potassium pur, et l'on y verse l'azotate d'argent jusqu'au moment où le précipité prend une teinte rose persistante.

Calcul. — $0^{gr},00365 \times n \times \dfrac{100}{20} =$ poids d'acide chlorhydrique contenu dans p de chlorure.

§ 156. **Dosage des chlorures dans les liqueurs acides alcalines et dans les urines.** — On ne peut doser les chlorures dans un liquide *acide*, car le chromate d'argent réactif indicateur étant soluble dans les acides ne peut se précipiter et indiquer la fin de l'opération. On neutralise dans ce cas l'acidité de la liqueur par du carbonate de calcium précipité (constater qu'il est exempt de chlorures), dont un excès ne présente pas d'inconvénients. L'azotate d'argent précipitant les liqueurs *alcalines*, il faut neutraliser le liquide par de l'acide azotique avant le dosage ; comme on ajoute toujours un excès d'acide, il faudra ajouter du carbonate de calcium.

Le dosage des *chlorures de l'urine* se fait d'après ces principes. On évapore d'abord 10^{cc} d'urine à siccité, puis on ajoute 4 à 5 grammes d'azotate de potassium ; le mélange fond lorsqu'on chauffe, sans déflagrer s'il y a assez d'azotate, et finit par se décolorer. Le résidu est alcalin ; on attend que la capsule soit refroidie, et on le dissout dans un peu d'eau acidulée par de l'acide azotique ; on neutralise l'excès d'acide en ajoutant au liquide chaud du carbonate de calcium. On fait tomber le mélange à l'aide d'une pissette

---

[1] On exprime la quantité de chlore contenu dans les chlorures, soit à l'état d'acide chlorhydrique, soit à l'état de chlore libre ; il sera facile, avec l'une de ces données de calculer combien il y a d'un chlorure déterminé. Ex. : Puisque 35,5 de Cl. correspondent à $(35,5 + 23) = 58^{gr},5$ de chlorure de sodium, 1^{cc} précipitera $= 0,00585$ de NaCl.

dans un verre de Bohême; on ajoute du chromate de potassium, et l'on procède au titrage.

IV. — DOSAGE DE L JYDROGÈNE SULFURÉ.

§ 157. **Sulfhydrométrie (procédé Dupasquier).** — *Principe :* L'hydrogène sulfuré et les sulfur esalcalins sont décomposés par l'iode; il se forme un dépôt de soufre, de l'acide iodhydrique et des iodures qui ne bleuissent pas l'amidon; ce dernier corps sert de réactif indicateur. Une eau sulfureuse mêlée d'amidon ne bleuira par l'addition d'iode que lorsque tous les principes sulfurés qui y sont contenus seront décomposés.

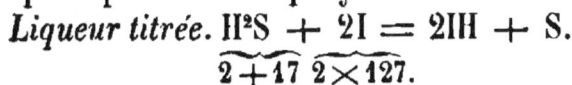

Liqueur titrée. $H^2S + 2I = 2IH + S.$
$$\underbrace{2+17}\ \underbrace{2\times 127}.$$

On dissout $12^{gr},7$ d'iode [1] dans de l'eau iodurée contenant 18 grammes d'iodure de potassium pur et l'on étend au litre. 1^{cc} de cette solution correspond à $0^{gr},0017$ d'hydrogène sulfuré ou approximativement à un centimètre cube de gaz [2].

Essai. — On verse dans une capsule à fond plat 500^{cc} au moins de l'eau sulfureuse à examiner et de l'empois d'amidon *fraichement préparé;* on ajoute la teinture d'iode à l'aide d'une burette et l'on s'arrête dès qu'une teinte bleuâtre uniforme persiste pendant au moins cinq minutes. On ne doit pas faire attention à une décoloration qui se produirait ultérieurement. Soit n le nombre de centimètres cubes employés. Le poids d'hydrogène sulfuré contenu par litre s'obtient par le calcul suivant :

$$(0^{gr},0017 \times n)\,2.$$

Ce chiffre représente le poids d'hydrogène sulfuré contenu dans l'eau à l'état libre ou à l'état de sulfure. Une seconde opération devient nécessaire pour déterminer la quantité qui

---

[1] L'iode doit être pur et sec; on doit choisir l'iode cristallisé en larges lamelles, desséché sur l'acide sulfurique.

[2] 1 litre de gaz pèse $1^{gr},53$.

est à l'état de sulfure et celle qui est à l'état d'hydrogène sulfuré. On reprend 500^{cc} d'eau que l'on agite avec de l'argent obtenu par la calcination de l'oxyde qui absorbe l'hydrogène sulfuré; on reprend le titre du liquide décanté. Il faudra un nombre de cent. cub. n' moindre que n si l'eau renferme de l'hydrogène sulfuré; ce volume n' correspond à l'hydrogène sulfuré des sulfures; $n - n'$ représente l'hydrogène sulfuré libre.

Eaux alcalines et sulfureuses. — Le procédé devient fautif, lorsque l'eau est alcaline; on doit dans ce cas précipiter les carbonates alcalins par du chlorure de baryum et n'opérer que sur le liquide filtré.

§ 158. **Dosage de l'hydrogène sulfuré dans l'air.** — Ce dosage est une application de la méthode par différence; on précipite un volume de solution titrée d'arsénite de sodium par de l'hydrogène sulfuré; on sépare le sulfure d'arsenic précipité par la filtration et l'on détermine l'acide arsénieux non décomposé par une liqueur titrée d'iode. L'iode transforme l'acide arsénieux en acide arsénique; on reconnaît que l'oxydation est achevée par la coloration bleue que prend l'*amidon* sous l'influence d'un léger excès d'iode. La réaction précédente ne se fait bien que lorsque l'acide arsénieux est à l'état d'arsénite.

Liqueurs titrées : Deux liqueurs sont nécessaires; elles doivent être telles que 1^{cc} de la solution arsénieuse soit peroxydé par 1^{cc} de la solution d'iode.

Liqueur titrée d'iode. — On se sert de la liqueur préparée au § 157, dont chaque centigramme contient 0^{gr},0127 d'iode et précipite 0^{gr},0017 d'hydrogène sulfuré.

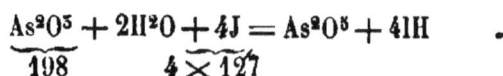

$$\underset{198}{As^2O^3} + 2H^2O + \underset{4 \times 127}{4J} = As^2O^5 + 4HH$$

Liqueur titrée d'acide arsénieux ou d'arsénite de sodium. On dissout 4^{gr},95^1 d'acide arsénieux dans 20 à 25 grammes de carbonate acide de sodium et l'on étend au litre; chaque cc. de cette liqueur contient $0^{gr},00495$ d'acide arsénieux et est peroxydé par 1^{cc} de la solution d'iode ($0^{gr},0127$).

Dosage. — On fait passer à l'aide d'un aspirateur deux à cinq litres d'air ou plus à travers deux éprouvettes qui contiennent chacune 20 cent. cub. d'une solution de soude étendue de 6 fois son volume d'eau ; l'hydrogène sulfuré est absorbé. On ajoute à la première éprouvette 20^{cc} de la solution titrée d'arsénite de sodium, puis de l'acide chlorhydrique; il se dépose du sulfure d'arsenic jaune si de l'hydrogène sulfuré s'est condensé. On peut rejeter le liquide contenu dans la seconde éprouvette, si traité de la même manière, il ne donne aucun précipité ce qui arrive quand l'absorption dans la première a été complète. Dans le cas contraire on réunit les deux essais précédents, on filtre et on lave le filtre avec de l'eau distillée ; les eaux de lavage sont étendues à 300^{cc} après avoir été neutralisées au besoin par une petite quantité de carbonate acide.

On en prend 100^{cc} auxquels on ajoute de l'amidon ; on verse ensuite de la liqueur titrée d'iode jusqu'à ce que la coloration bleue de l'amidon persiste pendant quelques minutes. Soit n' le nombre de cc. employés ; $n' \times 3$ représente le nombre de cc. d'iode qu'il a fallu pour peroxyder l'acide arsénieux non précipité.

Nous avons pris 20^{cc} (ou 40) d'arsénite de sodium, qui exigent pour leur peroxydation 20 (ou 40) de liqueur titrée d'iode. En retranchant de ce chiffre ($n' \times 3$), nous avons le nombre de cc. d'arsénite qui ont été précipités par l'hydrogène sulfuré ; comme les liqueurs s'équivalent et que 1^{cc} d'acide arsénieux est peroxydé par 1^{cc} de la liqueur titrée d'iode qui précipite $0^{gr},0017$ d'hydrogène sulfuré, on obtiendra le poids d'hydrogène sulfuré en effectuant le calcul suivant :

$$(20 - n' \times 3)\ 0^{gr}.0017.$$

V. — DOSAGE DU CHLORE GAZEUX.

§ 159. **Chlorométrie.** — Les liqueurs titrées précédentes peuvent servir au dosage du chlore contenu dans les hypochlorites ou dans l'eau chlorée. Le principe est le suivant :

$$As^2O^3 + 2H^2O + 4Cl = As^2O^5 + 4HCl$$

1cc de notre arsénite de sodium ou de notre liqueur titrée d'iode correspond à 0gr,00355 de chlore.

Essai : On délaye 10 grammes d'hypochlorite dans un peu d'eau; on complète ensuite le volume à 100 cent. cubes. On ajoute à 10cc de cette solution décantée un volume d'acide arsénieux *n*, tel qu'une goutte du mélange ne colore plus en bleu le papier iodo-amidonné. Cela fait, on ajoute de l'empois d'amidon frais et l'on y verse la liqueur titrée d'iode, jusqu'à apparition d'une couleur bleue persistante, soit *n'* le volume employé.

n — *n'* représente le volume d'arsénite qui a été peroxydé par le chlore; on obtient le poids de chlore en effectuant le calcul suivant :

$$(n - n') \; 0gr,00355.$$

On n'a opéré que sur le dixième du liquide; ce résultat doit donc être multiplié par 10, pour avoir le poids de chlore dégagé par 10 d'hypochlorite.

On passe du poids au volume exprimé en cent. cubes en divisant le poids exprimé en grammes par le poids du litre de chlore.

VI. — DOSAGE DU FER.

§ 160. **Dosage du fer dans les cendres.** — Les cendres renferment presque toujours le fer à l'état d'oxyde ferrique; le dosage du fer exige que le métal soit à l'état de *sel ferreux* ce à quoi l'on arrive en dissolvant les cendres dans de l'acide chlorhydrique et réduisant le sel ferrique par du zinc métallique.

Principe : L'hypermanganate de potassium réduit les solutions acides des sels ferriques en sel ferreux [1]; mais la solution de ce sel est tellement instable qu'il faut la titrer presque chaque jour à l'aide d'un poids déterminé de fer métallique. La solution d'hypermanganate sert en même temps de réactif indicateur, car elle se décolore tant que le liquide renferme un sel ferreux; elle colore le liquide en rouge lorsque l'oxydation du fer est achevée.

L'hypermanganate s'altérant au contact du caoutchouc, doit être manié soit dans des burettes anglaises, soit à l'aide d'une burette effilée à la partie supérieure (*fig.* 64) et munie de sa pince à pression. La burette de

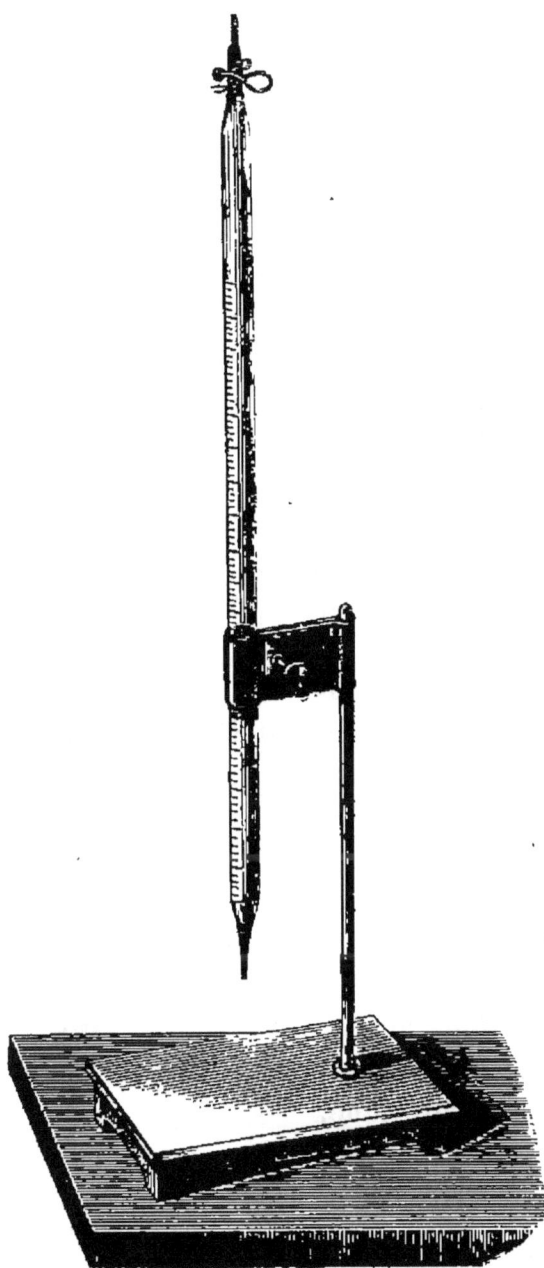

Fig. 64.

[1] $2MnO^4K + 10FeO = 2MnO + K^2O + 5Fe^2O^5$.

Gay-Lussac (*fig.* 65) peut être fermée à la partie supérieure

Fig. 65.

par un bouchon traversé par un tube; on fait écouler le liquide goutte à goutte soit en soufflant dans le tube, soit en y adoptant une poire en caoutchouc.

Dosage de la liqueur titrée. — On dissout $0^{gr},5$ de fil de clavecin pur dans 25 ou 30 cent. cub. d'acide chlorhydrique pur; on réduit la solution par une lame de zinc et on l'étend à 500^{cc} avec de l'eau distillée purgée d'air. 100 cent. cub. de cette solution contiennent 0,1 de fer; on y verse de l'hypermanganate jusqu'à ce que le mélange soit coloré en rouge; si n' représente le nombre de centimètres employés, chaque centimètre cube peroxydera une quantité de fer égale à $\dfrac{0^{gr},1}{n'}$.

Le liquide se troublerait (par le dépôt d'oxyde de manganèse) s'il n'était suffisamment acide.

Conduite de l'opération : 1) Dissolution des cendres pesées dans de l'acide chlorhydrique.

2) Ramener le sel ferrique à l'état de sel ferreux par la digestion à une température modérée avec un excès de zinc bien exempt de fer. L'opération se fait dans une fiole dans laquelle on a fait passer un courant d'acide carbonique (*fig.* 66).

3) Étendre la dissolution à 200^{cc} (ou à 100 suivant le poids des cendres) et déterminer le volume d'hypermanganate qu'il faut pour colorer 100^{cc}. Soit n ce nombre de cc. ;

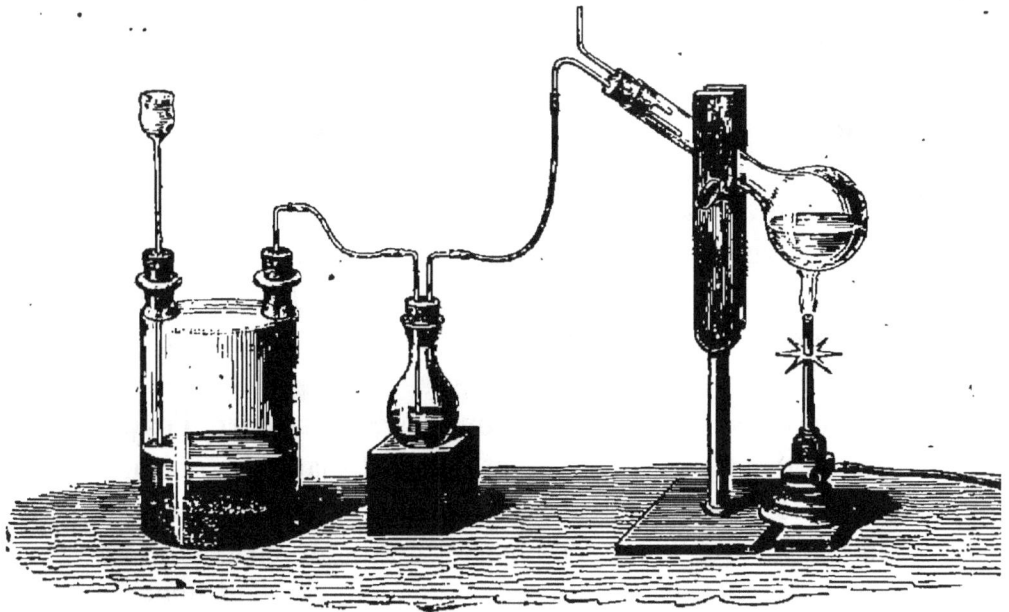

Fig. 66.

chaque cc. indique $\dfrac{0,1}{n'}$ de fer; il y a donc dans les 100 cent.

cub. $\left(\dfrac{0,1}{n'}\right)n$ de fer. Ce résultat doit être multiplié par 2 pour obtenir le résultat final.

VI. — DOSAGES DE LA GLUCOSE, DE LA SACCHAROSE, DE LA LACTOSE ET DE L'AMIDON.

§ 161. **Dosage de la glucose.** — *Principe :* La glucose réduit les solutions potassiques d'oxyde de cuivre (dissoutes en faveur de l'acide tartrique) en hydrate jaune qui se déshydrate surtout à chaud et devient rouge ; le liquide est décoloré si l'on ajoute assez de glucose.

Liqueur titrée. — La liqueur de Barreswill (Fehling,

Trommer) se prépare d'après diverses formules; nous avons indiqué, page 16, celle qui donne une liqueur. de facile conservation. 1 de glucose réduisant 10 d'oxyde cuivrique, la liqueur préparée comme nous l'avons indiqué exige par *cent cube* $0^{gr},005$ *de glucose pour sa réduction complète.*

Manuel opératoire. — On fait couler dans une capsule 10 cent. cub. de liqueur titrée que l'on étend de 50 à 60 cent. cub. d'eau; on ajoute quelques centimètres cubes de soude si la glucose à doser est en solution acide, *car la réduction ne peut se faire que dans une solution alcaline.* On porte le liquide à l'ébullition et l'on y ajoute la glucose à l'aide d'une burette.

La réduction se fait au bout d'un temps très-court; l'oxyde cuivreux se dépose d'abord à l'état d'hydrate jaune qui bientôt se déshydrate, devient rouge et tombe au fond. La réduction est achevée lorsque le liquide bleu est décoloré; on juge assez nettement de cette décoloration en éloignant pendant quelque temps la flamme; la couleur du liquide se manifeste nettement à la partie supérieure dès que le précipité est tassé. Les réactions suivantes ne laissent subsister aucun doute : le liquide filtré est divisé en deux parties; l'une d'elles, bouillie avec quelques gouttes de liqueur de Barreswill, ne doit pas réduire, preuve que l'on n'a pas employé trop de sucre; la seconde, *acidulée* par quelques gouttes d'acide acétique, ne doit pas se colorer en rose par le ferro-cyanure, ce qui indique que toute la liqueur de Barreswill a été réduite. On recommence une nouvelle opération en se guidant d'après les résultats fournis par ces deux essais et l'on arrive facilement à 1/10 de centimètre cube près. L'opération une fois commencée doit être achevée, car une partie de l'oxyde cuivreux pourrait se réoxyder, se redissoudre et fausser les résultats.

Calcul. — On a soumis à la réduction 10 cent. cub. de liqueur de Barreswill, qui exigent pour leur réduction $0^{gr},05$ de glucose. Cette proportion de glucose est contenue dans n^{ce}; on trouve la quantité pour mille à l'aide de la proportion suivante : $n^{cc} : 0^{gr},05 = 1000^{cc} : X$, d'où $X = \dfrac{50^{gr}}{n}$. Le dosage sera d'autant plus exact que la solution sera plus étendue, car n sera alors très-grand et la formule fait voir que les erreurs d'analyse seront divisées.

§ 162. **Dosage de la saccharose.** — Ce corps n'est pas réduit par la liqueur de Barreswill, mais l'ébullition avec les acides minéraux étendus le transforme en sucre interverti, qui a le même pouvoir réducteur que la glucose. 100 de glucose correspondent à 95 de sucre de canne; chaque cent. cube de notre liqueur titrée indique par suite $0^{gr},00475$ de saccharose.

Essai. — On dissout un poids donné de sucre (10 grammes environ) dans 50 cent. cub. d'eau et on les fait bouillir avec 5 cent. cub. d'acide chlorhydrique. L'ébullition ne doit pas être prolongée trop longtemps; on s'arrête dès que la liqueur a pris une teinte un peu claire; on complète le volume au litre et l'on conduit l'opération comme précédemment, mais en ayant soin d'ajouter au préalable à la liqueur de Barreswill assez de soude pour que le mélange reste toujours *alcalin*. La formule suivante

$$X = \frac{47,50}{n}$$

indique la quantité de saccharose contenue par litre.

§ 163. **Dosage de la lactose dans le lait.** — La *lactose* réduit la liqueur de Barreswill, mais elle possède un pouvoir réducteur différent; 1 cent. cube de notre liqueur en exige pour sa réduction $0^{gr},00708$. L'opération se conduit comme pour la glucose; la formule générale $X = \dfrac{70,80}{n}$ indique la quantité par litre.

Essai du lait. — On chauffe 100 cent. cub. de lait avec 2 ou 3 gouttes d'acide sulfurique; la caséine est coagulée et le liquide, refiltré jusqu'à ce qu'il soit limpide, contient la lactose. On réduit 10^{cc} de liqueur de Barreswill (additionnée de soude) par le petit lait mesuré dans une burette. La formule

$$\frac{0^{gr},0708}{n}$$

indique la quantité de sucre contenu dans 1 cent. cub. de *petit lait*. Pour avoir celle qui est contenue dans un litre de lait, on multiplie ce résultat par 925, puisque 1000 de lait fournissent d'après Poggiale 925 de petit-lait.

La précision devient plus grande en ajoutant au petit-lait son volume d'eau ; le calcul se conduit d'une manière identique, mais le résultat sera multiplié par 2.

§ 164. Dosage de l'amidon. — Les acides étendus transforment l'amidon en un mélange de dextrine et de glucose ; l'ébullition prolongée saccharifie également la dextrine, mais il est à craindre alors que la cellulose soit elle-même attaquée.

Il vaut mieux saccharifier l'amidon à l'aide de la diastase ; on fait agir sur un poids connu de farine ou de pain 20 cent. cub. d'une solution concentrée de diastase à la température de $+40$ à $+50°$; on s'arrête lorsqu'une goutte d'essai ne se colore plus en bleu par l'iode ; on filtre le liquide et on transforme la dextrine qu'il peut encore contenir en glucose par l'ébullition avec l'acide sulfurique. De cette manière, la glucose qui se forme ne peut provenir que de l'amidon et non de la cellulose. Le liquide filtré est étendu au litre et dosé comme précédemment. Il vaut mieux, dans ce cas, titrer la liqueur de Barreswill par un essai direct, en traitant de la même manière un poids d'amidon pur et sec égal à environ la moitié de la farine employée dans l'essai précédent. Cet essai indique alors la quantité d'amidon qui est réduite par un cent. cube de liqueur de Barreswill[1].

---

[1] Exemple de calcul : On a étendu au litre le produit de la saccharification de 10 grammes d'amidon ; il a fallu, pour réduire 10 centimètres cubes de liqueur de Barreswill n' centimètres cubes du liquide saccharin dont 1 centimètre cube contient la glucose provenant de $0^{gr},01$ d'amidon ; les n' centimètres cubes correspondront par suite à $(n \times 0,01)$ d'amidon et

On obtient un résultat approximatif en faisant bouillir 25 grammes de blé moulu avec 300^{cc} d'eau mêlée de 6 cent. cub. d'acide chlorhydrique ; ce mélange n'attaque pas la cellulose. (Poggiale). On peut admettre dans ce cas que 1^{cc} de notre liqueur titrée correspond à 0,0045 d'amidon.

VII. — DOSAGE DES ALCALOÏDES.

§ 165 **Dosage des alcaloïdes.** — Nous indiquons ce procédé qui peut servir à doser la morphine dans l'opium et à reconnaître la proportion d'un alcaloïde déterminé dissous dans une solution, en faisant remarquer qu'il n'est pas d'une exécution facile, vu l'absence de tout liquide indicateur. Il repose sur la précipitation des alcaloïdes en solution acétique par l'iodure double de mercure et de potassium. Le dosage ne doit être entrepris qu'avec des solutions très-étendues contenant tout au plus 1/200 d'alcaloïde ; la liqueur titrée est versée goutte à goutte d'une burette divisée en 1/10 de ^{cc} dans un volume déterminé de solution et l'on s'arrête dès qu'une goutte du mélange éclairci précipite une goutte de solution étendue du même alcaloïde, placée sur une plaque de verre recouverte à sa partie inférieure d'un vernis noir[1].

Liqueur titrée. — 13^{gr},456 de chlorure mercurique, 49,08

1 centimètre cube de liqueur de Barreswill sera réduit par $\dfrac{n' \times 0,01}{10} =$ $n' \times 0^{gr},001$ d'amidon transformé en glucose.

Le deuxième essai se fait également avec 10 centimètres cubes de liqueur de Barreswill ; ils exigeront pour leur réduction ($n' \times 0^{gr},001$) d'amidon transformé en glucose ; ce poids est contenu dans n centimètres cubes du liquide saccharin provenant de l'amidon ou du pain à doser.

Le poids d'amidon contenu par litre s'obtient par la proportion

$$n : 10 (n' \times 0,001) = 1000 : X \text{ d'où } X = \frac{n'}{n} 10.$$

[1] Asphalte et caoutchouc dissous dans la benzine. En frottant énergiquement la baguette on n'enlève que du liquide.

d'iodure de potassium et eau quantité suffisante pour faire un litre. Un cent. cub. de cette solution précipite.

$0^{gr},0167$ de strychnine,
$0^{gr},0108$ de quinine,
$0^{gr},0102$ de cinchonine,
$0^{gr},0145$ d'atropine,
$0^{gr},0263$ d'aconitine.
$0^{gr},0200$ de morphine,
$0^{gr},0041$ de nicotine,
$1^{gr},0042$ de conicine.

CHAPITRE VII

EXEMPLES D'ANALYSES ET CARACTÈRES DE PURETÉ DES PRINCIPAUX MÉDICAMENTS

§ 166. **Généralités**. — Nous ne pourrions mieux choisir comme application des méthodes d'analyses précédemment exposées, que l'étude des caractères de pureté des divers médicaments les plus usuels ; ce problème est peut-être le seul dans ce genre qui puisse présenter de l'intérêt pour le médecin ; il est d'une importance capitale pour le pharmacien, qui ne préparant plus lui-même tous les médicaments, doit au moins toujours s'assurer de leur pureté. Ce chapitre pourrait être regardé comme un hors-d'œuvre, car les principes exposés aux pages précédentes permettent, quand on les applique d'une manière convenable, de résoudre toutes les questions qui y sont traitées. Il n'est cependant pas inutile de connaître à l'avance la direction à imprimer aux recherches ; l'analyse ne s'égare pas ainsi à des constatations inutiles et conduit plus rapidement au but. Nous saisirons l'occasion de mentionner quelques procédés particuliers très-avantageux dans des cas déterminés.

Nous exposerons en premier lieu la marche que l'on doit suivre quand le médicament est mélangé à des corps solides, en suspension ou en solution. Nous traiterons ensuite des principaux médicaments en suivant l'ordre alphabétique.

§ 167. **Opérations préliminaires**. — Nous ne saurions trop recommander de ne jamais commencer une analyse sans avoir soumis le corps à l'examen des papiers de tournesol, et de l'incinération sur la lame de platine ou sur le charbon ; les propriétés organoleptiques ne devront jamais être perdues de vue; l'odorat fait reconnaître les hypochlorites aussi facilement que les réactifs; la saveur d'un sulfure est presque aussi caractéristique que la réaction du papier plombique et la fluorescence d'un liquide à saveur amère nous fait penser immédiatement au sulfate de quinine. Je ne multiplierai pas ces exemples, mais les cas où l'analyse peut se borner à ces constatations élémentaires sont très-nombreux.

L'*examen à la loupe* nous permet de reconnaître que nous avons affaire à un mélange; cette donnée est souvent confirmée par la manière dont se comporte le corps réduit en poudre quand on le projette dans de l'eau; les parties les plus denses gagnent le fond et celles qui sont plus légères surnagent.

La substance à examiner peut-être une solution; on détermine dans ce cas la nature du dissolvant, eau, alcool, éther, glycérine, huile, etc. Cette constatation ne présente pas de grandes difficultés; l'éther se reconnaît à son odeur; l'alcool à l'inflammation de ses vapeurs et à son odeur; la glycérine à sa viscosité et à sa solubilité dans l'eau; les huiles à leur insolubilité dans l'eau, l'alcool et à leur solubilité dans l'éther.

On peut se débarrasser des trois premiers dissolvants (l'eau, l'alcool et l'éther) par l'évaporation, des huiles par l'éther. La séparation de la glycérine est plus difficile, mais devient inutile car elle n'entrave que peu nos recherches.

L'analyse des pommades, des onguents, etc., se fait à l'aide de l'emploi successif de l'eau, de l'alcool et de l'éther; on sépare ainsi les corps en divers groupes que l'on étudie séparément. On peut encore, quand le composé minéral que l'on recherche est *fixe*, soumettre la préparation à l'incinération; la destruction par le chlorate et l'acide chlorhydrique (§ 133) convient [1] quand la substance est volatile.

Les matières organiques étant éliminées, on conduit l'analyse comme il est dit aux chapitres II et III.

§ 168. **Essais des principaux médicaments.** — Nous

---

[1] Après avoir évaporé toutefois l'alcool dans une cornue.

nous proposons, le nom d'un médicament étant connu, d'indiquer la manière dont on doit rechercher les impuretés qui le souillent d'ordinaire. Nous n'indiquerons que le nom de la substance à rechercher quand elle est très-connue ; nous entrerons dans plus de détails lorsqu'il existera des procédés de recherche particuliers.

ACIDES. — On détermine à l'aide de l'acidimétrie (*V.* p. 205) la quantité d'acide contenu dans les solutions étendues.

Acide acétique. — Volatil sans résidu (évaporation sur une lame de platine) ; absence d'acides sulfurique, chlorhydrique, de sels minéraux, d'acide sulfureux (l'hydrogène sulfuré produit dans ce cas un précipité blanc de soufre), de matières organiques (l'hypermanganate ne doit pas être décoloré et l'acide sulfurique ne doit pas être noirci). Un acide trop étendu d'eau se trouble quand on lui ajoute son dixième d'essence de citron. Le vinaigre qui doit servir aux opérations pharmaceutiques, doit donner un liquide neutre quand on lui ajoute le 1/20 de son poids de carbonate de sodium sec.

Acide arsénieux. — Constater qu'il ne laisse pas de résidu par l'incinération ou par la dissolution dans l'eau.

Acide azotique (*V.* p. 7).

Acide benzoïque. — Doit brûler avec une flamme qui n'est pas verte (absence de l'acide borique) sans laisser de résidu ; on doit rechercher dans un résidu blanc la craie, l'amianthe, le sulfate de calcium, etc.; un résidu charbonneux doit faire songer à l'acide hippurique et à quelques autres acides organiques. Recherche de l'acide cinnamique par la production d'essence d'amandes amères (*V.* p. 122) sous l'influence du bichromate de potassium et de l'acide sulfurique.

Acide borique. — Recherche des chlorures, sulfates par les procédés ordinaires ; d'un sel ferrique par le sulfo-cyanure. L'acide doit se dissoudre dans 3 d'eau bouillante et 28 d'eau froide.

Acide chlorhydrique (*V.* p. 6).

Acide citrique. — Solution complète ; le liquide ne doit pas précipiter par l'hydrogène sulfuré (absence de plomb et de cuivre) ; recherche de l'*acide sulfurique* (par l'azotate de baryum), de l'*acide tartrique* (par les sels de potassium), de l'*acide oxalique*, par le sulfate de calcium, de la chaux par l'oxalate d'ammonium.

Acide cyanhydrique. — La solution du codex doit renfermer 10 pour 100 d'acide anhydre, ce que l'on vérifie par le dosage volumétrique (*V.* p. 211).

Acide lactique. — Évaporation et calcination ; les vapeurs ne doivent avoir ni odeur butyrique ni acétique ; solution complète dans l'eau, l'alcool et l'éther ; constater l'absence de l'acide sulfurique, chlorhydrique, d'un sel de calcium (par l'oxalate d'ammonium), des métaux (par l'hydrogène sulfuré ; précipité blanc pour le zinc, noir pour le plomb et le cuivre).

Acide phénique. — L'acide pur doit se dissoudre dans 50 à 60 parties d'eau froide contenant une petite quantité de soude ; les huiles lourdes et les autres phénols ne se dissolvent pas dans ces circonstances.

Acide phosphorique. — Recherche de l'acide sulfurique, de l'acide chlorhydrique, de l'acide arsénieux ou arsénique (par l'hydrogène sulfuré), de l'acide azotique (par le sulfate ferreux), de l'acide phosphoreux (par la réduction à chaud de l'azotate d'argent. Sa densité doit être 1,45.

Acide sulfurique (*V.* p. 3).

Tannin. — Calcination sur une lame de platine ; dissolution totale dans l'eau (des substances résinoïdes restent insolubles) et dans l'alcool à 95° (le sucre et la gomme ne n'y dissolvent pas).

Acide tartrique. — Recherche de l'acide sulfurique, des sels métalliques de plomb, de cuivre (par l'hydrogène sulfuré) et de calcium (par l'oxalate d'ammonium).

Acide valérianique. — Cet acide mélangé souvent à de l'alcool, de l'acide acétique ou butyrique doit se dissoudre en totalité dans 27 d'eau froide ; il se dissout dans moins d'eau quand il contient les corps précédents. La solution *neutralisée* par de l'ammonique étendue d'eau, fournit un liquide coloré en rouge quand on y ajoute du chlorure ferrique, s'il y a de l'acide acétique. Caractères distinctifs de l'acide butyrique (*V.* p. 120).

ALUMINIUM. — *Alun.* — Absence de métaux des sections I et II (par l'hydrogène sulfuré), de l'oxyde ferrique (par le ferrocyanure et le sulfure d'ammonium) ; distinction de l'alun ammoniacal par la chaux.

Alun calciné. — Solution complète dans l'eau bouillante ; le liquide filtré doit précipiter par l'ammoniaque ; un résidu insoluble (d'alumine) et un précipité peu abondant par l'ammoniaque indique que l'alun a été trop calciné.

ANTIMOINE. — Recherche de l'arsenic (*V.* p. 185).

Sulfure natif. — Solution complète dans dix fois son volume d'acide chlorhydrique bouillant ; cette solution ne doit pas se troubler par l'addition d'alcool, comme lorsqu'elle contient du plomb, ni se colorer en bleu par l'ammoniaque (abs. du cuivre). Recherche de l'arsenic comme il est dit p. 185 ou en ajoutant de l'acide chlorhydrique qui précipite en jaune la solution ammoniacale du sulfure d'arsenic ; le chlorure stanneux réduit en brun le liquide acide.

Soufre doré. — Solution dans la potasse (l'oxyde ferrique, la brique pilée ne se dissolvent pas), dans 60 à 80 d'ammoniaque (un excès de soufre ne se dissout pas) ; recherche de l'acide chlorhydrique (dans la partie soluble dans l'eau) et du sulfure d'arsenic (*ut supra*).

Kermès. — Poudre cristallisée en partie quand on l'examine au microscope ; constater l'absence de soude ou de sulfure de sodium (la solution aqueuse ne doit pas réagir sur les papiers) ; recherche du *soufre doré* (solution dans l'acide chlorhydrique avec dépôt de *soufre* ou précipitation de la solution ammoniacale par l'acide chlorhydrique) et du *sulfure d'arsenic* (*ut supra*). ·

ARGENT. — *Feuilles d'argent.* — Solution sans résidu blanc dans l'acide azotique (abs. d'étain et d'antimoine) ; la solution ne doit pas bleuir par l'ammoniaque (abs. de cuivre) ni précipiter par l'addition d'acide sulfurique étendu (abs. de plomb).

Azotate d'argent. — Le sel fondu doit être neutre, et se

dissoudre sans résidu (oxyde de cuivre résidu noir). *Absence d'azotates de potassium et de sodium* : la solution concentrée ne doit pas précipiter par l'alcool ; elle ne doit pas laisser de résidu quand on l'évapore après l'avoir précipitée par HCl et filtrée. *Absence d'azotate de cuivre* (la solution ne doit pas bleuir par AzH^3).

BISMUTH. — *Sous-azotate de Bismuth.* — Sel blanc, noircit à la lumière (s'il contient un sel d'argent), soluble dans AzO^5H étendu (rech. dans la part. insol. du talc, du sulfate de baryum). Constater dans la solution l'absence des *acides chlorhydrique, sulfurique* et *arsénique*. On recherche ce dernier corps en introduisant dans l'appareil de Marsh, la solution du résidu obtenu en traitant le sous-azotate par de l'acide sulfurique ; on peut encore l'introduire dans un petit tube avec une lamelle de zinc très-pur, et placer à l'orifice un papier imprégné d'azotate d'argent qui noircira, s'il se dégage de l'hydrure d'arsenic. Constater l'absence du *plomb* (par SO^4H^2 étendu), de l'*argent* (ppé par H Cl), du *cuivre* (par AzH^3), du *zinc*, du *magnésium* et du *calcium* (on examine le liquide filtré (§ 82) après précipitation par H^2S). *Détermination de l'acide azotique.* — Le produit qui doit renfermer 13 à 14 p. 100 d'acide, doit rougir au bout d'un temps très-court un papier de tournesol bleu ; on détermine la quantité d'acide en faisant bouillir un poids connu de sel avec un volume connu de soude titrée ; on détermine la proportion de soude qui reste dans la liqueur filtrée et la différence des deux titres représente la soude qui a été neutralisée par $Az O^5 H$ (*V.* p. 208).

CALCIUM. — *Carbonate de calcium.* — Absence de sulfate, de chlorure, de sel de magnésium (les recherches doivent se faire dans la solution azotique).

Phosphate de calcium. — En sus des recherches précédentes, constater l'absence des carbonates (par l'effervescence avec les acides) et du *phosphate ferrique* par le sulfure d'ammonium qui colore en noir la solution azotique neutralisée par de l'ammoniaque.

Chlorure de chaux. — Déterminer par la chlorométrie (p. 217) la proportion de chlore ; la solution du codex doit contenir deux fois son volume du chlore (200° chlorométriques).

CARBONE. — Absence de matières organiques par l'incinération dans un creuset de platine ; le charbon ne doit pas brûler avec flamme ; le charbon de Belloc ne doit pas dégager H^2S quand on le traite par un acide. *Charbon d'os.* — Les acides doivent produire une effervescence et la solution doit précipiter abondamment par l'ammoniaque, lorsque le charbon (d'os) n'est pas lavé à l'acide.

CHLORAL. — Point de fusion $+56$ à 58° ; point de solidification à $+15°$; point d'ébullition $+95°$. Solution complète dans l'eau, ne rougissant pas le papier de tournesol ; des gouttes d'huile qui surnageraient et l'acidité de la liqueur indiquent que le produit est décomposé ; l'azotate d'argent ne doit pas précipiter la solution. Le corps traité par de la potasse doit abandonner des gouttelettes de chloroforme. L'acide sulfurique concentré sépare du chloral anhydre blanc ; le produit est bruni lorsqu'il est mélangé de chloral alcoolique.

CHLOROFORME. — $D = 1,495$, point d'ébullition à $+61°,8$. Le chloroforme versé dans l'eau doit rester limpide (absence d'alcool) et ne pas rougir le papier de tournesol (abs. d'acide chlorhydrique), ne pas précipiter l'azotate d'argent (abs. de composés chlorés inorg.) et ne pas colorer un mélange d'iodure de potassium et d'amidon (abs. du chlore). *Absence de l'alcool* constatée par l'eau, par le bichromate de potassium et l'acide sulfurique (couleur verte), par l'huile d'amandes douces (le mélange devient laiteux, s'il y a de l'alcool); *absence de composés amyliques* par l'évaporation lente sur la main et l'odoration des produits volatils. *Absence d'hydrocarbures*, par le potassium qui ne doit produire à froid dans le chloroforme qu'un dégagement de gaz insignifiant. Il ne doit pas noircir par SO^4H^2.

CRÉOSOTE. — Ce produit retiré du goudron de bois, ne se mêle pas à de l'ammoniaque et ne se colore pas en bleu par le chlorure ferrique, ce que fait le phénol.

CUIVRE. — *Laiton, bronzes, argentan, alfénide, métal*

d'Alger, etc. — Examen au chalumeau. Solution azotique complète (résidu blanc, étain ou antimoine) traitée par les procédés ordinaires. Les métaux de la III° section sont recherchés dans la solution acide précipitée par l'hydrogène sulfuré.

Sulfate de cuivre. — Recherche du fer, du zinc, et du magnésium.

Pierre divine. — Constatation de la présence de l'alun, de l'azotate de potassium par les méthodes générales.

DEXTRINE. — La partie insoluble dans l'eau peut être de l'amidon ; le corps ne doit pas bleuir par l'iode ; la solution doit être complétement précipitée par l'alcool et ne pas réduire la liqueur de Barreswill (présence de la glucose); le produit commercial ne présente jamais ce caractère.

ÉTAIN. — *Étamage.* — Recherche du plomb : attaque par l'acide azotique concentré, évaporation à siccité; la solution aqueuse ne doit pas précipiter par H^2S et SO^4H^2. Recherche de l'arsenic ; l'étamage est attaqué par de l'acide chlorhydrique bouillant ; les produits gazeux ne doivent pas réduire le chlorure d'or, que l'on place dans une boule de Liebig.

Analyse du bronze. — Sn et Cu (séparation par AzO^5H).

Analyse du métal anglais. — Cu Sn et Sb (*V.* plus haut).

EXTRAITS DE VIANDE. — Le produit séché à + 110° ne doit perdre au plus que 22 p. 0/0, et laisser par l'incinération 1/8 de cendres (*V.* pour l'analyse des cendres chap. x). L'alcool doit dissoudre 53 p. 100 de l'extrait.

FER. — On dose le fer contenu dans les préparations à l'aide de l'hypermanganate de potassium (*V.* p. 217); on n'obtient ainsi que le fer qui est à l'état de sel ferreux quand on opère sur le produit dissous dans l'acide chlorhydrique ; un second dosage devient nécessaire après que la solution chlorhydrique a été réduite à l'état de sel ferreux par une lame de zinc ; si les deux dosages concordent, le fer était tout entier contenu dans la préparation à l'état de sel ferreux ; la différence des deux dosages indique la quantité de métal à l'état de sel ferrique.

Fer réduit, porphyrisé, en limaille. — Le métal attaqué

par de l'acide sulfurique étendu doit dégager de l'hydrogène inodore (abs. de carbone et d'arsenic) ne colorant pas le papier plombique (abs. de sulfure). La solution complète (le charbon ne se dissout pas) doit être examinée au point de vue du cuivre et du zinc ; elle doit être ferreuse et non ferrique (abs. d'oxyde) et ne pas se colorer en rouge par le sulfocyanure.

. *Saccharure de fer.* — (Oxyde ferrique soluble). La solution doit être complète dans cinq parties d'eau et posséder une légère réaction alcaline ; elle doit contenir environ 3 p. 100 de fer, que l'on détermine dans les produits de l'incinération.

Sulfate ferreux. — Solution limpide (dépôt ocreux d'oxyde ferrique) ; recherche du *sel ferrique* par les cyanures et le sulfocyanure, du *cuivre* (par l'ammoniaque ou H^2S) et du *zinc*. On peroxyde le sulfate par de l'acide azotique, et l'on précipite la solution bouillante par de la potasse ; le liquide filtré précipite en blanc par le sulfure d'ammonium, s'il y a du zinc ; ce précipité ne se dissout pas dans l'acide acétique.

Chlorure ferrique. — Absence de sel ferreux (par les cyanures), d'acide azotique (par le sulfate ferreux) ; le produit ne doit pas être trop acide. On le dose après l'avoir réduit à l'état de sel ferreux.

Iodure ferreux. — Solution sans dépôt d'oxyde ; constater l'absence des sels ferreux et dosage du fer comme pour le sulfate.

Carbonate ferreux. — Solution avec effervescence dans l'acide chlorhydrique ; absence de sel ferrique et dosage (*ut supra*).

Pyrophosphate ferrique. — (Mêlé de citrate ammoniacal). Solution limpide, ne précipitant pas par l'ammoniaque. Dosage du fer dans le produit incinéré (18 p. 100).

Tartrates ferriques, ferrico-potassique. — Solution limpide ; le produit altéré abandonne de l'oxyde. Le reste *ut supra*.

Lactate ferreux. — Soluble dans 48 d'eau froide ; absence des sulfate, chlorure, tartrate, citrate ou malate constatée par l'acétate de plomb qui ne doit pas précipiter ; absence de l'acide butyrique (par l'alcool et l'acide sulfurique, odeur d'ananas) ; absence du sucre de lait (la solution précipitée par de la potasse et filtrée ne doit pas réduire la liqueur de Barreswill. Constater que le sel est à l'état de sel ferreux et exempt de calcium.

GLYCÉRINE. — D = 1,23 à 1,25. Solution *neutre*, absence de sels de calcium, de sels de plomb (réactifs ordinaires) ; de la glucose (réduction de la liqueur de Barreswill) des corps gras, de la gomme, de la saccharose (le produit ne doit pas noircir quand on l'évapore avec de l'acide sulfurique étendu); de l'acide butyrique (par l'alcool et l'acide sulfurique).

HUILE DE RICIN. — On reconnaît l'addition d'autres huiles par l'alcool qui ne les dissout pas.

IODE. — Volatilisation sans résidu (dépôt de brique pilée et d'autres impuretés) sur une lame de platine; solution complète dans l'alcool et dans l'iodure de potassium ; *absence de cyanure d'iode* (recherche par la réaction du bleu de Prusse dans le produit obtenu par l'ébullition de 2 grammes d'iode avec de l'eau de baryte). On reconnaît sa pureté par un procédé volumétrique : dissolution de 0^{gr},635 iode, dans 2 gr. d'iodure de potassium et eau *q. s.* pour compléter 50^{cc} ; ce liquide doit quand il est mêlé à de l'amidon et à 50 cent. cub. de notre liqueur titrée d'arsénite (*V.* p. 216) se colorer en bleu par l'addition de la plus faible quantité d'eau iodée. Il sera facile de trouver par un dosage complet la proportion réelle d'iode.

LITHIUM. — *Carbonate de lithium.* — Solution dans 100 d'eau (une solubilité plus forte indique des impuretés); le sel dissous dans l'acide chlorhydrique, et évaporé à siccité, doit se dissoudre complétement dans un mélange d'alcool et d'éther (rechercher les sels de potassium et de sodium dans le résidu); recherche des sels de calcium et de magnésium par les procédés ordinaires. Incinérer pour constater l'absence de substances organiques (sucre de lait, etc.).

MAGNÉSIUM. — *Magnésie.* — Absence de carbonates ; le produit n'est pas trop calciné quand il reste en suspension dans l'eau.

Sulfate de magnésium. — Recherche des sels de fer, de sodium et de calcium par les procédés ordinaires.

MERCURE. — *Mercure.* — Solution dans l'acide azotique étendu (l'étain et l'or ne sont pas dissous); constater l'absence du plomb, du bismuth, de l'argent et du zinc par la méthode générale.

Amalgames d'étain, de cadmium, de bismuth. — Se servir comme dissolvant de l'acide azotique; on peut isoler le mercure par la sublimation.

Pommade mercurielle. — Pas de globules métalliques à l'examen à la loupe; la partie insoluble dans l'éther doit se volatiliser sans résidu (graphite, peroxyde de manganèse, etc.) et se dissoudre dans l'eau régale.

Oxyde rouge. — Volatilisation sans résidu (minium, brique pilée, etc.); dissolution complète dans HCl étendu d'eau (un précipité blanc indique la présence d'un sel mercureux); dissolution incolore dans de l'acide azotique (le minium se colore en brun); pas de vapeurs rutilantes quand on le calcine dans un tube.

Sulfure de mercure noir. — Pas de gouttelettes de mercure à la loupe; volatilisation sans résidu; l'acide chlorhydrique étendu en dégage H^2S à chaud quand il est mêlé de sulfure d'antimoine; le liquide filtré précipite dans ce cas en rouge orangé par l'acide sulfhydrique.

Vermillon. — Le produit se volatilise sans résidu quand on le chauffe dans un tube; on doit rechercher dans le résidu le minium, l'oxyde ferrique, le chromate rouge de plomb; l'acide azotique le colore en brun quand il contient du minium; la solution bouillante dans l'acide azotique étendu, se colore en vert quand on la précipite par l'hydrogène sulfuré, et il se forme un précipité noir, s'il y a du chromate de plomb. La dissolution potassique est jaune et précipite en blanc par l'acide chlorhydrique quand il y a du chromate de plomb; elle précipite en noir par l'acétate de plomb si elle contient du réalgar.

Chlorure mercurique. — Volatilisation et solution complète dans l'eau et l'alcool; un résidu blanc indiquerait du calomel s'il noircissait par l'ammoniaque.

Chlorure mercureux. — Volatilisation sans résidu (ce dernier peut contenir de la céruse, du plâtre, du sulfate de baryum); l'hydrogène sulfuré ne doit pas colorer l'eau que l'on a mise en contact avec le calomel et qui a été filtrée à deux reprises; il ne doit pas dégager d'ammoniaque quand on le chauffe avec de la soude (abs. du précipité blanc des Allemands).

Iodure mercureux. — Volatilisation sans résidu; la solution alcoolique ne doit pas se troubler ou se colorer par l'hydrogène sulfuré (lorsque le sel est exempt d'iodure mercurique).

Azotate mercurique. — Constater l'absence de sel mercureux par l'acide chlorhydrique étendu d'eau qui ne doit pas précipiter la solution acidulée.

Opium. — Le dosage de la morphine dans l'opium et dans les préparations opiacées est très-important; on peut y arriver à l'aide du procédé volumétrique de Mayer après avoir fait subir à ces préparations une longue série d'opérations préliminaires que nous indiquerons pour l'opium. On délaye 3 grammes d'opium dans de l'eau acidulée par de l'acide acétique et on fait macérer le mélange avec 30 grammes d'eau; on filtre sur un filtre pesé et on lave jusqu'à ce que les eaux de lavage soient neutres[1]; on concentre les eaux de lavage à consistance sirupeuse et on reprend par 30 cent. cubes d'alcool absolu; on filtre et on lave le filtre avec de l'alcool; on évapore les liqueurs alcooliques et on les reprend par 30 cent. cub. d'eau; on précipite l'acide méconique par un léger excès d'acétate de plomb; le liquide filtré et les eaux de lavage sont précipités par l'hydrogène sulfuré. On sépare le sulfure de plomb par le filtre; on chasse l'excès de gaz par la chaleur et l'on ajoute du bicarbonate de sodium jusqu'à réaction alcaline (la narcotine se précipite); le liquide est filtré une dernière fois, concentré si besoin est, acidulé par l'acide acétique et

---

[1] Un opium de bonne qualité laisse sur le filtre un résidu qui desséché ne doit pas peser plus de 1gr,3.

dosé par le réactif de Mayer. Un opium de bonne qualité doit contenir de 10 à 14 pour cent de morphine.

LAUDANUM. — On peut faire subir à cette préparation un traitement analogue; un procédé expéditif mais peu exact, consiste à verser dans deux tubes de même calibre, volumes égaux d'un laudanum pur (pris comme type) et du laudanum à examiner; on ajoute la même quantité d'ammoniaque, un excès doit être évité et l'on compare les volumes des précipités d'alcaloïdes[1].

POTASSIUM (SELS DE). — On peut s'attendre à trouver dans les sels potassiques des composés du fer, du plomb et du cuivre qui y sont introduits par la potasse impure du commerce. La potasse et le carbonate renferment en outre des sulfates, chlorures, silicates.

BROMURE. — *Recherche des bromates.* — L'acide sulfurique étendu colorera dans ce cas le sel en jaune et il ne se dissoudra pas en totalité dans l'alcool. *Recherche des iodures.* — La solution traitée par quelques gouttes d'acide azotique fumant, et agitée avec du chloroforme, se colore en pourpre; la solution mêlée d'empois se colore en bleu, quand on lui ajoute goutte à goutte de l'eau chlorée très-étendue (un excès ferait disparaître la coloration bleue et apparaître la coloration jaune). *Recherche des chlorures.* — Le liquide distillé avec le bichromate de potassium et l'acide sulfurique verdit quand on le neutralise avec de l'ammoniaque et de l'acide sulfurique si le sel contient des chlorures. *Recherche du carbonate de potassium.* — Le liquide doit être neutre et ne pas précipiter par l'eau de chaux. *Recherche du sulfate.* — Par le procédé ordinaire.

IODURE. — La recherche des *chlorures*, des *carbonates* se fait comme pour les bromures; le sel contient un *iodate* lorsque sa solution mêlée d'amidon se colore en bleu par l'acide acétique. La recherche du bromure se fera difficilement par

[1] Le laudanum préparé avec du vin de Malaga vieux a une certaine viscosité; les parois du flacon quand on l'agite doivent rester jaunies pendant un certain temps.

la méthode des précipitations fractionnées à l'aide de l'azotate d'argent, que nous indiquerons plus loin. Il vaut mieux précipiter l'iodure par le *chlorure* de palladium, éliminer l'excès de sel par H^2S et l'excès de ce gaz par la chaleur; on traitera le liquide filtré et concentré par du chlore et du sulfure de carbone.

Analyse d'un mélange de chlorures, bromures et iodures. — L'azotate d'argent versé en quantité insuffisante dans une solution qui contient simultanément ces trois sels, précipite d'abord les iodures, puis les bromures et enfin les chlorures. On pourra rechercher ces trois corps par l'addition ménagée d'azotate d'argent et par l'amidon et l'eau chlorée. On distrait quelques gouttes de liquide et l'on y constate la présence de l'iodure par l'eau chlorée et l'amidon; on ajoute à la masse principale de l'azotate d'argent et l'on remue; on en filtre quelques gouttes que l'on consacre à un nouvel essai par l'eau chlorée. Si l'on obtient encore une coloration bleue, cela indique que tout l'iodure n'est pas précipité; une coloration jaune au contraire indiquera que l'iodure est précipité mais qu'il reste encore à précipiter des bromures et des chlorures. On arrivera par l'addition nécessaire d'azotate d'argent à un moment où un essai indiquera l'absence de bromures, mais où il restera encore des chlorures. La difficulté de cette opération consiste à ne pas ajouter trop d'azotate d'argent, car alors on courrait le risque de précipiter simultanément les bromures et les iodures et de ne pas constater l'existence des premiers.

Plomb. — On recherche les sels de ce métal dans l'eau (résidu de l'évaporation) et dans le vin (résidu de l'évaporation et de la calcination), en reprenant le résidu par de l'acide azotique (*V.* p. 55).

Litharge. — Solution complète dans AzO^3H (résidu de brique pilée, etc.) dans laquelle on recherche le cuivre et l'argent.

Acétate de plomb. — Recherche du cuivre.

Sous-acétate de plomb. — Caractères distinctifs de ces deux sels (*V.* p. 34).

QUININE. — *Sulfate de quinine.* — Sel blanc cristallisé en petites aiguilles solubles dans 1200 d'eau froide et 250 d'eau bouillante. Il se dissout plus facilement dans l'eau aiguisée d'acide sulfurique ; la solution est *fluorescente. Évaporation sur une lame de platine.* — Volatilisation complète, les vapeurs ne doivent pas avoir d'odeur de caramel (sucre, acide tartrique) ou d'acroléine (corps gras) ; un résidu indique l'existence de substances minérales qui peuvent être très-diverses (plâtre, magnésie, sulfate de magnésium, de sodium, de baryum, acide borique), que l'on recherche d'après les procédés ordinaires. *Action de l'acide sulfurique concentré.* — Pas de coloration avec l'acide pur ; coloration rouge avec la salicine[1] ; coloration noire avec le sucre, la stéarine, l'amidon, le sucre de lait. *Action de la liqueur de Barreswill.* — Pas de réduction (absence de glucose, lactose) dans la solution ni dans le liquide obtenu par l'ébullition avec l'acide sulfurique étendu d'eau (absence de saccharose et de glucosides comme la salicine, etc.). *Action de la potasse.* — Le sel traité par de la potasse ne doit pas dégager d'ammoniaque (absence de sels ammoniacaux). La solution est précipitée par de la baryte en excès ; le liquide filtré, débarrassé de l'excès de cette base par un courant d'acide carbonique, ne doit pas laisser de résidu par l'évaporation. Les corps étrangers se retrouvent ainsi ; je mentionnerai la mannite, qui se reconnaît à son insolubilité dans l'alcool froid et à sa solubilité dans l'alcool bouillant. *Recherche de la cinchonine.* — Dissolution du sulfate dans de l'eau aiguisée par de l'acide sulfurique ; addition d'ammoniaque et agitation avec de l'éther ; les couches aqueuses et éthérées doivent être transparentes ; une légère couche miroitante à la surface de séparation des deux liquides peut être tolérée. *Recherche de la quinidine.* — Une solution concentrée bien *neutre* précipite en blanc pulvérulent par l'iodure de potassium, quand elle contient de la quinidine.

[1] Le bichromate et l'acide sulfurique développent l'odeur d'hydrure de salicyle ou reine des prés ; cette réaction est plus caractéristique.

Savon médicinal. — Doit se dissoudre en totalité dans l'alcool faible ; un résidu insoluble dans ce dissolvant qui se
charbonne et disparaît par l'incinération peut indiquer la présence de l'amidon, de la gélatine, des résines. On constate la
présence des carbonates et des sels alcalins dans la partie
soluble des cendres du savon, celle de la silice, des silicates,
des cendres d'os dans la partie insoluble. Un excès d'alcali se
reconnaît à la coloration noire que prend le savon trituré avec
du calomel.

Sodium (Sels de). — L'analyse des sels de sodium se fait
comme celle des sels de potassium ; la richesse en alcali des
solutions de soude ou de carbonate se détermine par l'alcalimétrie.

Hypochlorite de soude (liqueur de Labarraque) ; elle doit
également marquer 200° chlorométriques (*V.* p. 217).

Carbonate acide de sodium. — On y reconnaît le carbonate
neutre par le sulfate de magnésium qui précipite en blanc ;
le chlorure mercurique doit précipiter en blanc et non en
rouge ; cette dernière réaction est plus sensible.

Soufre. — Volatilisation sans résidu (sulfate de calcium,
silice, carbonate de calcium) ; le papier de tournesol ne doit
pas rougir les eaux de lavage (acides sulfureux et sulfurique) ;
la solution dans l'ammoniaque ne doit pas précipiter par
l'acide chlorhydrique (absence de sulfure d'arsenic). Le
sulfure de carbone ne dissout que partiellement la fleur de
soufre.

Zinc. — Solution complète dans l'acide sulfurique étendu
d'eau (résidu insoluble, charbon, plomb) avec dégagement d'un
gaz inodore (absence d'arsenic) ; la solution acidulée ne doit
pas précipiter par l'hydrogène sulfuré en noir (plomb ou cuivre) ou en jaune (arsenic ou cadmium).

Oxyde de zinc. — Solution complète dans les acides (résidu
insoluble de sulfate de baryum) ne précipitant pas par un
excès de potasse (en l'absence de sulfates de calcium et de
craie qui donnent des précipités). On recherche les métaux
comme précédemment.

Sulfate de zinc. — Recherche du fer, du cuivre, du calcium, du magnésium.

Valérianate de zinc. — Mêmes recherches. Le sel doit abandonner par la calcination 30 p. 100 d'oxyde de zinc. Absence de butyrate (V. § 152).

CHAPITRE VIII

EAUX POTABLES ET MÉDICINALES

I. — EAUX POTABLES.

§ 169 **Caractères des eaux potables.** — Une eau potable doit réunir un ensemble de qualités physiques et chimiques dont la constatation est généralement facile.

Elle doit être *limpide, inodore, d'une saveur agréable et non fade, aérée, renfermant une petite quantité de certains sels et n'en renfermant pas d'autres.* Elle doit être de plus exempte de composés organiques et se conserver pendant un certain temps sans s'altérer. On constate ces divers caractères de la manière suivante.

§ 170. **Détermination du résidu.** — On évapore dans une capsule de platine tarée à une température qui ne doit pas atteindre + 100°, un volume déterminé d'eau (1 à 500 cent. cub.) que l'on ajoute au fur et à mesure de l'évaporation ; on achève la dessication dans une étuve à air chauffée à + 105° et l'on pèse la capsule ; on replace la capsule dans l'étuve pendant une heure, et l'on s'assure par une seconde pesée qu'il n'y a pas eu de nouvelle perte de poids ; on recommence jusqu'à ce que deux pesées successives donnent sensiblement le même résultat. Il convient, le résidu étant déliquescent, de laisser refroidir la capsule sous un dessicateur et de faire la pesée rapidement[1].

---

[1] La pesée se fait avantageusement de la manière suivante: on place sur l'un des plateaux une tare fixe, qui se compose d'un petit vase en fer-blanc fermé par un couvercle dans lequel on met de la grenaille de plomb en quan-

§ 171. **Examen du résidu.** — Le résidu est calciné à feu
nu ; on doit porter son attention sur l'odeur qui peut se dégager et sur la couleur que prend le résidu quand on le chauffe ;
il doit être blanc lorsqu'il ne renferme que des matières inorganiques ; il devient jaune, gris, brun ou noir si l'eau contient
des matières organiques fixes.

Le nouveau résidu dissous dans de l'eau peut servir à la
recherche des sels alcalins par la méthode indiquée au chapitre X.

§ 172. **Recherche des sels tenus en dissolution.** —
a. Bicarbonate de calcium, de fer et de magnésium. (Eau calcaire.) — L'eau de chaux précipite les eaux calcaires ; l'ébullition en précipite les carbonates d'une manière presque complète si l'on réduit le volume de moitié. Le précipité est
redissous dans quelques gouttes d'acide chlorhydrique et divisé
n trois parties.

La première, neutralisée par de l'ammoniaque, donnera avec
e sulfure d'ammonium un précipité noir, s'il y a du bicarbonate
de fer dans les eaux.

Les deux autres tiers sont, après addition de chlorure d'ammonium, mélangés avec de l'oxalate de calcium en excès qui
précipite toute la chaux à l'état d'oxalate de calcium. Le liquide
filtré traité par du phosphate de sodium et de l'ammoniaque,
précipitera s'il y a un sel de magnésium.

Sulfates de calcium et de magnésium. (Eaux séléniteuses.)
— Le liquide filtré, après ébullition, est exempt de carbonates ; il est divisé en deux parties.

La première, s'il y a des sulfates, donnera par l'azotate de
baryum un précipité blanc insoluble dans l'acide azotique
étendu de beaucoup d'eau.

tité suffisante. Cette tare facilement maniable n'est pas sujette aux accidents qui peuvent se produire avec les autres tares, surtout quand la même
balance doit servir à plusieurs élèves ; on met dans l'autre plateau la capsule et l'on rétablit l'équilibre par des poids marqués p ; on refait de même
avec la capsule qui contient le résidu ; soit p' ce poids qui est plus petit
que p. ($p' - p$) représente le résidu laissé par le volume d'eau évaporé
déterminé par la méthode des doubles pesées.

On recherche, comme précédemment, le calcium et le magnésium dans la deuxième partie.

Chlorures. — L'eau concentrée, s'il est besoin, est traitée après qu'elle a été acidulée par de l'acide azotique, par de l'azotate d'argent ; le chlorure d'argent qui se dépose doit être insoluble dans l'acide azotique et soluble dans l'ammoniaque.

Azotates (d'ammonium). — On concentre 500 centim. cubes d'eau à 10, et on sépare le liquide filtré en deux parties. La première est consacrée à la recherche des azotates par le sulfate ferreux ou par la brucine (V. p. 74) ; la seconde peut être examinée soit par le réactif de Nessler, soit par la chaux hydratée pour y reconnaître l'ammoniaque.

Sulfures. — L'eau ne doit pas noircir une solution étendue d'acétate de plomb ; elle ne doit avoir ni odeur, ni saveur sulfureuse, et doit se colorer en bleu (quand on l'a mêlée avec de l'amidon) par l'addition d'une goutte très-faible de teinture aqueuse d'iode. Un réactif plus sensible est le *nitro-prussiate de sodium* qui donne une coloration bleue fugace avec les sulfures solubles.

§ 173. **Recherche des matières organiques.** — Aucun des procédés actuellement connus n'est exempt de reproches. L'aspect du résidu, pendant la calcination, nous fournit un premier indice.

On a proposé de mettre à profit la réduction du chlorure d'or, mais le procédé le plus généralement usité repose sur la décoloration de l'hypermanganate de potassium. Voici la manière de procéder : on place dans une fiole en verre blanc 300 cent. cubes d'eau distillée, que l'on acidule avec 1 cent. cube d'acide sulfurique pur, et l'on porte le mélange à la température de $+50°$; plaçant ensuite la fiole sur une feuille de papier blanc on ajoute avec une burette (forme anglaise) une solution d'hypermanganate de potassium (1 gramme environ de sel cristallisé par litre) jusqu'au moment où l'observateur note une teinte rose très-nette. On répète l'essai avec 300 cent. cubes de l'eau à examiner ; le même volume de réactif devra la colorer en rose s'il n'y a pas de matières orgahiques; il faut ajouter, dans le cas contraire, de nouvelles quantités d'hypermanganate jusqu'à reproduction de la même teinte rose. On se sert d'une solution titrée d'hypermanganate, dont le titre doit être vérifié à chaque fois à l'aide d'une solution titrée d'acide oxalique (10 grammes par exemple par litre). On détermine ainsi la quantité d'acide oxalique transformée par 1 cent. cub. d'hypermanganate, ce qui permet dans les analyses de représenter les matières organiques non par le volume d'hypermanganate qu'il a fallu pour les oxyder, mais par le poids correspondant d'acide oxalique[1]; c'est ce qu'on exprime par ces mots : « matière organique comptée comme acide oxalique[1].

Ce procédé est fautif lorsque l'eau renferme des azotites et des sulfures qui réduisent également l'hypermanganate; il ne décèle que les substances organiques qui ne réduisent pas le réactif et n'indique pas celles qui, tout en n'agissant pas sur ce réactif, peuvent être néanmoins très-nuisibles à la santé.

Les matières organiques azotées en s'oxydant donnent naissance à des azotites et à des sels ammoniacaux; la constatation de ces sels peut donc faire supposer que l'eau contenait des matières organiques qui se sont déjà oxydées partiellement.

Une eau contenant des matières organiques doit être abandonnée à l'abri de l'air pendant quelque temps; les dépôts organisés qui se formeraient sont examinés au microscope[2].

---

[1] Exemple de calcul : Solution d'acide oxalique : 10 grammes d'acide cristallisé dissout dans 1000 d'eau; 10^{cc} de cette solution ont exigé pour être décolorés 18^{cc},9 de la solution d'hypermanganate; 1^{cc} de cette dernière correspond par suite à $\left[\left(\dfrac{10}{1000} \times 10\right) : 18^{cc},9\right]$ d'acide oxalique $= A$.

300 centimètres cubes d'eau distillée sont colorés en rose par n centimètres cubes d'hypermanganate; 300 centimètres cubes de l'eau à examiner exigent au contraire n' centimètres cubes. La quantité de matière organique est donc représentée par $A(n' - n)$ pour 300 centimètres cubes ou $\dfrac{A(n' - n)}{300} \times 1000$ pour litre.

[2] Quelques eaux (minérales) contiennent des acides organiques volatils

§ **174. Détermination des gaz dissous.** — La solubilité des gaz diminuant avec l'élévation de température, il suffit de faire bouillir un volume déterminé d'eau et de recueillir les gaz qui se dégagent. L'opération se conduit de la manière suivante : un ballon de 1 litre environ est rempli complétement avec l'eau à examiner ; l'on y enfonce un bouchon traversé par un tube recourbé deux fois à angle droit et rempli d'eau ; l'excédant d'eau s'écoule par le tube ; on doit connaître le volume d'eau contenu dans le ballon et le tube. Ce dernier est muni d'un tube en caoutchouc que l'on fait arriver au sommet d'une cloche graduée placée sur le mercure. On porte lentement le liquide en ébullition ; il passe au début un certain volume d'eau qui est chassé par la dilatation et qui n'a pas perdu son gaz ; on éteint le feu dès qu'il ne passe plus que de la vapeur et l'on descend le tube en caoutchouc de manière qu'il ne plonge plus dans l'air mais dans l'eau. Le ballon se refroidit et l'eau qui a passé dans l'éprouvette est résorbée ; on chauffe lorsque l'absorption est devenue presque complète et l'on fait remonter le caoutchouc ; cette manœuvre n'est pas difficile[1]. L'eau qui passe en ce moment peut être regardée comme purgée d'air. On arrête quand l'ébullition a été prolongée un certain temps, on fait réabsorber la majeure partie de l'eau, puis on retire le tube en caoutchouc. Il ne reste plus qu'à faire la lecture des gaz et leur analyse par les procédés que nous indiquerons en détail en parlant de l'analyse des gaz du sang.

(acétique, propionique, butyrique) ; on le reconnaît en desséchant leurs eaux mères après avoir précipité les chlorures par du sulfate d'argent. Le résidu distillé avec de l'acide sulfurique, fournit un liquide *acide* dans lequel on cherche à caractériser les acides précédents par leurs réactions ordinaires.

[1] Le procédé opératoire suivant est moins exact, mais d'une exécution plus facile. Le ballon est fermé par un bouchon traversé par un tube droit qui s'engage dans l'orifice d'un têt à gaz retourné, dans lequel il est mastiqué hermétiquement ; il se trouve ainsi surmonté d'une petite cuve que l'on remplit d'eau et dans laquelle on renverse l'éprouvette graduée. Je ne conseille pas de se servir d'une couche d'huile pour empêcher la solubilité des gaz, car la présence de ce liquide difficile à éloigner complique les opérations suivantes.

L'oxygène et l'azote [1] se dégagent ainsi en totalité, mais l'acide carbonique qui se trouve à l'état de bicarbonate est retenu en petite quantité et n'est chassé que par les acides. Une proportion trop forte d'acide carbonique, lorsque l'eau n'est pas très-calcaire peut tenir à la présence de matières organiques en putréfaction.

Un procédé plus récent et plus commode consiste à doser l'oxygène à l'aide d'une solution titrée d'hydrosulfite de sodium ; nous parlerons de ce procédé dans le chapitre consacré à l'analyse du sang.

§ 175. **Analyse hydrotimétrique.** — On peut doser d'une manière assez exacte la proportion de sels calcaires et magnésiens contenus dans une eau à l'aide d'une liqueur titrée de savon (oleostéarate de sodium) qui précipite les sels calcaires et magnésiens à l'état d'oleostéarates insolubles ; on reconnaît que le savon a précipité tous les sels précipitables à la propriété qu'aura le liquide de mousser. Cette propriété est due à la viscosité que donne le savon à l'eau privée de sels calcaires.

L'analyse hydrotimétrique se fait à l'aide d'une *burette* spéciale ; les auteurs recommandent la forme anglaise ; je lui préfère la forme allemande. Elle doit être longue et étroite ; 23 divisions de la burette comprennent un volume de $2^{cc},4$; le zéro ne se trouve pas marqué à l'origine des divisions, mais à la première ; l'expérience a démontré qu'il fallait un degré de liqueur hydrotimétrique pour faire mousser 40 cent. cubes d'eau distillée. Il s'ensuit que le trait correspondant à $2^{cc},4$ est chiffré non pas 22 mais 23. On sera sûr par suite, en opérant *toujours sur 40 cent. cubes d'eau*, et remplissant la burette jusqu'à l'origine des divisions, que le nombre de divisions ou degrés qu'il faudra ajouter pour produire la mousse persis-

	EAU DE PLUIE.		EAU DE RIVIÈRE.
[1] Quantité de gaz dissous par litre..	22^{cc}		54^{cc}
Oxygène................	53,76		10,4
Azote....................	64,47	p. 100	21,4
Acide carbonique.........	1,77		22,6

tante n'aura été employé qu'à précipiter les sels calcaires. Si l'on opérait sur moins de 40 cent. cubes, on compterait comme ayant servi à produire de la mousse, du savon qui aura précipité réellement des sels calcaires ; l'inverse se produirait si l'on employait plus de 40 cent. cubes.

Liqueur titrée. — On dissout 100 grammes de savon de Marseille dans 1,600 cent. cubes d'alcool marquant 88° et l'on ajoute 1 litre d'eau au liquide filtré. Le savon n'a pas une composition constante, il faut donc vérifier si cette liqueur contient réellement la proportion de savon nécessaire. On se sert pour cela d'une *liqueur d'épreuve* que l'on obtient en dissolvant $0^{gr},25$ de chlorure de calcium sec dans un litre. $2^{cc},4$ de notre liqueur d'épreuve, chiffrés 22 degrés hydrotimétriques devront être nécessaires pour produire avec 40 cent. cubes de la liqueur d'épreuve une mousse persistante ; on arrive à ce point par tâtonnements en ajoutant à la liqueur savonneuse de l'eau s'il faut moins de 22°, une solution alcoolique de savon plus concentrée dans le cas contraire. La liqueur amenée au degré convenable doit être conservée dans des flacons bien bouchés, pour empêcher l'évaporation de l'alcool et l'absorption d'acide carbonique ; le précipité grumeleux qui s'y produit quand l'air est froid se dissout quand on place le flacon dans de l'eau tiède.

22 degrés ont précipité 40^{cc} de liqueur d'épreuve ou $0^{gr},01$ de chlorure de calcium ; 1 degré en précipite par suite $0^{gr},000454$. Une solution de chlorure de calcium dont 40^{cc} auraient exigé pour mousser 1 degré, contiendrait par suite $0^{gr},000454$ de sel ou par litre 25 fois plus[1], c'est-à-dire $0^{gr},114$.

Un degré hydrotimétrique précipite donc $0^{gr},000454$ de chlorure de calcium, et *en indique par litre* un poids de $0^{gr},0114$; c'est ce poids que l'on nomme *équivalent hydrotimétrique*.

Cette donnée nous permet de calculer les *équivalents hydrotimétriques* de tous les corps qui sont contenus dans l'eau, à

---

[1] Car $25 \times 40 = 1000$.

l'aide d'une proportion et de la table des poids atomiques[1].

On trouve ainsi : *Carbonate de calcium* $= 0^{gr},0103.$

Sulfate de calcium $\quad= 0^{gr},0140.$

Sulfate de magnésium $= 0^{gr},0125.$

Acide carbonique $\quad= 0^{l},005.$

Ces chiffres sont très-voisins de 1 centigramme ; on voit par suite que *le nombre de degrés hydrotimétriques indique approximativement le nombre de centigrammes de sels calcaires contenus dans un litre.* Il représente aussi en *décigrammes,* le *poids du savon précipité* par les mêmes substances [2].

Procédé opératoire. — On mesure 40^{cc} d'eau dans un flacon à large goulot bouché à l'émeri ; on verse la liqueur titrée (en ayant soin de ne pas perdre la gouttelette adhérente à l'orifice de la burette) on bouche et l'on agite vivement ; il se produit une mousse qui s'affaisse rapidement ; on continue l'addition de la liqueur titrée jusqu'à ce que l'on obtienne une mousse bien crémeuse de 1 centimètre de hauteur et persistant au moins pendant dix minutes.

La lecture de la burette ne doit se faire que lorsque la liqueur un peu visqueuse a eu le temps de se réunir, car il peut rester plus d'un degré adhérent aux parois lorsqu'on procède avec trop de rapidité. Soit N le nombre de degrés lus ; il représente en décigrammes le savon précipité par l'acide carbonique, les

---

[1] $\dfrac{\text{Poids atomique de } CaCO^5}{\text{Poids atomique de } CaSO^4} = \dfrac{0,0114}{X}$ d'où X = équivalent hydrotimé-trique du sulfate de calcium $= 0^{gr},0140.$

[2] On sait par le calcul que les 25 centigrammes de chlorure de calcium exigent pour leur précipitation, $2^{gr},326$ de savon ; 40 centimètres cubes de liqueur d'épreuve ou $0^{gr},01$ de $CaCl^2$ seront précipités par $\dfrac{2,326}{25}$ de savon contenu dans $2^{cc},4$ de liqueur savonneuse chiffrés 22°. 1 degré contient par suite $\dfrac{2,326}{25 \times 22}$ de savon ; c'est là le poids de ce corps qui est précipité chaque fois que l'on opère sur 40 centimètres cubes et que l'on consomme 1 degré. On obtient le poids précipité par litre en multipliant le rapport précédent par 25 (car $25 \times 40 = 1000$). On trouve sensiblement 1 décigramme en effectuant le calcul $\dfrac{2,326 \times 25}{25 \times 22}.$

sulfates de calcium et de magnésium et les carbonates de calcium contenus dans un litre d'eau. On peut à l'aide de quatre opérations déterminer le poids de chacun des sels ; je ne crois pas devoir entrer dans ces détails car l'expérience m'a démontré que les résultats obtenus quand les eaux sont très-magnésiennes sont tout à fait fautifs.

On peut se contenter de déterminer la proportion de sels calcaires contenus à l'état de carbonates de la manière suivante. On mesure 100 cent. cubes d'eau et on les porte à l'ébullition de manière que le volume soit réduit presqu'à moitié ; le liquide filtré est complété au volume primitif et représente ainsi l'eau de laquelle on a éliminé les carbonates. On reprend le degré hydrotimétrique de 40^{cc} de ce nouveau liquide et l'on trouve N′. Mais il reste dans l'eau une certaine quantité de bicarbonate que l'on peut évaluer à 3°. (N′—3) représente par suite la quantité de savon exprimée en décigrammes qui est précipitée par les sels calcaires et magnésiens autres que les sulfates et N— (N′—3), celle qui est précipitée par les carbonates et par l'acide carbonique[1].

Remarque. — Le dosage hydrotimétrique ne convient pas à l'examen de l'eau de la mer ou des eaux minérales très-riches en sel, car le savon est précipité lui-même par des solutions trop concentrées de chlorure de sodium. L'apparition de la mousse cesse de se faire rapidement, dès que l'eau marque plus de 30° ; on remédie à cette cause d'erreur en ajoutant à l'eau 1, 2 ou 3 volumes d'eau distillée, opérant toujours sur 40 cent. cube du liquide dilué et multipliant les résultats par 2, 3 ou 4.

II. — EAUX MÉDICINALES.

§ 176. **Classification des eaux médicinales**. —Ces eaux à côté des sels qui se trouvent dans toutes les eaux, en tout

---

[1] Si l'on admettait que l'eau n'est pas magnésienne on trouverait le poids de carbonate de calcium qu'elle renferme en multipliant N — N′ — 3 par l'équivalent hydrotimétrique de ce sel 0^{gr},0103, et celui du sulfate de calcium serait représenté par le produit (N′ — 3) 0^{gr},0140.

tiennent cependant toujours un qui donne un cachet particu
lier à l'eau et que l'on nomme *élément minéralisateur*. Nous
classerons les eaux d'après cet élément en cinq classes :

Eaux salines salées. — Chlorures en grande abondance,
bromures et iodures (sels de lithium).

Eaux salines purgatives. — Chlorures ou sulfates à base de
sodium et de magnésium.

Eaux alcalines. — Acide carbonique libre et carbonates
acides alcalins.

Eaux ferrugineuses. — Acide carbonique et bicarbonate
ferreux (arsénite ferreux).

Eaux sulfureuses. — Sulfures alcalins ou alcalino-terreux.
Nous savons déjà reconnaître tous les éléments que nous venons
de nommer et il ne nous reste qu'à indiquer quelques réactions
accessoires.

§ **177. Eaux salines salées.** — La quantité de bromure
et d'iodure est d'ordinaire assez faible et leur détermination
peut être rendue difficile par la présence des chlorures.

On procède de la manière suivante : On évapore 10 à 20 litres d'eau avec un peu de potasse très-pure[1] ; le résidu desséché est repris par de l'alcool bouillant qui dissout les bromures et iodures et une partie seulement des chlorures[2]. On
le reprend par de l'eau[3] ; une portion très-faible est mêlée à de
l'amidon préparé récemment ; on lui ajoute goutte à goutte une
eau chlorée très-faible. Il se produit une coloration bleue, qui
caractérise les iodures ; cette coloration disparaît quand on
ajoute de l'eau chlorée et est remplacée par une coloration jaune
due au brome s'il y a des bromures ; un excès d'eau chlorée la
fait disparaître à son tour.

On peut, en ajoutant à un mélange des trois sels une quan-

---

[1] L'iodure de sodium qui s'altère par l'évaporation est ainsi transformé
en iodure de potassium plus stable.

[2] C'est également dans ce liquide alcoolique que l'on peut rechercher les
sels de lithium.

[3] On le neutraliserait par un peu d'acide acétique si le liquide était
alcalin.

tité insuffisante d'azotate d'argent pour les précipiter tous les trois, obtenir un précipité qui contient tout l'iodure d'argent; une nouvelle addition précipitera les bromures; cet essai exige des tâtonnements mais se prête parfaitement à l'analyse quantitative. Le procédé que nous avons indiqué suffit aux essais qualitatifs [1].

§ 178. **Eaux alcalines.** — Ces eaux très-gazeuses d'ordinaire, colorent la teinture de tournesol en rouge vineux et en bleu après l'ébullition, car la chaleur transforme les carbonates acides en sels neutres.

On peut y doser l'acide carbonique en versant dans un flacon contenant un mélange limpide de chlorure de baryum et d'ammoniaque, 5cc de l'eau puisée à la source à l'aide d'une grande pipette à deux traits de jauge; l'acide carbonique se précipite à l'état de carbonate; le précipité décanté et lavé à l'abri de l'air par de l'eau distillée chaude est dosé par la méthode volumétrique exposée au § 149. On obtient ainsi ce que l'on nomme « *acide carbonique total*[2]. »

§ 179. **Eaux ferrugineuses.** — Ces eaux abandonnées au contact de l'air, abandonnent de l'hydrate d'oxyde ferrique qui entraîne toujours avec lui l'acide arsénieux que ces eaux contiennent en quantité si minime qu'on ne peut en constater la présence dans l'eau elle-même. On peut doser le fer contenu dans ces eaux en évaporant 3 à 4 litres d'eau, et soumettant ce dépôt à l'analyse volumétrique indiquée au § 160. Le dépôt ocracé contient encore des matières organiques auxquelles on

---

[1] On pourrait encore précipiter les iodures par le chlorure de palladium, éliminer l'excès de sel par l'hydrogène sulfuré, chasser ce gaz par la chaleur et rechercher les bromures dans le liquide refroidi à l'aide de l'eau chlorée et de l'éther.

[2] On nomme acide carbonique *combiné* la quantité d'acide qui se trouve contenu dans les eaux à l'état de carbonate neutre et *acide demi-combiné* celui qui est nécessaire pour transformer les carbonates neutres en carbonates acides. On obtient l'*acide libre* en retranchant de l'acide carbonique total la somme de l'acide carbonique combiné et demi-combiné; l'analyse quantitative est nécessaire pour déterminer le poids et la nature des bases qui sont combinées à l'acide carbonique.

a donné des noms particuliers, et que l'ou désigne sous le nom générique de composés humiques[1].

§ 180. **Eaux sulfureuses.** — La conservation de ces eaux est très-difficile, car elles se sulfatisent très-facilement; on peut doser la proportion d'hydrogène sulfuré qu'elles renferment par la sulphydrométrie (§ 157). Certaines de ces eaux contiennent des matières organiques mal étudiées que l'on désigne sous le nom de *barrègine, glairine,* etc.

Des eaux sulfatées peuvent devenir accidentellement sulfureuses, lorsqu'elles sont en présence de matières organiques (un corps de pompe en bois pourri suffit); la richesse en sulfures d'une pareille eau ne sera pas la même à tous les moments.

---

[1] On fait bouillir pendant quelques heures le dépôt ocracé avec de la potasse; le liquide filtré *acidulé* par de l'acide précipite par l'acétate de cuivre s'il contient de *l'acide apocrénique*; le nouveau liquide filtré et bouilli précipite par le carbonate d'ammonium s'il y a de *l'acide crénique.*

CHAPITRE IX

ALIMENTS ET BOISSONS

§ 181. **Généralités.** — On a signalé les sophistications les plus éhontées en ce qui concerne les matières alimentaires; les unes ont pour but de vendre à des prix rémunérateurs des marchandises de moindre valeur; les autres doivent masquer les caractères des marchandises avariées; que dire de celles où l'on augmente le poids par l'addition de corps pesants qui ne sont pas toujours inoffensifs. La loi est insuffisante à réprimer cet état de choses, car elle n'est pas appliquée et les conseils d'hygiène n'éveillent pas d'une manière suffisante l'attention de la police qui doit sévir. Le sujet qui nous occupe serait très-vaste, si nous nous bornions à l'étude des sophistications qui peuvent entraîner plus directement des suites fâcheuses pour la santé. L'exemple suivant fera comprendre notre manière de voir; nous laisserons de coté la sophistication du thé par des feuilles étrangères inoffensives, mais nous nous occuperons de celle qui consiste à colorer le thé par des sels de cuivre.

On doit toujours, lorsqu'un aliment est accusé d'avoir provoqué des accidents, songer à la possibilité d'un empoisonnement par les *substances minérales* introduites frauduleusement ou par mégarde (blé chaulé par l'acide arsénieux ou le sulfate de cuivre et livré à la mouture au lieu d'être ensemencé; défaut de soins de propreté, incurie des vendeurs qui exposent dans leurs vitrines côte à côte des denrées alimentaires et des sels toxiques, etc., etc.). On doit également se renseigner sur la manière dont a été faite la cuisson, sur la propreté des

vases, sur la composition des émaux dont ils peuvent être re-
couverts.

La recherche des substances minérales se fait par les procédés
généraux, incinération quand le toxique n'est pas volatil, destruction par l'acide chlorhydrique et le chlorate de potassium
dans le cas contraire; on peut dans quelques circonstances employer des procédés spéciaux.

I. — FARINES ET PAIN.

§ 182. **Composition de la farine normale et avariée.**
— La farine de blé contient toujours un peu de son, dont la
proportion dépend des procédés de mouture suivis; sa composition varie avec les diverses origines du blé, comme l'indiquent
les chiffres suivants :

FARINE.	EAU.	GLUTEN.	AMIDON.	GLUCOSE.	DEXTRINE.	SON.
De froment	10	10	71	4	5	0
Des boulangers de Paris.	10	10	72	4	2	0
Des hospices 1re qualité.	8	10	71	4	5	0
— 2e qualité.,	12	9	67	4	4	2

Les farines sont très-hygroscopiques, absorbent l'humidité
avec rapidité et fermentent; l'altération porte d'abord sur le
gluten qui se transforme en composés solubles; c'est le gluten
qui est l'élément nutritif de la farine; le pain perd par suite
de ses propriétés alimentaires et est en même temps d'une
cuisson plus difficile. On cherche à remédier à ce dernier inconvénient par l'addition de petites quantités de sulfates de
cuivre, de zinc, d'alun, de cendres ou de farine des légumineuses. La fermentation lactique qui s'est développée rend
néanmoins le pain aigre et apte à se couvrir de champignons
lorsque la cuisson n'a pas tué les spores; on a attribué des
accidents de gravité diverse à la présence de ces moisissures.

La farine, au lieu de tourner à l'aigre, peut *s'échauffer;*
elle devient dans ce cas dure comme de la pierre et des coups

de maillets assez forts sont nécessaires pour briser les blocs qui
se sont formés.

On a cherché à augmenter le poids de la farine en la mouillant ; l'addition de son et de farine des légumineuses permet
d'augmenter la proportion d'eau sans altérer les caractères extérieurs.

On ajoute aux farines avariées, pour en masquer la teinte,
des corps blancs comme l'albâtre, la craie, le sulfate de baryum, la cendre d'os, la magnésie, la fécule ; quelques auteurs
indiquent que ces additions sont également faites dans le but
d'augmenter le poids.

On reconnaît les altérations des farines par les essais suivants : *caractères physiques, quantité d'eau et de son, proportion et qualité du gluten, addition de substances minérales,
recherche de fécules étrangères.*

§ 183. **Caractères physiques.** — On étale la farine sur
une feuille de papier bleu ; elle doit avoir une teinte jaunâtre
uniforme non parsemée de points rougeâtres ; une teinte terne,
grise ou rougeâtre indique une farine de qualité inférieure.
Elle doit être douce au toucher, adhérer aux doigts et se laisser
comprimer par une pression douce et graduée ; les farines sè-
ches de qualité inférieure ne possèdent pas ce caractère ; la farine échauffée et remoulue fait naître la sensation d'un corps
rugueux, que l'on perçoit même dans les mélanges ; elle possède une odeur de *pierre à fusil.* L'odeur de la farine de bonne
qualité ne doit pas sentir le moisi ; sa saveur doit être fade et
sucrée et non âcre, aigrelette, acide ou nauséabonde.

§ 184. **Proportion d'eau et de son.** — On tamise un
poids déterminé de farine à travers un tamis à mailles très-
fines ; le son de la farine de blé est jaune clair ; celui de la
farine de seigle est un peu plus foncé et s'élève quelquefois à
13 pour 100.

On détermine la proportion d'eau en chauffant pendant cinq
à six heures un poids déterminé de farine dans une étuve à air
chauffée à + 160° ; elle doit perdre de 10 à 12 pour cent de son
poids ; cette proportion peut s'élever à près de 20 quand l'an-

née a été pluvieuse ; elle dépend également des procédés de mouture qui ont été suivis.

§ 185. **Proportion et qualité du gluten.** — On incorpore goutte à goutte à 30 grammes de farine 15 grammes d'eau ; l'opération se fait à l'aide de deux baguettes dans une capsule en porcelaine ; on abandonne le pâton qui s'est formé pendant un quart d'heure. On le malaxe ensuite dans le creux de la main gauche à l'aide de deux doigts de la main droite sous un mince filet d'eau jusqu'à ce que les eaux de lavage s'écoulent incolores. On laisse écouler le gluten, on exprime fortement l'eau et on le pèse humide. Le poids de ce gluten humide est le *triple environ* de celui du gluten sec.

Le gluten[1] de bonne qualité est très-élastique, il se laisse étirer en fils, qui n'adhèrent pas aux doigts et se laissent facilement souder à eux-mêmes ; son odeur doit être spermatique ; sa couleur est d'un blond grisâtre.

Lorsque la farine est altérée le gluten est brun, a une odeur désagréable, quelquefois nauséabonde et ammoniacale ; sa consistance devient poisseuse ou grenue, et il perd la propriété de se laisser souder à lui-même. On est souvent obligé dans ce cas d'introduire le pâton dans un nouet de fine mousseline pour pouvoir extraire le gluten[2] ; son poids a notablement diminué dans ce cas.

La qualité du gluten se détermine à l'aide de l'*aleuromètre de Boland*. La partie principale de l'appareil (*fig.* 67) est un cylindre de cuivre de 15 centimètres de haut et de 3 de diamètre qui est fermé à sa partie inférieure par une petite capsule métallique B fixée à l'aide d'un mouvement de baïonnette. A sa partie supérieure est fixée une virole A, traversée par une tige de cuivre FE, terminée à sa partie inférieure par une plaque de même

---

[1] Le gluten est une substance de nature albuminoïde insoluble ; il se colore par le réactif de Millon en rouge ; la potasse le dissout et l'acide acétique le précipite de cette solution. L'alcool bouillant le sépare en deux composés ayant quelques propriétés différentes.

[2] Ce cas se présente également quand la farine est mêlée de fécules étrangères.

métal (percée d'un petit trou) et pouvant se mouvoir librement dans le cylindre.

L'appareil a été gradué expérimentalement, de manière que le gluten dilaté d'une farine non panifiable n'atteint pas la plaque ; le gluten d'une farine de bonne qualité soulève au contraire la plaque et le soulèvement se mesure par la partie de la tige qui sort de l'appareil. La première division qui sort est 25 ; la limite extrême de la course est 50 ; une farine sera

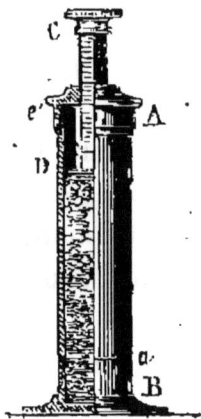

Fig. 67.

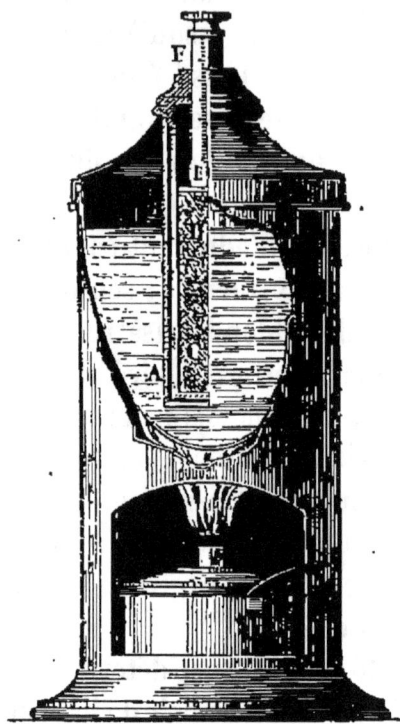

Fig. 68.

d'autant meilleure que son degré aleurométrique sera plus élevé ; il doit être en moyenne de 35 à 45°.

L'opération se conduit de la manière suivante :

1) On graisse avec quelques gouttes d'huile d'olive les diverses parties du cylindre.

2) Introduction de 7 grammes de gluten humide roulé en boule et enrobé avec un peu d'amidon pour éviter l'adhérence.

3) Le cylindre est introduit dans le manchon A (*fig. 68*)

qui est chauffé préalablement au bain d'huile à la température de + 150° à l'aide d'une lampe à alcool ; on continue l'action de la chaleur pendant 10 minutes, puis on
éteint le feu et on laisse le cylindre en place pendant dix nouvelles minutes en s'assurant de temps en temps à l'aide d'une
pince que rien n'empêche le soulèvement du piston ; on lit alors
la hauteur dont la tige est soulevée.

5° On ouvre le cylindre et l'on retire le gluten de la capsule ; on le déchire, on l'odore et on le goûte. Un gluten de
bonne qualité a l'odeur agréable de pain frais ; ce moyen
de déterminer la proportion et la qualité du gluten est préférable à tous les moyens chimiques qui ont été proposés.

§ 186. **Addition de substances minérales.** — La farine
incinérée ne doit pas laisser un résidu dépassant 2 pour 100 ;
l'incinération est un peu longue. L'analyse des cendres se fait
d'après les procédés généraux.

On peut encore faire les essais suivants : on met la farine
en suspension dans l'eau ; le liquide filtré ne doit pas être alcalin (abs. de cendres) ne pas précipiter par l'azotate de baryum (sulfate) et l'oxalate d'ammonium (sel de calcium). On
réunit ensuite les eaux de lavage de la préparation du gluten
dans un verre conique et on les remue fortement ; le dépôt se
forme lentement et les parties minérales gagnent le fond. Le
liquide éclairci est décanté ; le cône desséché sort facilement
du verre quand on le retourne. C'est le sommet du cône que
l'on soumet aux essais suivants : l'acide azotique ne doit pas
faire effervescence (absence de craie) ; la solution azotique ne
doit pas se colorer en jaune par le molybdate d'ammonium
(absence de cendres d'os). Ces essais ne doivent être regardés
que comme approximatifs et l'on ne doit pas tenir compte des
réactions faibles que l'on obtiendrait et qui troubleraient à
peine la transparence de la liqueur.

Le procédé suivant est très-recommandable et n'exige pas
l'emploi d'une balance ; la farine est agitée dans un tube avec
un grand excès de chloroforme ; le chloroforme se dépose peu

à peu et est surnagé par la farine; les matières minérales tombent au fond. (Cailletet.)

§ 187. **Recherche des fécules étrangères.** — La farine est quelquefois mélangée de fécules étrangères; le but de cette addition est souvent très-différent. Nous mentionnerons en premier lieu celle de la farine des légumineuses, qui devient pour ainsi dire normale et ne peut plus être envisagée comme fraude[1].

L'emploi du *microscope* permet de constater assez facilement un certain nombre de ces falsifications[2]. On prépare le gluten et l'on soumet les eaux de lavage à un traitement méthodique. On met de côté l'amidon qui se dépose en premier lieu et on le mêle de nouveau avec de l'eau dans un vase co-

[1] La farine des légumineuses est souvent plus chère que celle du blé; on l'ajoute parce qu'elle permet d'incorporer à la pâte une plus grande quantité d'eau, et qu'elle permet la panification des blés des années humides. La proportion ordinaire est de 1/30; nous n'avons aucun moyen de constater que cette proportion est dépassée ou non.

[2] L'amidon, examiné au microscope, se compose de couches concentriques (fig. 69) qui présentent un point central nommé *hile ;* les couches extérieures sont les plus anciennes. Les grains d'amidon provenant d'origine différente, ont des diamètres différents mais qui restent constants et ne sont *jamais dépassés*, quel que soit l'âge de l'amidon.

Fig. 69.

Le diamètre moyen, exprimé en millièmes de millimètres, est :

Pour la pomme de terre ordinaire. . .	140
— les grosses fèves.	75
— les haricots..	63
— le blé..	50

On pourra, à l'aide d'un microscope de 3 à 400 de grossissement et d'un micromètre, reconnaître dans l'amidon de blé les grains provenant de fécules dont les dimensions sont plus grandes.

nique ; on décante le liquide avant qu'il ne soit complétement
éclairci et on répète cette opération 5 à 6 fois avec les dépôts
qui se forment en premier lieu. La *fécule* qui est plus lourde
que l'amidon se trouvera dans le dernier dépôt ; on le laisse sécher après avoir décanté l'eau surnageante, puis on le renverse
et l'on examine la partie inférieure au microscope. Une solution de potasse au 2 100 fait augmenter du quintuple au sex-
tuple le volume des graines de fécule (*fig.* 70) et n'altère pas
ceux d'amidon. Le phénomène est rendu plus apparent en
humectant la plaque avec quelques gouttes d'acide chlorhydrique étendu contenant une parcelle d'iode[1].

La fécule de légumineuse pourrait se reconnaître à son
aspect particulier (*fig.* 71) ; les grains sont cylindriques

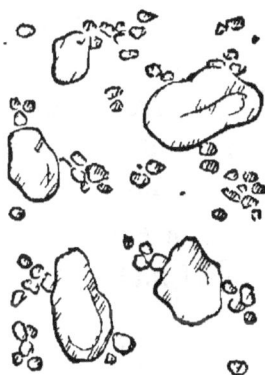

Fig. 70.

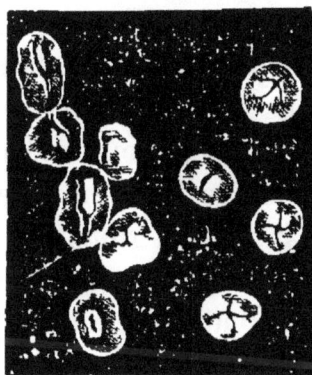

Fig. 71.

non aplatis et lenticulaires ; le hile fortement accusé est
souvent remplacé par une fente longitudinale à laquelle
viennent aboutir de petites fentes transversales. Elle se caractérise encore plus facilement par le *tissu réticulaire*, qui est
complétement différent des débris de tissu cellulaire des gra-

---

[1] La distinction sera bien plus facile par l'emploi du microscope polari-
sant, car la fécule présente une croix noire dont les branches partent des
hiles et qui persiste même quand le champ est bien éclairé ; l'amidon des
légumineuses présente des points brillants, placés dans les 4 segments
d'une croix obscure quand la lumière du champ est éteinte et persistant
même quand le champ est éclairé.

minées. On consacre à cette recherche la partie des eaux de lavage de la préparation du gluten, qui se dépose avec le plus
de lenteur ; on les examine au microscope après addition d'eau
iodée qui colore en bleu l'amidon et
laisse le tissu cellulaire sous forme
de mailles hexagonales (*fig.* 72) la
solution de potasse au 1/10 fluidifie
et dissout la matière amylacée et
laisse intact le tissu réticulé.

On a cherché à reconnaître l'addition des fécules étrangères par des
caractères chimiques ; les uns sont

Fig. 72.

basés sur la nature de l'huile qui accompagne la fécule (seigle, lin) ; les autres sur la présence d'une substance concomi-
tante facile à caractériser (comme le tannin des légumineuses,
etc.). Je ne parlerai que de la recherche chimique des légumineuses dont le tannin donne avec le sulfate ferreux une coloration jaune orangé pour les haricots et vert bouteille pour les
féverolles ; elle est jaune avec le blé. On filtre les eaux de lavage
de la préparation du gluten sur un tamis et l'on étend le résidu
sur une soucoupe en porcelaine ; ce résidu est malaxé avec une
solution concentrée de sulfate ferreux.

La seconde réaction (de Donny) repose sur la coloration
rouge que prennent les farines des légumineuses quand on les
soumet successivement à l'influence des vapeurs d'acide azotique et d'ammoniaque. Le bord interne d'une capsule est
enduit avec de la farine humectée, de manière que le fond de
la capsule reste découvert ; on y verse 2 à 3 centimètres cubes
d'acide azotique que l'on vaporise à l'aide d'une douce chaleur ; on s'arrête lorsque la farine est tachée partiellement en
jaune ; on verra à l'œil nu, en volatilisant dans les mêmes
conditions de l'ammoniaque des points rouges dont le nombre
dépend de la proportion de la farine de légumineuses.

§ 188. **Substances organiques nuisibles à la santé.**
— La farine peut contenir dans certaines années de notables
quantités de seigle ergoté ; elle peut lorsqu'elle est mal net-

toyée, être mélangée de nielle (Agrostemma gythago) de graines du Melampyrum arvense, du Rinanthus arvensis et bucca-
lis, etc.

Ces corps étrangers ont été accusés à diverses reprises de
communiquer au pain des propriétés malfaisantes. On reconnaît le *seigle ergoté*, par l'odeur de saumure de harengs que
prend la farine quand on la traite par de la potasse, c'est de
la triméthylamine qui se dégage.

Jacoby épuise 10 grammes de farine par 30 grammes d'alcool bouillant marquant 90°; on exprime dans un nouet de
linge; on ajoute de nouveau 10 grammes d'alcool à la farine
purifiée, on agite vivement et on laisse reposer; le liquide alcoolique doit être incolore; on recommencerait le traitement par l'alcool bouillant s'il était coloré. On ajoute au liquide alcoolique incolore 10 à 20 gouttes d'acide sulfurique
dilué au 1/5; le liquide décanté est jaune pour la farine pure,
d'un rouge plus ou moins intense suivant la proportion de
seigle ergoté; les semences du *rinanthus arvenis* et de l'*alec-
torolophus hirsutus* donnent dans ces conditions un liquide
bleu verdâtre.

La *nielle* communique au pain un goût âcre; l'éther extrait
de la farine niellée une huile d'un jaune foncé à saveur âcre et
rappelant l'odeur du cuir gras.

II. — LIQUIDES ALCOLIQUES.

§ 189. **Richesse alcoolique.** — Nous devons avouer dès
le début que le gourmet est souvent plus habile que le chimiste
le plus expérimenté, à reconnaître ces sophistications; nous indiquerons seulement la manière de déterminer la richesse alcoolique des diverses boissons et de reconnaître la présence de
substances étrangères nuisibles à la santé qui ne peuvent être
décelées que par des moyens chimiques.

La richesse alcoolique des boissons ne peut être déterminée
directement à l'aide de l'alcoolomètre, car la présence des sels

et des matières étrangères fausserait les résultats. On distille un volume déterminé du liquide et l'on condense soigneusement les vapeurs alcooliques ; le produit distillé est amené par une addition d'eau à occuper le volume primitif du liquide à examiner. Le produit ainsi obtenu contient tout l'alcool et est exempt des substances qui rendaient impossible l'emploi de l'alcoolomètre ; on en détermine le degré alcoolométrique en faisant les corrections de température indiquées p. 2.

L'appareil de Salleron est très-commode pour l'analyse des vins. Il se compose (*fig.* 73) d'un ballon B dans lequel on

Fig. 73.

introduit le vin contenu dans l'éprouvette L remplie jusqu'au trait de jauge *a*. On chauffe à la lampe A et l'on condense les produits refroidis par leur passage dans le serpentin C dans l'éprouvette L (lavée à l'eau distillée et séchée), en s'arrêtant lorsque l'éprouvette est remplie à moitié ou au 1/4.

Cet appareil ne peut servir pour les bières ; on distille dans ce cas un litre de bière dans une cornue à col fortement relevé (*fig.* 74) en s'arrêtant lorsqu'on a recueilli 400ᶜᶜ environ de liquide. Ce liquide est distillé dans le même appareil bien lavé, mais on s'arrête dès que 100 cent. cub. ont passé. Le degré alcoolométrique de ce produit multiplié par 10, indique la richesse alcoolique réelle de la bière.

§ 190. **Analyse des vins.** — Les vins sont souvent colorés par des *matières colorantes* très-diverses (coquelicot, baies de sureau, myrtilles, bois de Brésil, rose trémière) qui n'ont au-

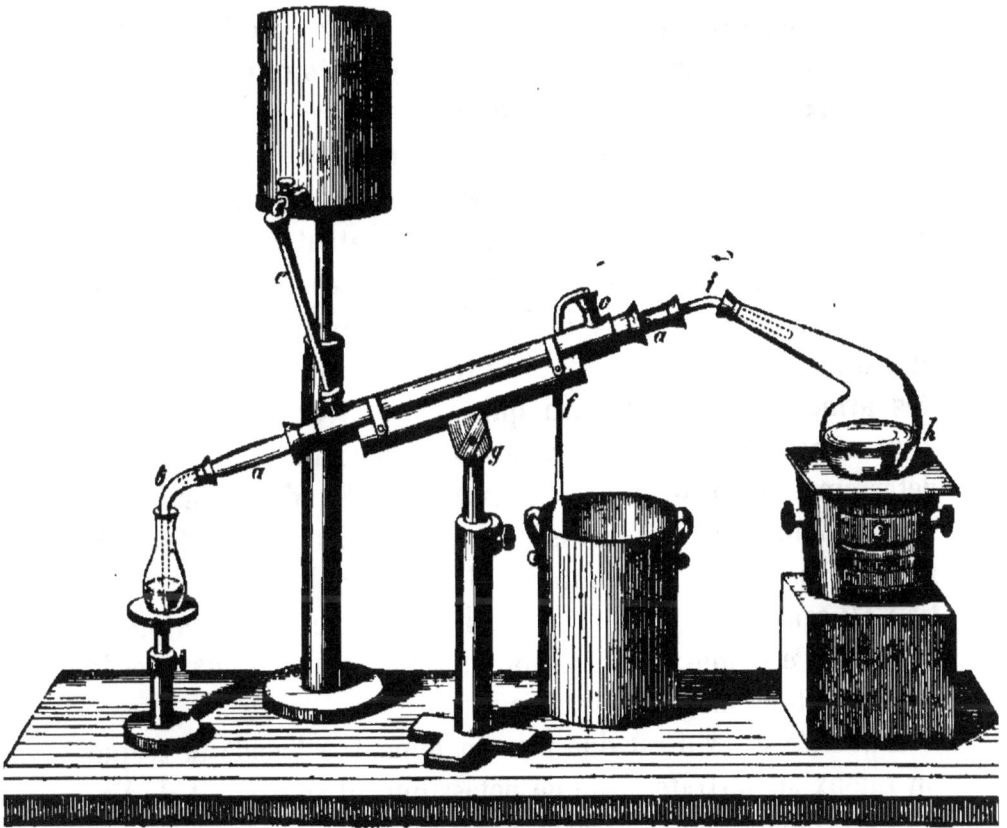

Fig. 74.

cun effet nuisible sur la santé ; ce motif m'engage à ne pas mentionner les nombreuses méthodes qui ont été proposées pour reconnaître cette addition, d'autant plus qu'aucune d'elles ne mérite une confiance absolue et devient fautive lorsque le vin en sus de ces matières étrangères a été mêlé avec des vins naturels forts en couleur (vins teinturiers). Je dirai seulement que du vin rouge naturel neutralisé par de l'ammoniaque donnera avec le sulfure d'ammonium un liquide *vert ;* la coloration sera violette ou rose avec les autres matières colorantes.

Un vin suspect, accusé d'avoir produit des accidents doit être examiné du point de vue de sa contenance en composés minéraux, de son acidité et de sa conservation.

On a signalé comme matières minérales des composés de *cuivre* (introduction accidentelle par les robinets), de *plomb* (addition de litharge pour adoucir les vins aigres), d'*aluminium* (alun pour communiquer l'astringence aux vins rouges). Le mieux sera pour constater la présence de ces corps d'évaporer le vin à siccité[1] et de les rechercher par les procédés connus dans les cendres (reprises par de l'acide azotique). Nous dirons un mot du *plâtrage ;* en ajoutant à du vin naturel du sulfate de calcium (eaux séléniteuses ou plâtrage du vin), on donne naissance à du tartrate de calcium insoluble et à du sulfate de potassium qui reste en solution ; le conseil des armées refuse tout vin qui par litre contient plus de 4 grammes de sulfate de potassium. Poggiale a rendu cette détermination très-facile ; on dissout 4,781 de chlorure de baryum dans de l'eau aiguisée par de l'acide chlorhydrique[2]. Il suffit maintenant d'ajouter à 10 cent. cub. de cette solution 10 cent. cub. de vin ; le liquide filtré ne doit plus précipiter par une nouvelle addition de liqueur titrée sans quoi la limite de tolérance est dépassée.

L'*acidité* du vin est due principalement à l'acide tartrique ou mieux au tartrate acide de potassium ; il se produit de l'acide acétique lorsque le vin tourne à l'aigre. Une analyse acétimétrique nous renseignera à cet égard ; on détermine l'acidité de 200 cent. cub. de vin à l'aide d'une solution titrée très-étendue de soude ; on refait la même opération sur 200cc de vin évaporés à siccité et repris par de l'eau ; on devra employer le même volume de soude (un peu moins car le vin renferme

---

[1] Les vins laissent en moyenne un résidu de 22 pour 1000.
[2] 1 centimètre cube de liqueur correspond à 0gr,004 de sulfate de potassium.

toujours quelques acides volatils) si l'acidité n'est due qu'aux tartrates ; il en faudra moins si elle était due partiellement à l'acide acétique, qui se sera volatilisé par la chaleur.

C'est dans ces circonstances que l'on corrige le vin par l'addition de carbonate ou de tartrate neutre de potassium[1] ; la recherche de l'acide acétique réussira encore si le vin est acide, car les sels acides décomposent les acétates à chaud. On distillera le vin alcalin avec de l'acide sulfurique et l'on condensera les produits volatils dans de la soude ; le liquide distillé, évaporé, calciné avec de l'acide arsénieux donnera avec l'acide acétique, l'odeur de cacodyle.

§ 191. **Analyse des eaux-de-vie.** — Les eaux-de-vie et les liqueurs sont préparées trop souvent avec des alcools de grains qui n'ont subi qu'une rectification insuffisante et contiennent encore de notables quantités d'alcool amylique, dont l'influence sur l'économie est très-fâcheuse. La recherche de cet alcool devient très-difficile, presque impossible, lorsque la liqueur contient des substances très-odorantes (absinthe, anisette etc.) ; elle se fait de la manière suivante. Les matières suspectes sont distillées à $+100°$ et le produit condensé est rectifié sur du carbonate de potassium ou du chlorure de calcium ; on le mélange avec quelques gouttes d'acide sulfurique et d'acide acétique et l'on distille en recohobant un certain nombre de fois ; l'acétate d'amyle qui se forme dans ces conditions se reconnaît à son odeur de poire[2].

§ 192. **Analyse de la bière.** — La bière doit contenir outre l'alcool de la dextrine, de la glucose, et les principes amers du houblon. On peut rechercher les deux premiers corps dans le résidu de l'évaporation ; le sirop que l'on obtient traité par de l'alcool se dédouble en une partie insoluble (dextrine)

---

[1] $C^4H^4O^6K^2 + C^2H^3O^2.H = C^4H^4O^6.KH + C^2H^3O^2.K.$

[2] On peut mettre à profit les réactions empiriques suivantes : l'alcool de pommes de terre et de betteraves se colore en rouge par un mélange de 3 d'alcool pur et de 1 d'acide sulfurique concentré ; les alcools de vin et de grains resteront incolores ou se coloreront en brun ; le rhum et le cognac naturels conserveront leur arome quand on les traite avec le 1/3 d'acide sulfurique.

et en une partie soluble (glucose). On accuse souvent les brasseurs de remplacer le houblon par des substances amères dont quelques-unes sont très-nuisibles à la santé; je citerai la *strychnine*, la *picrotoxine*, l'*acide picrique*, la *ményanthine*, la *quassine*, l'*absinthine*. Je vais indiquer la manière de rechercher les principaux de ces corps.

L'*acide picrique* se reconnaît à la facilité avec laquelle il teint en jaune la laine; cette couleur est insoluble dans l'eau. On évapore la bière à consistance sirupeuse et on la reprend par son quintuple volume d'alcool marquant 95°; le liquide alcoolique filtré après 24 heures est évaporé; on plonge dans le résidu dissous dans l'eau bouillante une petite quantité de laine.

La recherche de la *quassine et des autres principes amers*, se fait de la manière suivante; la bière évaporée à consistance sirupeuse est reprise par le quadruple volume d'alcool concentré (précipitation de la dextrine); le liquide filtré est traité par de l'éther (précipitation de la glucose). On évapore le liquide alcoolico-éthéré; on le reprend par un peu d'alcool et l'on ajoute de l'eau avant de précipiter par l'acétate de plomb[1]. Le liquide filtré est précipité par l'hydrogène sulfuré; on filtre et l'on chasse l'excès de gaz par la chaleur. Le tannin ne précipitera pas la solution si elle ne contient pas de l'*absinthine*, de la *quassine* et de la *ményanthine*. On mêle le précipité tannique avec de la céruse, on évapore à siccité et l'on reprend par de l'alcool bouillant. Le liquide filtré évaporé est repris par de l'éther; la partie soluble contient l'*absinthine*, la partie insoluble la *ményanthine* et la *quassine*. La ményanthine réduit la solution ammoniacale d'azotate d'argent, ce que ne fait pas la quassine. L'absinthine se dissout dans l'acide sulfurique concentré et se colore en violet quand on lui ajoute avec précaution de l'eau; elle réduit également la solution ammoniacale d'azotate d'argent.

---

[1] Ce précipité plombique contient la lupuline et la résine contenues normalement dans le houblon.

Recherche de la strychnine. — On fait macérer le résidu de la bière évaporée à moitié, filtrée et acidulée par de l'acide oxalique avec du charbon de sang [1] (30 grammes pour un litre de liquide). On lave le charbon après 24 heures par de petites quantités d'eau et on le transvase dans une fiole contenant de 120 à 130 d'alcool marquant 90°; la fiole est fermée par un bouchon traversé par un tube assez long pour que les vapeurs puissent refluer; on filtre le liquide bouillant après une demi-heure; on évapore le liquide alcoolique et on le reprend par une petite quantité de potasse très-étendue, et de l'éther. On évapore la solution éthérée dans un verre de montre; on la reprend par quelques gouttes d'eau aiguisée au 1/100 par de l'acide sulfurique; la solution de bichromate de potassium au 1/200 y produira un précipité cristallisé en aiguilles jaunes, que l'acide sulfurique concentré, colorera en bleu foncé.

Recherches de la picrotoxine. — Le charbon retient également la picrotoxine et l'abandonne par le même traitement; ce corps se dissout dans l'acide sulfurique froid et concentré; la solution jaune d'or ou safran devient violette par l'addition du bichromate de potassium. Une autre réaction consite à mêler la substance avec le triple de son poids d'azotate, et à mouiller le mélange avec de l'acide sulfurique concentré; l'addition d'une solution concentrée de soude en excès produira une couleur rouge très-fugace.

III. — VINAIGRE.

§ 193. *Analyse du vinaigre.* — Le vinaigre fait autrefois avec du vin, se prépare aujourd'hui par beaucoup d'autres procédés (distillation du bois, fermentation de l'amidon, de la bière, du cidre etc.).

---

[1] Le charbon doit avoir été lavé à l'eau, à l'acide chlorhydrique et de nouveau à l'eau; le résidu desséché et pulvérisé doit être chauffé au rouge sombre dans un creuset hermétiquement fermé et conservé dans un flacon bien bouché.

Nous allons résoudre les questions suivantes :

1°) Quelle est l'acidité du vinaigre ; est-elle due en totalité à l'acide acétique.

2°) Le vinaigre, est-il du vinaigre de vin.

Acidité. — Un bon vinaigre d'Orléans doit contenir de 6 à 8 pour 100 d'acide acétique. Le dosage fait à l'aide de l'acétimétrie. Cet essai doit être corroboré par le suivant ; le vinaigre est évaporé et repris par l'eau ; ce liquide doit être peu acide (car il ne contient que peu de tartrate), si l'acidtité était due principalement à de l'acide acétique; s'il l'était au contraire fortement on serait en droit d'y rechercher les acides sulfurique, tartrique et malique (*V. p.* 206). On recherche dans le vinaigre les *acides sulfurique, chlorhydrique et azotique* par les procédés indiqués p. 176.

Provenance du vinaigre. — Le vinaigre obtenu par la distillation du bois contient des principes empyreumatiques ; le produit distillé décolore dans ce cas l'hypermanganate et se colore en brun plus ou moins foncé par l'acide sulfurique.

Le vinaigre préparé à l'aide de la bière contient toujours un peu de dextrine ; on ajoute au vinaigre évaporé à consistance sirupeuse de l'alcool qui précipite la dextrine ; cette dernière bouillie avec de l'acide sulfurique étendu, se transforme en glucose qui réduit la liqueur de Barreswill.

Le vinaigre de *poiré* ne contient pas de tartrate ; son résidu est amer et peu astringent. l'acétate de plomb précipite en blanc la solution de l'extrait de vinaigre de vin, et en vert jaunâtre celle des vinaigres de cidre et de poiré.

Le résidu de l'évaporation du vinaigre traité par de l'acide sulfurique concentré fait souvent reconnaître à l'odeur le poivre, le piment et d'autres substances âcres que l'on y a ajoutées pour en rehausser le goût.

IV. — LAIT.

§ 194. *Analyse du lait de vache.* — Diverses méthodes ont été proposées pour faire l'analyse du lait avec la rapidité qui est exigée par les constatations judiciaires actuelles.

1°) *Lactodensimètre.* — L'instrument de Bouchardat et Quévenne est un aréomètre dont le flotteur est très-volumineux par rapport à la tige qui est très-mince. La tige est divisée; on plonge l'instrument dans le lait à + 15° (condition essentielle, car l'instrument est gradué pour cette température); on lit la division d'affleurément et l'on a la densité en faisant précéder le chiffre de la division par 10. Ainsi un lait dans lequel l'appareil enfonce jusqu'à 34, a une densité de 1,034 à + 15°. Des deux côtés des divisions se trouve une colonne; l'une teintée en jaune correspond au lait non écrémé, la seconde teintée en bleu au lait écrémé. Le lait d'après les auteurs cités, est pur, quand sa densité est comprise entre 1,029 et 1,033. Il contient 1/10, 2/10, 3/10, 4/10 ou 5/10 d'eau, suivant que sa densité est comprise entre 1,029 et 1,026; 1,026 et 1,023; 1,023 et 1,020; 1,020 et 1,017; 1,017 à 1,014. Le lait écrémé au contraire est plus dense, car on lui a enlevé les corps gras, les parties les moins denses. L'échelle bleue porte les indications suivantes : lait pur. (1,032 à 1,036) 1/10 d'eau (1,029 à 1,032) 2/10 (1,026 à 1,029) 3/00 (1,022 à 1,026) 4/10 (1,019 à 1,022) 5/10 (1,016 à 1,019).

Les indications fournies par cet appareil ne peuvent servir à elles seules à constater la sophistication; c'est ainsi qu'on saisit parfois un lait riche en beurre qui a nécessairement une densité très-faible. Les vendeurs de nos jours écrèment le lait, ajoutent de l'eau et rehaussent la densité du mélange à l'aide d'une solution concentrée de sucre de lait; ils obtiennent ainsi en se servant de lacto-densimètres la densité voulue.

2°) *Crémomètre.* — Le crémomètre est une éprouvette

cylindrique (de 250° environ de capacité) subdivisée en 100 parties. On la remplit à moitié de lait, puis d'eau distillée additionnée d'une petite quantité de carbonate acide de sodium ; ce sel favorise la séparation des corps gras et empêche la fermentation lactique de se développer. Le mélange est remué et abandonné la nuit dans un endroit frais ; on lit le lendemain la hauteur de la crème qui s'est séparée et on multiplie le résultat par 2, car nous avons opéré sur du lait étendu de son volume d'eau. Le lait doit abandonner en moyenne de 10 à 16 cent. cub. de crème ; la séparation ne se fait pas toujours facilement ni d'une manière totale.

3°) *Lactobutyromètre de E. Marchand.* — Le lait étendu d'eau contiendra moins de beurre que le lait pur ; dans les circonstances ordinaires le lait renferme environ 33 pour mille de beurre ; des laits analysés par Filhol en contenaient jusqu'à 80. On peut par suite regarder comme lait écrémé ou mêlé d'eau, tout lait qui par litre fournit moins de 35 de corps gras. L'appareil de Marchand, modifié par Salleron, se compose d'un tube cylindrique long et étroit qui porte 3 divisions dont chacune indique 10 cent. cub. de capacité. On le remplit de lait jusqu'au premier trait, puis on y ajoute 2 gouttes de soude ; cette addition a pour but de faciliter la séparation du beurre et d'empêcher la caséine de se coaguler ; on ajoute ensuite de l'éther jusqu'au deuxième trait et l'on agite à diverses reprises en bouchant le tube ; cela fait on verse de l'alcool marquant 86° jusqu'au trait supérieur et on l'agite vivement ;

Fig. 75.

l'instrument bouché est placé dans un manchon en fer-blanc que l'on remplit d'eau et que l'on chauffe à + 40° en allumant de l'alcool que l'on verse dans le godet inférieur ; on laisse refroidir l'appareil et on retire le tube après dix minutes et on détermine la hauteur de la couche de beurre qui s'est séparée. On se sert pour cela d'un anneau métallique en cuivre, qui se meut à frottement dur le long du tube en verre ; cet anneau a été gradué expérimentalement et donne à la simple lecture la quantité de beurre contenue dans un litre de lait. Le point originaire des divisions porte 12 gr., 6 ; c'est là la quantité de beurre que le mélange d'alcool et d'éther retient en solution ; la division suivante est chiffrée 15 gr. ; l'intervalle compris entre les divisions suivantes, représente chaque fois 2 gr. ; on juge par estime les subdivisions de 2 grammes.

4°) *Procédés optiques.* — Donné a déterminé la quantité d'eau ajoutée au lait en se basant sur la diminution d'opacité que ce liquide éprouve quand on le mêle avec de l'eau. Son procédé exige un instrument particulier assez coûteux ; la méthode de Vogel, basée sur le même principe, n'a pas cet inconvénient.

On se sert d'une cuve hématinométrique (V. sang) de 5 millimètres d'écartement, d'une éprouvette de 100 cent. cub. de capacité et subdivisée en 1/100, et d'une pipette subdivisée en 1 5 de cent. cubes.

Le procédé opératoire est bien simple ; l'éprouvette étant remplie de 100 cc. d'eau, on y verse 3 cent. cub. de lait et l'on remue pour obtenir un mélange intime ; le liquide est alors introduit dans la cuve et l'on examine à travers elle dans une chambre noire une bougie placée à 1 mètre de distance ; si l'on voit encore les contours de la flamme, on reverse le mélange dans l'éprouvette et on lui ajoute 1/5 de cent. cub. de lait et l'on continue ainsi jusqu'à ce que la flamme ne soit plus visible.

Une table dont nous donnons quelques extraits, indique alors la quantité de beurre contenue par 1,000 d'après le volume de lait qu'il a fallu ajouter :

1^{cc},0 de lait indique	234,3	de beurre.
1 ,5 —	154,6	—
2 ,0 —	118,6	—
2 ,5 —	95,1	—

3cc,0 de lait indique	79,6 de beurre.	
3 ,5	—	68,6 —
4 ,0	—	60,3 —
4 ,5	—	53,8 —
5 ,0	—	48,7 —
5 .5	—	44,5 —
6 ,0	—	40,9 —
6 ,5	—	38,0 —
7 ,0	—	35,4 —
7 ,5	—	53,2 —
8 ,0	—	31,3 —
8 ,5	—	29,6 —
9 ,0	—	28.0 —
9 ,5	—	27,7 —
10 ,0	—	25,5 —

Le procédé de Donné modifié par Vogel est d'une exécution
rapide, mais il exige une certaine habitude et peut conduire
à des résultats fautifs quand le lait est sophistiqué. Il est très-
commode pour analyser rapidement le lait de femme, car il
n'exige que des quantités de lait très-faibles.

Comparaison des divers procédés. — Chacun de ces procédés ne conduit qu'à des résultats approximatifs, car nous
avons vu que chacun d'eux pouvait faire commettre des erreurs
grossières. L'emploi simultané du procédé de Quevenne et de
celui de Marchand permet d'obtenir des indications suffisantes dans l'immense majorité. Je ne dirai rien du procédé
de Poggiale, qui consiste à doser le sucre de lait (V. p. 222)
en admettant que le lait non étendu d'eau doit contenir par
litre de 53 à 55 grammes de ce corps ; L'exécution exige un
temps trop long. On devra dans le cas douteux avoir recours
à l'analyse exacte, en suivant les précautions indiquées aux
chapitres x et xi [1].

[1] Le procédé suivant est assez expéditif; les évaporations se font environ sur 10cc de lait ; on évapore un poids donné de lait à siccité dans
dans une capsule de platine tarée contenant un poids connu de sable ; la
dessiccation est ainsi facilitée ; la perte de poids indique l'*eau ;* le résidu
est épuisé par de l'éther, qui dissout le *beurre,* dont le poids est déterminé par une nouvelle pesée. Une opération faite dans une seconde capsule nous donne, après l'incinération, le poids des *cendres* et, par diffé-

Substances étrangères ajoutées au lait — Le nombre des corps que l'on ajoute au lait se restreint de plus en plus; je ne crois plus qu'il soit encore question aujourd'hui d'addition de cervelle de cheval, de gomme, de gélatine, etc.[1]; on signale quelquefois l'addition de fécule de pommes de terre. On recherche ces substances dans le dépôt qui se forme dans le lait abandonné à lui-même; on le lave avec un peu d'eau et l'on reconnaît facilement l'amidon par la teinture d'iode; l'examen microscopique met sur la trace des autres corps étrangers.

Le lait ne doit pas se coaguler par l'ébullition, à moins qu'il ne soit acide; une coagulation indiquerait la présence de l'albumine qui y aurait été ajoutée frauduleusement, ou qui existe dans des laits malades et dans celui sécrété peu de temps après le part (colostrum).

Celui qui contient du *bicarbonate de sodium* ne se coagule pas immédiatement quand on y verse à chaud 1 ou 2 gouttes d'acide acétique. On peut encore rechercher ce corps en coagulant le lait par de l'acide acétique, évaporant le liquide filtré et calcinant le résidu dont le poids ne doit s'élever qu'à 0,35 pour 100 du lait; l'alcalinité du résidu sera également très-augmentée, car les acétates provenant de la décomposition des bicarbonates sont transformés en carbonates par la calcination.

---

rence, celui du beurre, de la lactose et de la caséine. Nous connaissons celui du beurre; il sera facile de déterminer la *lactose* par la liqueur de Barreswill, et la *caséine* sera ainsi dosée par différence.

[1] La cervelle adhère d'ordinaire aux parois des vases; l'éther en dissout une partie et abandonne par l'évaporation une graisse phosphorée; on la calcine avec un peu de potasse et on verse le résidu en solution azotique dans le molybdate d'ammonium.

Le petit lait filtré renferme de la gélatine ou de l'ychthyocolle, quand il précipite abondamment par l'addition de tannin; il précipitera par l'alcool quand il contiendra de la gomme, de la dextrine ou un mélange de gomme adragante.

V. — HUILES ET CORPS GRAS.

§ 195. **Examen du beurre.** — Les beurres marchands renferment toujours une certaine quantité de caséine et d'eau dont
la proportion ne doit pas dépasser 10 p. 100, mais qui souvent
s'élève a 25 ou 30. On détermine la proportion de ces corps
étrangers en faisant fondre le beurre dans une éprouvette graduée et mesurant la hauteur des couches qui se séparent après
quelque temps de liquéfaction.

Le beurre traité par le sulfure de carbone ou par de l'éther
laisse non dissous la caséine et les corps étrangers ajoutés frauduleusement comme la fécule, la farine, la pulpe de pommes
de terre, le sulfate de calcium, le sulfate de baryum, le borax[1];
l'analyse de ces corps se fait par les procédés ordinaires (teinture d'iode, incinération, examen du résidu d'après le chapitre III, etc.) La falsification du beurre par des graisses étrangères est plus difficile à constater[2]; l'alcool bouillant marquant 80° dissout les graisses très fusibles et les corps odorants
de nature particulière qui caractérisent quelques graisses,
comme le saindoux, la graisse d'oie ; il faudra, par suite, odorer
avec soin le résidu de l'évaporation du liquide alcoolique. Le
beurre est parfois coloré par des *matières colorantes étrangères* minérales (chromate de plomb) ou organiques (rocou,
curcuma, safran). Un beurre ainsi falsifié se colore en brun
lorsqu'on le refroidit après l'avoir chauffé pendant quelque
temps ; les matières colorantes organiques se dissolvent dans
l'eau bouillante ou dans l'alcool faible ; les alcalis foncent la
couleur du curcuma ; l'acide sulfurique concentré bleuit la solution alcoolique rougeâtre du rocou.

---

[1] On a reconnu que ce corps donnait au beurre la faculté de retenir une
plus forte proportion d'eau.

[2] Le beurre humide placé sur du papier de tournesol doit le rougir au
bout d'un temps très-court ; il n'en serait pas ainsi des graisses étrangères avec lesquelles on sophistique souvent le beurre.

§ 196. **Examen des huiles.** — La question de la falsification des huiles, malgré les nombreux travaux dont elle a été
l'objet n'a pas encore reçu de solution définitive; on a tiré
parti des densités peu différentes des diverses huiles (oléomètre
de Lefèbre), de l'échauffement qu'elles produisent avec l'acide
sulfurique, des colorations qu'elles donnent avec les acides sulfurique, azotique, azoteux, avec la soude, sans être arrivé à
une solution satisfaisante dans tous les cas. Je ne puis m'occuper
de toutes les huiles et je me bornerai comme modèle d'études
à indiquer les essais qui permettent de reconnaître la falsification de l'huile d'olive. L'*huile d'olives* a une densité de 0,917 [1]
à + 15°. Elle commence à se concréter à + 8° en formant des
grumeaux qui restent en suspension; des grumeaux ayant l'aspect sablonneux et tombant au fond indiqueraient un mélange
avec l'huile d'arachides. L'huile d'olives mélangée avec le dou-
zième de son poids d'acide azotique contenant de l'acide hypoazotique, doit se solidifier après 20 minutes à la température
de + 10°, car l'oléine se transforme en élaïdine insoluble;
l'addition d'autres huiles retarde la solidification et peut même
l'empêcher complétement.

L'huile d'olives (ainsi que celle d'œillette et de noix) ne se
colore pas quand on la traite par le cinquième de son volume
d'un mélange d'acide sulfurique ($d = 1,355$) et d'acide azotique ($d = 1,355$); ce caractère précieux permet de reconnaître l'addition des autres huiles, notamment de celle de *sé-
same*, qui se colore en vert et devient rouge foncé.

Les huiles des crucifères bouillies pendant 25 à 30 minutes
avec une solution au 1 10 de soude, et filtrées sur du papier
mouillé, fournissent un liquide qui noircit le papier imprégné
d'acétate de plomb; l'huile d'olives ne présente pas ce caractère.

---

[1] On détermine cette densité soit à l'aide d'un alcoomètre, soit à qui est
plus exact à l'aide de l'oléomètre de Lefèbre, qui ne se distingue des aréo-
mètres ordinaires que par un réservoir très-grand et une tige très-mince.
La densité des huiles est peu différente; ainsi l'huile d'œillette marque
0,925 et l'huile de lin 0,939.

La soude de 1,340 de densité colore l'huile d'olives en brun pâle : les autres huiles ne sont pas colorées, excepté les huiles de poisson qui prennent une couleur rouge foncé.

Tous ces caractères sont empiriques et ne permettent pas d'affirmer avec certitude la nature et la proportion de l'huile qui ont servi à la sophistication.

CHAPITRE X

RECHERCHE ET DOSAGE DES ÉLÉMENTS INORGANIQUES CONTENUS DANS LES HUMEURS ET DANS LES TISSUS

§ 197. **Généralités**. — Nous réunissons dans ce chapitre et dans le suivant les procédés qui permettent d'analyser les divers liquides de l'économie (sauf le sang et l'urine) et ceux que l'on obtient en épuisant les glandes et les tissus par de l'eau.

L'analyse débute toujours par des essais qualitatifs qui renseignent sur la nature des corps qu'il faudra doser

L'analyse quantitative exige que l'on opère sur un poids ou un volume déterminé de matière. La mensuration des liquides doit se faire, comme nous l'avons dit, à la température à laquelle l'instrument de jauge a été gradué. Si l'on ne peut faire la lecture à cette température, on la fait à une température déterminée et l'on obtient le volume réel en divisant le volume lu par celui qu'occupe la même unité d'eau à la même température qui est donnée par des tables spéciales que l'on trouve dans les ouvrages de physique [1] et dont nous donnons un extrait (tableau II).

On passe au poids en multipliant le volume réduit à 0°, par la densité déterminée à 0°, à l'aide de la méthode du flacon. L'emploi des densimètres est moins rigoureux mais plus rapide.

Cette première indication physique étant acquise, on chasse

---

[1] On a mesuré 10 cent. cubes d'urine à + 20°; on obtient le volume à 0° en divisant 10 par le volume occupé par 10 cent. cubes d'eau à + 20°,

soit 10,0157 — $\dfrac{10^{cc}}{10,0157} = 9^{cc},9843.$

l'eau par l'évaporation à + 100°; la perte de poids indiquera l'eau (et les substances volatiles comme l'acide carbonique et l'ammoniaque) et le résidu comprendra l'ensemble des matières organiques et inorganiques non volatiles à 100°. La calcination faite en second lieu détruit les matières organiques; le résidu représente le poids des matières inorganiques et la différence entre cette pesée et la précédente celui des matières organiques [1].

§ 198. **Détermination de la quantité d'eau.** — La détermination rigoureuse de cet élément est pour ainsi dire impossible dans beaucoup de cas (par exemple pour l'urine), ce qui tient à diverses causes. Certaines substances organiques, comme l'albumine et la gélatine, sont tellement avides d'eau, qu'elles ne la perdent qu'avec une extrême difficulté et une extrême lenteur; la présence de sels déliquescents (comme les chlorures de magnésium et de calcium) constitue une difficulté de même ordre qui se joint souvent à la précédente.

---

[1] La pesée se fait de la manière suivante : on place sur l'un des plateaux une tare fixe (grenaille dans un godet en fer blanc fermé par un couvercle) et sur l'autre la capsule ou le creuset dans lequel on fait les évaporations; la tare doit être choisie de manière qu'il faille ajouter, pour rétablir l'équilibre, au moins le double du poids de la capacité de la capsule. On note les poids qu'il faut ajouter pour établir l'équilibre; on place ensuite dans la capsule le corps à peser; il faudra, pour rétablir l'équilibre, ajouter un poids moindre; la différence entre les deux pesées indiquera (et cela par la méthode des doubles pesées) le poids du corps; on procédera de même pour la détermination du poids du résidu desséché et incinéré.

Ex. 1) tare = capsule + 12^{gr},467
         = capsule + 3, 922 + corps à analyser.
         _____
                      8, 545 = poids du corps.

   2) tare = capsule + 12^{gr},467
         = capsule + 10 ,253 + résidu desséché
         _____
                      2 ,214 = mat. inorg. et organiques.

   3) tare = capsule + 12^{gr},467
         = capsule + 11 ,922 + résidu incinéré
         _____
                      0 ,545 = *matière inorganique.*

      2,214 − 0,545 = *matière organique;*
      8,545 − 2,214 = *eau.*

Il suffit de rapporter ces résultats à 100 ou à 1000.

On peut éviter ou réduire à un minimum ces causes d'erreur en se servant d'étuves à air à température constante, qui, une fois réglées, maintiennent une température uniforme aussi longtemps que cela est nécessaire ; les vases de platine doivent être munis d'un couvercle qui ferme bien, ceux de porcelaine doivent avoir des bords rodés sur lesquels on peut

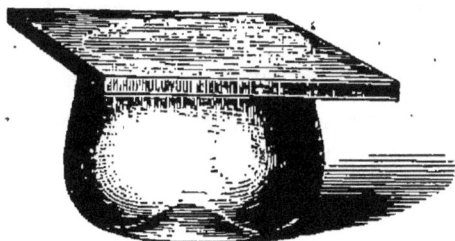

Fig. 76.

appliquer hermétiquement une plaque en verre rodée (*fig.* 76). Les capsules sont introduites rapidement sous un dessicateur à acide sulfurique (*fig.* 77) et quand elles sont refroidies on les recouvre de leurs couvercles et l'on procède à une pesée qui est d'autant plus rapide qu'on sait à l'avance, à quelques milli-

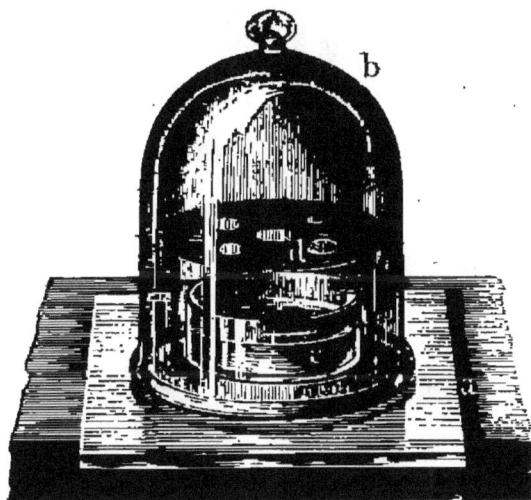

Fig. 77.

grammes près, les poids qu'il faut ajouter quand on fait la dernière pesée.

Il est une cause d'erreur cependant que l'on ne peut éviter, c'est celle qui résulte de la décomposition que subissent certains produits par l'évaporation ; j'en citerai comme exemple l'urée. L'urine renferme du phosphate acide de sodium ; ce sel, en solution concentrée, décompose l'urée en acide carbonique et en ammoniaque, qui se combine avec lui pour former le sel double $PhO^4Na(AzH^4)^2$; ce nouveau composé perd constamment de l'ammoniaque dès que la température atteint 100°. On peut dire qu'il est *impossible* actuellement de connaître exactement le poids d'eau contenu dans l'urine [1].

[1] On a bien proposé de faire l'évaporation dans un appareil (*fig.* 78) qui permette de condenser et de doser l'ammoniaque qui se dégage et d'ajouter au résidu le poids de l'urée obtenue par le calcul en supposant que l'ammoniaque ne provienne que de la décomposition de ce dernier corps?

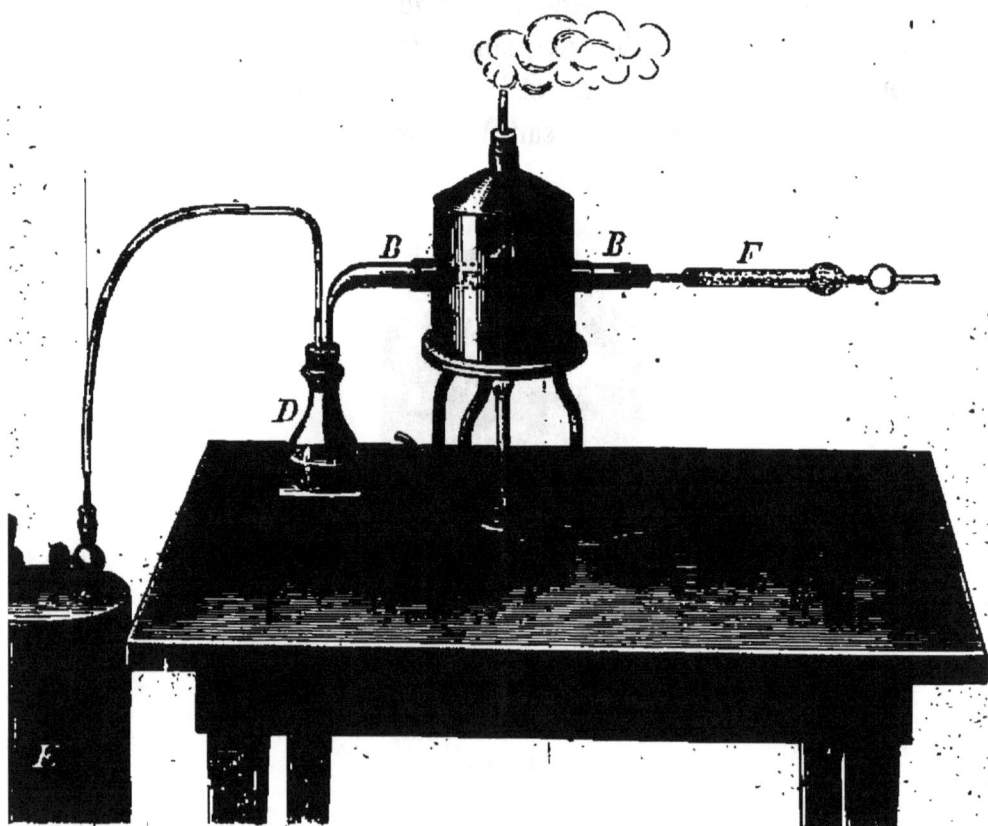

Fig. 78.

On introduit dans le tube A une nacelle en porcelaine remplie de fragments de ce corps, sur lesquels on a fait couler 2 cent. cubes d'urine. L'air séché par son passage à travers le tube à chlorure de calcium F, passe, avant de

On est obligé de se contenter dans ces cas de résultats comparatifs : on commence l'évaporation à l'air libre en plaçant la capsule sur un bain-marie (*fig.* 79) ; lorsque la matière devient sèche on la place dans une étuve à air chauffé a + 105° ; on fait une première pesée après deux ou trois heures et l'on recontinue à chauffer pendant une heure ; on s'arrête si la nouvelle pesée ne diffère de la précédente que d'une quantité insignifiante (1 à 2 milligrammes si l'on a opéré sur 10 grammes). Il y a cependant des cas où la précision doit être portée plus loin.

Fig. 79

Le résidu peut avoir une composition différente de celle du liquide que l'on a évaporé ; c'est ainsi qu'un liquide pourra, lorsqu'on reprend son résidu par le même volume d'eau, fournir un résidu insoluble. Une urine qui contiendrait du carbonate et du phosphate de calcium en solution dans le gaz carbonique, laisserait dans ce cas un résidu insoluble formé par ces sels. Un liquide albumineux peut fournir un résidu que l'eau dissoudra en totalité ou en partie suivant les précautions qui auront été prises pendant l'évaporation ; l'albumine pourra être portée à +100° sans perdre sa solubilité lorsqu'elle a été privée de son eau à une température inférieure à +50° ; la dessication faite à une température plus élevée la coagulera en totalité ou en partie.

§ 199. **Incinération.** — La détermination du résidu fixe inorganique présente également quelques difficultés ; la température doit être élevée graduellement pour que les produits

s'écouler, par l'aspirateur E dans une fiole D, dans laquelle se trouvent 10 ou 20 cent. cul es d'acide sulfurique titré ; il se dépose en B un peu de carbonate d'ammonium. La méthode est longue et les causes d'erreur très-grandes lorsqu'on songe qu'on ne peut guère op rer (à cause du temps) que sur 2ᶜᶜ ce qui fait que toutes les erreurs seront multipliées par 100 lorsqu'il s'agit de rapporter le résultat au litre, par un chiffre bien plus considérable lorsqu'on fait l'analyse de la quantité totale (quelquefois 10 à 12 litres dans les polyuries .

gazeux ne se forment pas trop brusquement entraînent des parcelles de matière organique ou fassent déborder la masse pâteuse qui se forme dans quelques cas (urines et matières albuminoïdes). Le vase doit être recouvert au début par son couvercle, car l'albumine et quelques autres corps (les sels décrépitants sont dans le même cas) sont projetés lorsqu'on chauffe trop rapidement.

On donne plus de gaz lorsque le dégagement de vapeur se ralentit et l'on découvre le creuset vers la fin de l'opération ; on lui donne une position inclinée telle (*fig.* 80) que le gaz n'y puisse entrer, mais que l'air arrive facilement au charbon qu'il doit brûler. On s'arrête lorsque le résidu est blanc (ou gris) et l'on détermine le poids des *matières inorganiques.*

La calcination de certaines substances est très-longue ; ce sont celles qui contiennent beaucoup de carbonates ou de phosphates alcalins ; ces sels fondent et recouvrent d'un enduit protecteur le charbon qui provient de la substance organique. L'incinération exige dans ces cas non-seulement un temps très-long, mais encore une température élevée, à

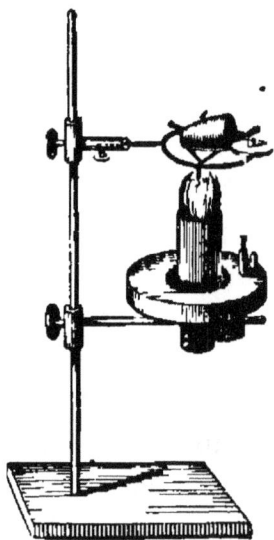

Fig. 80.

laquelle se volatilisent les chlorures alcalins et se décomposent les chlorures calciques et magnésiens ; la calcination des sulfates avec le charbon peut également donner naissance à des sulfures ; les phosphates acides dans les mêmes conditions se transforment en phosphore qui attaque les vases en platine.

On évite ces causes d'erreur de la manière suivante : on incinère à une température aussi basse que possible, et l'on traite le charbon poreux que l'on obtient par de l'eau chaude ; le liquide est filtré sur un petit filtre lavé à l'acide [1].

[1] On se sert toujours, en analyse quantitative, de filtres coupés sur le même patron (*fig.* 81) et débarrassés de leurs sels calcaires et ferriques par une di-

On lave deux ou trois fois le charbon écrasé à l'aide d'une spatule en platine ou d'une baguette en verre avec de l'eau chaude distillée, et l'on réunit soigneusement ces eaux de lavage aux premières. Ces eaux de lavage sont évaporées à part et desséchées à + 105°; on peut même chauffer le résidu à une température un peu plus élevée et l'on a ainsi le poids des *matières inorganiques solubles..*

Le charbon bien lavé [1] est desséché avec le filtre à + 100° et calciné à part; l'incinération se fait ainsi très-facilement et sans perte car les sels volatils se trouvent dans la partie soluble [2]. Le poids obtenu (défalcation de celui des cendres du filtre représente le poids des *matières inorganiques insolubles.*

On obtiendra le poids relatif des matières solubles et insolubles contenus dans le résidu obtenu par l'incinération directe, en le traitant d'une manière identique par de l'eau chaude.

§ 200. **Analyse qualitative des cendres.** — Le nombre des substances que l'on peut s'attendre à rencontrer dans les cendres des tissus ou des humeurs est très-restreint.

gestion de 4 à 6 heures avec de l'acide chlorhydrique pur étendu de trois volumes d'eau; on décante l'eau et on lave le papier avec de l'eau distillée jusqu'à ce que les eaux de lavage ne précipitent plus par l'azotate d'argent. On incinère ensuite 10 de ces filtres dans un creuset en platine en les coupant en petites languettes et on détermine le poids des cendres que l'on obtient; le dixième de ce poids représente le poids des cendres d'un filtre. Ce poids insignifiant lorsque les filtres sont petits (car il varie dans ce cas entre 0gr,005 et 0gr008) doit être retranché du poids obtenu dans les incinérations des matières recueillies sur un filtre.

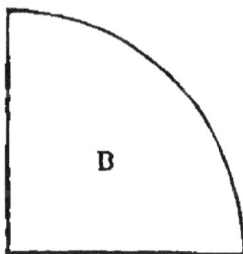

Fig. 81.

[1] La dernière eau de lavage ne doit plus donner de résidu quand on en évapore quelques gouttes sur une lame de platine.

[2] On peut activer l'incinération en mouillant le charbon et le filtre avant de le calciner avec une solution concentrée d'azotate d'ammonium; on devra se rappeler que la masse pourra être projetée par suite d'une combustion trop énergique.

PARTIE SOLUBLE	PARTIE INSOLUBLE

Sels de *Potassium*
  — *Sodium* (lithium).
  — *Calcium*
  — *Magnésium*

Chlorures ⎫
Sulfates ⎬ des bases
Phosphates ⎭ précédentes.
Carbonates (silicates alcalins).

Sels de *Calcium*
  — *Magnésium*
  — *Fer* (Manganèse, Cuivre,
       Plomb)

Phosphates ⎫ des bases
Carbonates ⎬ précédentes.

EXAMEN DE LA PARTIE SOLUBLE. — Le liquide examiné au papier de tournesol, est presque toujours alcalin ; on y ajoute de l'acide azotique jusqu'à réaction acide ; un dégagement d'acide carbonique indique l'existence d'un *carbonate*.

Le liquide acidulé, évaporé à siccité, doit se dissoudre en totalité dans l'eau ; un résidu insoluble serait de la silice et indiquerait un *silicate*.

Le liquide évaporé, repris par de l'eau et filtré s'il est besoin est divisé en deux parties.

La première est consacrée à la recherche des *acides*, on la subdivise en trois parties.

On ajoute à l'une d'elles de l'azotate de baryum ; un précipité blanc insoluble dans l'acide azotique et dans l'eau indique un *sulfate*.

La seconde traitée par de l'azotate d'argent donnera un précipité blanc insoluble dans l'acide azotique et soluble dans l'ammoniaque, s'il y a un *chlorure*.

Quelques gouttes de la troisième, versées dans du molybdate d'ammonium. donneront un précipité jaune (à + 40°) s'il y a un *phosphate* [1].

La deuxième partie est consacrée à la recherche des bases.

---

[1] La calcination a transformé les phosphates en métaphosphates ou en pyrophosphates, suivant leur nature.

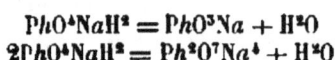

$$PhO^4NaH^2 = PhO^3Na + H^2O$$
$$2PhO^4NaH^2 = Ph^2O^7Na^4 + H^2O$$

Ces deux sels précipitent en blanc par l'azotate d'argent ; le traitement que nous avons fait subir au résidu par l'acide azotique, les retransforme en phosphates, surtout quand on évapore à siccité

On s'assure par un essai préliminaire de la présence des sels de calcium et de magnésium.

On verse dans une petite quantité de liquide du chlorure d'ammonium, de l'oxalate d'ammonium et de l'ammoniaque ; il se forme un précipité, soit immédiatement, soit après l'agitation s'il y a un sel de *calcium*.

On filtre, et l'on s'assure que la précipitation est complète ; le phosphate de sodium donnera un précipité s'il y a un sel de *magnésium*.

Lorsque le liquide contient ces deux sels, on s'assure de la présence du *sodium* en concentrant la solution filtrée et en en portant une goutte dans la flamme qui sera jaunie. Il ne reste plus qu'à démontrer la présence du *potassium* ; on peut précipiter à l'ébullition le restant du liquide par du carbonate de sodium ; le liquide filtré est concentré, *acidulé* par l'acide chlorhydrique et traité par quelques gouttes de chlorure de platine, qui donne un précipité jaune insoluble dans l'alcool éthéré.

EXAMEN DE LA PARTIE INSOLUBLE. — On la dissout dans l'acide azotique (un dégagement d'acide carbonique indique un carbonate) qui transforme les carbonates en azotates solubles et les phosphates neutres en phosphates acides. On s'assure de la présence de ces derniers par le molybdate d'ammonium.

La *solution* est traitée par de l'ammoniaque en excès [1] exempte de carbonate, qui reprécipite les phosphates (et les sels ferriques et manganeux) ; on décante le liquide et on l'examine par l'oxalate d'ammonium qui précipite l'oxalate de calcium ; au liquide filtré, débarrassé du sel calcaire, on ajoute un peu de phosphate alcalin qui précipite le sel de magnésium. Les sels de *calcium* et de *magnésium* contenus dans cette solution ammoniacale, proviennent exclusivement des *carbonates* contenus dans les cendres.

La *partie insoluble dans l'ammoniaque* contient les phos-

---

[1] On traiterait directement la solution azotique s'il n'y avait pas de phosphate.

phates, les oxydes de fer et de manganèse; on la recueille sur un filtre et on la lave à l'abri de l'air, jusqu'à ce que les eaux de lavage ne précipitent plus par l'oxalate d'ammonium. On dissout le précipité gélatineux qui reste sur le filtre dans l'eau aiguisée d'acide azotique ; un excès d'acide doit être évité. La marche de l'opération est différente suivant que le précipité est exempt ou non de phosphate ferrique[1]. On s'assure de la présence de ce sel en ajoutant à la solution acide quelques gouttes de ferrocyanure de potassium, qui donnera une coloration bleue s'il y a un sel ferrique. On n'est en droit de tirer cette conclusion que lorsque le liquide ne renferme pas un excès d'acide qui pourrait à lui seul décomposer le réactif.

Le liquide acidulé par de l'acide azotique est traité par une quantité d'acétate de sodium suffisante, pour que tout l'acide azotique soit transformé en azotate[2]. La substitution de l'acide acétique à l'acide azotique a deux buts :

1°) Elle élimine le *phosphate ferrique*, qui étant insoluble dans cet acide se précipite.

2°) Elle tient en dissolution les phosphates et permettra de précipiter les sels de calcium à l'état d'oxalate qui est insoluble dans l'acide acétique.

La solution acétique (filtrée s'il y avait du phosphate ferrique), traitée par du chlorure d'ammonium et de l'oxalate d'ammonium précipite s'il y a un sel de *calcium*.

On filtre lorsque la précipitation est complète ; le liquide retient l'acide phosphorique qui était uni au calcium, et le phosphate de magnésium ; s'il se forme un précipité, quand on ajoute de l'ammoniaque on peut être sûr de la présence d'un sel de *magnésium ;* l'absence d'un précipité doit faire exclure la présence d'un sel de ce métal, car le liquide contient toujours dans les conditions où nous sommes placés, assez d'acide

---

[1] Le précipité est blanc s'il n'y a pas de phosphate ferrique, jaunâtre s'il y en a; il est rouge quand il est mêlé d'oxyde ferrique, ce qui est le cas pour les cendres du sang qui ne contient pas assez d'acide phosphorique pour saturer tout l'oxyde ferrique.

[2] $AzO^3H + C^2H^5O^2Na = AzO^3Na + C^2H^3O^2.H.$

phosphorique pour donner naissance au phosphate ammoniaco-magnésien.

La recherche du *manganèse* ne doit nous occuper que lorsqu'il s'agit de l'analyse des cendres du sang; on délaye le précipité formé par l'ammoniaque et bien lavé, dans de l'acide acétique; l'oxyde ferrique se dissout en partie; on porte le liquide à l'ébullition jusqu'à ce qu'il soit complétement décoloré ce qui précipite tout l'acide phosphorique et tout l'oxyde ferrique; on concentre le liquide filtré on le neutralise par de l'ammoniaque et l'on y ajoute quelques gouttes de sulfure d'ammonium. On isole le sulfure de manganèse, on le lave avec de l'eau chargé d'hydrogène sulfuré, on le dissout dans de l'acide chlorhydrique et on le caractérise par voie sèche ou par voie humide (*V.* p. 49).

§ 201. **Interprétation des résultats.** — La composition des cendres ne représente pas exactement celle des sels contenus dans les humeurs ou dans les tissus. C'est ainsi que les cendres sont presque toujours alcalines, quand même elles proviennent de liquides acides comme l'urine; cela tient à ce que tous les sels alcalins, ou alcalinos terreux à acide organique[1] sont décomposés par la chaleur et transformés en carbonates.

Les phosphates éprouvent également des modifications par l'incinération; les phosphates acides sont transformés en métaphosphates et les phosphates neutres en pyrophosphates.

Les sulfates que l'on rencontre dans les cendres n'existent pas toujours dans les parties soumises à l'analyse; les substances albuminoïdes, les taurocholates, la taurine, etc. peuvent dans un grand nombre de cas, donner naissance à des sulfates, pendant l'incinération. Nous avons dit également qu'une partie des sulfates pouvait se transformer en sulfures par la calcination avec le charbon.

L'analyse qualitative a décelé la présence des bases de calcium, de magnésium, de potassium, de sodium, etc. et des

---

[1] On recherchera ces acides dans les matières non incinérées par des procédés particuliers.

acides chlorhydrique, phosphorique, carbonique ; elle ne peut guère aller plus loin lorsqu'il s'agit de sels solubles, et décider la manière dont sont unis les bases et les acides. L'analyse quantitative même ne permet que d'émettre des hypothèses plus ou moins plausibles, que l'expérience ne peut contrôler. Il faudra se contenter le plus souvent d'énoncer le poids des divers éléments sans chercher à les grouper [1].

§ 202. **Dosage des sulfates.** — Il n'existe pas de dosage volumétrique facile à mettre en exécution ; le dosage par la méthode des pesées se fait du reste avec tant de facilité que cette lacune n'est pas trop à regretter.

On dissout les cendres (partie soluble) dans un volume d'eau assez considérable, aiguisée d'acide chlorhydrique et l'on précipite *le liquide bouillant* par du chlorure de baryum. La solution doit être très-étendue pour que le sulfate de baryum se dépose avec rapidité ce qui permettra de décanter le liquide surnageant ; on lave le précipité trois ou quatre fois par décantation, puis on le recueille sur un petit filtre et on continue les lavages jusqu'à ce que les liquides filtrés ne précipitent plus par l'azotate d'argent.

Le précipité se sépare quelquefois dans un état tel qu'il passe à travers les pores du filtre ; il vaut mieux recommencer

---

[1] Le groupement se fait par le calcul en admettant que des diverses combinaisons qui peuvent se former, c'est la plus insoluble qui se fait en premier lieu. Ex. L'analyse a démontré la présence de l'acide sulfurique, de l'acide chlorhydrique, du potassium et du sodium ; le sulfate de potassium est le sel le plus insoluble des quatre sels qui peuvent se former. On admettra donc que l'acide sulfurique est uni au potassium ; si le calcul démontre qu'il n'y a pas assez de potassium pour saturer tout l'acide sulfurique, on sera forcé de conclure que cet excès d'acide sulfurique forme du SO^4Na^2; le restant du sel sera du NaCl. On admettra, s'il y a au contraire un excès de potassium, que le potassium non saturé par l'acide sulfurique est à l'état de chlorure et ce mélange sera dit contenir les trois sels suivants : SO^4K^2. Cl K. Cl Na. Rien n'indique que cette manière de voir est juste ; il existe même de fortes présomptions pour admettre la coexistence des quatre sels qui peuvent se former SO^4K^2. SO^4Na^2, Cl K. Cl Na. L'exemple choisi est le plus simple qui puisse exister ; il nous fait entrevoir les difficultés qui se présentent lorsqu'il s'agit d'un mélange de plusieurs acides et de plusieurs bases.

l'opération sur une nouvelle quantité de matière, que de chercher à refiltrer ce liquide laiteux.

Le filtre est desséché à l'étuve; on détache le précipité[1] et on
le calcine dans un creuset en platine taré; on recouvre le
creuset du couvercle et on incinère sur lui le filtre coupé en
petites languettes; le résidu est humecté par de l'acide azotique
(pour transformer le sulfure qui aurait pu se former en sulfate) et recalciné. On pèse le creuset froid (p. 281, note 1) et
l'on obtient le poids du sulfate de baryum (dont il faut déduire
le poids des cendres du filtre). Ce poids multiplié par 0,4206
indique la quantité[2] de SO^4H^2 et par 0,54335 celle de SO^3.

§ 203. **Dosages des chlorures.** — Rien ne s'oppose au
dosage par la méthode volumétrique exposée, p. 213; le résidu est alcalin, il faut donc le neutraliser par de l'acide azotique et saturer l'excès d'acide par du carbonate de calcium
précipité.

Le dosage pondéral s'exécute de même très-facilement; on
acidule le liquide par de l'acide azotique et on l'agite dans un
flacon avec un excès de solution d'azotate d'argent; le précipité
se tasse très-rapidement dès que la précipitation est achevée et
les lavages se font rapidement par décantation à *l'abri de la
lumière*. Le précipité lavé est recueilli sur un filtre[3], lavé et
séché; on fond le chlorure d'argent détaché dans un creuset en
porcelaine; le filtre coupé en petits morceaux est incinéré à
part sur le couvercle; on humecte le résidu avec de l'acide
azotique pour transformer en azotate l'argent réduit par le
charbon de filtre, on ajoute de l'acide chlorhydrique pour re-
former le chlorure et l'on fond. Le poids du chlorure d'argent
(moins le poids des cendres du filtre) multiplié par 0,24724

---

[1] Ces opérations se font en plaçant le creuset sur une feuille de papier
noir et glacé; on voit et on recueille facilement les petites quantités de
sulfate qui pourraient se détacher pendant ces manipulations.

[2] On obtient la quantité de S, qu'il contient, en le multipliant par
0,13734.

[3] On peut souvent le faire tomber directement dans le creuset en porcelaine où se fait la calcination.

représente le *chlore* contenu dans les chlorures; on obtient le poids d'*acide chlorhydrique*[1], en prenant comme coefficient 0,25421.

§ 204. **Dosages des carbonates.** — Nous avons parlé p. 206 du dosage volumétrique; ce procédé est exact lorsque l'acide carbonique n'est uni qu'à une seule base, mais devient inexact lorsqu'il est combiné à deux bases. On détermine dans ce cas directement le poids d'acide carbonique par la méthode des pesées. Le principe est le suivant : on introduit dans un appareil le carbonate et l'acide; l'appareil doit être tel que l'on puisse faire une tare sans que l'acide réagisse sur le carbonate; la pesée étant achevée l'appareil doit permettre de faire réagir l'acide sur le carbonate; l'acide carbonique se dégage après avoir été desséché et la perte de poids de l'appareil repesé indique le poids de l'acide carbonique.

De nombreux appareils ont été imaginés pour exécuter ce dosage d'une manière rapide. L'appareil suivant convient le mieux à nos usages (*fig.* 82). On introduit un poids connu de la substance à doser en A, et l'on y ajoute de l'eau. Le tube C usé à l'émeri ferme hermétiquement A; lui-même est

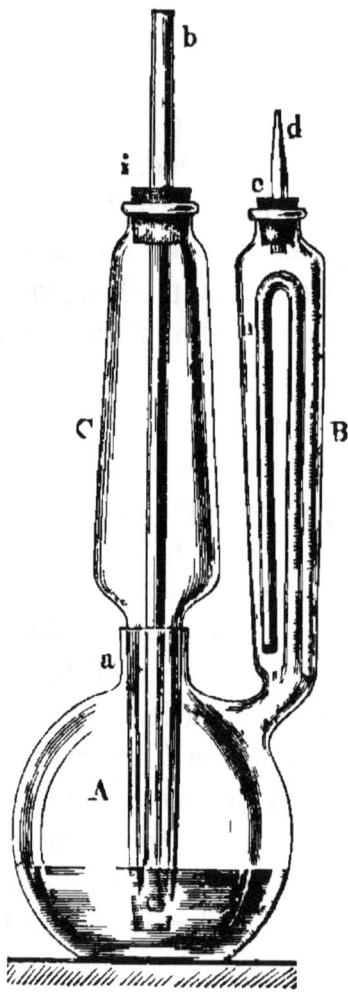

Fig. 82.

fermé à sa partie inférieure par le tube *bc* rodé à sa partie inférieure; le bouchon *i* peut être déplacé facilement sans que

[1] Si le sel était du chlorure de sodium, il faudrait pour obtenir son poids multiplier par 0gr,40752.

la fermeture en *c* en souffre ; c'est dans C que l'on introduit l'acide azotique étendu dans lequel on dissoudra le carbonate. En B se trouve de l'acide sulfurique ; le gaz se dégagera par *b* se desséchera par son passage dans l'acide et s'échappera par le tube *d*. Un petit bouchon en cire ferme l'orifice du tube *b*.

On fait la tare de l'appareil après avoir introduit le carbonate, l'eau, les acides azotique et sulfurique ; cela fait on retire un moment le tube *bc* d'une petite quantité ce qui détermine l'écoulement de l'acide azotique ; le carbonate est attaqué et l'acide carbonique se dégage par *b* ; on ajoute une nouvelle quantité d'acide lorsque le dégagement se ralentit et l'on peut même finalement placer l'appareil dans l'eau tiède. On refroidit l'appareil et, après l'avoir essuyé, on ôte le bouchon en *b* et l'on aspire à l'aide d'un caoutchouc placé en *d* de l'air atmosphérique par *b*, ce qui déplace l'acide carbonique.

On replace le bouchon en cire et l'on est obligé pour rétablir l'équilibre d'ajouter des poids qui représentent celui de l'acide carbonique dégagé.

Fig. 83.

La figure 83 représente un appareil de construction plus facile ; le gaz se dégage à travers un tube rempli de pierre ponce humectée par de l'acide sulfurique.

§ 205. **Dosage des phosphates.** — On pourrait employer le dosage volumétrique par l'acétate d'urane que nous exposerons en parlant de l'urine, mais le procédé pondéral est plus exact. Les phosphates peuvent être dosés séparément dans la partie soluble et dans la partie insoluble ou simultanément dans les cendres. Nous avons vu, p. 289, la manière d'obtenir une solution acétique ; on en précipite les sels de calcium par l'oxalate d'ammo-

1 On fait communiquer dans les analyses délicates le tube *b* avec un tube à chlorure du calcium, pour que l'air soit sec.

nium ; le précipité est lavé et peut servir au dosage du calcium. On réunit les eaux de lavage, on les concentre à un petit volume et l'on y ajoute de l'ammoniaque en excès et du sulfate de magnésium. On remue vivement le liquide et on l'abandonne dans un endroit chaud pendant 12 heures ; le précipité est recueilli sur un petit filtre et l'on se sert des eaux de lavage pour réunir tout le précipité sur le filtre. Le filtre est égoutté ; on procède ensuite aux lavages (qui ne doivent pas être trop prolongés) avec de l'eau contenant le quart de son volume d'ammoniaque. On dessèche le filtre et l'on incinère (en prenant les précautions indiquées pour les autres pesées) d'abord le précipité puis le filtre ; cette dernière incinération est souvent très-longue, on peut l'accélérer en mouillant le papier avec un peu d'azotate d'ammonium. Le poids du précipité (qui est du pyrophosphate de magnésium) multiplié par $0^{gr},63964$ représente l'acide phosphorique anhydre $Ph^2 O^5$.

§ 206. **Dosage des sels de calcium et de magnésium.** — Les sels de *calcium* en solution aqueuse neutre ou acétique sont mêlés avec du chlorure d'ammonium et précipités par l'oxalate d'ammonium ; la digestion doit se faire pendant deux ou trois heures au bain-marie. On recueille le précipité sur le filtre et on le calcine dans un creuset de platine ce qui le transforme en chaux (mêlée de carbonate si la température n'est pas très-élevée) ; on peut la doser volumétriquement comme nous l'avons indiqué p. 208, ou, ce qui vaut mieux, calciner le résidu dans le creuset avec du sulfate d'ammonium qui transforme la chaux en sulfate de calcium ; le poids de ce corps multiplié par 0,4118 représente la chaux CaO contenu dans le résidu.

Les sels de *magnésium* se trouvent dans les eaux de lavage provenant de l'opération précédente ; on les concentre et on les précipite par un excès de phosphate de sodium et d'ammoniaque. On traite le précipité de phosphate ammoniaco-magnésien, comme il est dit p. 293 ; le poids du précipité multiplié par 0,36036 donne le poids du *magnésium*.

§ 207. **Dosage des sels de potassium et de sodium.** —

On précipite les sels de calcium par l'oxalate d'ammonium; on évapore le liquide et on calcine le résidu pour chasser les sels ammoniacaux; le résidu est dissous dans l'eau et précipité par le chlorure de baryum dont il est inutile de mettre un excès; on précipite ensuite les sels de magnésium par une solution concentrée et bouillante d'eau de baryte; le liquide est filtré, et l'on élimine l'excès des composés barytiques par du carbonate d'ammonium ammoniacal; on filtre de nouveau et l'on concentre les eaux de lavage après les avoir acidulées par de l'acide chlorhydrique; on calcine le résidu pour chasser les sels ammoniacaux et l'on obtient ainsi un poids qui représente la *somme des chlorures de potassium et de sodium* (P). On peut déterminer le poids de chlorure de potassium par le procédé suivant. On dissout le mélange dans une faible quantité d'eau alcoolisée et on précipite par un excès de chlorure platinique; le liquide surnageant doit être jaune (on y ajoute un peu d'alcool éthéré). Les sels de potassium sont précipités complétement au bout de 12 heures; on recueille le précipité sur un filtre taré et on le lave avec de l'eau alcoolisée. On dessèche le filtre à +100° et l'on obtient les poids du chlorure de potassium en multipliant le poids du précipité par 0,3048.

Le procédé suivant[1] est plus expéditif. On dissout les chloru -

---

[1] C'est une méthode de dosage indirect, basée sur les considérations suivantes:

La composition des chlorures est

K.... 59,1	Na.... 23
Cl. ... 35,5	Cl.... 35,5
74,6	58,5

Soit P le poids des deux chlorures, Cl celui du chlore contenu dans les deux chlorures, x la quantité inconnue de potassium et y celle de sodium; les deux équations suivantes

$$1) \quad \frac{74,6}{39,1} x + \frac{58,5}{23} y = P$$

$$2) \quad \frac{35,5}{39,1} x + \frac{35,5}{23} = Cl$$

permettront de résoudre le problème.

res dans de l'eau distillée et l'on détermine la proportion de chlore Cl qui y est contenue par la chlorurométrie. On multiplie cette quantité par 2,1029 et l'on en retranche la somme des chlorures P. On obtient le poids du *chlorure de sodium* en multipliant par 3,6288 le poids précédent

$$(2,1029 \times Cl - P) 3,6288$$

Le poids du chlorure de potassium s'obtient en effectuant la différence.

$$P - (2,1029 \times Cl - P) 3,6288.$$

§ 208. **Recherche et dosage de l'ammoniaque.** — L'incinération ayant volatilisé les sels ammoniacaux on ne peut rechercher leur présence que dans le liquide primitif. Cette recherche ne se fait pas aussi facilement qu'en chimie minérale, car la potasse qui nous a servi décompose un certain nombre de corps azotés (urée, albumine, etc.) et en dégage de l'ammoniaque qui n'est qu'un produit de décomposition.

On évite cette difficulté en chauffant à une température de + 30 à + 40° le liquide avec de la magnésie ; cette dernière déplace l'ammoniaque des sels ammoniacaux mais n'altère pas les autres corps azotés ; le dégagement d'ammoniaque est favorisé par le vide que l'on fait à l'aide d'une pompe à main de Gay-Lussac.

Le liquide est versé dans un ballon fermé par un bouchon à caoutchouc à deux trous ; dans l'un s'engage un tube qui plonge jusqu'au fond et dont la partie extérieure est étirée et fermée à la lampe ; un tube recourbé s'engage dans le second trou et communique par son extrémité *ab* avec un tube en U (*fig.* 84), qui communique avec la pompe à main. Ce tube contient un volume déterminé d'acide sulfurique titré, tel qu'il ne soit pas projeté quand on fera le vide. On chauffe d'abord sans addition de magnésie et l'on condense ainsi dans l'acide sulfurique l'ammoniaque libre ; une seconde opération sur un même volume de liquide, après addition de magnésie, donne la somme de

l'ammoniaque libre et de celui provenant des sels ammoniacaux.

La manière dont se font ces dosages est indiquée p. 216.

Le dosage des sels ammoniacaux contenus dans l'urine se fait
d'une manière plus simple, mais un peu plus longue. On verse
dans le cristallisoir inférieur (*fig.* 85), 100 cent. cub. d'urine,
que l'on mèle avec un lait de chaux ; on place au-dessus de

Fig. 84.

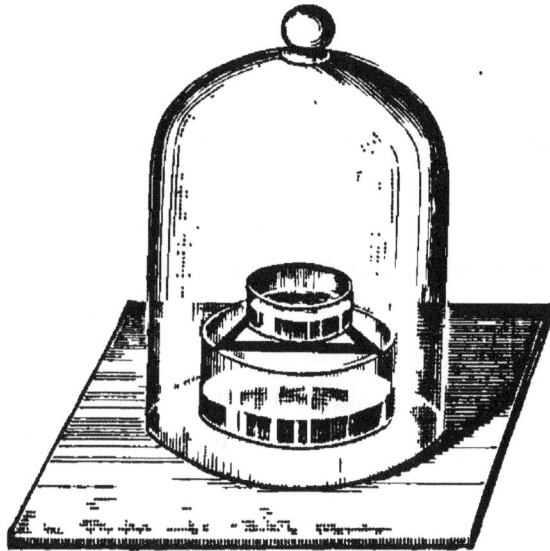

Fig. 85.

lui, un cristallisoir plus petit contenant 20 cent. cub. d'acide
sulfurique normal décime (cette quantité est presque toujours
suffisante). Le tout est recouvert par une cloche et abandonné
pendant 48 heures. La décomposition des sels ammoniacaux
peut être regardée comme complète après ce temps et l'on
procède au dosage comme il a été dit plus haut.

CHAPITRE XI

§ 209. **De l'emploi du dialyseur.** — La recherche des substances organiques dans une humeur est bien autrement difficile que celle des éléments minéraux, ce qui tient, comme nous l'avons déjà vu, aux caractères peu tranchés qu'elles possèdent. La présence des matières albuminoïdes ne fait qu'augmenter cette difficulté.

L'emploi du dialyseur a permis d'éviter quelques inconvénients, mais il n'a pas fourni tout ce que l'on attendait de son emploi. Le dialyseur que nous employons est celui qui est fait avec du papier parchemin végétal ; on fixe par des liens élastiques une feuille de papier sur les rebords d'une cloche ou sur un anneau en bois ou en caoutchouc (*fig.* 86). On verse dans le dialyseur le liquide étendu d'eau s'il est trop visqueux, et l'on fait flotter l'appareil sur de l'eau distillée que l'on renouvelle toutes les six heures [1].

Les substances que Graham nomme *cristalloïdes*, passeront ainsi dans l'eau distillée et pourront être reconnues dans le liquide évaporé ; de ce nombre sont les sels, l'urée, l'alloxane. Les *colloïdes*, comme l'albumine, la gélatine, la gomme, etc.,

---

[1] On s'assure de l'intégrité du parchemin en y versant de l'eau et le suspendant en l'air ; les solutions de continuité se reconnaîtront aux petites gouttes d'eau qui suinteront à ces points ; on les marque, puis on vide l'eau et l'on applique sur les endroits suspects une solution concentrée d'albumine ; la feuille chauffée dans l'étuve vers + 90° est alors dans de bonnes conditions.

restent sur le dialyseur. La séparation est rarement aussi nette
que l'indique la théorie, et s'il est facile d'obtenir par ce procédé de l'albumine exempte de sels, il est plus difficile d'obtenir des sels ou des corps cristallisés sans colloïdes. La dialyse
exige, pour être complète, un temps assez long, et ne peut être

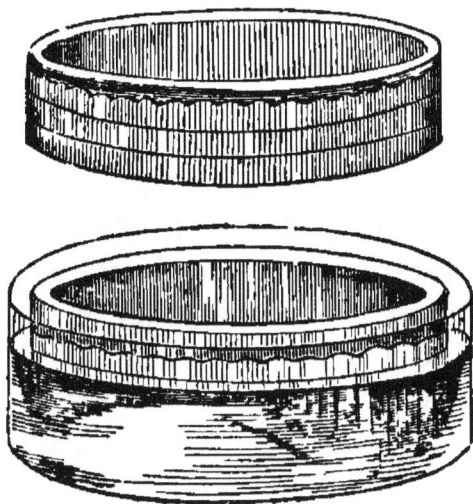

Fig. 86.

employée dans l'examen d'humeurs très-altérables (suc pancréatique, sperme, etc.).

Les motifs précédents font comprendre que si l'emploi du
dialyseur ne peut être érigé en méthode générale, il peut cependant donner de bons résultats dans quelques circonstances
spéciales.

§ 210. **Analyse quantitative.** — Nous avons déterminé
la quantité d'eau et de matières inorganiques contenues dans les
humeurs ; nous connaissons de même le poids des matières organiques ; le nombre de ces dernières est très-considérable. Il
n'existe pas de procédé général pour les doser isolément, comme
nous l'avons fait pour les sels minéraux ; on se borne le plus
souvent à déterminer la proportion de *matières albuminoïdes,*
celle des matières solubles dans l'alcool et celles des *matières*
solubles dans l'éther. Ce n'est que dans des cas très-rares que

l'on détermine séparément les corps qui se trouvent dans les divers extraits.

Détermination des matières albuminoïdes. On ajoute quelques gouttes d'acide acétique à 20 ou 30 centimètres cubes du liquide à examiner, et on évapore le résidu à +105° jusqu'à ce qu'il ne change plus de poids; l'albumine a passé ainsi à la modification insoluble.

Le résidu attire facilement l'humidité. On ne peut le triturer à sec, car il se fendille et est projeté dans toutes les directions; on doit donc le mouiller avec de l'alcool; cette trituration est la partie la plus difficile de l'opération. Le résidu finement divisé est introduit sans perte, à l'aide de l'alcool, dans un vase à précipités assez haut; le mélange est porté à l'ébullition au bain-marie; on filtre le liquide bouillant sur un filtre taré et l'on recommence les traitements alcooliques jusqu'à ce que la masse soit complétement épuisée. On reprend ensuite le lavage du résidu par de l'eau bouillante qui dissout les substances solubles. L'albumine se trouve sur le filtre; on dessèche ce dernier à +105°; cette dessication très-importante exige de nombreuses précautions, car l'albumine est très-hygroscopique [1].

[1] On a proposé de peser le filtre entre deux verres de montre bien rodés et fermant hermétiquement à l'aide d'une lame faisant office de ressort (*fig.* 87). Il est tout aussi commode d'introduire le filtre dans un tube en

Fig. 87.

verre léger d'un diamètre assez large et fermé par un bouchon en verre creux Le filtre, au sortir de l'étuve, doit avoir séjourné sous un dessiccateur avant d'être introduit dans ces appareils.

L'augmentation de poids du filtre représente l'*albumine et les sels insolubles;* on incinère avec les précautions indiquées ; le résidu (moins le poids des cendres du filtre) représente les *sels insolubles* et la différence des deux pesées nous donne le *poids de l'albumine.*

Les solutions alcooliques sont évaporées au bain-marie ; le résidu est repris par de l'éther jusqu'à ce que ce dissolvant soit sans action. On évapore l'éther dans une capsule tarée (la capsule doit être assez large pour éviter le phénomène du grimpage) et l'on a ainsi le poids de l'*extrait éthéré.*

On dessèche à $+105$ la partie insoluble dans l'éther, et l'on en détermine le poids, ce qui donne le poids de l'*extrait alcoolique et des sels solubles dans l'alcool.* On détermine ces derniers par l'incinération.

L'évaporation des eaux de lavage du résidu nous fournit le poids des *sels*, insolubles dans l'alcool mais *solubles dans l'eau*, et de l'*extrait aqueux.*

Le résultat de l'analyse d'une humeur est représenté par le schéma suivant :

Eau.
Sels inorganiques.
Substances organiques.
Extrait aqueux.
Extrait alcoolique.
Extrait éthéré.
Albumine.

Il existe plusieurs moyens de contrôler l'exactitude des résultats ; la somme de l'albumine et des extraits doit être égale au poids des substances organiques déterminé par la différence de poids entre le résidu de l'évaporation à $+105°$ et celui de l'incinération. De même le poids des sels déterminé directement doit être égal à la somme des poids obtenus par l'incinération de l'albumine et des divers extraits.

§ 211. **De l'albumine.** — La substance que nous avons dosée comme albumine peut être de qualité très-variable ; elle peut être de la sérine, de la fibrine, de la paralbumine, etc.;

établir des différences entre ces composés est chose très-difficile, comme on peut s'en assurer en faisant l'analyse des liquides provenant des kystes ovariques ou des hydrocèles.

Ces liquides contiennent un grand nombre de matières albuminoïdes, et sont ordinairement très-visqueux, ce qui tient soit à la *mucine*, soit à la *paralbumine* qu'ils contiennent. La mucine (p. 171), se reconnaît au précipité insoluble qu'y produit l'acide acétique; la paralbumine, au contraire, donne un précipité soluble dans un excès. On isole ce dernier corps en précipitant le liquide par le triple de son volume d'alcool; le précipité, débarrassé de l'alcool et repris par de l'eau, donne une solution aqueuse qui ne filtre que très-lentement.

On délaye d'autre part le liquide avec vingt fois son volume d'eau; en y ajoutant quelques gouttes d'acide acétique ou en y faisant passer un courant d'acide carbonique, on précipite une substance qui peut être ou la s. *fibrinogène* ou la s. *fibrinoplastique* si elle se dissout dans une petite quantité de chlorure de sodium; si elle ne se dissolvait pas le précipité serait au contraire dû à de la *caséine*. Le liquide qui surnage, s'il coagule par la chaleur, contient de la *sérine*.

Le précipité par l'acide carbonique doit se dissoudre dans le double de son volume d'une solution chlorhydrique au 1/100. En ajoutant au liquide séreux quelques gouttes de sang on obtiendra une coagulation du sang, s'il contient de la *substance fibrinogène*. Si cet essai ne réussissait pas il faudrait rechercher la *substance fibrinoplastique* en ajoutant au précipité une goutte de soude, et un peu de liquide du péricarde; sa présence se traduirait par une coagulation.

On ne tient pas compte dans l'analyse quantitative de ces différences et l'on dose les matières albuminoïdes en bloc.

L'albumine dévie la lumière polarisée *à gauche*; ce caractère a été mis à profit pour la reconnaître et pour la doser. Je ne crois pas devoir m'arrêter à cette méthode qui n'est que rarement réalisable, car elle exige une transparence parfaite des liquides et la connaissance exacte du pouvoir rotatoire. Ce dernier varie pour les diverses matières albuminoïdes et est même influencée souvent pour une même matière par la présence de petites quantités d'acide ou de base. La transparence des liquides albumineux n'est pas toujours parfaite et l'on n'obtient souvent après filtration, même à travers deux ou trois filtres superposés, que des liquides louches ou laiteux, qui, examinés sous une certaine épaisseur, possèdent une teinte jaune très-préjudiciable à l'examen.

On peut encore doser l'albumine dans les liquides séreux ou dans l'urine en étendant un volume déterminé de liquide avec de l'eau et le portant à l'ébullition après y avoir projeté quelques gouttes d'acide acétique (un excès doit être évité); l'albumine se sépare ainsi en flocons faciles à laver et à filtrer; on les recueille sur un filtre et on procède comme il est dit p. 301.

On peut encore neutraliser le liquide par quelques gouttes d'acide acétique et l'additionner de quatre à cinq fois son volume d'alcool; on chauffe au bain-marie; l'albumine se sépare sous forme de flocons qui se rassemblent facilement et peuvent être lavés avec facilité. On évite ainsi la trituration de la matière albuminoïde, opération très-pénible qui expose à beaucoup de pertes. Je recommande l'emploi de ce procédé, lorsqu'on tient à connaître exactement le poids des extraits alcooliques et éthérés. Il n'a qu'un inconvénient, l'alcool aqueux acidulé dissout toujours une certaine quantité d'albumine. il faut donc reprendre le résidu de l'évaporation par une nouvelle proportion d'alcool; le résidu sera ajouté à l'albumine. On n'obtient pas d'ex rait aqueux par ce procédé, mais cela n'a pas d'inconvénient.

§ 212. **Des Extraits aqueux et alcooliques.** — L'étude séparée d's deux extraits ne présente que rarement de l'intérêt, car l'alcool que nous employons s'hydrate toujours pendant les manipulations et dissout alors une certaine proportion des substances qui sont insolubles dans l'alcool absolu. C'est dans ces extraits que l'on aura à rechercher l'*urée*, la *leucine*, la *tyrosine*, l'*acide urique*, la *xanthine*, l'*hypoxanthine*, la *créatine*, la *créatinine*, les *sarcolactates*, les *glycocholates* et *taurocholates*, les *hippurates*, la *glucose*, l'*inosite*.

Le dosage de ces corps est le plus souvent impossible, aussi, à part la glucose et peut-être l'urée doit-on s'estimer très-heureux de pouvoir démontrer leur présence d'une manière un peu nette par le procédé suivant :

On reprend le résidu par de l'eau, et on précipite la solution par de l'*acétate de plomb*[1]. C'est dans ce précipité que l'on peut rechercher l'acide *urique*, l'acide *taurocholique* et les *matières colorantes*.

Le liquide filtré est précipité par le *sous-acétate de plomb*; se précipitent l'acide *glychocolique* et l'*inosite*[2].

Le liquide est filtré de nouveau; on précipite l'excès de plomb par l'hydrogène sulfuré; le sulfure de plomb est séparé par filtration et le liquide évaporé à siccité au bain-marie. On reprend par de l'alcool fort et bouillant; le liquide filtré à froid contient l'*urée*, la *glucose* et les *sarcolactates*. On reprend le résidu par de l'alcool faible qui dissout la *leucine* et ne dissout que des quantités faibles, de *créatine* de *créatinine*, de *tyrosine*, de *xanthine*, etc.

Nous indiquerons dans les paragraphes suivants, la manière dont on doit s'y prendre pour caractériser et doser au besoin ceux de ces corps qui existent dans un grand nombre d'humeurs, et nous renverrons à l'analyse spéciale de chaque humeur l'étude des principes qui leur sont plus spéciaux.

§ 213. De l'extrait éthéré. — L'extrait éthéré contient de la *cholestérine*, des *corps gras* et de la *lécithyne*[3]; soit P son poids.

On le fait bouillir pendant quelques heures avec une solution alcoolique de soude, qui n'attaque pas la cholestérine mais forme avec les autres substances de la glycérine, des savons, de la neurine, des glycérophosphates, etc.

On chasse l'excès d'alcool par l'ébullition et l'on agite à diverses reprises le liquide avec de nouvelles quantités d'éther,

[1] L'excès d'acétate ou de sous-acétate de plomb doit être évité.

[2] La carnine serait également précipitée.

[3] Nous dirons un mot de ce corps en nous occupant de l'analyse du cerveau et des nerfs.

qui dissout la *cholestérine*; l'extrait éthéré est évaporé et pesé ; soit p ce poids.

On se contente très-souvent de représenter le poids des graisses par la différence $P - p$.

Hoppe-Seyler dose la *lécithyne*, par le procédé suivant ; il admet que cette dernière renferme toujours la même quantité de phosphore ; il évapore le liquide débarrassé de la cholestérine et le calcine avec de l'azotate de potassium ; il reprend le résidu par de l'acide azotique et dose l'acide phosphorique formé à l'état de pyrophosphate de magnésium ; le poids de ce précipité multiplié par 7,2748 représente la lécithyne; soit p' ce poids.

Le poids des graisses est alors représenté par $P - (p + p')$.

§ 214. **Recherche de l'inosite.** — L'inosite est précipité par le sous-acétate de plomb ; ce précipité lavé est décomposé par un courant d'hydrogène sulfuré ; on évapore le liquide filtré à consistance sirupeuse et on ajoute de l'alcool fort, jusqu'à ce qu'il se forme un précipité permanent; on tiédit le liquide jusqu'à ce qu'il soit clair et on l'abandonne à un refroidissement lent ; l'inosite se dépose ainsi quelquefois à l'état cristallisé, mais le plus souvent sous forme d'une masse amorphe ; on isole la partie insoluble dans l'alcool et on la repurifie par une nouvelle cristallisation faite de la même manière; l'addition d'un peu d'éther à la surface du liquide favorise souvent la cristallisation.

L'inosite ne doit être soumise à la réaction de Scherer (V. p. 130) que lorsqu'elle a été purifiée par recristallisation. Il faut même souvent recommencer la purification par une nouvelle précipitation par le sous-acétate de plomb.

§ 215. **Recherche de la glucose et de l'urée.** — Nous nous occuperons en détail de la recherche de la glucose en faisant l'histoire de l'urine.

L'urée est très-difficile à caractériser quand il n'y en a que des traces, d'autant plus que le caractère de la précipitation par l'azotate mercurique lui est commun avec d'autres substances qui peuvent l'accompagner. Le procédé suivant est le meilleur. L'extrait alcoolique(ou le mélange d'extrait alcoolique et aqueux) évaporé à siccité est repris par de l'alcool absolu ; la solution alcoolique évaporée à son tour est redissoute dans aussi peu d'eau que possible et précipitée par quelques gouttes de la solution d'azotate mercurique qui sert au dosage de l'urée.

Ce liquide est *acide*, l'azotate d'urée ne se précipite pas facilement dans ces conditions et le précipité qui se produit est formé principalement par des substances étrangères ; on

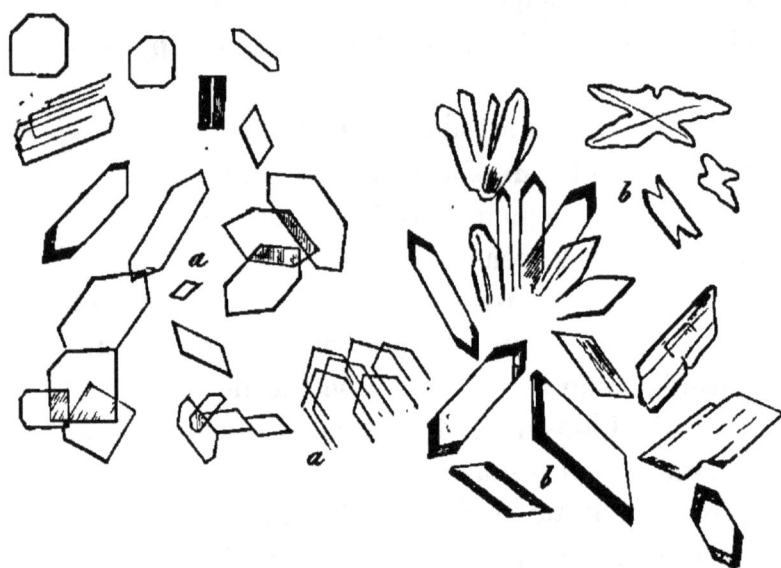

Fig. 88. — *a)* Azotate d'urée. — *b)* Oxalate d'urée.

filtre et l'on ajoute un excès de réactif après avoir neutralisé par du carbonate de sodium. Ce précipité lavé est décomposé par l'hydrogène sulfuré ; on évapore le liquide à consistance sirupeuse ; et on le traite par de l'acide azotique froid et *exempt de vapeurs rutilantes;* il doit se former un précipité blanc cristallisé d'azotate d'urée (*fig.* 88) que l'on examine au microscope [1]. On enlève au sel les corps étrangers par des lavages

[1] Cette recherche peut se faire de la manière suivante : On place sur la lame du porte-objectif une goutte de la solution concentrée, qui renferme de l'urée; on y fait arriver l'extrémité d'un fil retors et on couvre la goutte et la moitié du fil avec la plaque; l'autre extrémité du fil est humectée

à l'alcool et à l'éther; on redissout la partie insoluble dans de l'eau et l'abandonner à l'évaporation sous un dessiccateur.

Le dosage se fait comme celui de l'urée dans l'urine par l'azotate mercurique que l'on verse dans la partie soluble dans l'alcool reprise par de l'eau. Les résultats obtenus sont sujets à caution.

§ 216. **Emploi du saccharimètre.** — L'étude complète des corps organisés ne peut se faire dans un très-grand nombre de cas qu'à l'aide de deux instruments de physique, qui doivent

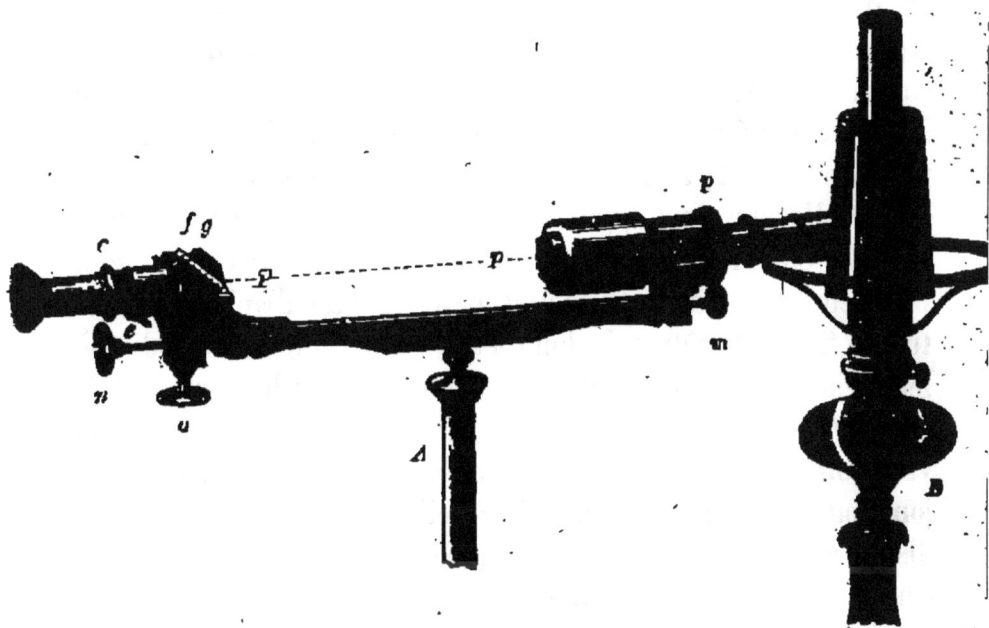

Fig. 89.

se trouver aujourd'hui dans tout laboratoire : le saccharimètre ou polarimètre et le spectroscope ; ces deux appareils sont devenus aussi indispensables que la balance et le microscope.

Le *saccharimètre de Soleil, un peu modifié par Ventzke*, est très-convenable pour les usages du médecin (V. *fig.* 89).

La lumière émise par une lampe à pétrole D munie d'une che-

avec de l'acide azotique; les liquides se mêlent grâce à la capillarité du fil, et l'on peut observer au microscope la formation (tables rhomboïdales) et la modification (tables hexagonales) des cristaux d'azotate d'urée.

minée en tôle percée latéralement d'un orifice circulaire traverse un prisme *l* (qui est un nicol) qui la polarise. En *i* se trouve un second nicol, à la suite duquel se trouve une plaque de quartz (dite biquartz de Soleil) formée par la juxtaposition de deux demi-plaques de même épaisseur, dont l'une est un quartz droit et l'autre un quartz gauche. En *g* se trouve un quartz dextrogyre; en *f* se trouve la partie que l'on nomme compensateur, qui se compose de deux quartz dextrogyres qui, taillés en biseaux, peuvent glisser l'un sur l'autre à l'aide de la vis *o*; on peut donc à volonté varier l'épaisseur de la lame dextrogyre qui est traversée par la lumière. Les déplacements s'estiment à l'aide d'une échelle fixée sur l'un des prismes et d'un index (marqué zéro) qui se trouve sur l'autre. En *d* se trouve un second nicol; *ab* représente une lunette de Galilée.

Installation de l'appareil. On place horizontalement en *p* un tube en laiton fermé par deux plaques en verre, qui sont maintenues par deux bonnettes percées d'un diaphragme. Le tube a 20 centimètres de longueur; on le remplit d'eau distillée. L'index *o* se trouvant en coïncidence avec le zéro de l'échelle *f*, l'observateur regardant par l'oculaire qu'il règle à sa vue doit voir nettement une ligne verticale (c'est la ligne de jonction de la double plaque de Soleil, *h*); les deux parties du disque auront une couleur identique si l'appareil est bien réglé. On peut, en tournant la tige *mn*, qui a sous sa dépendance la partie de l'appareil qui porte le nom de *reproducteur de teintes sensibles*, obtenir une série de couleurs différentes. L'observateur doit choisir maintenant *sa teinte sensible*[1], qu'il reconnaît au caractère suivant; il tourne à droite ou à gauche le bouton *o*; les deux parties du disque se coloreront d'une manière différente. On n'apprécie pas la différence de teinte avec la même facilité pour les diverses couleurs du reproducteur; il en est pour lesquelles il faudra tourner le bouton de quatre à six divisions. La teinte sensible de l'observateur sera

---

[1] Cette teinte peut varier pour chaque observateur; ordinairement on se sert d'une teinte violacée.

donc celle qui lui permettra d'apprécier l'inégalité de teinte
des deux parties du disque pour le plus faible déplacement du
bouton *o*.

Observation. Le liquide à examiner doit être d'une limpidité
complète et ne pas être trop fortement coloré[1]; on l'introduit
dans un tube de 20 cent. de longueur que l'on place en *p*.

On règle l'oculaire de manière que l'on voie nettement la ligne verticale. La teinte des deux moitiés du disque sera identique si le liquide n'exerce aucune action sur la lumière polarisée ; elle sera différente dans le cas contraire.

La substance sera *dextrogyre* si l'on rétablit l'égalité de
teinte en tournant le bouton dans le sens de la marche des
aiguilles d'une montre ; elle sera *sinistrogyre* dans le cas contraire. On indique le sens de la rotation par le signe + ou —.

On procède, lorsque l'égalité de teinte paraît rétablie, à une
seconde observation plus exacte en rétablissant la teinte sensible à l'aide de la tige *nm*, et on lit le déplacement du zéro
sur l'échelle *f*.

L'instrument est gradué de manière qu'un liquide contenant
de la *glucose* observé sous une longueur de 100 millimètres,
contient autant de pour-cent de sucre que le zéro du vernier[2]
s'est déplacé sur les divisions de l'échelle.

Si le liquide à examiner contient du *sérum* de l'albumine, on
rétablit l'égalité de teinte en touchant le bouton vers la gauche ; chaque division correspond également à 1 pour cent d'albumine, si le liquide a été observé sous une longueur de
100 millimètres. Cette particularité tient à ce que la glucose
et l'albumine ont le même pouvoir rotatoire (56°)[3], mais en
sens opposé.

---

[1] Un liquide qui paraît incolore dans un verre pourra, quand on l'examine sous une épaisseur de 20 centimètres, avoir une teinte jaune ou
rouge.

[2] *Le vernier indique les* 1 10; chaque division de l'échelle correspond
à 2 de glucose ; c'est un fait qu'il faut se rappeler quand on n'examine un
liquide que sous une épaisseur de 100 millimètres.

[3] Hoppe-Seyler admet que le pouvoir rotatoire de la glucose très-pure est
+ 53°,5.

Le nombre de divisions devra être divisé par deux, lorsque la lecture a été faite avec un tube de 200 millimètres de longueur.

On peut également, à l'aide du même appareil, déterminer le poids des autres substances agissant sur la lumière polarisée, quand on connaît leur pouvoir rotatoire [1]. On dissout la substance dans 100 cent. cub. d'eau distillée et on l'examine sur une longueur de 100 millimètres ; on détermine le nombre de divisions n, qu'il a fallu tourner pour rétablir l'égalité de teinte,

et on se sert de la formule $p = \pm 56° \dfrac{n}{(\alpha)\, l}$

dans laquelle α représente le pouvoir rotatoire de la substance et l la longueur du tube qui a servi à faire l'observation.

Le saccharimètre de Soleil a une graduation un peu différente ; $1°$ correspond à 0,1647 de saccharose, à 0,2256 de glucose et à 0,2019 de lactose.

§ 217. **Spectroscope.** — Le spectroscope à un prisme (*fig.* 90) suffit à tous nos besoins. L'appareil se compose essentiellement d'un prisme; la source lumineuse est placée devant la partie C ; la lumière entre par une fente placée en C, que l'on élargit ou rétrécit à l'aide d'une vis ; une lentille la concentre et la fait tomber dans l'axe de la lunette B. Les lunettes C et B ainsi que D peuvent être réglées par un tirage convenable. On s'arrange de manière que l'on voie nettement les principales raies du spectre solaire, en faisant entrer par la fente C convenablement élargie de la lumière réfléchie. Le tube D contient une image micrométrique qui vient

---

[1] On nomme *pouvoir rotatoire moléculaire*, la déviation du plan de polarisation que produit une substance, en supposant sa densité et son épaisseur ramenées à l'unité.

$$\rho = \frac{\alpha}{d\,l}$$

α est l'angle de déviation, d la densité de la substance active et l la longueur de la colonne liquide. Cette formule devient pour les liquides $\rho = \dfrac{\alpha V}{p\,l}$; p indique le poids de substance active contenu dans le volume V de liquide.

se réfléchir en B, et dont l'image se superpose à celle du spectre. Le tube D doit être mis au point de manière que l'on voie
nettement et les divisions du micromètre et les raies solaires ;
on peut à l'aide des deux vis déplacer l'échelle micrométrique
horizontalement et verticalement, ce qui permet de faire coïncider une raie voulue avec une division déterminée, et de

$$\frac{1}{5}$$

Fig. 90.

placer l'échelle à n'importe quelle hauteur. L'appareil se trouve
ainsi réglé.

On emploie un brûleur de Bunsen (*fig.* 12) quand on veut
observer les *raies brillantes métalliques* dont nous avons parlé ;
le bec bien réglé ne donne qu'un spectre peu visible ; on introduit[1] la substance à examiner dans la partie la plus chaude de
la flamme, qui doit être placée à une hauteur convenable pour

_____

[1] Il suffit de tremper un fil de platine dans une solution concentrée de
la substance.

que les rayons lumineux entrent par C. Beaucoup de spectro-
scopes possèdent un dispositif particulier qui est bien utile. La
hauteur du spectre peut être limitée de moitié en abaissant sur
la partie supérieure de la fente un petit prisme à réflexion totale.
On fait tomber les rayons d'une seconde source lumineuse sur
ce petit prisme ; ils sont renvoyés dans l'axe de la lunette C, et
l'on voit ainsi en B deux spectres superposés. Cette disposition
permet de comparer le spectre de la substance que l'on analyse
à celui d'une substance connue à l'avance ; les deux substances
seront identiques lorsque les raies des deux spectres seront sur
la même droite.

Le spectroscope nous rend plus d'usage pour l'analyse des
liquides colorés ; on place devant la fente C une source lumineuse, bec de gaz ou lampe à pétrole, et l'on voit ainsi un
spectre continu ; on sait par l'observation précédente et par
la position des divisions du micromètre dans quelle partie
du spectre se trouvent les diverses raies solaires[1]. L'observation se fait alors de la manière suivante : le micromètre étant
éclairé par un bec de gaz, on place entre la fente et la source
lumineuse un vase à parois planes dans lequel on met le liquide
à examiner. Le spectre aura souvent disparu lorsque le liquide
est trop coloré ; on verra souvent dans ce cas, par la dilution
du liquide, apparaître successivement les diverses parties du
spectre, mais il en est qui restent foncées et constituent ce
que l'on nomme les *bandes ou les raies d'absorption*. La
figure 91 représente une *cuve dite hématinométrique* (a) ;
elle est en verre de glace ; les parois sont planes et leur écartement intérieur est de 1 centimètre en profondeur ; en la plaçant dans le sens de la longueur on peut observer le même
liquide sur une épaisseur de 10 centimètres. On peut remplacer ces cuves par les flacons à parois planes qui servent d'ordinaire au débit des liquides parfumés, au besoin même par

---

[1] Cette détermination se fait une fois pour toutes ; il suffit alors, à chaque observation, de vérifier si la ligne D du sodium occupe la division
qu'elle occupait lors du réglage de l'appareil.

des tubes ou des éprouvettes cylindriques ou par les tubes du saccharimètre de Soleil.

Je donne la préférence à l'appareil de L. Hermann, qui n'est autre chose que le lactoscope de Donné, et qui ressemble à une lorgnette terminée par un plan de verre bien net; un second cylindre de laiton terminé, à sa partie antérieure par une surface plane, se meut à frottement dur dans le premier tube.

Fig. 91.

L'espace compris entre ces deux plans est mesuré par une division extérieure; il communique par un petit pertuis avec un réservoir destiné à recevoir l'excès de liquide placé à la partie supérieure. Il est inutile avec cet appareil de diluer le liquide, ce qui peut l'altérer; il suffit de faire varier l'épaisseur de la couche examinée, ce qui est très-facile, car le réservoir de liquide en fournira une nouvelle quantité quand on écartera les deux plans et recevra l'excès quand on les rapproche.

CHAPITRE XII

ANALYSE DU SANG

§ 218. **Composition du sang**. — Le sang des vertébrés, le seul qui nous occupera, est un liquide rouge (vermeil ou brunâtre), à réaction légèrement alcaline, d'une densité variant entre 1052 et 1057, tenant en suspension des corps solides (globules rouges et blancs) et en dissolution des gaz, des sels et des matières organiques.

On nomme *plasma* le sang débarrassé de ses globules. Le sang abandonné à lui-même ne tarde pas à éprouver le phénomène de la coagulation; il se sépare une substance albuminoïde, la fibrine, qui entraîne avec elle les globules; le tout forme un feutrage qui se contracte continuellement et qui expulse le liquide sanguin moins les globules. Après un certain temps le *caillot* s'est rétracté; il n'adhère plus aux parois du vase; ses faces et ses parois sont concaves; le liquide dans lequel il baigne se nomme *sérum*; il est jaunâtre ou légèrement teinté de rose et tient en dissolution l'albumine, les sels, les corps gras, les corps sucrés, etc. On admet en général que le sérum forme les 5 10 du sang (525 à 440 pour mille).

L'histoire chimique des matières albuminoïdes contenues dans le sang est loin d'être complète; nous possédons bien des résultats contradictoires, parmi lesquels il est difficile de dévoiler la vérité; nous indiquerons les expériences que nous pourrons mettre à profit pour nos recherches et nous serons très-réservés sur les conclusions théoriques que l'on en doit tirer.

§ 219. **Globule sanguin**. — Le globule sanguin, examiné

au microscope, est circulaire, mais il n'est pas renflé sur ses
deux faces ; il présente une dépression centrale qui le fait ressembler à une petite lentille biconcave à bords épais et arrondis

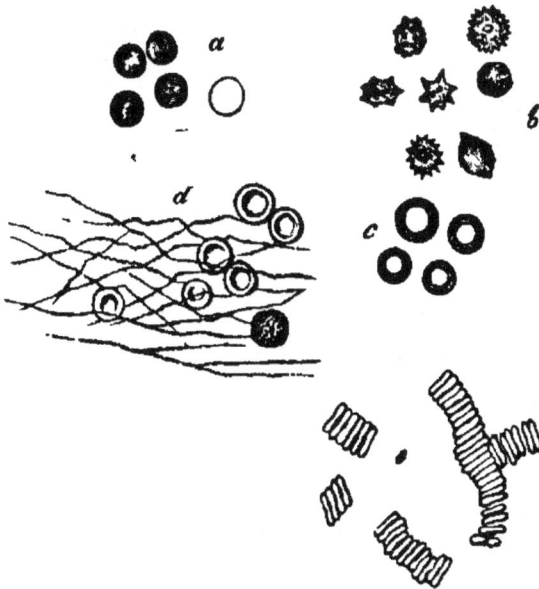

Fig. 92. — Globules du sang.

(V. *fig.* 92 et 95). Elle mesure de 1/16 à 1/50 de millimètre de
diamètre et de 1/1000 à 1/700 de millimètre d'épaisseur. Le

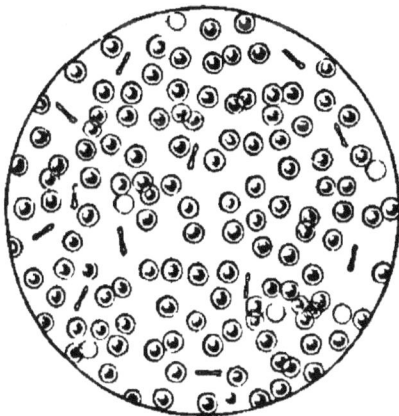

Fig. 93. — Globules du sang.

globule se compose d'une enveloppe mince qui se confond
avec la masse amorphe, qui est
d'un jaune rougeâtre ; l'existence de l'enveloppe est niée
par quelques physiologistes.
Quoi qu'il en soit, le globule
se comporte vis-à-vis de divers
agents comme si cette enveloppe existait ; c'est ainsi que
sous l'influence de l'eau distillée, des sels biliaires, des sels
ammoniacaux, des carbonates, et d'une foule d'autres agents,
le globule se gonfle et finit par faire éclater la membrane
d'enveloppe ; les sels neutres comme le sulfate, le chlorure de

sodium, le sucre, la glycérine, conservent la forme du globule sanguin et empêchent son altération. Notons encore que les globules ont une grande tendance à s'accoler et à présenter l'aspect d'une pile de monnaies (*fig.* 92 *e*); quand ils se modifient, ils prennent souvent une forme framboisée *b*.

Le globule sanguin n'a de noyau chez l'homme que dans la période embryonnaire.

Suivant d'autres auteurs, le globule sanguin se composerait d'un stroma de matière albuminoïde incolore, unie à une matière colorante et accompagnée d'une autre matière albuminoïde (substance fibrinoplastique), de cholestérine, de lécithyne et de sels ayant une composition différente de ceux du sérum [1].

Il est difficile d'isoler le globule sanguin du sang, car ces corpuscules n'ont qu'une densité peu différente de celle du sérum, et la coagulation arrive avant que le dépôt ait eu le temps de se faire [2].

Le procédé suivant réussit le mieux : on mêle le sang défibriné avec le décuple de son volume d'une solution saturée de chlorure de sodium dilué au dixième. On abandonne le liquide bien mélangé à une température voisine de 0°; on décante et on renouvelle les lavages avec de nouvelles quantités d'eau chlorurée.

Le globule rouge ainsi débarrassé du sérum peut être soumis à l'étude, après qu'on a décanté autant que possible toute l'eau salée.

Il se transforme, quand on le traite par de petites quantités d'eau distillée, en un liquide rouge et en un résidu albuminoïde, insoluble dans l'eau, soluble dans une solution au 1/100 d'acide chlorhydrique, à laquelle on a ajouté un peu de

[1] On séparerait le stroma en faisant tomber goutte à goutte du sang dans un creuset métallique refroidi à — 17°, de manière que la congélation se fasse instantanément; le sang dégelé lentement et examiné vers + 10 ou + 15° donne un liquide coloré dans lequel des globules incolores tombent au fond. La congélation répétée fait perdre au stroma son insolubilité.

[2] Le sang de cheval est le seul qui fasse exception; les globules se déposent avec rapidité quand on recueille le sang dans une éprouvette haute et étroite; le liquide incolore qui surnage ne tarde pas à se coaguler.

chlorure de sodium; ce sont là les caractères de la substance dite *fibrinoplastique*. L'addition d'éther favorise la filtration.

La *solution éthérée* qui surnage contient les graisses, la cholestérine, la lécithyne et une matière colorante jaune.

La *solution aqueuse* pourra cristalliser lorsqu'elle provient du sang de cochon d'Inde, de rat, de chien; elle contient le corps que l'on nomme *hémoglobine*.

§ 220. **Hémoglobine.** — L'hémoglobine est une substance de composition très-complexe, dont on ne connaît pas encore la formule rationnelle. Sa composition centésimale serait :

C	54,2	55,64
H	7,2	7,11
Az	16,0	16,19
O	21,5	21,02
S	0,7	0,66
Fe	0,42 (Hoppe)	0,43 (Schmidt)

Il n'est pas encore démontré que l'hémoglobine des diverses variétés du sang présente toujours la même composition et contienne notamment des proportions identiques de fer [1]. Ce qui tendrait à prouver le contraire, c'est que le sang des divers animaux fournit des cristaux appartenant à des systèmes différents, ne cristallisant pas avec la même facilité [2], et de solubilité différente.

[1] Cochon d'Inde fer = 0,48 ; écureuil = 0,59.

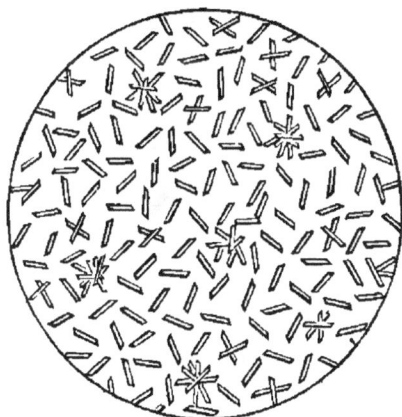

Fig. 94. — Hémoglobine du sang de chien.

[2] Consultez à cet égard le travail de Preyer, « *die Blutkristalle* 1871 » qui a étudié, sous ce rapport, le sang d'un très-grand nombre d'animaux. Le sang d'homme cristallise avec difficulté (rhombes et prismes à quatre pans), *fig.* 95 *a* et *b*; celui du chat, *fig. c* (prismes à quatre pans avec une ou deux facettes obliques), du chien, *fig.* 94 (prismes à quatre pans avec une facette latérale quelquefois oblique, système rhombique), du cochon d'Inde, *fig.* 95 *d* (tétraèdres du système rhombique mais paraissant presque réguliers), de l'écureuil, *fig.* 95 *f* (prismes hexagonaux, système hexagonal), du rat (tétraèdres), du cheval (prismes à quatre pans

L'hémoglobine est soluble dans l'eau ; une solution saturée à +5° en contient environ 2 p. 100 ; cette solubilité est augmentée notablement par la chaleur, par les liquides alcalins et par le sérum. L'hémoglobine peut être chauffée à +100° lorsqu'elle a été complétement desséchée à une température très-basse ;

les solutions étendues se troublent entre +70 à +80° ; il se forme de l'albumine coagulée et de l'hématine. L'alcool concentré la décompose ; l'alcool étendu et froid paraît être sans influence. Elle est décomposée par tous les agents qui modifient les matières albuminoïdes ; remarquons cependant que l'ammoniaque et les carbonates alcalins l'attaquent bien moins énergiquement que les acides.

Le sang a la propriété de fixer une quantité d'oxygène

Fig. 95. — Cristaux d'hémoglobine.

plus considérable qu'on ne devait s'y attendre en ne tenant compte que de la solubilité physique. Il est démontré aujourd'hui

et rhombes), de l'oie (rhombes à quatre faces ou lamelles hexagonales, cristallise avec la plus grande facilité) ; le sang de bœuf, de mouton, de porc, de pigeon ne cristallise que dans des circonstances exceptionnelles, que cette propriété appartient au globule ou, pour mieux dire, à l'hémoglobine ; car, d'une part, la quantité d'oxygène capable d'être absorbée est en rapport avec la proportion d'hémoglobine, et, d'autre part, l'addition d'une petite quantité d'acide (qui altère l'hémoglobine) fait tomber le pouvoir d'absorption de 50 et même de 70 p. 100.

L'oxygène semble former avec l'hémoglobine une combinaison plus ou moins stable, que l'on nomme *oxyhémoglobine*.

Cette combinaison est décomposée par l'*oxyde de carbone*, qui se substitue à volume égal à l'oxygène sans que la forme cristalline ne soit changée. La nouvelle combinaison est même plus stable que l'ancienne ; elle n'éprouve pas de modification sous l'influence des agents réducteurs ; le *bioxyde d'azote* seul peut en déplacer de l'oxyde de carbone pour former une nouvelle combinaison à proportions définies.

§ 221. **Propriétés optiques de l'hémoglobine.** — L'hémoglobine et ses diverses combinaisons présentent, lorsqu'on les examine au spectroscope, des réactions très-nettes et très-caractéristiques.

L'échelle du spectroscope étant placée de la manière suivante, la raie D à la division 80, la raie E à 106, la raie b à 111, la raie F à 130,5, on verra, quand on examine une solution de sang dans l'appareil de Herrmann (p. 314), une bande noire répandue sur tout le spectre laissant apparaître vaguement le rouge ; le rouge apparaîtra plus nettement avec un peu de vert, quand on réduira l'épaisseur de la couche de sang examinée. La bande noire s'amincira de plus en plus quand on rapproche les deux lames de l'appareil et finira par se résoudre en deux bandes (*Pl.*, *fig.* 2), l'une très-fine α et bien délimitée, l'autre plus large β, mais à contours peu tranchés ; la raie fine se trouve comprise entre les divisions 81 et 87, l'autre entre 91 et 106 ; le spectre ne sera visible que jusqu'à 148 ou 150. Ce sont là les caractères de l'hémoglobine en combinaison avec l'oxygène, nommé aussi *oxyhémoglobine*.

On fait communément l'expérience d'une manière inverse en diluant le sang défibriné par une addition ménagée d'eau distillée. On ne voit pas de spectre lorsque le liquide est assez concentré; le rouge apparaît en premier lieu, puis le vert; la bande entre le rouge et le vert finit par se résoudre par une plus grande dilution dans les deux bandes caractéristiques. Cette réaction est très-sensible, car un liquide qui ne renferme que 1/1000 d'hémoglobine et examinée sous une épaisseur de 1 centimètre, présente encore nettement les deux bandes. Le sang traité par de l'acide carbonique, ou débarrassé de ses gaz par le vide, perd son aspect rutilant et prend une couleur framboisée; les phénomènes optiques sont également modifiés; les deux bandes ont disparu et sont remplacées par une bande unique située dans l'intervalle clair qui séparait les deux bandes précédentes. Cette bande γ (*Pl.*, *fig.* 3), large mais à contours peu nets, se nomme *bande de Stockes*, et caractérise l'*hémoglobine réduite*. Elle disparaît pour faire place aux deux bandes primitives quand on agite le sang avec de l'oxygène.

On l'obtient encore en traitant le sang par des agents réducteurs comme le sulfure d'ammonium, le sulfate ferreux ou le tartrate en solutions ammoniacales.

On a prétendu que le sulfure d'ammonium pouvait décomposer l'hémoglobine et donner naissance à de l'hématine réduite qui présente deux bandes d'absorption qu'un examen superficiel ferait confondre avec les deux bandes normales; un sulfure d'ammonium bien préparé et employé en quantité modérée m'a toujours réussi, et je conseille son emploi de préférence aux autres agents réducteurs.

La combinaison bien définie et cristallisée de l'hémoglobine avec l'oxyde de carbone, présente quelques propriétés optiques particulières. L'*hémoglobine oxycarbonique* donne également deux bandes, l'une δ entre 82 et 90, et l'autre ε entre 105 et 106; la bande de gauche est un peu plus large que celle de l'oxy-hémoglobine [1]; mais le caractère particulier de ces deux bandes est de ne pas être réduites par les agents réducteurs. Le sang saturé d'oxyde de carbone se conserve très-longtemps à l'air

---

[1] L'épaisseur du liquide examiné était toujours de 1 centimètre.

inaltéré ; sa conservation en vases clos est pour ainsi dire illimitée (14 à 15 ans).

§ 222. **Préparation de l'hémoglobine.** — On doit consacrer à cette préparation du sang de cheval mieux encore celui du chien.

On abandonne ce dernier à la coagulation, et l'on décante après vingt-quatre heures tout le sérum ; on lave rapidement le caillot avec un peu d'eau distillée glacée et on le fait congéler ; on le triture et on le lave sur un filtre avec de l'eau glacée jusqu'à ce que les eaux de lavage ne précipitent plus que faiblement par le sublimé corrosif ; l'eau tiède à + 40° est alors employée pour dissoudre le globule.

On recueille le liquide filtré dans un cylindre gradué ; on détermine sur une petite quantité, le volume d'alcool nécessaire pour produire un commencement de trouble persistant ; et on calcule la quantité d'alcool nécessaire pour précipiter le volume total.

On mêle le liquide sanguin avec une quantité d'alcool moindre que celle qui a été déterminée par le calcul, et on abandonne le mélange dans une glacière ou dans un mélange réfrigérant.

Il se dépose après quelques heures des cristaux microscopiques, qu'on lave avec de l'eau glacée légèrement alcoolisée. Les lavages se font rapidement par décantation ; on les continue jusqu'à ce que les eaux de lavage ne précipitent plus par les sels métalliques. On peut faire recristalliser l'hémoglobine par dissolution à + 40° et refroidissement à zéro ; elle se conserve lorsqu'on la dessèche à une température inférieure à + 10°.

La préparation de l'hémoglobine par le sang de cheval se fait plus facilement encore, car les globules se déposent avec facilité et peuvent être isolés plus aisément du sérum. Il suffit de les dissoudre dans l'eau à + 40° et de continuer la préparation comme nous l'avons indiqué. Il est facile d'obtenir des cristaux de sang, en traitant les globules du sang de cheval, de chien, d'oie ou de cobaie par une petite quantité de bile; les cristaux sont impurs mais leur formation est assez nette pour pouvoir faire l'objet d'une démonstration de cours.

§ 223. **Hématine.** — L'hémoglobine, sous l'influence des acides, des bases, de l'alcool, de l'éther, de l'ozone, se décompose avec facilité en trois produits : une matière albuminoïde[1], une substance chromogène qui absorbe l'oxygène et se transforme en *hématine*, des acides gras volatils.

L'*hématine* est remarquable par sa composition ; elle peut être représentée par la formule $G^{96} H^{102} Az^{82} Fe^{3} O^{18}$, qui renferme 8,82 de fer pour 100.

L'hématine solide, réduite en poudre, présente un aspect métallique, brun rougeâtre ; elle est incristallisable, insoluble dans l'eau, l'alcool et le chloroforme ; elle se dissout facilement dans l'alcool acidulé et dans les alcalis.

L'hématine en solution acide (acétique) présente une bande z située entre C et D (*V. Pl.*, *fig.* 5) ; la solution alcaline se caractérise également par une bande un peu plus large[2], qui est plus éloignée de C et se termine à D (*fig.* 6) ; ces bandes, sous l'influence des agents réducteurs, disparaissent et sont remplacées par deux nouvelles bandes situées à droite de D comprises dans l'espace où se trouvent les bandes normales ; on les différencie par leur aspect ; la première est très-large et confuse, la seconde est au contraire plus nette mais plus mince.

L'hématine forme avec les acides, et notamment avec l'acide chlorhydrique, une combinaison cristallisée vue au microscope que Hoppe-Seyler nomme chlorhydrate d'hématine en lui donnant pour formule $C^{96} H^{102} Az^{12} Fe^{3} O^{18} HCl$. C'est le même corps que Teichmann avait isolé sous le nom de *cristaux* d'*hémine*.

Cette combinaison a une teinte violacée et un reflet métallique ; sa poudre est brune, insoluble dans les dissolvants neutres, les solutions alcalines étendues ; les alcalis en solution

---

[1] Les acides la transforment en acidalbumine, les alcalis en albuminate alcalin.

[2] Les divers acides donnent naissance à des bandes supplémentaires dont le nombre et la position paraissent varier avec la nature de l'acide et la durée de son action.

concentrée, la dissolvent, mais elle est reprécipitée par les acides et par les sels alcalins et terreux.

On obtient les cristaux d'hématine en quantité notable, en précipitant le sang défibriné par son quadruple volume d'alcool, on exprime le coagulum à une forte presse, on le divise finement et on le passe à travers un tamis. On fait digérer la poudre au bain-marie avec de l'alcool fortement acidulé par de l'acide sulfurique ; on filtre le liquide bouillant, on lui ajoute une quantité suffisante de chlorure de sodium, pour transformer l'acide sulfurique en sulfate (un excès de sel est nuisible) et le dixième de son volume d'eau ; on chauffe au bain-marie à $+100°$ pendant une heure et on laisse re-

Fig. 96. — Hématine cristallisée.

froidir ; le précipité décanté, lavé successivement avec de l'eau, de l'alcool et de l'éther est du chlorhydrate d'hématine pur. On peut en extraire l'hématine en précipitant sa solution alcaline par de l'acide sulfurique étendu.

Les cristaux biréfringents appartenant au système rhombique sont très-nets et peuvent être observés facilement avec un gros-

Fig. 97. — Hématine cristallisée.

Fig. 98. — Hématine cristallisée.

sissement de 300 diamètres. Les formes sont un peu variables, car les cristaux ne se déposent pas toujours avec la même netteté. Les formes représentées par les *fig.* 96, 97, 98 s'observent le plus facilement. La cristallisation réussit encore avec quelques gouttes d'eau rougie par le sang ; il suffit de les abandonner à l'évaporation spontanée sur une lame de verre, et de reprendre le résidu desséché par de l'acide acétique cristallisable ; l'on évapore à feu doux, après avoir recouvert la préparation d'une lame de verre ; les cristaux se forment surtout près des bords.

L'essai peut échouer lorsque le sang a été privé d'une partie de son chlorure de sodium, ce qui est le cas pour les taches de sang qui ont subi un lavage ; on tourne cette difficulté en ajoutant à l'acide acétique une proportion presque imperceptible de chlorure de sodium. L'addition de chlorure de sodium est la partie difficile de l'opération ; que d'expérimentateurs n'ont-ils pas décrit comme cristaux du sang des cristaux qui avaient une tout autre composition ! L'erreur était encore plus facile quand on substituait à l'acide acétique de l'acide tartrique.

§ 224. **Fibrine, substance fibrinoplastique, leucocytes.** — Le sang contient, outre les globules et la sérine, d'autres matières albuminoïdes parmi lequelles je citerai en premier lieu la fibrine. Ce corps n'existerait pas dans le sang, mais se produirait par la réaction de la substance fibrinoplastique sur la substance fibrinogène ; la première étant en excès, le sang contient toujours, après sa coagulation, de la substance fibrinoplastique. Cette expérience serait justifiée par l'expérience suivante :

On étend le sérum de vingt fois son volume d'eau et l'on obtient par l'addition de quelques gouttes d'acide acétique ou par un courant d'acide carbonique un précipité blanc floconneux ; ce précipité se réunit au fond du vase et se dissout dans de l'eau légèrement salée ; une solution concentrée de chlorure de sodium précipite de nouveau le corps dissous. La substance ainsi isolée porte les noms de *substance fibrinoplastique*, de *paraglobuline* ou de *sérum-caséine*.

Sa dissolution dans l'eau faiblement chlorurée se prend en gelée quand on lui ajoute la *substance fibrinogène* (en suspension dans l'eau) que l'on obtient en traitant par l'acide acétique ou carbonique, le liquide étendu des séreuses (hydrocèle, péri-

carde). Cette théorie[1] de la formation de la fibrine n'est pas
universellement admise ; elle se rapproche beaucoup de celle
de Denis.

Le plasma du sang, contient d'après cet auteur, de la *sérine*
et de la *plasmine*. On reçoit le sang au sortir de la veine dans
une solution de sulfate de sodium qui en empêche la coagulation ; le liquide décanté des globules contient de la sérine et de
la plasmine ; cette dernière est précipitée par l'addition de sel
marin en poudre. La plasmine se dissout dans quinze ou vingt
fois son volume d'eau, mais se dédouble peu de temps après en
fibrine concrète, qui se coagule et en *fibrine dissoute* qui reste
en solution, mais peut être précipitée par l'addition de sulfate de magnésium [2].

Mantegazza admet que la fibrine est un produit de la sécrétion des globules blancs, qui se forme dès que les globules
sont retirés de l'économie, et dans l'économie même lorsqu'ils
sont en contact avec des parois enflammées.

Béchamp et Estor enseignent que la fibrine est formée par
la réunion des microzymas du sang[3] et des produits de leur
sécrétion aux dépens des matières albuminoïdes.

Ces faits curieux, n'ont pas encore trouvé leur application
dans l'analyse ; il nous reste à dire un mot des globules blancs.

Les *globules blancs ou leucocythes*, existent en petite quantité dans le sang normal (1 pour 300 de globules rouges) ; ils

---

[1] On peut obtenir de la fibrine en filtrant du sang de grenouille additionné
d'eau sucrée ; les globules sont retenus sur le filtre, et le plasma incolore
fournit par le battage de la fibrine.

[2] Il y aurait pour 1000 de sang, 50 de sérine, 3 à 4 de fibrine concrète
et 22 environ de fibrine dissoute.

[3] Toute cellule animale contient d'après ces auteurs des granulations vi-
vantes, pouvant se reproduire ; on les nomme *microzymas*. Ils peuvent se
réunir, perdre leur forme sphérique et constituent alors les *torulas* et les
bactéries en s'allongeant davantage. Ces organites sont imputrescibles,
insolubles dans l'acide acétique étendu et la potasse au dixième ; ils sont mo-
biles et fluidifient rapidement l'amidon, qu'ils transforment en amidon soluble. Ce sont ces microzymas qui développeraient les diverses fermentations en donnant naissance, suivant les milieux, aux divers ferments étudiés
jusqu'à présent

augmentent dans quelques cas pathologiques. On ne peut les isoler, aussi ne connaît-on que peu leur nature chimique; on admet qu'ils contiennent du protagon. Leur forme est représentée par les figures 99 et 100; ce sont des globules ronds à noyaux à surfaces un peu granuleuses, qui tombent moins rapidement au fond que les globules rouges; aussi sont ils plus abondants dans la partie supérieure que dans la partie inférieure du caillot. Le diamètre des globules blancs varie entre $0^{mm},006767$ et $0,011279$.

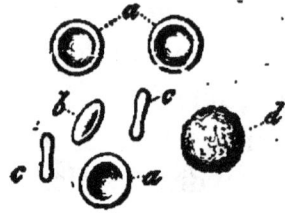

Fig. 99. — Globules du sang; *b* rouge; *a, c, d*, globule blanc dit corpuscule lymphatique.

Ils donnent naissance à cette membrane blanche connue sous le nom de *couenne inflammatoire*, qui a tant préoccupé les pathologistes et qui recouvre souvent le sang. Ce dernier se coagule dans ces cas avec lenteur; il s'ensuit que les globules rouges seront précipités et seront surnagés par une couche de plasma qui ne contient plus que des leucocytes; la coagulation se faisant, ces derniers sont emprisonnés par la fibrine et forment une partie de la couenne.

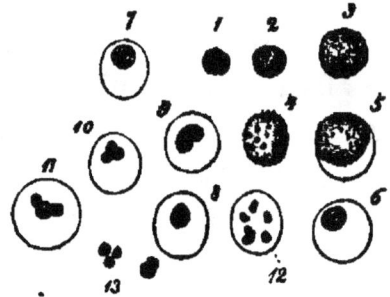

Fig. 100. — Globules blancs du sang de l'homme, 1 à 3 globules non altérés, 4, chargé de granulations graisseuses, 5, après l'action de l'eau, 6 à 11, apparition des noyaux; 12, noyau divisé en 6 parcelles après l'emploi de l'acide acétique; 13 noyaux libres.

On détermine d'une manière *très-approximative* le chiffre des globules blancs, en examinant une gouttelette de sang au microscope et en comptant le nombre de globules rouges de globules blancs.

L'analyse ne peut entrer dans tous les détails que nous venons d'indiquer et l'on se contente de doser la fibrine et la sérine, sans chercher à déterminer chacun des divers éléments qui sont compris sous ce nom.

§ 225. **Analyse du sang**. — Cette analyse présente beaucoup de difficultés d'exécution ; les résultats obtenus par divers auteurs, même pour le sang physiologique ne sont pas
toujours d'accord ; aussi devient-il impossible de comparer
entre elles des analyses faites par des procédés différents.

Les différences sont surtout bien tranchées en ce qui touche
l'élément le plus important, le globule ; on peut, en effet doser
le globule directement, par différence, d'après la quantité de
fer qu'il contient, par la proportion d'hémoglobine qu'il fournit, etc., etc.

Ces divers procédés fournissent des chiffres différents, et l'on
ne pourra tirer de déductions des analyses des sangs pathologiques que si l'on possède comme terme de comparaison une
analyse du sang normal faite par le même procédé [1].

Deux cas peuvent se présenter dans les analyses de sang ;
le chimiste peut recueillir le sang au moment de la saignée,
ou l'on ne lui remet que le sang déjà coagulé.

Premier cas. — On reçoit au moment de la saignée le
sang dans deux vases de Bohême de capacité presque égale [2],
50 à 60 grammes dans chaque vase. Le vase (A) est abandonné
dans un endroit frais, à la coagulation ; le vase B est recouvert d'une coiffe en caoutchouc, dans laquelle est fixée au
milieu une lame flexible de baleine ; on peut ainsi agiter
lentement le sang pendant qu'il est chaud, de manière
qu'il se coagule, sans perdre d'eau par évaporation. On pèse le

---

[1] Il est à regretter que ces indications ne se trouvent que rarement indiquées dans les mémoires originaux, plus rarement encore dans les extraits.
On doit se méfier surtout des analyses venant d'Allemagne, où l'on fait figurer, non le poids du globule sec, mais celui du *globule physiologique*, qui
est trois à quatre fois plus fort ; il en résulte que les chiffres indiqués
comme correspondant à des états morbides en Allemagne, coïncident en
France avec ceux de l'homme en pleine santé.

[2] Le sang n'a pas la même composition au commencement et à la fin de
la saignée ; on cherche à obtenir deux liquides de composition identique en
recueillant dans l un des vases le premier et le dernier quart, et dans l'autre le second et le troisième quart. — Nous supposerons, pour faciliter les
calculs, que les deux poids de sang sont identiques ; il n'en est jamais ainsi,
mais on tient facilement compte des différences par les calculs.

tout et comme on connaît par une pesée préalable le poids
du vase, du caoutchouc et de la baleine, on a par différence le
poids du sang ; soit P ce poids.

On retire la baguette du liquide ; la fibrine y est adhérente
le plus souvent. On la met de côté et l'on filtre le liquide à
travers une mousseline très-fine qui retient les flocons de
fibrine qui sont restés en suspension. On détache la fibrine de
la baguette et on la joint à celle qui se trouve sur la mousseline ; on en fait un nouet qu'on lave à l'eau distillée en
exerçant de légères pressions jusqu'à ce que les eaux de lavage
s'écoulent incolores. On détache mécaniquement la fibrine, on
la sèche à + 105° ; on la fait bouillir avec de l'alcool, puis
avec de l'éther ; on la dessèche une seconde fois à + 105°, on
l'introduit dans un tube taré que l'on peut fermer (elle est
très-hygroscopique) et on la pèse. On a ainsi le poids de fibrine
f contenu dans P de sang,

Le sang débarrassé de fibrine et filtré pèse $(P - f)$. On
en prend un poids p (environ 10 grammes) ; on le dessèche à
à + 105° ; la perte de poids représente l'eau ; le résidu contient
l'albumine, les globules, la graisse (cholestérine), les matières
solubles dans l'eau et dans l'alcool contenus dans le sérum (nous
les désignerons par *matières extractives* pour abréger) et les
sels. L'incinération du résidu fournit le poids des sels solubles
et insolubles, que l'on peut séparer comme il est indiqué
p. 285

Ces résultats obtenus pour un poids p sont rapportés par le
calcul à P. L'analyse du liquide B a fourni les poids suivants :

Fibrine. . . . . f
Globules, albumine, matière extractive, graisse. . . M
Eau. . . . . E
Sels { solubles. . . . } . . . . S
     { insolubles. . . }

Le liquide (A) a été abandonné à la coagulation ; on décante
le sérum quand le caillot s'est bien contracté et on le soumet

à l'analyse comme il est dit aux Chap. X et XI. On obtient ainsi les poids suivants :

Eau. . . . . p
Albumine. . . . . alb
Matières extractives. . . . . u
Graisse et cholestérine. . . . . g
Sels { solubles. . }
     { insolubles. } . . . . s.

On admet l'*hypothèse suivante*, qui est *fausse ;* les globules sont contenus dans le sang à l'état anhydre et toute l'eau E contenue dans le caillot provient du sérum.

On calcule à l'aide de trois proportions[1] les quantités d'albumine, de graisse et de matière extractive contenues dans le sang débarrassé de fibrine. La différence entre le poids M et la somme de ces trois corps représente le poids des globules. Les globules et la fibrine sont sensés ne pas contenir de sels.

Deuxième cas. — Le sang ne peut être soumis à l'analyse qu'après sa coagulation.

On décante le sérum et on l'analyse comme nous l'avons indiqué, en notant exactement le poids de tout le sérum que l'on peut séparer. On pèse, d'autre part, le caillot humide, et on le divise perpendiculairement en deux parties[2]. Soit P le poids de la moitié du caillot ; on le dessèche à + 105°, et le poids que l'on obtient représente : les globules, la fibrine, les graisses, les matières extractives, les sels solubles et insolubles et le *sérum* emprisonné dans le caillot ; la perte de poids représente l'eau.

On détermine directement le poids des sels par l'incinération, celui de l'albumine du sérum, des graisses et des matières extractives, par le calcul en admettant l'hypothèse pré-

---

[1]
$$p : alb = E : Alb$$
$$p : u = E : U$$
$$p : g = E : G$$

[2] La coupe doit être faite de haut en bas, parce que la partie supérieure du caillot est moins riche en globules que la partie inférieure. Voyez couenne du sang.

cédente. On obtient par différence le poids de la fibrine et des globules. La seconde partie du caillot, introduite dans un nouet de mousseline, nous fournit la fibrine en suivant les précautions indiquées plus haut ; le poids des globules nous est donc connu. Les calculs se conduisent comme dans le premier cas, en rapportant le poids de tous les éléments à l'ensemble du sang ; quelquefois au contraire on fait figurer à part la composition pour mille du sérum et celle du caillot en notant le rapport qui existe entre eux.

§ 226. **Dosage de l'hémoglobine.** — Dans ce procédé, suivi souvent en Allemagne, on ne détermine plus le poids du globule mais l'*hémoglobine*. L'analyse du sérum et de la fibrine se fait comme nous l'avons indiqué plus haut, mais on détermine directement le poids de l'hémoglobine en se servant soit des procédés optiques, soit du dosage du fer retiré de l'hémoglobine.

Dosage du fer contenu dans l'hémoglobine. — 100 d'hémoglobine cristallisée contiennent, comme nous l'avons dit, $0^{gr},42$ de fer métallique.

On évapore environ 100 grammes de sang défibriné dans une capsule de platine ; on élève la température quand la masse est devenue friable en évitant le boursouflement ; on ne donne un coup de feu que lorsque ce dernier n'est plus à craindre. On traite le résidu brun par 20 à 30 cent. d'acide chlorhydrique étendu de son volume d'eau ; on ajoute au liquide bouillant de 20 à 30 cent. cubes d'eau et l'on décante le liquide filtré. Le résidu est incinéré à nouveau pour détruire le reste de charbon ; on filtre pendant ce temps les eaux de lavage. On reprend le nouveau résidu par de l'acide chlorhydrique et l'on répète l'extraction et l'incinération à trois ou quatre reprises ; on incinère finalement le filtre qui a servi aux filtrations et on dissout les cendres dans le liquide acide.

Ce dernier est introduit dans un ballon avec du zinc divisé très-pur, dans lequel on fait passer, comme l'indique la figure 101, un courant d'acide carbonique ; on chauffe et l'on dose le fer quand le chlorure ferrique a été réduit à l'état de chlorure ferreux par l'hypermanganate de potassium. Soit f le poids du fer trouvé dans 100 grammes de sang défibriné ; on obtiendra le poids d'hémoglobine par la proportion suivante :

$$100 : 0{,}42 = x : f$$

d'où

$$x = f \times \frac{100}{0{,}42} = f \times 238{,}1 .$$

On doit faire à ce procédé les objections suivantes : le coefficient de 0,42 est-il bien établi? ce chiffre trouvé pour l'hémoglobine du chien est-il applicable à celle de l'homme? En fût-il ainsi, le procédé aurait encore l'inconvénient grave de multi-

Fig. 101

plier les erreurs de dosage (très-faciles dans le cas particulier) par 238, ce qui transforme l'erreur la plus légère en erreur grossière.

Dosage de l'hémoglobine par les propriétés optiques. Deux cuves hématinométriques de 1 centimètre d'épaisseur intérieure sont nécessaires, ainsi qu'une solution normale d'hémoglobine. On prépare de l'hémoglobine (p. 322) avec du sang de chien et on la purifie par cristallisation; on la dissout dans de l'eau et on détermine par l'évaporation le poids p d'hémoglobine contenue par cent. cube. On étend ensuite 10 cent. cub. de cette solution avec 60 cent. cub. d'eau distillée et l'on a ainsi la *solution normale*; on en remplit une cuve hématinométrique; on sait que cette solution contient $10 \times p$ d'hémoglobine dissous dans 70 cent. cub. de liquide ou par cc $\dfrac{10 \times p}{70} = p \times 0,7$.

On pèse 20 grammes du sang défibriné qui doit être analysé et on l'étend à 400 cent. cubes; on verse du mélange 10 cent. cub. dans la seconde cuve hématinométrique. Les deux cuves sont placées l'une à côté de l'autre sur une feuille de papier, et l'on observe la lumière réfléchie par le papier. La solution normale étant plus concentrée, on ajoute de l'eau distillée à l'aide d'une burette divisée en 1/10 de cent. cub. jusqu'à ce que les deux teintes soient identiques. Supposons qu'il ait fallu ajouter 28 cent. cub. Chaque cent. c. de ce liquide ayant la même dilution que la solution normale contient $0,7 \times p$ d'hémoglobine ou pour les 38 $^{cc·}$ $0,7 \times p \times 38$. C'est là la richesse de 10^{cc} du sang dilué; ce dernier a été obtenu en étendant 20 grammes de sang à $400^{cc·}$; ces $400^{cc·}$ ou les 20 grammes de sang contiendront par suite $0,7 \times 38 \times 40$ d'hémoglobine et il sera facile de trouver combien il y en a pour cent. On contrôle cette détermination en recommençant la même opération avec une solution normale plus diluée. Ce procédé semble très-commode; malheureusement il suppose que l'hémoglobine de toutes les provenances a le même pouvoir colorant, et nécessite la préparation de l'hémoglobine pure qui ne réussit pas dans toutes les saisons. Hoppe-Seyler a cherché à tourner cette dernière difficulté en transformant l'hémoglobine en hématine et la comparant à une solution d'hématine normale, de conservation et de préparation plus faciles. On introduit ainsi dans le calcul une nouvelle hypothèse, et la comparaison des teintes d'hématine est plus difficile à faire que celle des teintes d'hémoglobine; ces motifs m'empêchent de recommander le procédé.

Dosage de l'hémoglobine par le spectroscope. — Ce procédé repose sur l'apparition successive des diverses couleurs du spectre quand on étend le sang avec de l'eau. Preyer croit que le moment le plus facile à saisir est celui où la couleur verte commence à apparaître; une solution normale d'hémoglobine est nécessaire également, mais une fois seulement, tant qu'on se sert des mêmes instruments.

On a besoin d'un spectroscope (le modèle le plus simple peut convenir), d'une cuve hématinométrique de 1 centimètre d'écartement intérieur, d'une pipette, d'une burette permettant d'ajouter des 1/100 de cent. cube, et d'une source lumineuse d'intensité constante (pétrole ou gaz).

On ajoute à un demi-centimètre cube d'une solution titrée d'hémoglobine placée dans la cuve hématinométrique de l'eau jusqu'au moment où l'on voit apparaître la teinte verte. Soit e le volume de l'eau ajoutée et K la quantité d'hémoglobine contenue pour cent de solution normale. Le sang contiendra pour cent un poids d'hémoglobine donné par la formule

$$x = \frac{K\,(e + 0{,}5)}{0{,}5} = K\,(1 + 2e).$$

L'auteur a trouvé K = 0,8; on fait cette détermination une fois pour toutes[1] et l'on ne change plus rien dans les essais ultérieurs à l'écartement de la fente, à l'intensité de la source lumineuse, à sa distance au spectroscope et à la cuve.

Le sang défibriné sera *agité avec de l'air;* on en mesurera 1/2 cent. cub., auquel on ajoute immédiatement son volume d'eau pour dissoudre les globules; on remue avec une spatule en ivoire et l'on ajoute l'eau distillée à l'aide d'une burette divisée en 1/10 de cent. cube (qui permet d'apprécier les 1/10 de division) jusqu'à ce que l'on voie apparaître la couleur verte. La formule $x = K\,(1 + 2e)$ donne le poids d'hémoglobine contenu dans 100 *cent. cub. de sang;* on ramène facilement ce chiffre au poids quand on connaît la densité du sang.

Ce procédé, d'une exécution rapide et facile, ne convient pas à des déterminations rigoureuses, mais il peut rendre de grands

---

[1] En dosant le fer contenu dans l'hémoglobine.

services lorsqu'il s'agit d'étudier comparativement le sang de diverses personnes ou les modifications que cette humeur subit sous des influences pathologiques ou thérapeutiques ; il a de plus l'avantage de n'exiger qu'une quantité très-faible de liquide toujours facile à se procurer.

§ 227. **Dosage du globule physiologique.** — Les globules figurent dans nos analyses comme globules secs ; cette hypothèse est fausse, car le globule est naturellement gonflé et contient de l'eau et même d'autres principes. On a cherché par beaucoup de procédés à déterminer le poids du globule humide ; les analyses faites il y a quelques années représentent le poids du globule humide par le produit du poids du globule sec par 4[1].

On a cherché dans ces derniers temps à déterminer la quantité de globules non par le calcul, mais par l'expérience. Divers procédés ont été proposés ; aucun n'est à l'abri de la critique ; je ne citerai que le procédé de Bouchard, qui est le plus rapide.

On laisse coaguler un poids donné de sang dans une capsule ; on décante le sérum quant le caillot s'est rétracté et on détermine par n'importe quelle méthode la proportion d'albumine de sels et d'eau. Le caillot sert à doser la fibrine.

On recueille d'autre part le même volume de sang dans un poids p d'une solution de sucre de canne, marquant 1026 au densimètre, et on l'abandonne à la coagulation. Cette solution n'altère pas la forme du globule sanguin par des phénomènes endosmotiques ou exosmotiques. On décante le sérum et on détermine la proportion d'albumine contenue dans 1 de sérum sucré.

Soit a le poids d'albumine contenu dans 1 gramme de sérum et a', celui contenu dans 1 de sérum sucré. x représente la quantité inconnue de sérum, et ax le poids d'albumine contenu dans ce dernier.

Le sérum sucré pèse $x+p$ et contient par gramme a' d'al-

---

[1] On a déterminé ce coefficient par divers procédés, entre autres en mesurant le retrait que le globule subit quand il se dessèche ; d'autres auteurs ont calculé leurs résultats avec un coefficient un peu différent de 4.

bumine, ou $(x+p)$ a' pour toute la quantité. Il est évident *que
si le globule n'est pas décomposé*, la proportion d'albumine
n'aura pas changé dans le sang additionné de sucre ; nous éga-
lerons les deux valeurs

$$(x + p)\, a' = ax,$$

et nous en tirons

$$x = \frac{pa'}{a - a'}.$$

Nous connaissons le poids du sang sur lequel nous opérons
(15 à 20 gr. suffisent) ; nous avons déterminé le poids de la
fibrine et du sérum ; la différence représente le poids des globules humides. Les résultats sont rapportés à 1000 par le calcul.

§ 228. **Des matières dites extractives.** — On comprend
sous ce nom l'ensemble de toutes les substances qui n'ont pas
été dosées ; leur dosage en effet est impossible, soit parce que
ces corps ne possèdent pas de réactions nettes actuellement
connues qui permettent de les isoler, soit parce qu'elles n'existent qu'en quantité impondérable. Nous reviendrons sur cette
question avec plus de détail dans le chapitre consacré à l'urine.

Les matières extractives sont presque toutes contenues dans
le sérum ; c'est donc lui qui doit être soumis à l'analyse après
l'avoir, comme nous l'avons indiqué p. 302, débarrassé des
matières albuminoïdes. Nous avons parlé de la recherche des
corps gras, de *la cholestérine* (p. 305), de *l'inosite*, (p. 306), de
la glucose, de *l'urée* (p. 306) ; il nous reste à dire quelques mots
de la *créatine*, de *la créatinine*, de *l'acide urique*, des *acides et
des pigments biliaires*, de *la leucine et de la tyrosine*, de *l'ammoniaque*, de *l'acide lactique*[1] ; beaucoup de ces composés
existent en quantité très-faible dans le sang normal, mais
leur proportion augmente dans certains cas pathologiques d'une
manière très-notable.

§ 229. **Recherche de l'acide urique.** — Le procédé suivant, dû à Garrod, réussit avec le sang des arthritiques ; on verse

---

[1] Le sang pourra encore contenir des traces de médicaments ou des poisons
qui auront été ingérés.

6 à 8 grammes de sérum dans un verre à fond plat (de 8 cent. environ de diamètre) et on les mélange avec 4 à 6 gouttes d'acide acétique étendu; on y place un fil de lin et l'on abandonne le vase dans un endroit assez chaud pour que le sérum s'évapore lentement; on retire le fil, on l'examine au microscope et on le soumet à l'action de l'acide azotique (p. 157).

Ce procédé ne réussit plus quand le sérum ne contient que des traces d'acide urique; on doit alors consacrer à la recherche de ce principe de notables quantités de sérum. On l'étend de deux à trois volumes d'eau et on précipite l'albumine par l'ébullition en ajoutant, avec précaution, de l'acide acétique (p. 304); le liquide filtré est évaporé à siccité et repris à deux ou trois reprises par de petites quantités d'eau bouillante; on concentre les liquides filtrés, et on les abandonne dans un endroit frais après les avoir acidulés par de l'acide acétique; l'acide urique se sépare; on l'examine au microscope et par l'acide azotique. Rien n'empêche de le recueillir auparavant sur un filtre taré et d'en déterminer le poids.

§ 230. **Recherche de la créatine, de la leucine et de la tyrosine.** — On débarrasse le sérum comme précédemment des matières albuminoïdes; on le précipite par l'acétate de plomb, puis par le sous-acétate; on recueille ces deux précipités pour y rechercher les *acides biliaires* et l'*inosite* (p. 306). On précipite l'excès de plomb du liquide filtré par de l'hydrogène sulfuré, et l'on concentre fortement le nouveau liquide. La *tyrosine* cristallise en premier lieu; on sépare ces cristaux pour les étudier au microscope et les soumettre aux réactions chimiques indiquées p. 146. La *leucine* se sépare par une nouvelle concentration; je préfère de beaucoup précipiter le liquide débarrassé de tyrosine par de l'acétate de plomb ammoniacal; on sépare la combinaison de leucine et d'oxyde de plomb; on la lave avec très-peu d'eau, et on la décompose par de l'hydrogène sulfuré; la leucine se sépare alors du liquide filtré et concentré dans un état de pureté suffisant pour être soumis à l'examen des réactifs (p. 146).

Le liquide filtré après séparation de la leucine est précipité par l'hydrogène sulfuré, refiltré et concentré; la *créatine se sépare* à l'état cristallisé, et l'on peut précipiter la *créatinine* par le chlorure de zinc.

§ 251. **Recherche des acides et des pigments biliaires.** — On lave les précipités obtenus précédemment par l'acétate et le sous-acétate de plomb et on les dessèche. L'alcool bouillant redissout les glyco et les taurocholates de plomb; on évapore le liquide alcoolique et on le reprend par une solution étendue de soude, qui transforme les sels de plomb en sels de sodium; on évapore de nouveau et l'on reprend le précipité par de l'alcool concentré; on ajoute de l'éther au liquide filtré et on laisse se déposer la masse poisseuse de glyco et taurocholate de sodium. On décante le liquide clair; on redissout le précipité dans un peu d'eau et on le soumet à la réaction de Pettenkofer (p. 153)

Les pigments biliaires doivent être recherchés directement dans le sérum, car la coagulation de l'albumine pourrait en entraîner de notables quantités. La recherche se fait par les procédés que nous indiquerons en détail au § 268; le sérum dans ces cas est souvent coloré en vert.

§ 252. **Recherche de l'acide lactique.** — On sépare l'albumine du sérum, et on précipite du liquide filtré les phosphates et les sulfates, par l'addition d'eau de baryte; on évapore le liquide filtré et on le soumet à la distillation avec de l'acide sulfurique étendu; on recherchera dans le liquide distillé les acides volatils (butyrique, caproïque, etc.); le résidu est repris par de l'alcool absolu. On décante le liquide alcoolique parfaitement éclairci; on l'évapore et on le reprend par un lait de chaux; on filtre le liquide bouillant, on précipite l'excès de chaux par un courant d'acide carbonique, et l'on évapore le liquide filtré. On reprend le résidu par de l'alcool bouillant; on décante le liquide clair (il se dépose souvent des masses poisseuses), et on l'abandonne à la cristallisation; le lactate de calcium se dépose avec plus de rapidité lorsqu'on ajoute, à diverses reprises de petites quantités d'éther au liquide alcoolique. On reconnaît ce sel au microscope (*fig.* 15).

On distinguerait l'acide lactique de l'acide sarcolactique, en transformant le sel de calcium en sel de zinc par l'addition de sulfate de zinc; on évapore et on reprend par de l'alcool qui dissout le sarco-lactate et non le lactate. (*V.* pour les caractères distinctifs, p. 125) [1].

Un procédé plus rapide consiste à ajouter de l'éther au liquide barytique après distillation avec l'acide sulfurique; ce traitement est renouvelé à deux ou trois reprises; on évapore les liquides éthérés qui contiennent l'acide lactique; on les reprend par de l'eau, et l'on neutralise le résidu acide avec du carbonate de zinc. Le procédé doit être modifié légèrement quand on a ajouté trop d'acide sulfurique; on sature dans ce cas le liquide éthéré par de l'oxyde de plomb et l'on évapore à siccité; on reprend par de l'alcool étendu qui dissout le lactate; cette solution est décomposée par l'hydrogène sulfuré, évaporée et neutralisée alors par du carbonate de zinc.

§ 253. **Recherche de l'ammoniaque.** — On constate la présence de l'ammoniaque dans le sang par un procédé très-simple; on place le sang dans un vase à précipités dont les bords sont rodés et qui est fermé par une plaque à laquelle on a fixé, à l'aide d'un peu de cire un verre de montre mouillé avec un peu d'acide sulfurique. On abandonne l'appareil pendant 6 ou 8 heures, et on examine l'acide sulfurique du verre de montre avec le réactif de Nessler (p. 17).

Un procédé plus compliqué consiste à faire traverser le sang par un courant d'hydrogène et à faire passer les produits gazeux dans de l'acide sulfurique titré. Le sang s'altérant très-vite et la décomposition de l'hémoglobine étant toujours acompagnée d'une formation d'acide, on peut craindre que cet acide retienne de petites quantités d'ammoniaque; on a proposé d'éviter cette cause d'erreur en ajoutant au sang un peu de chaux; cette addition doit être faite en proportion très-faible, car cette base

---

[1] Des travaux récents sur les diverses variétés d'acide lactique nous expliquent pourquoi l'on obtient tantôt un sel de zinc soluble, tantôt un sel de zinc insoluble dans l'alcool. Nous ne pouvons entrer dans ces détails.

pourrait décomposer les matières albuminoïdes. L'emploi de la magnésie me semble préférable.

§ 234. **Analyse des gaz du sang.** — Le sang contient de l'oxygène, de l'acide carbonique, de l'azote et de petites quantités d'hydrogène ou d'hydrocarbures. L'oxygène est retenu par le globule sanguin d'une manière plus ou moins intime, mais il peut en être déplacé par le vide (procédé Ludwig, Lothar Meyer), par un courant d'hydrogène (procédé de Magnus), ou par l'oxyde de carbone (procédé de Claude Bernard).

Deux procédés surtout sont d'un emploi facile : celui de Claude Bernard et celui de Ludwig modifié par Gréhant.

PROCÉDÉ DE CLAUDE BERNARD. — On introduit sous une éprouvette graduée remplie de mercure 15 à 20^{cc} de sang ; on y fait arriver de l'oxyde de carbone[1], et l'on remue. Après **6** ou 8 heures (mieux encore, après 24 heures) on peut être sûr que l'oxyde de carbone a déplacé tout l'oxygène. On fait passer les gaz sous une éprouvette graduée (soit à l'aide de la pipette de Doyère, soit à l'aide d'une autre disposition, qui est plus commode[2]).

On lit le volume[3] du gaz V ; on y introduit une solution concentrée de potasse ; l'acide carbonique est absorbé et on lit le nouveau volume V'. (V' — V) représente le volume d'acide carbonique ; on introduit maintenant une solution d'acide pyro-

---

[1] On prépare ce gaz en décomposant le ferrocyanure par de l'acide sulfurique concentré, et lavant le gaz par son passage à travers un flacon laveur rempli d'une solution de potasse.

[2] L'éprouvette dans laquelle on mélange les gaz doit être munie à sa partie supérieure d'un robinet ; on peut y adapter un tube à dégagement très-étroit que l'on remplit de mercure et qui communique avec une éprouvette graduée, remplie de mercure. L'éprouvette contenant le sang est placée dans un cylindre rempli de mercure, dans lequel on peut l'enfoncer à volonté ; il est facile en ouvrant plus ou moins le robinet et en enfonçant doucement l'éprouvette de faire passer les gaz, sans trace de sang, sous l'éprouvette graduée.

[3] On fait les corrections de température et de pression d'après la formule

$$V_o = V t \frac{(H - f)}{(1 + 0,00367.\ t)\ 760}.$$

gallique qui brunit s'il y a de l'oxygène ; on lit le nouveau volume V''. (V'' — V') représente le volume de l'oxygène. Ces volumes doivent être rapportés par le calcul à 100 de sang. Cette analyse se fait rapidement, mais elle ne nous renseigne pas sur la proportion d'azote contenue dans le sang.

L'analyse peut se faire d'une manière plus exacte, en employant des réactifs d'absorption sous forme solide. On lit le volume du gaz desséché au préalable par une balle de chlorure de calcium fondue[1]. On note la pression et la température de l'air ambiant en tenant le tube verticalement avec une pince à bouchons, pour ne pas l'échauffer avec la main. On y introduit maintenant une balle de potasse fondue, humectée légèrement, qui absorbe l'acide carbonique. On retire la balle, on dessèche le gaz avec la balle de chlorure de calcium, et l'on refait la lecture avec les précautions indiquées. L'introduction d'une balle de phosphore absorbe l'oxygène ; on lit le volume du gaz après l'avoir desséché, lorsque la balle a cessé d'être lumineuse dans l'obscurité. Il reste dans l'éprouvette de l'oxyde de carbone et de l'azote (soit v leur volume).

L'analyse peut se conduire à partir de ce moment de deux manières ; on façonne des balles de papier mâché que l'on imprègne d'une solution de chlorure cuivreux dans l'acide chlorhydrique ; ce réactif absorbe l'oxyde de carbone ; on retire la balle pour en introduire une nouvelle jusqu'à ce que l'absorption soit complète. On ne lit le volume du gaz restant qui est de l'azote, que lorsqu'on a absorbé les vapeurs acides par la balle de potasse.

Fig. 102.

---

[1] On obtient ces réactifs en coulant le réactif fondu dans un moule à balle et y introduisant, pendant que la masse est encore fluide, un fil de platine ; on opère sous l'eau lorsqu'on prépare des balles de phosphore et l'on y introduit un fil de fer.

Un deuxième procédé consiste à faire ces absorptions dans un eudiomètre de Bunsen[1] (*fig.* 102), qui a l'avantage d'être gradué et d'éviter les transvasements ; on introduit, quand l'absorption de l'acide carbonique et de l'oxygène est terminée, un

Fig. 103.

volume déterminé d'oxygène, et l'on fait passer l'étincelle en donnant au tube la position indiquée par la figure 103. L'acide carbonique provenant de la combustion de l'oxyde de car-

[1] On peut faire la lecture en mesurant, à l'aile d'une lunette, la hauteur de la colonne mercurielle (h au-dessous du niveau de la cuve, puisque le tube est graduée dans toute sa longueur. La formule devient alors

$$V_{\bullet} = V t \, \frac{(H - h - f)}{1 + 0,00367 . \, t \times 760}.$$

(Lorsqu'on n'a pas cet appareil à sa disposition on transporte l'éprouvette, que l'on ferme avec le pouce, dans un cylindre rempli de mercure et l'on amène au contact le niveau intérieur du tube avec le niveau extérieur de la cuve).

bone est absorbé, et l'on déduit du volume d'acide carbonique celui de l'oxyde de carbone[1] (soit v' ce volume). On trouvera l'azote par différence.

Le procédé d'absorption par les réactifs solides est très-exact, mais exige un temps bien plus long que celui par voie humide, qui peut être achevé dans une heure.

§ 235. **Dosage des gaz du sang à l'aide du vide.** — La pompe à gaz construite par Alvergniat, a rendu cette opération des plus faciles. Elle se compose d'un tube fixe, surmonté d'une boule et pouvant communiquer par un robinet à trois voies soit avec l'extérieur par la cuvette supérieure remplie de mercure, soit avec un tube latéral auquel on peut ratta-cher, à l'aide d'un caoutchouc, des ballons ou des tubes fermés. Le tube fixe communique par un long tube en caoutchouc avec une sphère que l'on peut faire monter ou descendre à l'aide d'une crémaillère. L'appa-reil doit contenir assez de mercure pour que la sphère mobile renferme encore du mercure quand elle est à la hauteur de la cuvette fixe. On fait le vide dans cet appareil en donnant au robinet la position (3), descendant le réservoir, puis donnant au robinet la position (2), on remonte la sphère jusqu'à ce qu'elle soit à la même hauteur que le réservoir fixe ; en ce moment, continuant l'ascension lentement, on donne au robinet la position (1). On recommence cette manipulation un cer-

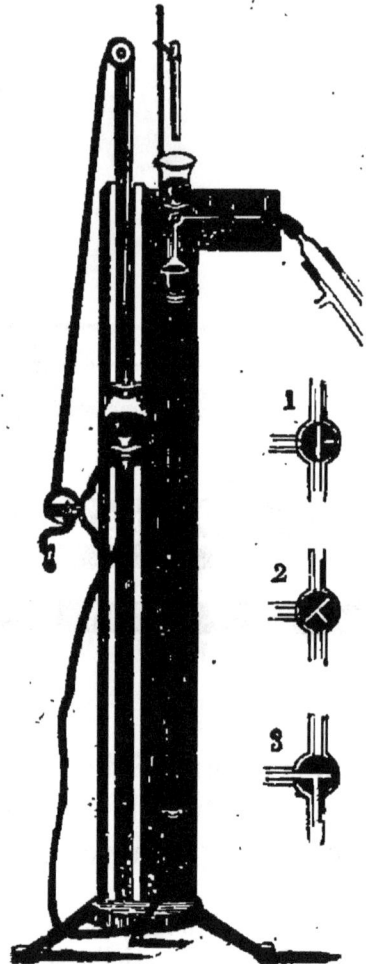

Fig. 104.

---

[1] 1 volume de CO et 1/2 volume de O donne par la déflagration 1 volume de CO_2.

tain nombre de fois. Gréhant préfère faire le vide en remplissant le ballon C par le même artifice que celui qui sert à
introduire le sang avec de l'eau bouillie préalablement et refroidie. On relève le ballon et on fait le vide en descendant la sphère
mobile ; le robinet ayant la position (3) l'eau s'écoule dans A

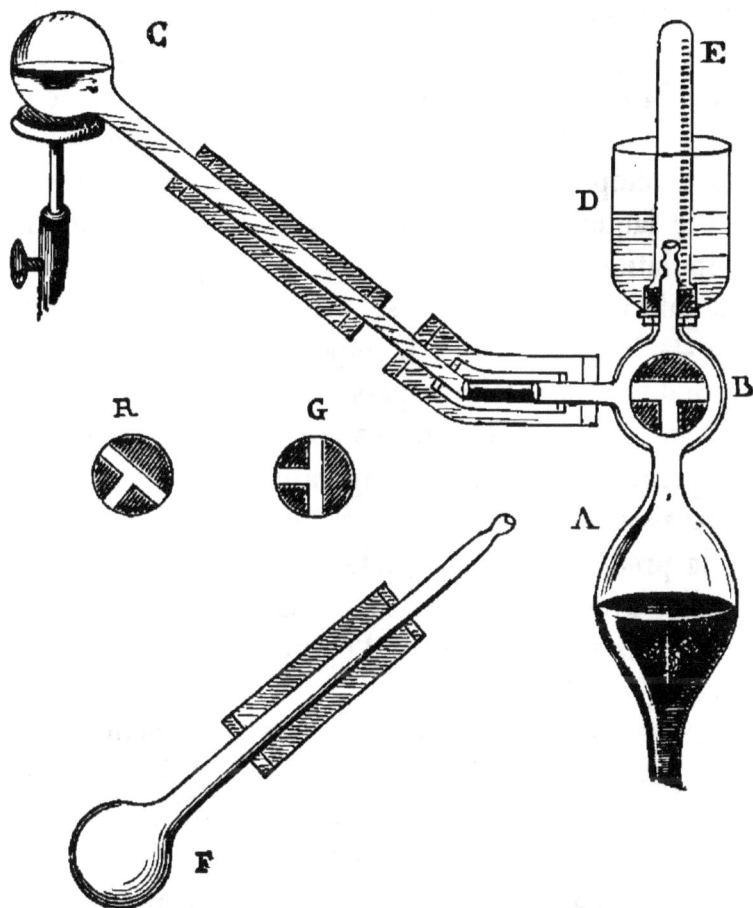

Fig. 105.

(*fig.* 105). On remonte (pos. 2) la boule et on expulse l'eau
par le godet supérieur en donnant au robinet la position (1).
On recommence jusqu'à ce que le tube soit vide d'eau.

On introduit alors dans une pipette terminée à sa partie supérieure par un robinet le sang à analyser ; on peut encore se
servir d'une seringue graduée ; on fait communiquer l'appa-

reil à l'aide d'un petit tube en caoutchouc, avec l'extrémité du tube de la machine pneumatique qui est recouverte par le mercure qui se trouve dans le godet. En faisant faire à B un demi-tour (*fig.* 105) et abaissant le ballon dans la position F on laisse entrer la quantité de sang voulue. Il ne reste plus qu'à enlever la pipette, et l'on a par différence le volume du sang introduit dans l'appareil. On fait maintenant le vide en descendant la sphère (position 3 du robinet) ; puis position (2) on remonte la sphère, et quand elle est arrivée à la hauteur du robinet on donne la position (1) et le gaz se rend sous l'é-prouvette E remplie de mercure que l'on a descendue sur l'ou-verture par laquelle on a introduit le sang. On recommence ces manipulations jusqu'à ce qu'il ne se dégage plus de gaz ; la partie inférieure du tube est placée dans un bain d'eau chauffé à + 35° ou + 40°. Il importe de refroidir la partie supérieure du tube en faisant passer un courant d'eau froide dans le manchon qui l'entoure. La mousse du sang est brune quand l'opération est achevée. L'opération quelque compliquée qu'elle paraisse se conduit avec facilité et rapidité ; il importe d'éviter la production trop abondante de mousse, qui ne doit pas se mêler avec les gaz qui se dégagent. On mesure et on analyse les gaz recueillis dans l'éprouvette par les procédés indiqués au § précédent.

On peut, lorsque l'opération est achevée, introduire dans le sang une petite quantité d'une solution bouillie d'acide tar-trique ; on retire ainsi l'acide carbonique qui était combinée aux alcalis sous forme de carbonate.

§ 236. **Dosage de l'oxygène contenu dans le sang par l'hydrosulfite.** — Ce procédé de dosage, dû à Schützenberger et Ch. Rissler, repose sur la facilité avec laquelle s'oxyde l'hydrosulfite de soude $SNaHO^2$, et la décoloration qu'il fait subir à une solution de carmin d'indigo ou de sulfate de cui-vre ammoniacal.

On prépare l'hydrosulfite en versant dans un flacon rempli de copeaux de zinc et de 150^{cc} environ de capacité, 100 grammes d'une solution saturée de sulfite acide de sodium (marquant 30° à l'aréomètre Beaumé); on agite de temps en temps et l'on verse le liquide après une demi-heure dans 100 grammes d'un lait de chaux (contenant le 1/5 de son poids de chaux); le liquide décanté est étendu à 5 litres environ et conservé dans des vases bien bouchés. Cette solution est titrée à chaque fois et doit être conservée à l'abri de l'air.

Le *sulfate de cuivre ammoniacal* sert à la titrer; on dissout 4^{gr},46 de sulfate cristallisé et pur dans de l'eau ammoniacale et l'on étend au litre. 1^{cc} *de cette solution cède à l'hydrosulfite* 0,1^{cc} *d'oxygène.*

Solution d'indigo. — On délaye à chaud 100 grammes de carmin d'indigo en pâte dans 10 litres d'eau; on titre cette solution une fois pour toutes avec la plus grande exactitude.

Ce dosage doit se faire dans une atmosphère exempte d'air, ce à quoi l'on arrive à l'aide de l'appareil suivant :

Un flacon de 1 litre environ, à trois tubulures, porte à l'une des tubulures latérales un bouchon à deux trous; dans le premier s'engage un entonnoir à robinet de 100^{cc} de capacité qui plonge jusqu'au fond; dans le second, un tube abducteur de gaz qui communique avec un vase rempli d'eau. La seconde tubulure latérale porte un tube par lequel arrive l'hydrogène; ce tube peut être enfoncé plus ou moins dans le bouchon en caoutchouc. La tubulure du milieu est fermée par un bouchon à deux trous dans lequel s'engagent les extrémités de deux burettes de Mohr divisées en 1/10 de centimètres cubes et soutenues par un support commun.

Titrage de l'hydrosulfite et de l'indigo. — L'hydrosulfite est conservé dans un flacon disposé de manière que l'on puisse le retirer sans qu'il ait à subir le contact de l'air.

On verse 25^{cc} de sulfate de cuivre ammoniacal dans le flacon et l'on y fait passer un courant d'hydrogène jusqu'à ce que tout l'air soit déplacé; on laisse écouler ensuite l'hydrosulfite jusqu'à ce que la solution soit décolorée; on fait une première lecture en ce moment; l'addition de quelques nouvelles gouttes fait apparaître une teinte jaune clair (réduction de l'oxyde cuivreux). La moyenne de cette dernière lecture et de la pré-

cédente sert de base aux calculs ; supposons qu'il ait fallu
15^{cc},1 d'hydrosulfite ; ces 15^{cc},1 ayant décoloré 25 de sulfate
cuivrique correspondent à 2^{cc},5 d'oxygène.

En titrant avec les mêmes précautions la solution d'indigo,
on trouve, je suppose, que 4^{cc},6 d'hydrosulfite [1] décolorent
50^{cc} d'indigo. On pose la proportion

$$15,1 : 2^{cc},5 = 4,6 : x^{cc}$$
$$x = 0^{cc},7615$$

50^{cc} d'indigo correspondent, par suite, à 0^{cc},7615 d'oxygène
et 1^{cc} d'indigo à 0^{cc},0152. La solution d'indigo ainsi titrée
une fois pour toutes, servira à doser l'hydrosulfite.

Dosage de l'oxygène contenu dans le sang. — On introduit
dans le flacon précédent 200^c d'eau bouillie et refroidie à
+ 45° et 50^{cc} d'une eau tenant en suspension du kaolin [2]
(10 grammes pour 100), 50^{cc} de solution d'indigo et l'on décolore par l'hydrosulfite sans retour au bleu ; on fait passer
un courant d'hydrogène et l'on s'assure que le liquide ne bleuit
plus ; s'il en était autrement, il faudrait ajouter de l'hydrosulfite ; le liquide cependant doit être exempt d'hydrosulfite, ce
dont on s'assure en ajoutant une goutte d'indigo qui ne doit
pas se décolorer. On arrive ainsi, par tâtonnements, à un
liquide qui ne *contient ni oxygène ni excès d'hydrosulfite* [3].

---

[1] On doit rejeter l'hydrosulfite qui a séjourné dans la burette ainsi que
les dernières gouttes qui sont altérées par l'air.

[2] L'addition de kaolin permet de saisir nettement l'apparition de la couleur bleue à la fin de l'opération.

[4] *Dosage de l'oxygène contenu dans l'eau.* — Le dosage commence
comme celui du sang (sauf l'addition de kaolin), car il faut obtenir dans ces
deux cas un liquide exempt d'oxygène et d'excès d hydrosulfite ; il en diffère
un peu à partir de ce moment ; on titre l'hydrosulfite, notant le volume V
de cette solution qu il faut pour décolorer 20^{cc} de solution d'indigo. En
versant maintenant 100^{cc} d'eau le liquide rebleuit, et il faut pour le ramener au jaune un volume d'hydrosulfi e égal à V'.

Calcul. 20^{cc} d'indigo sont décolorés par V = 2^{cc},9 d'hydrosulfite ; on ob-

On titre l'hydrosulfite en versant 50^{cc} d'hydrosulfite et l'on note le volume d'indigo n qu'il faut ajouter pour faire paraître la couleur bleue. Chaque centimètre cube correspond, pour notre liqueur titrée, à 0^{cc},0152 d'oxygène.

On ajoute un peu d'hydrosulfite pour décolorer, et l'on introduit par le tube entonnoir 5^{cc} de sang, et par la burette, 50^{cc} d'hydrosulfite; on agite et l'on verse de la liqueur titrée d'indigo jusqu'à apparition de la couleur bleue; soit n' ce nombre de centimètres cubes.

La différence $(n - n')$, multipliée par 0,0152, représente le volume d'oxygène contenu dans 5^{cc}; il faut multiplier par 200 pour obtenir le résultat par litre.

Dosage de l'hémoglobine. — Quinquaud propose de doser l'hémoglobine contenu dans le sang, en dosant l'oxygène, qu'abandonne le sang qui a été agité avec l'air pendant quelques minutes; il admet que le sang fixe toujours une quantité d'oxygène proportionnelle à la quantité d'hémoglobine qu'il renferme.

1000^{cc} DE SANG.	D'HOMME	DE BŒUF	DE CANARD	
Absorbent.	260^{cc}	240^{cc}	170^{cc}	d'oxygène.
Contiennent.	0^{gr},53	0^{gr},48	0^{gr},34	de fer.
Ce qui correspond à. .	125	120	82	d'hémoglobine.

§ 237. **Recherche médico-légale des taches de sang.** — Cette recherche, l'une des plus importantes en médecine

tiendra le volume d'indigo décoloré par V' = 5,7 par la proportion
2,9 : 20 = 5.7 : x d'où x = 39^{cc},3.
Puisque 1^{cc} d'indigo correspond à 0^{cc},0152 d'oxygène;
les 39^{cc},3 correspondent à 39,3 × 0,0152 = 0^{cc},58216.
C'est là le volume d'O contenu par 100^{cc}; il suffit de multiplier ce résultat par 10 pour obtenir le volume contenu par litre.

¹ L'hypothèse sur laquelle se base Quinquaud mériterait d'être mieux établie, car rien ne démontre que l'hémoglobine ne puisse pas perdre dans les états pathologiques une partie de son pouvoir absorbant pour l'oxygène sans diminuer de quantité comme je m'en suis assuré dans quelques circonstances. L'auteur fait du reste remarquer que le sang des divers animaux possède des pouvoirs absorbants différents, qui sont en rapport avec la proportion d'hémoglobine déduite de la richesse en fer des cendres.

légale, devient souvent très-difficile, soit à cause de la faible quantité de matière que l'on a à sa disposition, soit à cause des corps étrangers sur lesquels se trouve la tache ; les circonstances dans lesquelles le sang s'est desséché ont également une grande influence sur sa conservation et peuvent augmenter les difficultés.

L'examen des taches de sang doit se faire d'une manière méthodique ; on détache la partie tachée avec des ciseaux si elle se trouve sur un linge, avec un coup de rabot, si elle se trouve sur du bois, par le grattage lorsque le sang a été répandu sur une pierre ou du fer.

1) On fait macérer la partie détachée avec une petite quantité d'eau et l'on obtient un liquide [1] rougeâtre qui, examiné au *spectroscope*, doit présenter les deux bandes caractéristiques, qui, traitées par les agents réducteurs, donnent la bande de Stockes (caractère distinctif des autres matières colorantes). On n'obtient parfois que cette dernière, mais on peut faire reparaître les deux bandes en agitant le sang avec de l'oxygène, mieux encore avec de l'oxyde de carbone ; l'addition d'une petite quantité d'acide acétique à froid produit le même effet Cette dernière réaction réussit avec des taches de sang anciennes et même avec celles qui se sont desséchées dans un milieu ammoniacal.

Elle peut échouer lorsqu'on a trop peu de matière à sa disposition (le microspectroscope de Sorby pourrait être utile dans ces cas), ou lorsque le sang s'est trouvé mêlé pendant la dessiccation à des agents qui l'ont décomposé, comme les acides ou les bases.

2) Le liquide précédent est divisé en trois parties :

a) On cherche à obtenir avec l'une d'elles les cristaux d'hématine (v. p. 324).

b) Le liquide porté à l'ébullition doit se troubler ; le préci-

---

[1] On peut chercher à isoler la fibrine qui reste à l'endroit taché, à l'aide de la pointe d'une aiguille ; cette recherche ne réussira que rarement. La fig. 92 d représente l'aspect que l'on voit au microscope ; les filaments de fibrine retiennent toujours des globules.

picité est brun ; l'alccol étendu d'acide sulfurique le dissout avec une coloration rouge. On évapore le liquide alcoolique à siccité et on l'incinère dans un creuset de platine ; les cendres, reprises par de l'acide chlorhydrique, fournissent une solution qui se colore en rouge par le sulfocyanure de potassium.

c) Le restant du liquide, évaporé avec quelques gouttes de solution alcaline, fournira un liquide qui devra être dichroïque, vert ou rouge, suivant qu'on le regarde par réflexion ou par transparence. La solution se trouble par l'addition d'acide azotique ou d'eau chlorée.

On pourra affirmer qu'une tache est une tache de sang lorsque tous les essais précédents auront réussi ; on pourra même, dans ce cas, essayer la réaction suivante, qui donne un caractère de plus. L'essence de térébenthine, mêlée de quelques gouttes de teinture récente de gaiac (3 pour 100), bleuit lorsqu'on lui ajoute de l'hémoglobine (le sérum est sans action) ; ce procédé est très-sensible, mais je n'oserai le recommander d'une manière absolue lorsqu'il s'agit d'une constatation légale. La réaction est en effet des plus obscures, et l'on ne connaît pas encore toutes les subtances qui pourraient se comporter comme le globule sanguin.

Les réactions précédentes pourront échouer quelquefois ; les raies de l'hémoglobine font souvent défaut et il pourra même devenir difficile d'obtenir les cristaux d'hématine. Ce dernier cas se présente fréquemment quand le sang se trouve sur des parties contenant des substances avec lesquelles il forme des composés insolubles ou peu solubles. On obtiendra néanmoins les cristaux en prolongeant la macération, ou en la faisant avec de l'eau aiguisée d'acide acétique [1].

On serait très embarrassé si les réactions de l'hémoglobine et de l'hématine faisaient défaut à la fois, car il serait difficile de se prononcer en se basant sur les caractères restants : pré-

---

[1] Les taches faites sur des substances contenant du tannin, fournissent également des cristaux, quand on opère convenablement ; le contraire a été soutenu.

sence simultanée d'une matière albuminoïde et d'un composé ferrugineux. Ce dernier caractère perdra toute sa valeur lorsque la tache se trouve sur du fer.

On pourrait essayer, dans ces cas douteux, le nouveau réactif proposé par Sonnenschein, le métatungstate de sodium.

L'examen microscopique pourra seul, dans quelques circonstances, permettre d'émettre des hypothèses sur l'origine de la tache de sang. On coupe la partie tachée avec des ciseaux et on la dépose sur une lame de verre ; on la mouille avec quelques gouttes du liquide suivant : glycérine, 3 ; acide sulfurique pur, 1 : eau distillée q. s. pour que la densité du mélange soit de 1,838. Au bout de trois heures, on remue la tache avec deux baguettes en verre ; on détache et on met en suspension dans le liquide les parties insolubles. La gouttelette du liquide est recouverte d'une lame de verre et examinée au microscope avec le grossissement moyen de 390 diamètres[1]. On examine la forme et l'on mesure le diamètre[2] des globules qui sont toujours mêlés de beaucoup de corps étrangers ; une forme elliptique exclue l'idée du globule humain ; lorsque les mensurations de globules non déformés auraient donné une moyenne de 1/200 de diamètre, on serait autorisé à supposer que la tache n'est pas du sang humain.

---

[1] Microscope Nachet : Objectif n° 3 et oculaire n° 2.
[2] Les chiffres suivants indiquent le diamètre des globules sanguins :

Homme.	1/125 de millimètre	
Singe.	1/132 à 1/146	
Carnivore.	1/129 à 1/225	
Pachyderme.	1/108 à 1/177	
Ruminants.	1/155 à 1 483	
Oiseaux..	grand diamètre.	1/59 à 1/105
	petit diamètre.	1/110 à 1/158
Reptiles .	grand diamètre.	1/44 à 1/68
	petit diamètre.	1/47 à 1/108
Poissons.	grand diamètre.	1/61 à 1/110
	petit diamètre.	1/95 à 1/157

CHAPITRE XIII

EXAMEN DES PRODUITS DE L'APPAREIL DIGESTIF ET RESPIRATOIRE

§ 238. **Des ferments solubles.** — Les diverses sécrétions du tube digestif (salive, suc gastrique, pancréatique, intestinal) contiennent des substances *non organisées* qui agissent comme ferments et qui ont pour caractères communs d'être précipités par l'alcool des liquides qui les contiennent ; ce précipité se redissout dans l'eau. Une solution concentrée de glycérine les dissout et empêche leur altération ; la solution, délayée dans l'eau, reprend toute son énergie. Ces ferments, désignés sous le nom de solubles, sont peut-être tenus simplement en dissolution, car ils ne passent pas à travers les membranes et sont entraînés *mécaniquement* par les précipités auxquels on donne naissance dans la solution qui les contient. C'est ainsi que la chlolestérine ou le collodion en solutions alcoolico-éthérées versées dans le suc gastrique, se déposent en entraînant la pepsine. On peut obtenir le même entraînement en donnant naissance à un précipité de phosphate de calcium.

Les ferments solubles épuisent rapidement leur action ; ce caractère les différencie des ferments figurés dont l'action est pour ainsi dire indéfinie, puisque le ferment se reproduit constamment.

Il est difficile d'étudier ces substances en recueillant directement le suc qui les contient ; le suc gastrique seul fait exception ; on peut les obtenir, au contraire, avec beaucoup de facilité en écrasant les glandes qui fournissent la sécrétion, avec de l'eau légèrement phéniquée. Il est en effet à remarquer que les agents toxiques, comme l'alcool, l'éther, le chloroforme, les essences n'altèrent pas les propriétés fermentatives des ferments solubles, mais annihilent celles des ferments figurés.

Le digestion des aliments doit être envisagée comme une suite de processus fermentatifs dûs à ces divers ferments ; nous étudierons successivement chaque sécrétion en particulier, puis nous dirons un mot de la bile. Les connaissances acquises nous permettront d'étudier la digestion proprement dite, à laquelle nous rattacherons l'étude des excréments et des matières vomies.

§ 239. **Analyse de la salive normale.** — Nous ne nous occuperons que de la salive telle qu'elle s'écoule de la bouche, et nous négligerons les petites différences qui distinguent les produits sécrétés par les diverses glandes et follicules. La salive est très-visqueuse et contient en solution des débris d'épithéliums ; sa densité varie entre 1004 et 1006 ; sa réaction est alcaline ou neutre, acide dans des circonstances pathologiques. Elle ne contient que 4 ou 5 pour mille de matières solides.

L'ébullition la trouble surtout quand on ajoute de l'acide acétique ; il en est de même du tannin, de l'acétate de plomb, du sublimé corrosif ; l'alcool en précipite le ferment soluble nommé *ptyaline ;* le précipité se redissout dans l'eau. Le chlorure ferrique la colore en rouge ; cette réaction est due à la présence du sulfocyanure.

Analyse quantitative. — 1) Évaporation d'un poids donné de salive à $+105°$, pesée, calcination du résidu et analyse des sels, comme il est dit aux chapitres X et XI. — On a déterminé ainsi l'*eau*, les *matières organiques* et *inorganiques*.

2) Évaporation d'un poids donné de salive à consistance sirupeuse, addition d'acide acétique et filtration sur un filtre taré, ce qui donne le poids de la *mucine* et de l'*épithélium*, insolubles dans l'acide acétique.

3) Le liquide précédent est précipité par de l'alcool ; le pré-

cipité lavé et séché indique le poids de la *ptyaline* et des matières albuminoïdes.

4) *Dosage des sulfocyanures.* — On évapore à siccité un volume considérable de salive filtrée, et l'on reprend le résidu par de l'alcool fort qui ne dissout pas les sulfates, mais les sulfocyanures. On évapore la solution alcoolique à siccité, et on transforme les sulfocyanures qu'elle renferme en sulfates par l'ébullition avec un mélange d'acide chlorhydrique et de chlorate de potassium ; on dose les sulfates par la méthode des pesées et l'on obtient le poids du sulfocyanure de sodium en multiplant le poids de sulfate de baryum par 3,51. Cette détermination n'est peut-être pas très-rigoureuse [1].

§ 240. **Salive dans les maladies.** — Les modifications que présente la salive dans les diverses affections ne sont que peu connues. Elle devient souvent très-fétide, ammoniacale et sulfureuse, se dessèche et forme des croûtes [2] ; elle peut devenir *acide* par suite de la fermentation lactique de la glucose chez les diabétiques.

La proportion de *matières albuminoïdes* peut augmenter ; les sulfocyanures peuvent disparaître. Elle peut renfermer des *corpuscules sanguins*, des *matières colorantes de la bile*, de *la glucose*, de *l'urée*.

La recherche de ces corps se fera d'après les procédés indiqués au chapitre XI.

Nous dirons, en traitant de l'urine, comment on doit rechercher les iodures, bromures et les sels de mercure qui sont éliminés par la salive.

On constate de la manière suivante le *pouvoir sacchari-*

---

[1] On a proposé de doser le sulfocyanure par un procédé colorimétrique ; on ajoute à une solution de salive acidulée par de l'acide chlorhydrique du chlorure ferrique et l'on compare la teinte que l'on obtient en procédant de même avec une solution renfermant un poids déterminé de sulfocyanure.

[2] Le tartre dentaire est un mélange de carbonate, de phosphate calcaire et de matières organiques ; on y trouve presque toujours des vibrions. Les concrétions salivaires ont une composition semblable.

fiant de la salive. (Cette détermination peut devenir importante pour le diagnostic des affections stomacales.)

On fait bouillir de l'amidon bien lavé avec une grande quantité d'eau, et l'on s'assure que le liquide que l'on obtient ne réduit pas la liqueur de Barreswill ; on en fait digérer trois parties à + 35° ou + 40°, avec une de salive ; la fluidification se fait souvent au bout d'une heure, et l'on constatera la formation de la glucose par la réduction de la liqueur de Barreswill.

§ 241. **Suc gastrique.** — Le suc gastrique est un liquide transparent, fluide, d'une odeur particulière, d'une saveur acide très-prononcée ; sa densité est très-faible (1001 à 1010), car il ne contient que 1 pour 100 de matière solide.

La chaleur le coagule (surtout quand il est mêlé avec le produit des matières albuminoïdes en digestion) ; il est précipité par le sublimé corrosif, par l'azotate d'argent, mais non par le sulfate de cuivre, le chlorure ferrique, l'alun et les acides minéraux. L'alcool en précipite de la *pepsine*, qui se redissout dans un excès d'eau. Le suc gastrique naturel attaque le marbre, avec dégagement d'acide carbonique.

Le suc gastrique contient un acide libre qui, est le plus souvent, de l'acide chlorhydrique [1], quelquefois de l'acide lactique.

L'acide acétique et butyrique ne se produisent que par suite de fermentations anormales, dues à des troubles dans la digestion.

On détermine l'*acidité du suc gastrique*, comme celle de l'urine (p. 206), à l'aide d'une solution titrée très-faible de soude, en admettant dans les calculs que l'acide libre est de l'acide chlorhydrique.

L'*analyse quantitative* du suc gastrique se fait comme celle de la salive.

---

[1] On a prétendu, mais à tort, que l'acide chlorhydrique provenait ou de la décomposition des chlorures de calcium ou de magnésium à une température élevée, ou de la réaction de l'acide lactique sur le chlorure de sodium ; il ne se produit dans ces conditions que des quantités insignifiantes d'acide chlorhydrique.

Le ferment particulier au suc gastrique se nomme *pepsine;* on l'obtient par divers procédés. Un des plus simples consiste à traiter la muqueuse stomacale par de la glycérine; l'alcool précipite la pepsine de cette solution filtrée, et il suffit de redissoudre ce précipité dans de l'eau pour obtenir un liquide très-actif.

Le procédé suivant s'applique également à l'étude du suc pancréatique. Brücke racle la muqueuse de l'estomac et la met en digestion à + 40° avec de l'acide phosphorique étendu. La solution obtenue est neutralisée par de la chaux ; il se précipite du phosphate neutre de calcium qui entraîne la pepsine ; ce précipité lavé est dissous dans de l'acide chlorhydrique étendu et mélangé avec une solution de cholestérine dans 4 d'alcool et 1 d'éther ; la cholestérine précipitée entraîne la pepsine. On lave le précipité à grande eau pour éliminer *tout l'acide chlorhydrique*, et l'on reprend le résidu par de l'éther aqueux. La solution aqueuse décantée de la couche éthérée contient la pepsine.

La pepsine exige, pour manifester son action dissolvante sur les matières albuminoïdes, la présence d'un acide dilué, comme l'acide chlorhydrique obtenu en mélangeant à 992 d'eau, 8 d'acide chlorhydrique fumant. Ce mélange attaque et dissout rapidement les matières albuminoïdes à la température du corps humain. L'essai d'une pepsine commerciale se fait de cette manière en se servant, comme substance à dissoudre, du blanc d'œuf cuit coupé en petits cubes et non de la fibrine du sang ; la dissolution sera un peu retardée, mais les résultats obtenus sont plus à l'abri de la critique que ceux que l'on obtient en employant la fibrine.

§ 242. **Suc pancréatique.** — Ce suc est des plus altérables et présente des différences très-notables, suivant qu'on l'obtient par une fistule permanente ou temporaire : il est ordinairement visqueux ; sa réaction est toujours alcaline ; il contient de l'albumine, une substance albuminoïde précipitable par l'acide acétique, de la *pancréatine*, des corps gras, de la leucine et de la tyrosine (surtout quand il est altéré), des sels alcalins, des carbonates, des phosphates de calcium et même de fer.

Le suc pancréatique coagule par la chaleur, par les acides minéraux et acétique, par le tannin, par le chlore, par les sels métalliques. L'acide azotique y produit un précipité jaune qui ne tarde pas à devenir orangé.

Le suc pancréatique dès qu'il s'altère ne se coagule plus et prend une coloration rose ou rouge vineuse par l'eau chlorée, lorsque l'altération n'est pas trop profonde.

On peut obtenir le suc pancréatique en écrasant le pancréas d'un animal récemment tué et en l'épuisant par de l'eau ; la filtration doit être rapide.

On isole la pancréatine par un procédé semblable à celui qui nous a servi à la préparation de la pepsine.

Cette pancréatine en solution légèrement alcaline dissout et fluidifie les matières albuminoïdes, saccarifie les féculents, émulsionne et saponifie les corps gras [1].

L'analyse du suc pancréatique ne présente rien de particulier dans son exécution (v. ch. X et XI.)

§ 243. **Suc intestinal.** — On obtient ce liquide sécrété par les glandes de Lieberkuhn et les follicules de Brunner, en infusant la muqueuse de l'intestin grêle avec de l'eau. Ses caractères ont été peu étudiés. Claude Bernard vient de démontrer que ce suc contient un ferment soluble qui transforme rapidement la saccharose en sucre interverti, c'est-à-dire en un mélange de glucose et de lévulose qui réduit la liqueur de Barreswill. Le ferment qui produit cette action a reçu le nom de *ferment inversif.*

§ 244. **Composition de la bile normale.** — La bile est un liquide de composition très-différente, suivant son séjour plus ou moins prolongé dans la vésicule. Sa consistance est visqueuse ; elle abandonne, par la filtration du mucus, surtout quand on lui ajoute un peu d'alcool. Sa couleur varie du

---

[1] Un morceau de beurre placé sur du papier de tournesol et humecté avec du suc pancréatique, ne tarde pas à rougir le papier par suite de la fermentation butyrique qui s'établit très-rapidement.

brun foncé au jaune clair; son odeur est caractéristique et
devient plus forte quand elle commence à s'altérer; sa densité varie de 1026 à 1032 ; elle est ou *neutre* ou *alcaline;*
elle ne devient acide que lorsqu'elle se putréfie. Le bile refroidie laisse déposer parfois des paillettes chatoyantes de cholestérine qui flottent dans le sein du liquide.

Elle ne se trouble que rarement par l'ébullition (lorsqu'elle
contient de l'albumine); elle est précipitée par les acides; le
charbon animal la décolore presque complétement.

La bile contient, à l'état normal, des *matières colorantes*,
du *glycocholate* et du *taurocholate de sodium* en proportion
variable, des *sels à acides gras*, des *corps gras*, de la *cholestérine*, des *sels alcalins et terreux* (phosphate de fer, traces de
sel de manganèse, etc.), des traces de *choline*.

L'analyse qualitative de la bile se fait de la manière suivante : on reprend par de l'alcool bouillant le résidu laissé
par la bile décolorée par le charbon animal et évaporée à sic- ·
cité. L'éther précipite de la solution alcoolique concentrée un
liquide poisseux qui, par une nouvelle addition d'éther, se
change peu à peu en cristaux blancs d'un aspect soyeux, irradiant autour d'un centre; ce dépôt, mélange de glychocolate
et de taurocholate de sodium, porte le nom de *bile cristallisée
de Plattner.*

On redissout ces cristaux dans de l'eau et on précipite le
glycocholate à l'état de sel de plomb par une addition ménagée d'acétate de plomb; le taurocholate reste en solution
et est précipité par le sous-acétate de plomb ou par l'ammoniaque. On retire l'acide des deux sels en les décomposant en
suspension dans l'alcool par de l'hydrogène sulfuré. Les caractères de ces acides ont été étudiés p. 152.

L'éther, qui a précipité les sels biliaires, retient en dissolution la *cholestérine* et les corps gras; on isole cette dernière
en traitant le résidu de la solution éthérée, évaporée à siccité,
par de l'alcool bouillant, qui dissout la cholestérine et la laisse
redéposer par le refroidissement sous forme de lamelles faciles
à caractériser (voy. p. 137).

§ 245. **Analyse quantitative de la bile normale.**

1) *Détermination de la densité de la bile filtrée.*

2) *Détermination de l'eau, des matières organiques et inorganiques* par évaporation à + 105° et calcination d'un poids déterminé de bile.

3) *Détermination du glyco et taurocholate de sodium* par l'évaporation d'un poids plus considérable; on reprend le résidu par de l'alcool très-fort, presque absolu; on évapore le liquide alcoolique au quart, et on le précipite par l'éther. Ce précipité est pesé après dessiccation.

On détermine la proportion relative de ces deux sels en transformant le taurocholate en sulfate par la déflagration avec un mélange de 8 de potasse et de 1 d'azotate exempt de sulfate. On introduit la masse par petites portions dans un creuset en argent chauffé préalablement au rouge. On dissout le résidu salin blanc dans de l'eau acidulée, et l'on y dose le sulfate par la méthode des pesées.

Le poids du sulfate de baryum, multiplié par 0,13734, représente la quantité de soufre; notre liquide ne pouvant contenir des sulfates, ce soufre ne peut provenir que des taurocholates. On obtient le poids du taurocholate de sodium en multipliant le poids de sulfate de baryum par 2,2626. La différence entre ce poids et le poids total des deux sels représente celui du glycocholate.

4) *Détermination de la graisse et de la cholestérine;* on évapore à siccité la solution éthérée, et l'on dissout les matières étrangères et les sels par des lavages à l'eau; on pèse le résidu desséché (graisse et cholestérine), et l'on sépare la cholestérine des corps gras par la méthode de saponification indiquée p. 305.

§ 246. **Examen et analyse de la bile pathologique.** — La bile peut s'altérer par son séjour dans la vésicule; les sels biliaires se dédoublent alors en glycocolle, taurine et acide cholalique, qui se sépare sous forme d'une résine blanche; la bile possède dans ces cas une réaction acide. Sa consistance devient souvent très-visqueuse. La couleur est également modifiée ; elle peut même devenir incolore (surtout lorsque le foie a subi la dégénérescence graisseuse). Elle contient parfois de l'albumine (foies gras), de l'urée et de la glucose (urémies et diabètes), des composés métalliques (intoxications lentes ou aiguës), de la leucine et de la tyrosine (altérations du foie).

On recherche l'*urée* dans la partie de la bile soluble dans l'éther (voy. 306).

Une bile qui contient de l'*albumine* se trouble quand on la chauffe ; l'alcool absolu en précipite les matières colorantes, la mucine et l'albumine ; on redissout cette dernière en reprenant le résidu par de l'acide acétique étendu ; on la reprécipitera de cette solution par le ferrocyanure de potassium.

La solution alcoolique, décolorée par le charbon, contient la *glucose*, la *tyrosine* et la *leucine*. La tyrosine peut être séparée par cristallisation ; on isole la leucine en reprenant par de l'eau le résidu de la solution alcoolique et en la précipitant par de l'acétate de plomb ammoniacal ; on décompose par l'hydrogène sulfuré le précipité bien lavé et mis en suspension dans de l'eau ; on filtre, et l'on obtient par l'évaporation des cristaux de leucine que l'on caractérise comme il est dit p. 144.

La présence de la *taurine* n'a été signalée jusqu'à présent que dans les biles qui ont subi la fermentation acide ; elle est toujours accompagnée par de l'acide cholalique ou choloïdique, dont la formation est simultanée. On peut chercher à constater sa présence en reprenant par de l'eau aiguisée d'acide acétique la partie insoluble dans l'alcool absolu de la bile évaporée à siccité. L'acide choloïdique reste insoluble, mais la taurine se dissout et est reprécipitée par de l'alcool. On pourrait la doser en la transformant en sulfate [1] par le procédé qui nous a servi à l'analyse du taurocholate.

§ 247. **Matières colorantes de la bile.** — L'étude de ces substances est loin d'être achevée, malgré les nombreux travaux qui ont été faits dans ces derniers temps. Nous devons

---

[1] Elle contient pour cent 25gr,60 de soufre.

laisser de côté les faits encore contestés et ceux qui n'ont pas reçu d'application.

On peut admettre que la bile contient, au moment où elle est sécrétée, une seule matière colorante, nommée *bilirubine* [1] (cholépyrrhine); cette substance s'altérerait et se transformerait en *biliverdine* (?), *bilifuscine*, *biliprasine*, *bilihumine*; ces modifications se feraient déjà dans l'intérieur de la vésicule; on expliquerait de cette manière la diversité de coloration que présentent les liquides biliaires.

La *bilirubine* peut être retirée directement de la bile, acidulée par l'agitation avec le chloroforme; ce dissolvant tombe

Fig. 106. — Hématoïdine.   Fig. 107. — Bilirubine.

au fond coloré en jaune d'or et abandonne par l'évaporation des cristaux qui, vus au microscope, sont identiques à ceux de l'*hématoïdine* [2] (*fig.* 106). On peut remplacer le chloroforme par le sulfure de carbone; la figure 107 représente l'aspect de la bilirubine qui se dépose par l'évaporation de ce dissolvant.

La *bilirubine* est insoluble ou peu soluble dans l'eau, l'alcool et l'éther; ses vrais dissolvants sont le chloroforme, la benzine ou le sulfure de carbone, qui se colorent en jaune d'or. L'addition d'alcalis ou de carbonates décolore cette solu-

[1] Biliphéine, Bilifulvine, Hématoïdine.
[2] Cette identité n'est pas admise pour tout le monde; *l'hématoïdine* est la substance cristallisée que l'on a retirée d'anciens foyers apoplectiformes.

tion, car il se forme une combinaison alcaline de bilirubine, insoluble dans le chloroforme; ce fait explique pourquoi le chloroforme n'enlève la biliburine qu'aux solutions acides.

La solution *alcaline verdit* au contact de l'air; la solution ammoniacale précipite par les sels de calcium, les sels de baryum, les acétates de plomb et l'azotate d'argent; le précipité calcaire est vert et a un aspect métallique.

La solution chloroformique, acidulée par de l'acide sulfurique, se colore en *vert;* la solution, dans l'acide sulfurique concentré, est brune; l'eau en sépare des flocons verts que l'alcool dissout en se colorant en *violet.*

La bilirubine en solution aqueuse (mais non alcoolique) est caractérisée par la réaction que donne l'acide azotique pur, renfermant des *traces* d'acide rutilant, ou l'acide azotique mélangé d'acide sulfurique. En versant lentement le long des parois le liquide acide, ce dernier tombe au fond, et l'on voit se produire à la zone de séparation les colorations suivantes, superposées de bas en haut, *verte, bleue, violette, rouge* et *jaune*[1]. L'addition d'acide doit être ménagée sous peine de ne pas voir se produire cette *succession de teintes, qui est seule caractéristique;* la *teinte verte doit toujours se produire.*

L'étude des autres matières colorantes est moins avancée; on ne peut guère les retirer que des calculs biliaires[2].

La *biliverdine* qui s'obtient par l'oxydation de la bilirubine, ne paraît pas exister dans l'économie; l'alcool la dissout en se colorant en vert bleuâtre, mais elle est *insoluble* dans *l'eau,*

---

[1] Ces produits d'oxydation ont été récemment étudiés par divers auteurs et l'on conclut principalement, d'après des analyses au spectroscope, que ces corps paraissent être identiques avec la bilocyanine, l'urorubine, la stercobiline, etc.

[2] On traite les calculs pulvérisés par de l'éther (qui enlève la cholestérine) et puis par de l'eau bouillante; les pigments restent à l'état de combinaison calcaire; on acidule par de l'acide chlorhydrique et l'on agite avec le chloroforme, qui dissout la *bilirubine* et la *bilifuscine;* la partie insoluble dans le chloroforme est traitée par de l'alcool qui dissout la *biliprasine* et laisse la *bilihumine.* On sépare la bilifuscine de la bilirubine, en évaporant la solution chloroformique et reprenant le résidu par de l'alcool absolu qui dissout la bilifuscine.

l'éther et *le chloroforme*. Elle se dissout dans les alcalis ; la *solution est verte et est précipitée par les acides en flocons verts ;* elle se comporte avec l'acide azotique rutilant comme la bilirubine. On peut l'obtenir cristallisée en lamelles rhomboïdales vertes en abandonnant à l'évaporation spontanée sa solution dans l'acide acétique cristallisable. La solution alcaline de biliverdine se transforme rapidement en biliprasine.

La *bilifuscine* ne nous intéresse que peu ; sa solution alcoolique est brune ; sa solution alcaline rouge brunâtre est *précipitée en flocons bruns par les acides ;* ces solutions se convertissent en composés bruns au contact de l'air.

La *biliprasine* se rencontre souvent dans les urines ictériques ; on la retire des calculs sous la forme d'une poudre verte, insoluble dans l'eau, l'éther, le chloroforme ; *sa solution alcoolique verte devient brune par l'addition des alcalis* (celle de la biliverdine reste verte) ; sa solution dans les alcalis étendus, d'un brun jaunâtre, est précipitée en vert par les acides étendus et non en brun comme la bilifuscine. Notons encore que l'acide azotique rutilant, tout en produisant avec elle la succession de teintes que nous avons indiquée, ne donne que rarement la couleur bleue.

La *bilihumine* ne paraît pas être un principe défini.

§ 248. **Excréments et gaz intestinaux.** — Les aliments après leur digestion sont transformés en composés solubles qui sont absorbés et en composés insolubles. Ce sont ces derniers qui mélangés avec des sucs digestifs plus ou moins altérés, constituent les excréments dont la composition variable dépendra de la nature de l'alimentation.

L'examen microscopique nous sera d'un grand secours pour reconnaître les corps insolubles. Les excréments contiennent toujours une certaine quantité de graisse et de savons calcaires, mais leur richesse en principes solides, même quand ils paraissent être très-durs et très-friables est très-faible; on y trouve les produits de dédoublements des acides biliaires (rarement les acides eux-mêmes), l'acide choloïdique, la dyslysine, de la taurine, des pigments biliaires modifiés (l'acide azotique ne donne plus qu'une coloration rose), de la stercobiline? de l'excrétine, de la stercorine ou séroline, rarement de la cholestérine.

La solution aqueuse est presque toujours alcaline, rarement neutre ou acide; elle est d'un brun jaunâtre et se trouble quelquefois faiblement par la chaleur et par l'acide azotique; ce dernier la colore en rose.

La solution alcoolique rouge ou d'un brun jaunâtre trèsfoncé, contient presque toujours de la chlorophylle altérée que l'on peut reconnaître au spectroscope par une bande d'absorption située dans le rouge; cette bande se dédouble sous l'influence des alcalis. (Chautard.)

L'éther dissout les *corps gras*, l'*excrétine* et la *stercorine* ou *séroline*.

La partie insoluble dans ces divers dissolvants contient toujours des sels et notamment des phosphates ammoniaco-magnésiens[1]; on y rencontre fréquemment de la silice et des concrétions de matière ligneuse[2]. La composition des *gaz intestinaux* est sous la dépendance de l'alimentation; on peut y rencontrer de l'azote, de l'acide carbonique, de l'hydrogène sulfuré, du sulfure d'ammonium, de l'ammoniaque, de l'hydrogène et des hydrocarbures. L'étude de ces gaz ne présente d'autre difficulté que celle de les recueillir; l'analyse se fera d'après les méthodes d'absorption indiquées p. 340; l'hydrogène et les hydrocarbures seront déterminés par l'eudiométrie. Nous pouvons nous contenter de ces indications, car ce genre d'analyses n'est exécuté que rarement et n'a pas encore fourni d'indications utiles.

§ 249. **Analyse des excréments dans les diverses affections.** — Cet examen, négligé à tort et fait d'une manière méthodique, donne souvent des indications précieuses[3].

---

[1] Principalement dans les selles des typhoïdes.

[2] On rencontre ces concrétions chez les personnes qui mangent beaucoup de fruits, notamment des poires; on trouve également les graines de beaucoup de fruits dont la forme n'est que peu altérée.

[3] Le rein, par exemple n'élimine pas d'urée; on n'observe aucun accident urémique; l'analyse des excréments fera voir que l'urée a été éliminée par les intestins.

La *couleur* des excréments doit être notée. Une couleur *noire* peut indiquer l'absorption d'une préparation métallique que le sulfure d'ammonium a transformée en sulfures colorés insolubles, mais elle peut tenir également à du sang modifié, (hématémèse de l'estomac, ingestion de boudin, etc.). La coloration noire disparaît dans le premier cas par l'addition d'un acide. La coloration *verte* que l'on observe souvent chez les enfants à la suite d'une purgation par le calomel, serait due à de l'oxysulfure vert de mercure ou à une sécrétion plus abondante de matière colorante de la bile. Les fèces sont *décolorées, grisâtres* lorsque la bile n'est plus déversée dans le tube digestif. Le sang peut les colorer en *rouge*, en *brun* ou en *noir*, suivant les modifications que ce dernier aura subies dans son passage à travers les diverses parties du tube digestif. On doit s'assurer si le sang est répandu d'une manière uniforme dans toute la masse ou s'il ne forme pas des stries extérieures, cet examen permettra de préciser l'endroit de l'hémorrhagie.

L'examen spectroscopique démontrera bien que la matière colorante est celle du sang ; il peut échouer lorsque l'hémoglobine a été transformée en hématine. L'examen microscopique fera reconnaître des globules plus ou moins altérés. On peut dans les cas douteux traiter le résidu desséché par de l'alcool aiguisé d'acide sulfurique, qui fournira un liquide rouge, qui contiendra du fer (p. 350).

La *consistance* des excréments fournit également des indices précieux ; ils peuvent être durs (et ressembler à des concrétions), mous ou liquides ; les selles se séparent souvent dans ce dernier cas en deux parties l'une fluide qui surnage et l'autre qui se dépose et est formée par les parties solides (fièvre typhoïde). La consistance molle des excréments peut tenir à leur richesse en eau ou en graisse; on s'en assure en les évaporant au bain-marie. Le résidu devient solide dans le premier cas ; il reste mou dans le second et ne donne un résidu friable que lorsqu'on a enlevé la graisse par de l'éther.

On traite après cet essai les fèces par de l'eau ; la partie insoluble est examinée au microscope ; on y reconnaît la présence des corps amylacés par la teinture aqueuse d'iode. La partie soluble est soumise à l'ébullition et à l'action de l'acide azotique; on reconnaît de cette manière l'*albumine* et les *pigments biliaires*. La recherche des *acides biliaires* se fait en évaporant la solution aqueuse à siccité et la reprenant par de l'alcool qui dissoudra les glyco et taurocholates. On ajoute à la solution alcoolique évaporée au besoin de l'éther; il se dépose une masse poisseuse que l'on examinera par le procédé de Pettenkoffer (p. 153); le liquide surnageant pourra être consacré à la recherche de l'urée et de la glucose. Nous avons indiqué au p. 358, la manière de rechercher l'acide choloïdique et la taurine.

Il n'est pas toujours facile de s'assurer de la présence des pigments biliaires, car on n'obtient dans les circonstances normales qu'un liquide faiblement coloré qui se décolorera bien par l'acide azotique mais ne produira pas la série de couleurs caractéristiques. L'agitation du résidu desséché et acidulé avec du chloroforme, permettra quelquefois d'isoler de la bilirubine.

La recherche du *pus* et du *mucus* se fait, pour le premier, à l'aide du microscope et de la chaleur qui coagule l'albumine; pour le second, à l'aide de l'acide acétique ou de l'alun qui coagule la mucine; la mucine se gonfle du reste quand on lui ajoute de l'eau.

Il importe de rechercher dans l'examen des excréments rendus pendant la maladie, les substances qui n'y existent pas à l'état normal comme les acides biliaires et l'albumine; on s'assurera que cette dernière est ou n'est pas endosmotique et si le précipité dû à l'acide azotique est soluble dans un excès.

La détermination de l'azote éliminé par les fèces présente quelquefois de l'intérêt; elle se fera en mêlant un poids déterminé d'excréments desséchés avec un grand excès de chaux sodée calcinée en poudre, que l'on introduit dans un tube en verre de Bohême, au fond duquel on a introduit un peu d'oxalate de calcium sec; le tube est rempli avec de la chaux sodée que l'on tasse de manière à ménager une facile issue aux gaz qui se dégageront.

L'appareil est fermé par un bouchon (devant lequel se trouve un tampon d'amianthe légèrement tassé qui empêche les projections) traversé par l'extrémité d'un tube de Will qui contient 10 à 20 centimètres cubes d'acide sulfurique titré; on chauffe d'abord la partie antérieure du tube, et l'on continue successivement l'action de la chaleur jusqu'à ce qu'on arrive à décomposer l'oxalate de calcium qui, par les gaz qu'il dégage, expulse l'excès d'ammoniaque qui se condense dans l'acide sulfurique. Nous avons indiqué (p. 210) comment on pouvait déduire le poids d'azote de celui de l'ammoniaque condensée.

La partie insoluble des excréments doit être examinée avec

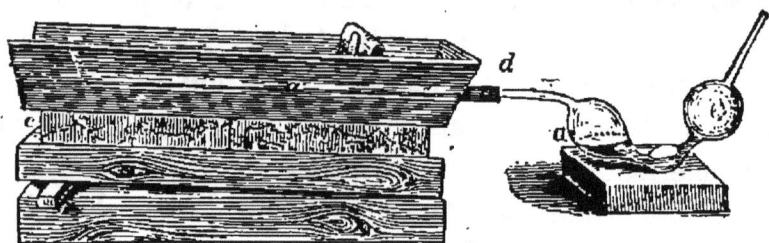

Fig. 108.

soin pour y reconnaître les aliments qui n'ont pas été digérés; les matières végétales et les corps gras seront toujours faciles à reconnaître; la viande non digérée pourra être dissoute dans l'acide chlorhydrique étendu ou dans la potasse (p. 169); elle présentera du reste les caractères des matières albuminoïdes.

250. Concrétions intestinales. — Les concrétions éliminées par l'anus peuvent être de nature très-diverse; *matières fécales desséchées, substances ligneuses* (concrétions des poires, etc.), *corps gras, concrétions minérales* (phosphate ammoniaco-magnésien) et surtout calculs *de cholestérine*. Leur volume varie depuis celui d'une noix[5] jusqu'à celui d'une

---

[1] Chez les chevaux, on en trouve de la grosseur d'un boulet de canon.

graine de chènevis; dans les selles des typhiques, on trouve parfois un sable très-fin.

On *isole* ces concrétions en malaxant avec une baguette les excréments sous un filet d'eau; l'eau s'écoule à travers un tamis à mailles très-fines qui retient les concrétions et même les sables les plus grossiers.

Les *concrétions de matières fécales* sont dures, mais se laissent écraser par la pression; elles sont disassociées ou même dissoutes par l'eau.

Les *concrétions des corps gras* sont un peu molles; elles fondent quand on les chauffe dans un tube plongé dans de l'eau bouillante; elles brûlent quand on les chauffe sur une lame de platine avec flamme et en répandant une odeur de corps gras brûlé; l'éther les dissout et l'ébullition avec la potasse les transforme en une masse soluble dans l'eau.

Les calculs *de cholestérine* sont plus durs; ils ne se laissent pas écraser facilement à la pression; leur forme est des plus variables (sphérique, ovoïde, cylindrique, cubique, octogonaux); leur couleur est ou blanche ou jaune ou brune. Une coupe transversale fait voir que leur composition varie beaucoup; il y en a peu qui présentent une couleur uniforme; on voit le plus souvent alterner des zones blanches séparées par de la matière colorante où l'on reconnaît au simple aspect la bilirubine; la cholestérine est quelquefois amorphe (aspect cireux) plus souvent cristallisée en lamelles brillantes.

Les calculs de cholestérine ne fondent pas quand on les chauffe dans un tube plongé dans l'eau bouillante; ils brûlent avec une flamme fuligineuse inodore; ils sont insolubles dans la potasse bouillante, mais l'éther les dissout avec la plus grande rapidité, ne laissant à l'état insoluble que la matière colorante[1]

---

[1] Un examen plus rigoureux n'est guère nécessaire; une analyse plus détaillée ne présente cependant pas de difficultés : dessiccation du calcul à + 105° (eau); incinération d'une partie du calcul (cendres); on traite par l'éther un poids déterminé du calcul réduit en poudre et l'on évapore l'éther (cholestérine). La différence représente les pigments, les sels biliaires.

qui est presque toujours à l'état de combinaison calcaire. On isole facilement la cholestérine des calculs par l'ébullition avec l'alcool bouillant ; elle se dépose par le refroidissement sous forme de lamelles assez pures pour être caractérisées facilement (p. 138).

Les concrétions minérales de phosphates (rarement de carbonates [1]) ne brûlent pas quand on les chauffe sur une lame de platine ; elles se dissolvent dans les acides avec effervescence si elles contiennent un carbonate ; la solution précipite par le molybdate d'ammonium en présence des phosphates. Leur analyse détaillée se fait comme celle des calculs urinaires.

§ 251. **Examen des matières vomies.** — L'étude des matières vomies est un peu plus avancée que celle des excréments ; on y recherchera les acides biliaires, les matières colorantes de la bile et du sang, l'urée, la glycose, le pus, les matières fécales, d'après les méthodes exposées précédemment ; on y rencontrera assez souvent des sels biliaires et des matières colorantes biliaires non altérées ; l'emploi du chloroforme sera souvent très-utile. Les matières expulsées de l'estomac peu de temps après le repas contiennent des aliments à peine altérés ; il est utile de s'assurer du degré auquel est parvenue la digestion.

On filtre le liquide et l'on examine son acidité ; l'odeur d'acide acétique (à moins qu'il n'ait été ingéré) ou celle de l'acide butyrique dénote des fermentations anormales. On étudie le produit de la dissolution du suc gastrique, que l'on neutralise par le carbone de sodium ; on redistille le liquide évaporé à siccité avec de l'acide sulfurique concentré et il sera facile de caractériser l'acide butyrique dans une partie du produit distillé par la réaction du butyrate d'éthyle (p. 120).

La constatation de l'acide acétique est plus difficile ; l'acide butyrique se sépare quelquefois du liquide distillé sous forme de gouttelettes, par l'addition de chlorure de calcium. On dis-

---

[1] Les calculs de phosphate ammoniaco-magnésien fondent quand on les chauffe sur la lame de platine.

tille le liquide après avoir isolé l'acide butyrique, et on le transforme en acétate de baryum par l'addition d'eau de baryte ; on sépare l'excès de baryte par un courant d'acide carbonique, et l'on fait cristalliser le sel pour le soumettre à l'analyse indiquée au p. 120.

Le suc gastrique rendu par les vomissements, peut avoir perdu ses propriétés digestives par défaut de pepsine ou d'acide. On s'en assure par deux essais de digestion artificielle (V. § 242) ; dans l'un on ajoute au liquide vomi une petite pincée de pepsine, dans l'autre 10 à 20 centimètres cubes d'acide chlorhydrique dilué au millième ; on se sert de cubes d'albumine cuite comme matière à dissoudre. La température doit être de + 35° ; la dissolution ne se fait quelquefois dans aucune des deux fioles, ce qui prouve que le liquide vomi ne contient aucun des deux principes actifs du suc gastrique.

§ 252. **Examen des produits de l'appareil respiratoire**[1]. — Je ne m'occuperai que de la recherche de l'*ammoniaque* dans les produits de la respiration qui présente quelques difficultés ; la bouche, les dents, l'arrière-bouche devront être nettoyées avec le plus grand soin.

On propose d'exposer à l'haleine un papier de tournesol sensibilisé et légèrement rougi ; l'emploi d'une baguette imprégnée d'acide chlorhydrique n'est pas à recommander car il est souvent très-difficile de voir les fumées blanches et d'autrefois des fumées peuvent se produire sans qu'il y ait de l'ammoniaque. Le procédé suivant est plus sensible, le malade souffle à travers un tube en verre dont l'extrémité a été plongée dans un peu d'acide sulfurique étendu ; la petite quantité d'acide qui y reste adhérent est suffisante pour condenser l'ammoniaque, dont on constate la présence par le réactif de Nessler (p. 17).

L'examen des crachats se fait principalement à l'aide du

---

[1] L'analyse quantitative des gaz exhalés par le poumon exige, pour être concluante, l'emploi d'appareils trop dispendieux et trop difficiles à manier,

microscope; la recherche des matières colorantes du sang[1], de la bile, de la graisse, de la leucine, de la tyrosine, de la mucine, du pus se fait par les procédés généraux. On trouve souvent dans les crachats putrides des sulfures, des valérates et des butyrates d'ammonium. On recherchera ces derniers acides en distillant les crachats avec de l'acide sulfurique et condensant les produits dans de la baryte (*V.* p. 120, pour la constatation de ces acides).

Il est souvent intéressant de constater la présence de la *silice* ou du *charbon* dans le tissu pulmonaire. La recherche de la silice ne présente aucune difficulté; il suffit de dissoudre le poumon dans de l'acide chlorhydrique additionné de chlorate de potassium; la silice reste à l'état insoluble; on l'isole par des lavages et on en constate les caractères (p. 480).

On pourrait confondre le charbon que l'on reconnaît au microscope, soit à sa couleur soit à l'œil nu avec les masses mélaniques[2]. On dissout les tissus ou les crachats dans de la potasse et l'on y fait passer un courant de chlore; le charbon n'est pas attaqué dans ces circonstances, les autres matières colorantes sont dissoutes; l'oxyde ferrique et le peroxyde de manganèse restent inaltérés, mais se dissolvent quand on acidule la solution précédente avec de l'acide chlorhydrique et que l'on fait bouillir.

Les taches d'argent (*argyrie*) sont décolorées par le cyanure de potassium et l'acide azotique; elles ne sont pas décolorées par l'eau oxygénée comme les taches mélaniques.

[1] Ce sang peut être plus ou moins altéré, n'être qu'à la surface, ou incorporé et modifié (crachats mouillés). Le spectroscope tranchera souvent les difficultés, et permettra de distinguer la matière colorante du sang de celle qui est due à l'usage de la rhubarbe ou du séné. La potasse du reste colore en rouge brun foncé la matière colorante de la rhubarbe et l'acide azotique décolore le séné.

[2] On admet que ces masses sont le résidu provenant de l'altération du globule sanguin.

CHAPITRE XIV

EXAMEN DES DIVERS TISSUS DE L'ÉCONOMIE

§ 253. **Analyse du tissu osseux.** — L'os doit être dépouillé de ses attaches tendineuses ; on fait même bien de le laisser macérer sous l'eau pour enlever le sang et la graisse qui se saponifie en partie. L'analyse des parties minérales de l'os (carbonate de calcium, phosphate de calcium et de magnésium) se fait comme nous l'avons indiqué au chapitre X ; pour la recherche du fluorure de calcium (*V.* p. 69).

On extrait l'*osséine* en faisant macérer l'os dans de l'eau renfermant 1/10 d'acide chlorhydrique ; l'eau de lavage contient les sels calcaires ; on renouvelle la digestion avec de l'acide chlorhydrique de plus en plus étendu, et lorsque l'os est complétement ramolli on le dessèche[1].

L'analyse quantitative se fait de la manière suivante : l'os lavé à l'eau, à l'alcool et à l'éther est réduit en poudre fine par la raspation et desséché à + 105°.

1) On incinère un poids donné d'os jusqu'à ce que le résidu soit blanc ; une partie du carbonate de calcium est ainsi transformé en chaux ; on doit donc, avant de peser, chauffer à une basse température le résidu avec du carbonate d'ammonium ; la perte de poids représente le poids de la *matière organique*.

2) Ce résidu est dissous dans de l'acide azotique ; on substitue à cet acide de l'acide acétique en ajoutant une quantité

---

[1] L'osséine des os fossiles est soluble en partie dans l'acide chlorhydrique étendu.

convenable d'acétate de sodium et l'on y dose la *chaux* (p. 295) par l'oxalate d'ammonium.

3) On dose dans le liquide filtré l'acide phosphorique combiné à la magnésie, et l'on a ainsi le poids du *phosphate de magnésium*.

4) L'acide phosphorique combiné à la chaux est dosé dans le nouveau liquide filtré (p. 294); on trouve par le calcul la proportion de *phosphate de calcium* qui correspond au poids de l'acide phosphorique trouvé.

5) On détermine le poids d'*acide carbonique* contenu dans une nouvelle quantité d'os (p. 293) et l'on calcule la quan‑ tité de chaux qu'il faut lui combiner pour obtenir le poids du *carbonate de calcium*.

6) Si du poids de chaux trouvé dans le dosage 2, nous dé‑ duisons la quantité de chaux unie à l'acide carbonique et à l'a‑ cide phosphorique, il reste un excédant; on suppose que ce dernier est uni au fluor à l'état de *fluorure de calcium*. Cette manière de procéder est aussi exacte que celle qui consiste à doser le fluor, en le volatilisant à l'état de fluorure de silicium, surtout lorsqu'on tient compte de la présence des sulfates.

L'analyse des *dents*, des *cartilages*, des *productions osseuses* se conduit de la même manière.

§ 254. **Examen du tissu musculaire.** — Ce dernier doit être débarrassé mécaniquement des parties tendineuses et grais‑ seuses; on le dessèche ensuite à + 105° pour doser l'eau; ce résidu finement divisé est traité par de l'éther qui dissout les corps gras; le résidu est incinéré avec les précautions indiquées p. 284, et l'analyse des cendres se fait comme nous l'avons dit en détail (ch. X). On détermine d'autre part la quantité de matière soluble dans l'eau (extrait aqueux) et celle qui se dissout dans l'alcool (extrait alcoolique) en épuisant un poids donné de muscle haché et trituré avec de l'eau froide; on fait bouillir les eaux de lavage pour coaguler l'albumine, et on évapore le liquide filtré à + 105°; on a ainsi le poids des ma‑ tières solubles dans l'eau et dans l'alcool. On reprend à diverses reprises le résidu par de l'alcool, et en évaporant les liquides dans une capsule tarée, on a le poids de l'extrait alcoolique. La différence de cette pesée et de la première nous donne le poids de l'extrait aqueux.

L'analyse quantitative n'entre guère dans plus de détails, mais nous croyons devoir indiquer la méthode générale qui permet d'isoler les nombreux corps contenus dans la partie soluble du tissu musculaire. L'*extractum carnis* peut être utilisé avec profit pour cette recherche. On prend à son défaut les extraits que l'on obtient en faisant macérer avec de l'eau froide la viande hachée très-finement; on fait bouillir les eaux de lavage; l'albumine se coagule entraînant la matière colorante du sang.

On concentre fortement les eaux de lavage et l'on y verse de l'acétate de plomb qui précipite les phosphates, les sulfates; l'*acide urique* peut être recherché dans ce précipité.

Le liquide filtré est précipité par du sous-acétate de plomb; on peut retirer de ce précipité de l'inosite (*V.* 306) et peut-être la *dextrine*, le *sucre musculaire* et la *carnine*[1]. Le nouveau liquide filtré est évaporé à consistance sirupeuse, après que l'on a précipité l'excès de plomb par un courant d'hydrogène sulfuré; la *créatine* se sépare en petits cristaux qu'il suffit de purifier par une recristallisation avec le charbon animal; on concentre le liquide d'où la créatine s'est déposée, ce qui peut amener un nouveau dépôt. Les eaux mères de la créatine sont acidulées par de l'acide sulfurique et agitées à diverses reprises avec de l'éther qui dissout l'*acide sarcolactique*. La solution éthérée, évaporée est bouillie avec du carbonate de zinc; le sarco-lactate se dépose à l'état cristallin et l'on en fait l'analyse.

Le nouveau liquide retient la *xanthine*, l'*hypoxanthine*, peut-être la *guanine*[1]; on le chauffe pour chasser l'éther qu'il a pu dissoudre, on le neutralise par de l'ammoniaque et on le précipite par une solution ammoniacale d'azotate d'argent; on fait digérer le précipité floconneux avec de

---

[1] Qui ne paraît être qu'un acétate de sarcine; le précipité plombique de carnine se dissout à chaud dans l'eau bouillante.

l'ammoniaque et on le lave. On dissout le précipité dans de l'acide azotique de 1,1 de densité, et l'on concentre ; l'azotate d'hypoxanthine et d'argent (p. 160) cristallise ; la *xanthine* reste dans les eaux mères ; on la précipite par de l'ammoniaque en excès et l'on décompose par l'hydrogène sulfuré le précipité argentique que l'on a obtenu. On filtre le liquide bouillant et la xanthine précipite par le refroidissement. On retire l'*hypoxanthine* du précipité cristallisé, en le dissolvant dans une solution ammoniacale d'azotate d'argent, et précipitant le liquide bouillant par de l'hydrogène sulfuré.

Les essais précédents exigent au moins 3 kilogr. de viande pour fournir la quantité de matière suffisante pour tenter au moins quelques réactions caractéristiques ; aussi ne sont-ils pas entrés dans le domaine de la pratique et se contente-t-on le plus souvent de l'analyse moins détaillée exposée au commencement du paragraphe.

§ 255. **Examen du tissu adipeux.** — On extrait facilement la graisse de ce tissu en l'épuisant avec de l'éther ; on doit quelquefois, après avoir finement divisé le tissu, l'évaporer à siccité pour chasser l'eau ; on traite le résidu par de l'éther, puis on l'épuise par de l'alcool bouillant ; le liquide alcoolique, évaporé de nouveau à siccité, est repris par de l'éther. Les deux solutions éthérées sont évaporées à siccité et abandonnent les acides gras, les corps gras et la cholestérine [1].

Les corps gras sont formés par un mélange de *palmitine*, de *stéarine et d'oléine*, et, selon la provenance de la graisse, de petites quantités de caprine, capryline, butyrine, etc. ; il est bien difficile de séparer ces divers corps mécaniquement ou par les dissolvants. L'alcool à froid dissout l'oléine ; le résidu est traité par de l'alcool bouillant ; la stéarine se dépose en premier lieu par le refroidissement, puis la palmitine ; cette séparation ne sera jamais complète.

---

[1] Les mêmes procédés s'appliquent à la recherche et à l'analyse des corps gras contenus dans les excréments, le sang et les autres humeurs.

On peut séparer les acides gras tout formés des corps gras en traitant à l'ébullition le résidu de la solution éthérée par une solution concentrée de carbonate de potassium, qui n'attaque pas les corps gras ; on évapore le résidu et en le reprenant par de l'éther absolu, on dissout la cholestérine et les corps gras ; les savons restent à l'état insoluble.

La meilleure manière d'étudier les corps gras consiste à les saponifier par une solution de potasse moyennement concentrée ; l'opération est terminée lorsqu'un essai pris dans la masse se redissout sans résidu dans l'eau bouillante ; le savon se sépare souvent sous forme d'une masse pâteuse, et le liquide qui surnage peut servir à la recherche de la glycérine et de la lécithyne (p. 305). On évapore à siccité la masse poisseuse et on la reprend par de l'éther qui dissout la cholestérine.

L'analyse des savons se conduit de la manière suivante : on chauffe le savon avec de l'acide sulfurique étendu d'eau, et l'on pousse la distillation jusqu'à ce qu'il se produise des fumées blanches.

Le liquide distillé contient les acides *butyrique, valérique, caprylique* et une partie de l'acide *caprique ;* le liquide est neutralisé par de la baryte, on précipite l'excès de baryte par un courant d'acide carbonique et l'on évapore à siccité. On pèse le résidu et, en le reprenant par des quantités pesées d'eau, on sépare, par différence de solubilité, les butyrates, caprates, etc. (*V.* p. 121.) Cette séparation est très-longue, car le sel obtenu d'un premier jet doit être à son tour purifié par une ou deux cristallisations ; ce n'est que lorsque sa solubilité paraît être constante que l'on détermine la proportion de baryte qu'il contient.

Le résidu insoluble contenu dans la cornue contient les acides stéarique, palmitique et oléique ; on décante la couche grasse et on la lave avec de l'eau distillée. On la traite en solution alcoolique par de l'acétate de baryum ; il se forme un précipité formé par un mélange des divers sels barytiques que l'on dessèche ; l'éther bouillant dissout l'oléate de baryum. Le mélange de palmitate et de stéarate est traité par un acide

et repris par de l'alcool bouillant qui dissout les acides palmitique et stéarique. La précipitation, fractionnée par l'acétate
de baryum, permet de séparer ces deux acides ; l'opération doit
se faire dans des liquides bouillants ; le stéarate de baryum se
sépare en premier lieu ; une nouvelle addition de réactif dans
le liquide *filtré bouillant* précipite un mélange de stéarate et
de palmitate ; le dernier précipité sera fourni par du palmitate
presque pur. Rien n'empêche de purifier ces précipités en recommençant la précipitation fractionnée avec chacun d'eux [1].
On reconnaît la pureté du sel par la détermination du baryum
qu'il contient et en isolant l'acide, dont on détermine le point
de fusion et de solidification.

Cette détermination se fait facilement : on introduit la boule
d'un thermomètre dans l'acide fondu et on la retire. La boule
est entourée ainsi d'un enduit qui devient blanc opaque par
le refroidissement. Il suffit de placer le thermomètre dans
un verre de Bohême qu'on remplit d'eau et dont on élève
successivement la température en ayant soin de bien mélanger
les diverses couches du liquide ; on lit la température au moment où la couche opaque devient transparente et fluide ; on
éteint ensuite le bec de gaz et l'on détermine la température
à laquelle la couche d'acide se fige en redevenant opaque.

§ 256. **Analyse du tissu nerveux.** — Le tissu nerveux
ainsi que le tissu cérébral paraissent avoir la même constitution chimique ; ajoutons immédiatement que cette dernière ne
nous est connue que d'une manière imparfaite.

Le cerveau contient une matière albuminoïde, des corps so-
-lubles dans l'eau (créatine, hypoxanthine, urée, inosite, acide
lactique, acides gras à l'état de sels alcalins, phosphates et
chlorures alcalins), et une substance de nature particulière
que l'on a nommée *protagon* [1] et qui existe également dans le

---

[1] C'est en opérant de cette manière que l'on a vu que le composé en-
visagé comme de l'acide margarique, n'est qu'un mélange, à proportions
variables, d'acide palmitique et stéarique.

[2] La cérébrine ne contient pas de Ph et le protagon en renferme 1,5 p.
100, alors que la lécithyne en contient 3,8 ou 3,98.

globule sanguin. Des recherches plus récentes font supposer que le protagon est un mélange de cérébrine et de lécithyne.

La *cérébrine* ($C^{17}H^{33}AzH^3$) (acide cérébrique) est blanche non cristallisée ; elle brunit et se décompose quand on la chauffe à $+ 80°$; elle est neutre et insoluble dans l'eau ; l'alcool et l'éther ne la dissolvent qu'à chaud ; bouillie avec de l'eau, elle se gonfle et donne une gelée.

La *lécithyne*, au contraire, a un aspect cireux ; elle a un aspect cristallisé peu net ; elle est insoluble dans l'eau, mais

Fig. 109. — Myéline.

s'y gonfle ; elle est au contraire très-soluble dans l'alcool et dans l'éther. Cette action de l'eau sur la lécithyne permet de croire que le corps étudié, sous le nom de *myéline* (*fig.* 109), n'était que de la lécithyne gonflée par l'eau.

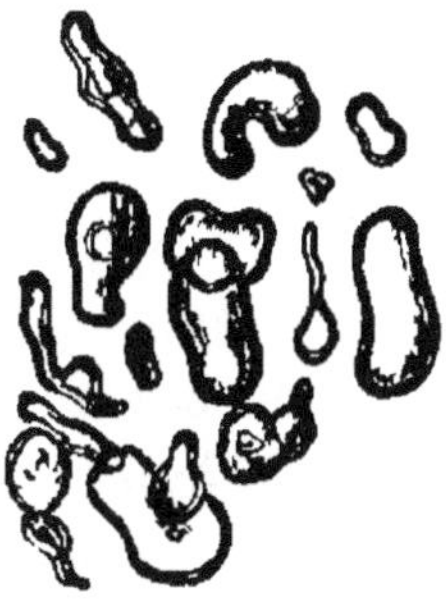

Je ne puis entrer dans l'étude de ses propriétés chimiques, car tous les auteurs ne sont pas d'accord, et l'on conçoit, en effet, l'existence de plusieurs lécithynes. Ce qui nous intéresse seul, au point de vue pratique, c'est que la lécithyne se dédouble facilement en *acides glycéro-phosphorique*, *palmitique* et *oléique* et en une base nommée *neurine*[1], qui paraît être de la choline.

La formule de la lécithyne serait $C^{42}H^{168}Az^2Ph^2O^9$; on admet qu'elle contient pour cent 3,98 de Ph.

Cette donnée nous a servi pour déterminer la quantité de lécithyne contenue dans le sang (p. 305).

Il est facile de démontrer la formation d'acide phospho-glycérique ; on sature le liquide à froid par du carbonate de ba-

---

[1] La *neurine* a été obtenue synthétiquement par Wurtz ; c'est de l'hydrate de triméthyl-oxethylène-ammonium que l'on peut rapporter au type hydrate d'ammonium.

$$Az \left. \begin{matrix} H \\ H \\ H \\ H \end{matrix} \right\} HO. \qquad Az \left. \begin{matrix} CH^3 \\ CH^3 \\ CH^3 \\ C^2H^4.OH \end{matrix} \right\} HO.$$

ryum; on précipite la baryte par de l'acide sulfurique, et le liquide, filtré après neutralisation par du carbonate de calcium, laisse déposer, à l'ébullition, des lamelles nacrées de sel calcique.

La préparation de ces corps présente quelques difficultés et ne peut encore trouver place dans un ouvrage élémentaire.

Les divers corps signalés autrefois comme préexistant dans le cerveau, comme la myéline, l'acide oléo-phosphorique, ne sont plus envisagés aujourd'hui que comme des produits d'altération.

§ 257. **Examen du tissu glandulaire. — Matière glycogène. — Substance amyloïde.** — L'analyse des tissus glandulaires (foie, pancréas, rate, thymus, etc.) se conduit de la manière que nous avons déjà indiquée.

L'examen doit être entrepris immédiatement, car ces organes s'altèrent rapidement et contiennent alors de la leucine et de la tyrosine, qui n'existent préformés que dans les cas pathologiques.

L'organe, finement divisé (quelquefois par trituration avec le verre), est traité par de l'eau bouillante ou mieux encore par de l'alcool. On sépare l'albumine coagulée, et l'on examine le liquide filtré, comme il est dit aux chap. X et XI.

Il ne nous reste à traiter ici, d'une manière spéciale, que de la recherche de la *matière glycogène* qui existe surtout dans le foie et de la *substance amyloïde*, que l'on rencontre dans les glandes altérées (principalement dans le rein).

La matière glycogène, ainsi nommée par Claude Bernard, possède tous les caractères de la dextrine (p. 127); on la prépare en coagulant le foie dans de l'eau bouillante[1]; on triture ensuite cet organe avec du noir animal et l'on filtre à travers du coton; le liquide est traité par de l'alcool qui précipite la matière glycogène et l'albumine. On redissout

_____

[1] On peut réserver ce liquide pour y rechercher la glucose; il suffit de le faire bouillir avec du sulfate de sodium et un peu d'acide acétique pour obtenir un liquide que l'on peut examiner par le réactif de Barreswill.

le précipité dans de *l'eau et on précipite une seconde fois par de l'alcool, ou par de l'acide acétique cristallisable.*

Ce procédé est plus simple que celui qui consiste à la précipiter par l'alcool d'une solution acidulée par de l'acide chlorhydrique, et privée par l'iodure double de potassium et de mercure de corps étrangers.

La matière glycogène ne doit pas contenir de substances azotées et, par suite, ne pas dégager d'ammoniaque quand on la traite par de la potasse [1]; la teinture aqueuse d'iode la colore en rouge ou en brun; la netteté de la teinte dépend beaucoup de la pureté du produit. La matière glycogène ne réduit pas la liqueur de Barreswill; la salive, la diastase, le suc pancréatique la transforment rapidement en glucose dextrogyre à la température de $+ 35°$; les acides minéraux, étendus et bouillants, se comportent de la même manière.

La nature chimique de la *substance amyloïde* ne nous est pas encore bien connue, car on n'a pas réussi à l'isoler en quantité assez notable pour l'étudier. Elle est amorphe, paraît contenir de l'azote et même se rapprocher des substances albuminoïdes par la manière dont elle se comporte avec les acides minéraux étendus et les bases. Elle est insoluble dans l'eau, l'éther, l'alcool et les acides étendus (à froid). La teinture d'iode la colore en *rouge brun foncé*; cette réaction lui est commune avec la matière glycogène, mais elle s'en distingue, puisqu'elle ne donne en aucune circonstance de la glucose; elle donne par l'iode une coloration *violette* quand on l'a traitée au préalable par de l'acide sulfurique concentré. Je n'ai pu vérifier cette assertion émise par divers auteurs; la substance amyloïde, traitée par l'acide sulfurique, ne m'a jamais

Fig. 110. — Corpuscules amyloïdes.

---

[1] La potasse éclaircit la solution un peu opaline.

donné qu'une teinte rouge un peu plus vive, mais qui ne tirait jamais au violet.

On ne doit pas la confondre avec les *corpuscules amyloïdes* (*fig.* 110) que l'on rencontre parfois dans le tissu nerveux et qui bleuissent immédiatement par l'iode. Ces essais se font sur le porte-objectif du microscope. Les corpuscules amyloïdes paraissent être une variété d'amidon, posséder un certaine structure, mais ils ne polarisent pas la lumière.

CHAPITRE XV

§ 258. **Principes contenus dans l'urine.** — L'urine contient un grand nombre de substances dont beaucoup nous sont à peine connues; on y trouve les corps cristalloïdes contenus dans le sang, qui n'ont plus de rôle nutritif à remplir; les substances, comme l'albumine, la glucose, l'inosite ne s'y rencontrent que dans les états pathologiques.

A l'*état normal*, l'urine de l'homme contient les corps suivants : EAU ET MATIÈRES MINÉRALES. — *Chlorures et sulfates à base de potassium, de sodium et d'ammonium, phosphates acides de calcium, de magnésium* (des traces seulement de fer). — MATIÈRES ORGANIQUES : *Urée, acide urique, créatinine* (ces corps sont en quantité assez notable pour être dosés); des traces de *xanthine*, de *hypoxanthine*, de *cystine*, de l'*acide hippurique* (oxalique et oxalurique), des *matières colorantes* encore peu connues, de l'acide phénique (?)

Les urines, à l'*état pathologique*, peuvent différer des urines normales, soit par les variations de poids des principes précédents, soit par l'apparition de nouveaux composés, qui, sauf l'hydrogène sulfuré, sont tous de nature organique. Nous aurons à rechercher, dans ces cas, les substances suivantes :

Albumine, glucose, alcaptone, inosite, leucine, tyrosine, acides acétique, butyrique, lactique, glycocholique et taurocholique, pigments biliaires et sanguins, mucine, pus, éléments organisés des voies urinaires, spermatozoïdes.

Nous ne devons pas oublier qu'un grand nombre de médicaments sont éliminés par les urines (iodures, bromures, sels de mercure, d'antimoine, d'arsenic, de quinine, de strychnine, etc.).

L'étude des calculs urinaires devra également nous occuper. Nous diviserons l'étude de l'urine, d'après ces considérations, en quatre parties principales.

§ 259. **Manière de recueillir l'urine et de faire les calculs.** — On se contente rarement de l'analyse qualitative seule ; l'analyse quantitative exige, pour que les résultats soient concordants, que l'on examine les urines rendues pendant une période de vingt-quatre heures (commençant à huit heures du matin). L'urine doit être conservée dans des vases et placée dans un endroit frais d'une propreté méticuleuse ; le vase doit être en verre, car les vases en porcelaine ou en faïence sont souvent rayés ou écaillés et retiennent, dans ces parties, des ferments qui décomposent rapidement l'urine. Il convient même, pour les vases en verre, de les rincer chaque jour avec de l'acide chlorhydrique étendu d'eau.

L'urine des vingt-quatre heures est mesurée dans un vase jaugé ; tous les calculs sont rapportés à ce volume. On pourrait même, si l'on connaissait le poids du malade, diviser les divers chiffres que l'on obtient par le poids exprimé en kilogrammes. On saurait ainsi la proportion de chaque principe qui est sécrétée par 1 kilogramme d'homme, car la quantité de la sécrétion urinaire, dépend, toutes choses égales, d'ailleurs, du poids du sujet.

On compare les résultats obtenus à ceux qui ont été déterminés par l'expérience sur des personnes en santé. Les nombres qui se trouvent inscrits sur le tableau p. 584 représentent la composition moyenne des urines des personnes de la classe ouvrière de Nancy ; le régime des diverses localités modifie légèrement ces chiffres. Ce tableau est très-utile, car il sert à la fois de guide à l'expérimentateur et au clinicien. Il est la reproduction de ceux qui servent actuellement aux cliniques de la faculté de médecine de Nancy, et dont l'usage avait été introduit depuis fort longtemps à Strasbourg.

		COMPOSITION NORMALE DES URINES D'UN HOMME ADULTE (poids de 62 à 68 kilos) DE 24 HEURES		
Maladie.				
Urines sécrétées du au 187 .				
Émission des 24 heures : centimètres cubes.		1600 à 1800ᶜ ᶜ		
Densité à 15°.		1017 à 1020		
Couleur. . . . . Nº 5 .				
Réaction		Acidule.		
Acidité de l'urine exprimée en acide oxalique. .		1.8 à 2.3		
Dépôts.				
Examen microscopique				

	Les urines de 24 heures contiennent	
	GRAMMES	GRAMMES
Eau..	. . . . .	1600 à 1800
Matières solides (desséchées à + 105°)	. . . . .	57.2 à 65.20
Matières inorganiques.	. . . . .	19 à 22
Matières organiques..	. . . . .	58.2 à 43.20
Urée.	. . . . .	28 à 33
Acide urique.	. . . . .	0.5 à 0.8
Créatinine.	. . . . .	0.8 à 0.9
Ammoniaque des sels amoniacaux. . .	. . . . .	0.5 à 0.62
Matières extractives..	. . . . .	6 à 8
Azote des matières extractives. . .	. . . . .	
Chlore des chlorures	. . . . .	5 à 8
Acide sulfurique des sulfates. . . .	. . . . .	1.5 à 2.5
Acide phosphorique total..	. . . . .	2.8 à 3.5
Acide phosphorique combiné aux alcalis.	. . . . .	2.2 à 2.8
Acide phosphorique combiné aux terres..	. . . . .	0.6 à 0.7
Glucose.	. . . . .	0
Albumine.	. . . . .	0
Matières colorantes anormales.. . . }	. . . .	0 0
Rapport de l'urée à l'acide urique. .	. . . . .	1:36 (nourriture animale) 1:27,5 (mixte) 1:22 (vegetale).
Rapport de l'azote de l'urée à l'azote total.	. . . . .	
Observations.	. . . . .	
. . . .	. . . . .	
. . . .	. . . . .	

I. — URINES NORMALES.

§ 260. **Volume, couleur, poids spécifique**. — Nous
avons vu comment on déterminait le *volume*.
L'urine (lorsqu'elle n'est pas trouble) se trouvant
encore dans le cylindre à graduation, est regardée
par transparence, on note sa *couleur* et on la compare à l'une des neuf teintes admises par Vogel,
et représentées dans l'ouvrage de Neubauer[1].

Les teintes 1 à 3 sont jaunes; on les obtient
en mêlant de la gomme-gutte avec de l'eau; les
teintes 4 à 6 varient du jaune rouge au rouge
(mélange de gomme-gutte et de laque carminée
dont la proportion va en augmentant); la teinte
7 est brune; la teinte 8 est d'un brun plus pro-
noncé, et la teinte 9 est presque noire. La couleur
normale est le n° 3; les urines anémiques et glu-
cosuriques ont la couleur 1. Les teintes 4 à 6 indiquent que les urines sont concentrées et riches
en urates; les teintes 7, 8 et 9 ne s'observent que
lorsque l'urine contient des matières colorantes
biliaires ou sanguines. Vogel prétend que l'on peut
apprécier d'une manière comparative la proportion
de matière colorante en se basant sur ces couleurs;
cette détermination n'est nullement exacte et je
la passerai sous silence, car elle ne fournit même
pas des résultats comparatifs.

Le *poids spécifique* de l'urine se détermine
en y enfonçant un aréomètre spécial, nommé *uri-
nomètre* (*fig.* 111), qui comprend les poids spé-
cifiques compris entre 1,000 et 1,040; on peut
même, pour avoir plus d'exactitude, se servir de deux aréo-

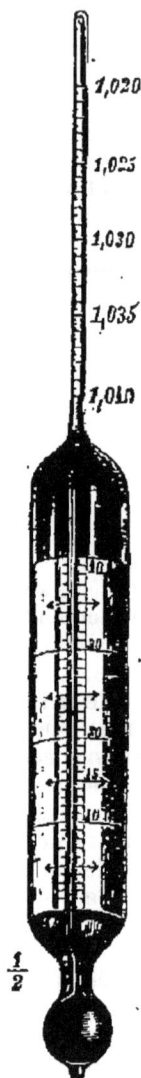

Fig. 111.

---

[1] De l'urine et des sédiments urinaires par Neubauer et Vogel, traduit par
L. Gautier, 1870.

mètres, l'un comprenant les degrés de 1,000 à 1,020 et l'autre
ceux de 1,020 à 1,040. On attend, pour faire la lecture, que la
tige ne soit plus entourée de mousse, et que l'appareil flotte
librement; on place l'œil au niveau du bord inférieur du liquide et on lit la division de la tige qui lui correspond ; on
reconnaît que la lecture est bonne lorsque la surface du liquide n'a pas l'apparence d'une ellipse. La température est
indiquée par un thermomètre qui fait partie de l'appareil;
l'appareil est gradué à + 15°; une différence de 3 degrés de
température augmente ou diminue la densité de une unité[1] ;
cette correction doit toujours être faite.

§ 261. **Poids des matières organiques et inorganiques.**
On évapore dans une capsule en porcelaine ou en platine, au
moins 10 cent. cube d'urine, en suivant les précautions indiquées p. 281 ; le résidu desséché à + 105° représente le total des matières organiques et inorganiques ; nous avons vu
que cette première donnée ne méritait aucune confiance; l'incinération faite avec les précautions indiquées p. 284 nous
fournit le poids des matières inorganiques. La différence des
deux pesées nous donne le poids des matières organiques, mais
affecté d'une erreur dont on ne peut prévoir les limites.

Neubauer a proposé un moyen empirique pour déterminer
le poids des matières solides contenues dans l'urine.

Il suffit, d'après cet auteur, de multiplier les deux derniers
chiffres du poids spécifique déterminé avec 3 décimales par le
coefficient 2,33[2] ou 2,3295, pour avoir la quantité de matières
solides contenue par litre. Je me suis assuré que ce coefficient
variait un peu suivant le régime variable des diverses localités;
celui de 2,3092 conviendrait mieux pour Nancy. Les résultats
obtenus sont assez exacts lorsqu'il s'agit d'analyser l'urine dont
la composition est normale; mais on commet par ce procédé

---

[1] Une urine marquant 1,020 à + 15°, marque 1,021 à + 12° et seulement 1,019 à + 18°.

[2] Densité de l'urine 1022. Poids des matières solides par litre = 22 × 2,
33 = 51gr,26. Urine émise par 24 heures 1200; poids des matières solides
pour les 24 heures 51gr,26 × 1,200 = 61gr,51.

des erreurs qui peuvent s'élever à 20 ou 50 grammes et même plus lorsqu'on l'applique à des urines pathologiques, émises en quantité très-faible (fièvres typhoïdes) ou en quantité forte (polyurie sans sucre). On ne doit donc *jamais* se fier aux résultats obtenus dans ces derniers cas.

§ 262. **Réaction au papier de tournesol et détermination de l'acidité.** — On se sert du papier de tournesol sensibilisé à deux teintes dont nous avons indiqué la préparation (p. 18). Il peut se présenter qu'une urine rougisse et bleuisse à la fois le papier de tournesol ; on explique ce fait bizarre en admettant que l'urine peut renfermer dans une couche du phosphate acide de sodium et dans une autre du phosphate sodico-ammonique [1]. L'urine est presque toujours acide ; elle est rarement neutre ; elle devient alcaline quand elle s'altère car l'urée se transforme en carbonate d'ammonium ; le papier bleu exposé au contact de l'air chaud redevient rouge par la dessication parce que le sel ammoniacal se volatilise. Il n'en est pas de même lorsque l'alcalinité est due à des carbonates de potassium ou de sodium.

Le médecin devra s'assurer si l'urine est déjà alcaline au moment de son émission (maladie de la vessie, etc.) ou si elle ne le devient que par son séjour dans les vases de nuit, ce qui pourrait tenir à la malpropreté de ces derniers.

L'urine abandonnée à elle-même subit plus ou moins rapidement la fermentation ammoniacale, qui est due à la décomposition de l'urée sous l'influence d'un ferment, qui est une torulacée [2].

La fermentation ammoniacale est presque toujours précédée

[1] Une urine acidulée peut, d'après la même théorie, laisser déposer des cristaux de phosphate.

[2] On a mis à profit cette propriété pour déceler l'urée dans les liquides pathologiques et dans les eaux des puits ; on filtre l'urine ammoniacale et on lave le filtre jusqu'à ce que les eaux qui s'écoulent soient neutres ; on dessèche le papier à + 46° après l'avoir coloré en jaune par le curcuma. Une languette de ce papier, mise en contact d'un liquide *neutre*, brunit après deux ou trois heures quand le mélange est abandonné à la température d'une chambre, et qu'il contient des traces d'urée (Musculus).

d⁰ la *fermentation acide*, dans laquelle l'acidité de l'urine va
en augmentant. Il existe des circonstances, encore mal connues, où l'urine exposée au contact de l'air peut rester acide
pendant quatre ou cinq mois, même pendant les chaleurs de
l'été; les urines déposent dans ce cas des dépôts abondants
d'acide urique et d'oxalate de calcium.

On ne sait à quel acide (hippurique, lactique?) ou à quel
composé acide (phosphate acide de potassium ou de sodium),
attribuer la réaction acide de l'urine. On est donc obligé de se
contenter de déterminer l'acidité à l'aide d'une solution titrée de
soude et de l'exprimer soit en indiquant le poids de soude neutralisé soit celui d'acide sulfurique ou d'acide oxalique qui serait
neutralisé par cette soude. C'est ce que l'on indique par ces
mots : « acidité comptée comme acide sulfurique ou oxalique. »
L'opération se fait sur 100 cent. cube d'urine, comme nous
l'avons indiqué p. 106.

§ 263. **Détermination des sels minéraux.** — *Sulfates.*
— On précipite 100 cent. cubes d'urine portée à l'ébullition
et acidulée par de l'acide chlorhydrique; on pèse le sulfate de
baryum (p. 291) et l'on en déduit le poids de SO^4H^2.

Chlorures. — On opère sur 10 cent. cubes d'urine comme
il est dit p. 212. On se sert souvent pour faciliter les calculs
de liqueurs titrées d'azotate d'argent, dont 1^{cc} précipite
$0^{gr},01$ de Cl ou de ClNa. *Il y aura donc par litre autant
de grammes de chlore ou de chlorure de sodium que l'on
aura employé de cc. pour précipiter 10^{cc} d'urine.* On obtient
la première liqueur en dissolvant 47,8873 d'azote d'argent par
litre, la seconde en en employant $29^{gr},063$.

Quelques auteurs admettent que le chlore est à l'état de
chlorure de sodium et calculent d'après le poids de chlore celui de chlorure qui pourrait se former; je ne sais quel est
l'avantage de cette manière d'agir, alors qu'on sait d'une manière certaine que l'urine contient à la fois des chlorures de
potassium et de sodium.

Je ne recommanderai pas le dosage par l'azotate d'argent
versé directement dans l'urine; exact dans les circonstances

ordinaires, il peut devenir très-fautif dans les analyses d'urines pathologiques.

Phosphates. — Le procédé pondéral est très-convenable (p. 294); nous indiquerons plus loin un procédé volumétrique, qui est très-commode et suffisamment exact.

Sels de magnésium et de calcium. — Le dosage doit être fait sur 100 cent. cube d'urine, comme il est dit p. 295.

Sels de potassium et de sodium. — On consacre de 2 à 300 cent. cubes à cette recherche (v. p. 295).

Sels d'ammonium. — Le dosage des sels ammoniacaux fait sur 100 cent. cubes d'urine est indiqué p. 297.

Interprétation des résultats. — Nous admettrons que l'urine est acide; les sels de calcium et de magnésium y sont donc contenus à l'état de phosphates acides et l'on détermine par le calcul la quantité d'acide phosphorique combiné à ces métaux; la différence entre l'acide phosphorique trouvé et celui que l'on vient de calculer représente l'acide qui est combiné aux métaux alcalins.

On admet que le potassium est contenu dans l'urine en partie sous forme de sulfate de potassium ; l'excès de ce métal est supposé uni à l'acide phosphorique; on admettra que le restant de métal non fixé sera du chlorure de potassium.

Si la potasse ne suffisait pas pour transformer tout l'acide phosphorique en phosphate acide de potassium, on admettrait que le restant d'acide phosphorique existe à l'état de sel acide de sodium.

L'ammonium est transformé, par le calcul, en chlorure. Il reste maintenant un excès de chlore et le sodium ; l'analyse quelque bien conduite qu'elle soit indiquera presque toujours un excès de sodium qui ne sera pas neutralisé par un acide. Ce fait peut, ou tenir aux erreurs partielles de chacun de ces dosages particuliers, ou à la décomposition par la calcination de composés à acides organiques.

L'analyse ne se fait que rarement avec cette exactitude; on se contente le plus souvent de doser les éléments comme cela est indiqué au tableau.

§ 264. **Dosage des phosphates par l'acétate d'uranium.**
— Ce dosage repose sur les principes suivants : l'acétate d'u-
ranium précipite les *solutions acétiques* des phosphates en
blanc ; ce précipité est insoluble dans l'acide acétique, soluble
dans tous les acides minéraux, et n'est pas coloré en rouge
par le ferrocyanure de potassium. Ce dernier réactif pourra
être employé comme liquide indicateur ; en versant une solution titrée de sel d'uranium dans un phosphate, on n'obtiendra
par le ferrocyanure une coloration rouge que lorsque tout le
phosphate sera précipité.

Il se présente ici une petite difficulté ; la sensibilité de la
réaction du ferrocyanure étant entravée par la présence des
acétates et le dosage ne pouvant se faire que dans des liqueurs
acétiques, il faudra : 1° employer toujours les mêmes quantités
d'acide acétique ; 2° se servir d'une liqueur titrée qui contiendra, non-seulement la quantité d'acétate d'uranium nécessaire pour précipiter un poids donné de phosphate, mais encore
l'excès de ce sel qui est nécessaire pour faire apparaître la coloration rouge avec le ferrocyanure.

La liqueur titrée doit donc être préparée d'une manière
spéciale.

Liqueur titrée d'acétate d'uranium. — On dissout 20^{gr},3
d'oxyde d'uranium pur dans de l'acide acétique exempt de
composés empyreumatiques qui ne doit pas être en excès.
Chaque centimètre cube de cette solution précipite 0^{gr},005
de Ph^{2}O^5 et renferme en outre l'excès de sel d'uranium nécessaire pour donner la réaction finale [1].

Liqueur acétique. — On mélange dans un ballon jaugé de
un litre 100 grammes d'acétate de sodium, 100 d'acide acé-

---

[1] Il faudrait vérifier le titre de cette liqueur si on n'était pas sûr de la
pureté de l'oxyde d'uranium, de la manière suivante : On obtient un liquide qui par 50^{cc} contient 0^{gr},1 d'acide phosphorique en dissolvant dans
un litre d'eau 10^{gr},085 de phosphate neutre de sodium non effleuri ; en
ajoutant à ces 50^{cc}, 5^{cc} de liquide acétique, il doit falloir 20^{cc} de liqueur
titrée d'acétate d'uranium pour faire apparaître la réaction finale. S'il n'en
était pas ainsi, il faudrait étendre la liqueur d'eau ou lui ajouter une solution plus concentrée d'acétate.

tiqué et l'on complète le volume avec de l'eau distillée ; on emploie dans chaque dosage 5 cent. cubes de cette liqueur.

Dosages. — On ajoute à 50 cent. cubes d'urine 5 cent. cubes de liqueur acétique, et l'on porte le liquide à l'ébullition ; on y verse l'acétate d'uranium à l'aide d'une burette subdivisée en 1/10 de cent. cube. Le ferrocyanure de potassium est placé par gouttes séparées sur une petite soucoupe en porcelaine ; on distrait après chaque nouvelle addition une goutte d'urine et on la laisse tomber sur la goutte de ferrocyanure ; *l'apparition d'un précipité rose* ou *brun* indiquera le moment où l'opération est achevée. On chauffe de nouveau l'urine pendant 1 à 2 minutes, et l'on recommence l'essai au ferrocyanure. L'opération peut être regardée comme achevée lorsque la coloration rose ou brune se reproduit encore après l'ébullition.

On doit recommencer le dosage sur une nouvelle quantité d'urine, pour être sûr de ne pas avoir employé un excès d'acétate d'uranium.

Calcul. — 50 cent. cubes ont exigé 12 cent. cubes d'azotate d'uranium pour leur précipitation complète ; ils contiennent par suite $0^{gr},005 \times n$ de Ph^2O^5. Le litre d'urine (ou 50×20) en renfermera par suite 20 fois plus ou $0^{gr},005 \times 20 \times n = 0^{gr},1 \times n$. En d'autres termes, *le litre d'urine contiendra autant de décigrammes d'acide phosphorique qu'il a fallu employer de centimètres cubes d'acétate d'uranium pour la précipitation complète.*

§ 265. Dosage séparé des phosphates de la IVe et de la Ve section. — L'urine contient les phosphates à l'état de sels acides.

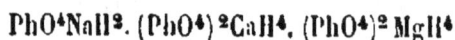

$$PhO^4NaH^2. \quad (PhO^4)^2CaH^4. \quad (PhO^4)^2MgH^4$$

L'ammoniaque transforme ces sels en sels neutres, dont le premier seul est soluble. On ajoute par suite à 50 cent. cubes d'urine, une quantité suffisante d'ammoniaque pour que l'urine soit légèrement alcaline ; on filtre après un quart d'heure sur un petit filtre. On dose les phosphates alcalins dans le liquide filtré additionné, de 5 cent. cubes de liqueur acétique[1]. Soit n' le nombre de c.c. employés, il y aura par suite n' décigrammes d'acide phosphorique combiné aux métaux alcalins et $(n - n')$ aux métaux alcalins terreux.

Le procédé suivant est plus exact ; on lave le précipité obtenu par l'ammoniaque et qui est resté sur le filtre avec une petite quantité d'eau. On l'introduit ensuite dans une fiole, et on le dissout à l'ébullition dans 5 centimètres cubes de liquide acétique ; on complète le volume à 55^{cc}, et l'on fait le dosage comme à l'ordinaire. Soit n'' les nombres de centimètres cubes employés ; il y aura n'' décigrammes d'acide phosphorique uni au calcium et au magnésium ; la différence $n - n''$ représentera l'acide phosphorique uni aux métaux alcalins.

Le dosage fait simultanément par les deux procédés fournira un excellent moyen de contrôle.

§ 266. **Dosage de l'urée par le procédé de Liebig.** — *Principe.* — L'urée forme, avec l'azotate mercurique, un précipité blanc qui, au moment de sa formation, a pour composition $CH^4Az^2O.2HgO$, mais qui s'altère après quelque temps ; ce précipité est peu soluble dans l'acide azotique étendu, plus soluble dans l'acide concentré, et n'est pas jauni par la soude ou le carbonate de sodium qui pourront servir de réactifs indicateurs ; ces deux corps précipitent, en effet, en jaune l'azotate mercurique ; 1 d'urée se combine à 7,2 d'oxyde de mercure.

La solution jaune ne se produira qu'avec un excès d'azotate mercurique, que Liebig a évalué à 0,5 pour 1 d'urée ; 1 d'urée exigera par suite, pour sa précipitation, 7,7 et non 7,2 d'oxyde de mercure. On obtient ainsi une *coloration jaune évidente.*

L'analyste devra être familiarisé avec cette teinte, car il doit la reproduire dans toutes les analyses ; on l'obtient en ajoutant à 10 centimères cubes d'une solution au 2/100 d'urée, 20 centimètres cubes de liqueur titrée mercurielle, et versant une goutte du mélange dans de la soude.

[1] Le mélange doit être acide ; il importe par suite de ne pas employer trop d'ammoniaque pour la précipitation des phosphates.

Liqueur titrée. — On dissout 77^{gr},2 d'oxyde de mercure rouge et séché à + 100° dans une petite quantité d'acide azotique ; on évapore à consistance sirupeuse et l'on dissout la solution dans de l'eau que l'on ajoute successivement de manière à compléter le litre ; il peut se déposer si le liquide n'est pas assez acide, un sel basique ; on ne doit à ce moment ajouter que de l'eau légèrement acidulée par de l'acide azotique[1]. On peut vérifier le titre de cette liqueur à l'aide de la solution titrée d'urée, dont nous avons parlé plus haut. *1 centimètre cube de la liqueur titrée précipite 1 centigramme d'urée.*

Préparation à faire subir à l'urine. — La liqueur titrée ne saurait être employée dans un liquide qui contient des sulfates et des phosphates, car ces deux sels précipitent l'azotate mercurique. Les chlorures présentent un autre inconvénient, car ils transforment l'azotate mercurique en chlorure, sel qui ne précipite pas l'urée.

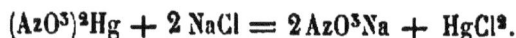

$$(AzO^3)^2Hg + 2 NaCl = 2 AzO^3Na + HgCl^2.$$

Il en résulte que l'azotate mercurique, versé dans une solution contenant de l'urée et du chlorure de sodium, ne précipitera que lorsqu'on en aura versé une quantité suffisante pour transformer tout le chlorure en sublimé corrosif. L'azotate mercurique ne peut être versé dans une solution d'albumine, car cette dernière est précipitée par les sels mercuriels. La présence de l'ammoniaque ou du carbonate d'ammonium vicie également les résultats.

On doit, par suite, avant d'entreprendre le dosage de l'urée, éliminer autant que possible ces diverses causes d'erreur.

Lorsque l'urine est *albumineuse*, on en chauffe dans une fiole 100 centimètres cubes, après l'avoir acidulée par quel-

---

[1] Cette addition d'acide est la partie difficile de l'opération, car il convient de ne pas en employer un excès ; le procédé suivant n'expose pas à cet inconvénient, car l'oxyde mercurique jaune se dissout plus rapidement que l'oxyde rouge de sorte que l'on ne court pas le risque d'employer un excès d'acide. On précipite 96^{gr},855 de HgCl^2 par NaHO et on dissout le précipité bien lavé dans de l'acide azotique ; la solution est étendue au litre.

ques gouttes d'acide acétique; le liquide doit être chauffé dans une fiole presque bouchée pour empêcher l'évaporation; l'albumine se sépare totalement en flocons si l'on n'a pas ajouté trop ou trop peu d'acide acétique; on filtre et l'on continue l'opération comme avec de l'urine normale.

On mêle 40 centimètres cubes d'urine avec 20 centimètres cubes de *liquide barytique;* ce liquide s'obtient en mêlant deux volumes d'une solution saturée à froid de baryte et un volume d'une solution, également saturée à froid, d'azotate de baryum; les deux corps doivent être exempts de chlorures. Ce mélange précipite les *phosphates* et les *sulfates;* on s'assure que la précipitation est complète en laissant tomber quelques gouttes du liquide filtré dans du liquide barytique qui devra rester clair. S'il n'en était pas ainsi, on recommencerait l'opération en mêlant à 40 centimètres cubes d'urine 40, 60 ou 80 centimètres cubes de liquide barytique, jusqu'à ce que la précipitation soit complète.

Dosage. — Le dosage devant se faire toujours sur 10 centimètres cubes d'urine, on mesurera 15, 20, 25, ou 30 centimètres cubes, suivant que l'on a étendu l'urine de 20, 40, 60 ou 80 de liquide barytique. 20 centimètres cubes suffiront ordinairement; c'est donc sur 15 centimètres cubes que l'on opère.

On y verse l'azotate mercurique à l'aide d'une burette divisée en 1/10 de centimètres cubes et l'on agite; lorsqu'on voit que le précipité n'augmente plus, on fait tomber, à l'aide d'une baguette, une goutte du liquide dans un verre de montre contenant une solution de soude, de carbonate ou de bicarbonate de sodium, et l'on continue l'addition de la liqueur titrée jusqu'à ce qu'une goutte donne, avec le réactif indicateur, *la même teinte jaune* que celle à laquelle on s'est arrêtée lorsqu'on a titré la liqueur. On note le nombre de centimètres cubes employés, et l'on refait au besoin un second dosage avant de faire le calcul. Il est avantageux de placer le verre de montre sur un fond noir peu brillant.

Calcul. — 1 centimètre cube de liqueur titrée correspond

à 0^{gr},01 d'urée; les *n* centimètres cubes correspondront à *n* $\times$ 0^{gr},01 ; c'est là la quantité contenue dans les 10 centimètres cubes d'urine employés au dosage. Le litre en renfermera cent fois plus ou 1^{gr} $\times$ *n*.

Le litre d'urine contiendra, par suite, autant de grammes d'urée qu'il a fallu employer de centimètres cubes de liqueur titrée.

Le chiffre ainsi obtenu est affecté de diverses erreurs, dues les unes à la présence des chlorures, les autres à la dilution plus ou moins grande du liquide urinaire; on lui fait subir les corrections suivantes.

Correction de l'erreur due à la dilution. — Nous avons vu que l'on ajoute à la liqueur titrée un certain excès d'oxyde mercurique; c'est celui qui est nécessaire pour produire la teinte jaune lorsque 15 centimètres cubes exigent pour leur précipitation 30 centimètres cubes de liqueur titrée. Des corrections devront être faites toutes les fois que l'on a employé un volume différent.

On a employé plus de 30 centimètres cubes. — On refait un second dosage en ajoutant aux 15 centimètres cubes d'urine un volume d'eau égal à la moitié du volume de liqueur titrée excédant 30 centimètres cubes [1].

On a employé moins de 30 centimètres cubes. — On retranche du résultat 0,02 de centimètres cubes pour chaque centimètre cube employé en moins que 30 [2].

Correction due à la présence des chlorures. — Nous avons vu que la précipitation de l'urée ne commençait que lorsque tous les chlorures alcalins étaient transformés en sublimé corrosif; il importe de ne pas compter la quantité de liqueur titrée qui a servi à cette transformation comme ayant précipité de l'urée.

Plusieurs moyens ont été proposés pour corriger cette cause

---

[1] Ex. 1er dosage 48^{cc}; 2e dosage ajouter à 15^{cc} d'urine barytique $\frac{18}{2} = 9^{cc}$ d'eau, avant d'ajouter la liqueur titrée.

[2] Ex. employé 17^{cc} — volume corrigé 17 — (0,02 $\times$ 13) = 16,74.

d'erreur ; Liebig recommande de retrancher du résultat 1 à 2 centimètres cubes, suivant la richesse en chlorure ; cette manière d'opérer est nullement exacte.

Il vaut mieux employer le procédé suivant ; l'urine barytique est alcaline ; on en mesure 15 centimètres cubes et on les neutralise par 1, 2 ou 3 gouttes d'acide azotique ; un excès d'acide est à éviter. On y verse goutte à goutte de l'azotate mercurique titré ; chaque goutte qui tombe donne naissance à un précipité, mais ce dernier se redissout par l'agitation et ne reste permanent que lorsque la précipitation de l'urée commence ; soit n' le nombre de centimètres cubes qu'il a fallu employer pour atteindre ce point ; on retranche n' du volume n qu'il a fallu pour précipiter l'urée. L'emploi de ce procédé est très-délicat, car si le liquide est trop acide, la combinaison mercurielle d'urée ne se précipitera pas au premier moment, puisqu'elle est un peu soluble dans l'acide azotique.

La correction peut se faire par le calcul lorsqu'on a dosé préalablement les chlorures par l'azotate d'argent [1].

Exemple de calcul. — Urine émise dans les vingt-quatre heures 1200 centimètres cubes ; 10 centimètres cubes d'urine ont exigé $23^{cc},4$ d'azotate mercurique.

La correction des chlorures, par l'une ou l'autre méthode, est de $3^{cc},1$; la correction de la dilution sera $(6,6 \times 0,02) = 0,13$. Le chiffre définitif de centimètres cubes employés uniquement à la précipitation de l'urée sera donc

$$23^{cc},4 - (3,1 - 0,13) = 20^{cc},17$$

Un litre contient, par suite, $20^{gr},17$ d'urée, et s'il a été éliminé dans les vingt-quatre heures 1200 centimètres cubes d'urine, l'excrétion journalière sera de $20^{gr},17 \times 1200 = 22^{gr},20$.

---

[1] $(AzO^3)^2 Hg + 2ClM = 2AzO^3M + Cl^2Hg$ 200^{gr} de Hg = 71 de Cl. 1^{cc}. de notre liqueur titrée argentique correspond à 0,01 de Cl ou à 0,0281 de Hg, quantité contenue dans $0^{cc},393$ de liqueur titrée mercurielle. Si nous dosons les chlorures sur 10^{cc} d'urine et qu'il ait fallu m^{cc} d'azotate d'argent, nous retrancherons $(0,393 \times m)$ cent. cubes de n, pour la correction des chlorures.

Urine ammoniacale. — L'ammoniaque et le carbonate d'ammonium précipitent également l'azotate mercurique et sont comptés par suite comme urée ; Liebig pensait que cela n'avait aucun inconvénient, puisque l'ammoniaque provenait, d'après lui, de la décomposition de l'urée et que le dosage conduisait au même résultat. Il n'en n'est pas toujours ainsi et il faudra doser séparément l'urée et l'ammoniaque, quitte à transformer cette dernière par le calcul en urée. On y arrive de la manière suivante : on dose par l'alcalimétrie (p. 201)[1] l'ammoniaque contenue dans 10 centimètres cubes d'urine ; on chauffe, d'autre part, l'urine avec la quantité nécessaire de solution barytique pour éliminer toute l'ammoniaque, et on dose l'urée par le procédé ordinaire en opérant, bien entendu, sur un volume de liquide barytique contenant 10 centimètres cubes d'urine.

Urines chargées de matières colorantes. — J'ai constaté que certaines urines (fièvres typhoïdes, pneumonies, ictères) donnaient, avec le carbonate de sodium ou la soude, un précipité jaune quand on avait à peine versé 7 à 8 centimètres d'azotate mercurique ; cette coloration, due à la précipitation d'un pigment, embarrasse beaucoup celui qui n'est pas prévenu. Il suffit, dans le doute, de continuer l'addition de la liqueur titrée ; la couleur du précipité, loin d'augmenter, ira en diminuant si la coloration est due à un pigment et finira par faire place à un précipité blanc.

Une autre cause d'erreur, analogue à la précédente, pourrait se produire avec des urines contenant de l'iodure de potassium, par suite de la formation d'iodure mercurique rouge.

§ 267. **Dosage de l'urée par le procédé Lecomte.** — *Principe.* — L'urée est décomposée par le chlore (hypochlorite de soude) en acide carbonique et en azote

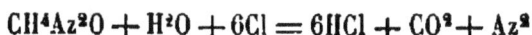

$$CH^4Az^2O + H^2O + 6Cl = 6HCl + CO^2 + Az^2$$

On absorbe l'acide carbonique et on mesure l'azote.

---

[1] 11,32 de AzH^3 correspondent à 20 d'urée.

1 décigramme d'urée devrait fournir *théoriquement* 37 centimètres cubes d'azote mesurés à 0° et à la pression de 760. On n'en obtient que 34. Chaque centimètre cube d'azote correspond, par suite, à $0^{gr},002941$ d'urée.

Procédé opératoire. — On introduit dans une fiole de 150 centimètres cubes de capacité, 20 centimètres cubes d'urine (10 lorsqu'elle est très-concentrée) et rapidement une solution d'hypochlorite de soude (marquant 1°,5 à l'aréomètre de Beaumé); on ferme rapidement la fiole en y adaptant un bouchon en caoutchouc traversé par un tube deux fois recourbé, d'un calibre assez étroit. L'excédant d'hypochlorite entre dans le tube. La réaction commence à froid; l'azote qui se dégage pousse devant lui l'eau contenue dans le tube; quand tout l'air est chassé et que l'azote arrive près de l'ouverture de dégagement, on engage cette extrémité sous une cloche graduée de 60 à 100 centimètres cubes divisée en 1/10 de centimètres cubes et placée remplie d'eau dans un cristallisoir. On chauffe, et lorsque le liquide entre en ébullition et qu'il ne se dégage plus de gaz, on sort le tube abducteur de l'eau (pour éviter une absorption) et l'on éteint le bec de gaz. Cette opération se conduit très-rapidement et n'exige que dix à quinze minutes[1]. On introduit sous la cloche un fragment de potasse solide et l'on agite en fermant avec le pouce pour absorber un peu d'acide carbonique qui aurait pu se produire. On porte la cloche dans un grand cylindre rempli d'eau; on fait affleurer le niveau intérieur de l'eau dans le tube avec la surface de l'eau, et l'on fait la lecture en notant la température t et la pression H. Soit V' le volume de gaz que l'on a obtenu; il faut le ramener à ce qu'il serait à 0° et à 760°, à l'aide de la formule

$$V_0 = \frac{V'(H - f)}{760(1 + 0,00367.t)}$$

---

[1] On a proposé comme moyen d'analyse clinique de se servir d'un tube gradué de 100^{cm} environ, d'y mettre environ 10^{cm} de mercure, puis 3 à 4 cent. cubes d'urine; on remplit rapidement le tube avec de l'hypochlorite et l'on retourne le tube sur un verre rempli de mercure.

dans laquelle f désigne la tension de la vapeur d'eau.

Nous donnons à la fin de l'ouvrage une table qui donne les valeurs de f et du dénominateur pour les températures comprises entre $+10°$ et $+20°$, températures auxquelles se font d'ordinaire les lectures.

Calcul. — On obtient le poids d'urée contenue dans 20 centimètres cubes en multipliant le volume V corrigé par 0,002941. La quantité par litre[1] s'obtient en multipliant $V \times 0^{gr},002941$ par 50, ce qui fait $V \times 0^{gr},14705$.

La quantité d'urée excrétée dans les vingt-quatre heures s'obtient en multipliant ce produit par la quantité d'urine rendue dans les vingt-quatre heures[2].

Modification du procédé. — On a cherché à éliminer quelques substances qui se décomposent comme l'urée, en les précipitant par le sous-acétate de plomb. On ajoute à 20 centimètres cubes d'urine 2 centimètres cubes de la solution de sous-acétate de plomb ; on chauffe et on précipite l'excès de plomb dans le liquide filtré par 2 à 3 grammes de sulfate de sodium solide. On filtre le liquide dans un vase de 50 centimètres cubes et on complète le volume ; on consacre à l'analyse 25 centimètres cubes de ce liquide, qui correspondent à 10 centimètres cubes d'urine.

§ 268. **Dosage de l'urée par le procédé Yvon.** — *Principe.* — Le principe est le même que celui qui sert de base au dosage par le procédé Lecomte ; la décomposition se fait par le brome (hypobromite) qui fournit, d'après Yvon, avec 1 décigramme d'urée, 37 centimètres cubes d'azote et non 34, comme le procédé Lecomte.

Manuel opératoire. — On prépare la solution d'hypobromite en dissolvant 5 grammes de brome dans 30 centimètres cubes de lessive de soude et en y ajoutant 125 centimètres cubes d'eau distillée. On se sert d'un instrument particulier

---

[1] On se servirait de la formule $0,2941 \times V$ si l'on avait opéré sur 10 cent. cubes d'urine.

[2] Quantité d'urine 1200^{cc} ; volume d'azote corrigé $31^{cc},8$;
Urée $= (31,8 \times 0,14705 \times 1,200)$.

(construit par Alvergniat) que l'on nomme *uromètre*. Il se compose d'un tube cylindrique de 40 centimètres de longueur environ, ouvert aux deux bouts et séparé en deux parties par un robinet en verre. La partie supérieure, de 10 centimètres environ de longueur, est subdivisée en centimètres cubes et subdivisée en 1/10 ; la même graduation se trouve sur la partie inférieure ; le zéro des deux divisions part du robinet.

L'urine doit être étendue d'eau, 10 cent. cubes à 50 ; une moindre dilution est nécessaire pour quelques urines pathologiques peu riches en urée. L'appareil est placé, le robinet ouvert, dans un cylindre rempli de mercure ; on l'enfonce jusqu'à ce que le robinet soit baigné par le mercure et on le ferme. On mesure maintenant 3 cent. cubes du liquide urinaire étendu d'eau dans la partie supérieure de l'appareil. Soulevant à la fois le tube et ouvrant le robinet on introduit ce liquide dans la partie inférieure. On referme le robinet et l'on verse 1 à 2 cent. cubes de soude dans la partie supérieure ; on les introduit par le même procédé dans la partie inférieure ; cette addition de soude a pour but d'entraîner l'urine qui serait restée adhérente aux parois. On ferme le robinet (il ne doit y avoir dans la partie inférieure aucune trace d'air) et l'on remplit la partie supérieure de l'appareil avec la solution d'hypobromite. On soulève maintenant le tube et l'on introduit rapidement le réactif en ouvrant le robinet. La réaction se produit instantanément et s'achève à froid.

On lit le volume du gaz qui s'est dégagé v', et on en déduit le volume v comme il est dit pour le procédé Lecomte[1].

Calcul : Soit v le volume corrigé.

1 centimètre cube correspond à $0^{gr},0027027$ d'urée ;

---

[1] L'auteur évite les corrections en déterminant à chaque fois le volume du gaz fourni par 5^{cc} d'une solution contenant $0^{gr},01$ d'urée devant fournir à $0°$ et à 760, $3^{cc},7$ d'azote. Ils en fournissent, je suppose, 4,2 ; l'urine analysée en dégage 4,5 ; on aura le poids d'urée par la proportion $0^{gr},01 : 4,2 = x \cdot 4,5$

$$2 = 0,01 \times \frac{45}{42}$$

$v \times 0^{gr},0027027$ représente le poids d'urée contenu dans 3 cent. cubes du liquide urinaire obtenu en diluant 10 cent. cubes d'urine à 50, ou dans $0^{cc},6$. La quantité par litre s'obtient en multipliant le résultat par 1666,7, et la formule devient

$$(v \times 0,00270027 \times 1666,7)^{gr} = v \times 4^{gr},5046$$

Les mensurations doivent être faites avec une exactitude rigoureuse, car la moindre erreur devient très-forte puisqu'elle est multipliée par 4,5046. Ce motif nous force à ne regarder ce procédé que comme un moyen d'analyse clinique rapide aux résultats duquel on ne doit pas ajouter grande confiance [1].

La décomposition de l'urée par l'hypobromite a été mise à profit par divers auteurs, qui ont proposé des appareils plus ou moins semblables à celui d'Yvon. L'uromètre de Eschbasch, employé dans beaucoup de laboratoires, présente l'avantage sur celui d'Yvon de ne pas exiger l'emploi d'une cuve à mercure.

§ 269. **Autres procédés de dosages de l'urée.** — *Procédé de Bunsen.* — *Principe.* — L'urée chauffée dans un tube scellé avec de l'eau, se transforme en carbonate d'ammonium.

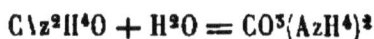

$$C\backslash z^2H^4O + H^2O = CO^3(AzH^4)^2$$

Manuel opératoire. — On précipite un certain volume d'u-

---

[1] L'auteur admet que son procédé permet d'obtenir rapidement, non-seulement l'urée, mais encore l'acide urique et la créatinine. Il précipite l'urine par du sous-acétate de plomb, filtre et étend à 50^{cc}, dont il consacre 3 à l'analyse ; l'acide urique est ainsi précipité et il n'obtient plus qu'un volume v'. (v — v') représente le volume d'azote fourni par l'*acide urique ;* il en obtient le poids en multipliant $(v — v')^{cc}$ par $0^{gr},00377$ —. Il fait un 3e dosage en précipitant la *créatinine* de 10^{cc} d'urine par du chlorure de zinc, étendant à 50 et opérant sur 3^{cc} ; le volume v'' qu'il obtient ainsi représente l'azote fourni par l'acide urique et l'urée et v — v'', celui qui est dû à la créatinine ; il obtient le poids de ce corps en multipliant $(v — v'')^{cc}$ par $0^{gr},00446$. Il obtient l'urée en multipliant $[v — (v — v') — (v — v'')]$ par $0^{gr},0027027$.

rine par du chlorure de baryum ammoniacal et l'on introduit le liquide filtré dans un tube que l'on scelle à la lampe et que l'on chauffe pendant 2 à 3 heures dans un bain d'huile chauffé à + de 200°. On pèse le carbonate de baryum qui s'est formé; une partie correspond à $0^{gr},4041$ d'urée. Ce procédé est très-exact, mais son exécution est trop pénible, pour qu'on puisse songer à s'en servir journellement; il peut être réservé comme moyen de contrôle. J'en dirai autant du procédé suivant.

Procédé de Heintz. — Il est basé sur la transformation de l'urée en sels ammoniacaux, quand on la chauffe vers 200° avec de l'acide sulfurique concentré; on doit tenir compte bien entendu, des sels ammoniacaux qui préexistent dans l'urine avant le traitement.

Dosage à l'état d'azotate. — Je n'indiquerai ce procédé que pour mémoire; il a été beaucoup suivi autrefois, mais il expose à des pertes très-nombreuses; l'urine est concentrée par l'évaporation au 1/10 et on ajoute au liquide refroidi un excès d'*acide azotique exempt de vapeurs rutilantes*; l'azotate d'urée se sépare en cristaux[1] que l'on isole et que l'on pèse.

Procédé de Millon. Principe. — L'urée est décomposée par l'acide azoteux en acide carbonique et en azote :

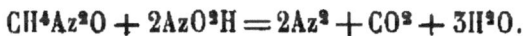

$$CH^4Az^2O + 2AzO^2H = 2Az^2 + CO^2 + 3H^2O.$$

Il y a bien des manières d'appliquer ce principe.

1) On introduit 20 cent. cubes d'urine dans un ballon de

---

[1] On a prétendu ces derniers temps que la forme cristalline de l'azotate d'urée qui se dépose ainsi, varie avec la nature de l'affection du malade; j'ai obtenu les variations de forme signalées avec de l'urine obtenue synthétiquement.

Il est facile d'isoler l'urée de ce précipité; on fait recristalliser l'azotate dans un peu d'eau (l'emploi du charbon décolorant doit être évité) et on le fait bouillir avec du carbonate de baryum précipité. On évapore le liquide filtré et on reprend le résidu par de l'alcool concentré et bouillant qui dissout l'urée. On purifie par cristallisation.

200 cent. cubes environ qui communique avec un tube à boules de Liebig, rempli de potasse et taré; on verse par un tube à entonnoir muni d'un robinet 45 cent. cubes du réactif de Millon, et l'on chauffe légèrement. On doit avoir la précaution d'interposer, sur le trajet du gaz, un tube rempli d'acide sulfurique concentré (qui absorbe l'eau et le bioxyde qui pourrait se former). On fait passer, à la fin de l'opération, un courant d'air (en ouvrant le robinet), et se servant d'un vase aspirateur, on détermine l'augmentation de poids de l'appareil à boules, 60 d'urée correspondant à 44 d'acide carbonique, et l'on obtient le poids de l'urée en multipliant le poids de l'acide carbonique par 1,3636.

2) *Gréhant* se sert de la pompe à gaz (*V. fig.* 105). L'urine est introduite dans un tube de même longueur que le ballon G, mais muni à sa partie inférieure d'un tube coudé, muni d'un robinet par lequel on peut introduire et l'urine et le réactif de Millon. Nous ne pouvons entrer dans les détails de ce procédé qui est très-délicat. On fait le vide et l'on recueille les gaz qui sont un mélange de CO^2 de AzO et de Az dans une série d'éprouvettes. On absorbe l'acide carbonique par la potasse, le bioxyde par le sulfate ferreux, et il reste de l'azote.

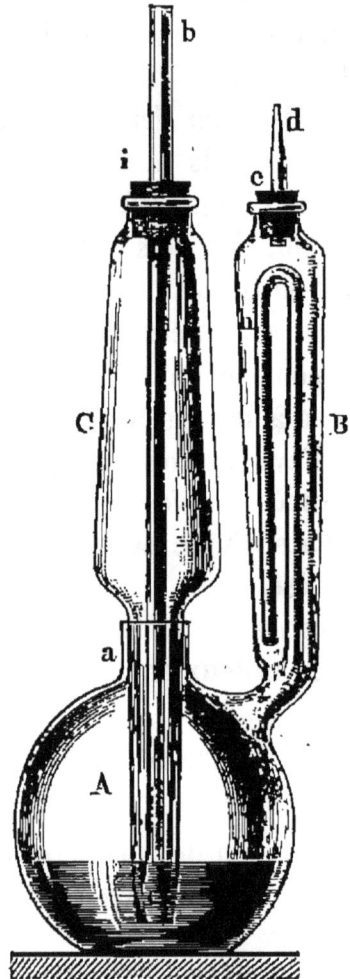

Fig. 112

3) Une manière plus simple, un peu moins rigoureuse, consiste à employer l'appareil qui nous a servi pour le dosage de

l'acide carbonique[1] (V. *fig.* 112). On pèse l'appareil après avoir introduit un volume mesuré d'urine; en G se trouve le réactif de Millon et en B de l'acide sulfurique qui absorbe l'humidité et le bioxyde d'azote qui se produit par la décomposition du réactif de Millon. On laisse tomber ce réactif en soulevant le tube *b*; on fait passer un courant d'air à la fin de l'opération et on détermine la perte de poids de l'appareil par la méthode des pesées. Ce dernier procédé est d'une exécution assez rapide et peut être employé dans un laboratoire de cliniques.

Une perte de poids de 1 gramme correspond à $0^{gr},833$ d'urée.

Les derniers procédés sont loin d'être d'une exécution aussi facile que ceux de Lecomte et de Liebig. Un reproche commun à toutes les méthodes, c'est que dans toutes on décompose d'autres corps azotés, qui sont comptés comme urée; on commet ainsi une erreur dont on ne connaît pas la limite.

§ 270. **Dosage de l'acide urique.** — *Principe.* — L'acide urique est contenu dans l'urine à l'état d'urates solubles; en traitant l'urine par de l'acide chlorhydrique on met en liberté l'acide urique; une partie se précipite et l'autre reste en solution[2].

Manuel opératoire. — On précipite 250 cent. cubes d'urine filtrée par 6 cent. cubes d'acide chlorhydrique de 1,11 de densité; la précipitation est achevée au bout de 48 heures quand on expose le mélange dans un endroit frais, après 4 heures, si on le place dans un mélange réfrigérant. Le précipité est recueilli sur un petit filtre taré; on détache les cristaux soit à l'aide d'une plume dont on a arraché les fanons, soit à l'aide d'une baguette entourée de caoutchouc à sa partie in-

---

[1] Alvergniat construit pour ce dosage un appareil un peu modifié, très-commode, dit appareil de Boymond.

[2] On peut retirer cette dernière en précipitant les eaux de lavage par de l'ammoniaque et précipitant le liquide filtré par une solution ammoniacale d'azotate d'argent; on peut extraire l'acide urique de la combinaison argentique qui se précipite par un courant d'hydrogène sulfuré.

férieure. La précipitation se fait quelquefois de manière que l'on peut décanter ou siphonner la majeure partie de l'urine ; on se sert de l'urine écoulée pour réunir tout le précipité sur le filtre, puis on lave en ajoutant par petites portions 50 cent. cubes d'eau distillée. Le filtre est pesé après dessiccation à + 105. (*V.* pour les précautions p. 301), et fournit le poids d'acide urique contenu dans 250 cent. cubes.

Correction. — On s'est servi de 50 cent. cubes d'eau de lavage ; le volume du liquide filtré est donc $250 + 50 = 300$. On obtient le poids d'acide urique qui s'y trouve dissous en ajoutant au poids trouvé pour chaque 100 cent. cube d'urine et d'eau de lavage $0^{gr},0045$ (correction due à Zabelin). Lorsque l'urine est peu riche en acide urique il faut consacrer à l'analyse 500 cent. cubes que l'on évapore de moitié avant de précipiter par l'acide chlorhydrique.

Calcul. — Acide urique pèse $= 0^{gr},2100$

Correction $3 \times 0,0045 = 0^{gr},0135$

Acide urique dans $250^{cc} = 0^{gr},2235$

Acide urique par litre $= 4 \times 0,2235 = 0,8940$

§ 271. **Dosage de la créatinine.** — *Principe.* — On précipite la créatinine par le chlorure de zinc ; le précipité a pour formule $(C^4H^7A^3O)^2Cl^2Zn$ et correspond à 62,44 pour cent de créatinine ; on remédie en adoptant ce chiffre qui est un peu trop fort aux pertes dues à la solubilité.

Manuel opératoire. — On précipite 300 cent. cubes d'urine[1] par un mélange de lait de chaux et de chlorure de calcium ; on concentre le liquide filtré à consistance sirupeuse et on le reprend par 40 ou 50 cent. cubes d'alcool marquant 95° ; on filtre après 6 ou 8 heures en remuant fortement la masse et on lave le filtre avec un peu d'alcool. La solution alcoolique ne doit pas occuper un volume supérieur à 60 cent. cubes ; s'il en était autrement il faudrait la concentrer par évaporation au bain-marie. On ajoute au liquide refroidi un demi-centimètre cube d'une solution alcoolique saturée de chlorure de zinc, on

[1] L'urine diabétique doit être auparavant soumise à la fermentation.

agite, et l'on abandonne le mélange dans une cave. La créatinine se dépose sous forme de chlorure double sur les parois ; la précipitation est achevée après 2 ou 3 jours. On détache le précipité et on le recueille sur un petit filtre taré que l'on repèse après dessication ; le précipité doit être lavé avec de l'alcool. On peut abréger souvent ce temps de l'opération en précipitant la créatinine dans une petite fiole tarée, car le sel double adhère presque toujours tellement aux parois, que l'on peut décanter le liquide, faire les lavages à l'alcool, et dessécher le précipité dans la fiole. *Il est important de s'assurer au microscope,* que le précipité n'est pas souillé par la présence de cristaux de sel marin.

Calcul. Soit p le poids de chlorure de créatinine et de zinc retiré de 300 cent. cubes ; $p \times 62,44$ indiquera la créatinine qui y est contenue. On obtient la quantité par litre en divisant $p \times 62,44$ par 3 et multipliant par 10.

§ 272. **Matières extractives.** — On obtient le poids des matières extractives en retranchant du poids des matières organiques, la somme des éléments organiques qui ont été dosés à part.

Admettons qu'une urine nous ait fourni les résultats suivants :

Matière organique. . .	33,10	Urée.	28,12
	29,84	Acide urique.	0,82
Matières extractives.. .	2,26	Créatinine.	0,90
			29,84

On voit que le mot de *matières non dosées* s'appliquerait mieux aux matières extractives, car ils comprennent *l'ensemble de toutes les matières décomposables par la chaleur, non dosées*, c'est-à-dire les *sels ammoniacaux*, *l'acide libre*, les *matières colorantes*, la *cystine*, la *xanthine*, etc. Toutes ces substances se trouvent dans l'urine, mais n'y existent qu'en proportion tellement faible qu'il faut opérer sur 50 à 60 litres d'urine pour en déceler la présence.

L'exactitude de la détermination du poids des matières extractives dépend principalement de celle du poids des ma-

tières organiques ; toutes les erreurs si fortes commises dans
cette dernière (*V.* p. 283) se retrouvent dans le chiffre des matières extractives, auquel on ne peut accorder par suite aucune
confiance. La facilité avec laquelle se fait le dosage de l'urée
par le procédé de Lecomte m'a suggéré l'idée de déterminer la
proportion d'urée qui se décompose pendant l'évaporation, par
un procédé plus rapide et d'une exécution plus facile que celui
indiqué p. 283. On détermine le volume d'azote fourni par
10 cent. cubes d'urine ; on refait la même détermination avec
le résidu fourni par l'évaporation des 10 cent. cubes ; la différence des deux dosages d'azote est calculée en urée et représente le poids de corps qui a été décomposé par l'évaporation.
La correction faite de cette manière est un peu plus forte que
celle que l'on effectue en dosant l'ammoniaque volatilisée.

§ 273. **Détermination de l'azote, des substances azotées contenues dans l'urine.** — *Principe.* — Tous les corps
azotés contenus dans l'urine, calcinés avec de la chaux sodée,
dégagent leur azote à l'état d'ammoniaque, que l'on dose volumétriquement en la condensant dans un volume déterminé
d'acide sulfurique titré.

Manuel opératoire.— On remplit la fiole *a* (*fig.* 113) à moitié
de chaux sodée calcinée sur laquelle on fait tomber rapidement
5 ou 10 cent. cubes d'urine ; on met le bouchon et l'on chauffe
à une température élevée ; l'ammoniaque se dégage et se condense dans l'appareil à boules *f*; la fiole est chauffée au bain
de sable, son col est entouré d'un manchon métallique pour
éviter la condensation de la vapeur d'eau. On brise le tube
effilé *f* lorsque l'opération est achevée, et en adoptant en *f* un
vase aspirateur, on fait passer tout le gaz dans l'appareil à
boules.

Pour le titrage et les calculs, voyez p. 210.

§ 259. **Azote des matières azotées non dosées.** — Il
nous est facile, à l'aide de cette donnée, de connaître la quantité
d'azote qui est contenue dans l'urine à l'état de corps non dosés,
et d'avoir par suite une idée approximative du poids de ces
derniers.

On retranche du poids de l'azote total, la somme des poids
de l'azote contenus dans l'urée, l'acide urique, la créatinine

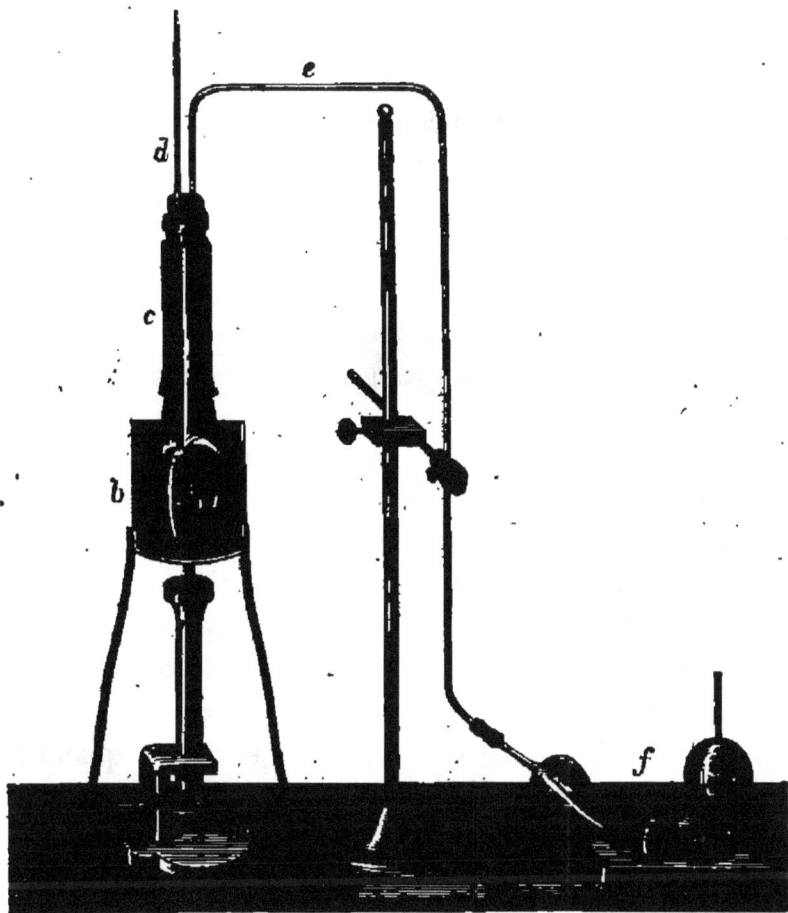

Fig. 115.

et l'ammoniaque, ce à quoi on arrive en multipliant les poids
respectifs de ces corps par les coefficients suivants 0,4667
— 0,3717 — 0,368 — 0,824.

II. — URINES PATHOLOGIQUES.

§ 274. **Couleur, odeur, densité.** — L'analyse d'une urine pathologique ne diffère guère de celle d'une urine normale ; la quantité émise dans les 24 heures peut subir de grandes variations ; la couleur peut en être claire et coïncider avec une forte densité (diabète sucré), être foncée, rouge, brune, noire, etc. On ne doit apprécier que la couleur de l'urine filtrée, car des urines rouges fournissent ainsi un liquide jaune, lorsque les globules du sang ou les urates sont retenus sur le filtre.

La densité, prise comme base de la détermination des matières solides, conduira à des résultats toujours fautifs.

Les urines pathologiques présentent souvent une *odeur* particulière, fortement urineuse et ammoniacale (maladies de Bright), aigre (fièvre typhoïde) quelquefois même sulfureuse. Certains médicaments comme les essences (de térébenthine) communiquent à l'urine une odeur de violette ; tout le monde connaît l'odeur désagréable que prennent les urines quand on a mangé des asperges [1]. On n'a pas encore réussi à isoler ces diverses matières odorantes.

§ 275. **Dépôts urinaires.** — Les urines normales contiennent toujours un peu de mucus qui se réunit par le repos en flocons qui gagnent le fond du vase, et emprisonnent les débris des diverses membranes muqueuses de l'appareil urinaire chez l'homme [2] ; l'urine des femmes contient en plus les débris des muqueuses vaginales. L'urine filtrée est claire et ne contient pas de mucine en solution, car elle ne se trouble

---

[1] On a prétendu, mais à tort, que cette odeur ne se produisait pas chez les diabétiques.

[2] Cellules épithéliales à contenu granuleux et corpuscules ronds de mucus ronds, à contenu granuleux contenant 1 à 3 noyaux, semblables aux globules blancs du sang. Le mucus de la gonorrhée se distingue de celui de la vessie par sa grandeur, sa transparence et son apparence peu granuleuse.

pas par l'acide acétique; le mucus reste sur le filtre et prend par la dessiccation l'aspect d'un vernis.

Le *mucus* peut augmenter dans certains états pathologiques, locaux ou généraux; dans ce dernier cas la mucine est en partie en solution, car l'urine filtrée précipite par l'acide acétique et le précipité ne se dissout pas à chaud. Il importe de tenter cette réaction car des urines très-riches en urates précipitent également, mais le précipité se dissout à chaud. Les acides minéraux étendus coagulent la mucine au premier moment, mais le précipité se redissout dans le plus petit excès. La mucine coagulée par l'acide acétique, ne se dépose sous forme de flocons que lorsqu'on a étendu l'urine de beaucoup d'eau avant l'addition d'acide acétique.

Les urines pathologiques contiennent souvent des *dépôts*; il est important de s'assurer si ces dépôts se forment après l'émission, par refroidissement du liquide (urates), ou par fermentation ammoniacale (phosphates) ou s'ils existent dans l'urine au moment de son émission.

Avant d'étudier les dépôts au microscope, on doit en soumettre une partie en suspension dans l'urine aux deux essais suivants. On chauffe à + 40°; le liquide s'éclaireit quand le dépôt est dû à des *urates;* la couleur du dépôt varie dans ce cas du gris rose au rouge et la réaction de l'urine est acide; l'aspect du dépôt est grumeleux. Le dépôt ne se dissout souvent qu'à une température plus élevée; il sera formé dans ce cas d'*acide urique*, sera coloré en rouge plus ou moins foncé; l'urine sera acide dans les deux cas; on verra souvent l'urine chauffée abandonner par le refroidissement des cristaux visibles à l'œil nu. Telle est la constitution des sédiments que l'on nomme *briquetés*, et qui coïncident presque toujours avec des urines acides; les dépôts formés uniquement par de l'acide urique indiqueraient que l'urine subit déjà, dans la vessie, la *fermentation acide* (p. 388).

L'urine tenant en suspension des phosphates ne s'éclaircit pas par la chaleur, mais par l'addition d'acide acétique; l'urine est alcaline dans ce cas et le *dépôt de couleur blanche* est formé par des phosphates de calcium ou ammoniaco-magnésien.

Un dépôt qui ne disparaît ni par la chaleur, ni par l'acide acétique est formé par des matières organiques comme le pus, le mucus, etc.

On isole les dépôts, après avoir fait ces deux essais, en abandonnant l'urine dans des vases coniques ; on décante le liquide surnageant quand le dépôt s'est bien tassé, et l'on soumet une goutte du dépôt à l'examen microscopique ; un grossissement de 300 diamètres est plus que suffisant. Nous allons passer en revue les diverses formes que l'ont peut observer.

Fig. 114. — Chlorure de sodium.					Fig. 115. — Acide urique.

Chlorure de sodium. — On voit quelquefois, lorsque les urines sont très-concentrées, des cristaux de chlorure de sodium, faciles à reconnaître à leur forme caractéristique (*fig.* 114).

Urates et acide urique. — Ces dépôts se reconnaissent facilement à leur forme ; l'*urate acide de sodium* se rencontre sous forme de petits grains (*fig.* 117) amorphes et très-petits ; on l'observe plus rarement sous forme prismatique groupée en étoiles (fermentation acide et commencement de la fermentation alcaline). L'*urate acide d'ammonium* (*fig.* 116), forme

des masses globuleuses opaques entourées de pointes fines
comme le fruit d'une châtaigne.

Ces deux urates traités sur le porte-objectif du microscope
par une goutte d'acide acétique ne tardent pas à donner les
formes caractéristiques de l'*acide urique* (*fig.* 115) (tables quadrangulaires, prismes à six pans, cristaux fusiformes, sous
forme de tonneaux, de haltères, etc.). Lorsqu'on observe une
forme qui paraît anormale, on dissout le résidu sur la lame de
verre dans une goutte de soude et l'on ajoute ensuite de l'acide
chlorhydrique qui précipitera l'acide urique sous sa forme ordinaire. On pourra également distinguer à l'aide d'une réaction microchimique les urates acides de potassium et de so-

Fig. 116. — Urate acide d'ammonium.   Fig. 117. — Urate acide sodium.

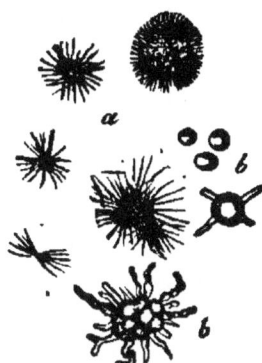

dium de celui d'ammonium; il suffit d'ajouter au dépôt une
goutte d'acide chlorhydrique; l'acide urique mis en liberté
sera accompagné de cristaux cubiques de chlorure de potassium ou de sodium dans l'un des cas, de cristaux dendritiques
de chlorure d'ammonium dans le second.

Phosphates. — Le *phosphate ammoniaco-magnésien* (triple
phosphate) se reconnaît à sa forme (*fig.* 118) qui rappelle le
couvercle d'un cercueil (prisme vertical et rhomboïdal); le
phosphate de calcium se dispose le plus souvent sous forme
d'une poudre amorphe cristalline; les cristaux sont minces,
groupés en aiguilles et se superposent parfois de manière à
former des cristaux globuleux. Ces dépôts se dissolvent dans
l'acide acétique.

Oxalate de calcium. — Les cristaux ont ordinairement la forme octaédrique (*fig.* 119) et ressemblent à une enveloppe de lettre ; on en rencontre cependant qui ont la forme de haltères, de sabliers ou de colonnes quadrangulaires terminées par des pyramides. Ces cristaux ne disparaissent pas quand on

Fig. 118. — Phosphate ammoniaco magnésien.   Fig. 119. — Oxalate de calcium.

les traite sur le porte-objectif par de l'acide acétique ; ils se dissolvent au contraire dans les acides minéraux.

Cystine. — La cystine accompagnerait quelquefois les cristaux d'urate acide ; elle se reconnaît à sa forme hexagonale (*fig.* 120), mais ce caractère doit être corroboré par les réactions chimiques (p. 155), car l'acide urique peut cristalliser de la même manière.

Tyrosine. — Ce corps a été retrouvé dans un sédiment

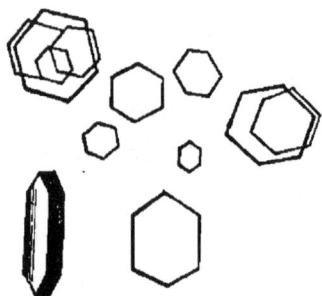

Fig. 120. — Cystine.   Fig. 121. — Xanthine.

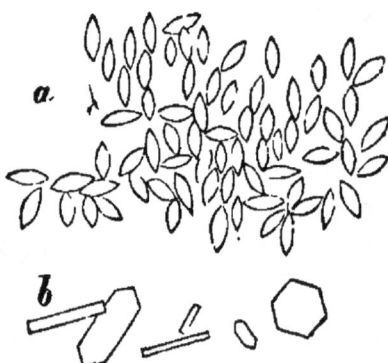

cristallin jaune verdâtre de forme globuleuse ; ces dépôts sont très-rares. L'examen microscopique ne suffit pas à lui seul pour le caratériser, il faut y joindre celui des réactions chimiques (p. 145).

Xanthine ou *Hypoxanthine.* — Je cite ce corps pour mémoire, pour faire voir (*fig.* 121) que l'examen microscopique ne
peut pas toujours suffire à lui seul pour reconnaître la nature
d'un dépôt ; les cristaux *a* simulent complétement une des
formes ordinaires de l'acide urique ; ces cristaux, dissous dans
l'acide chlorhydrique, ont donné la forme *b*. Bence-Jones admet
que ce dépôt était de la xanthine ; Schérer le regarde au contraire comme de l'hypoxanthine.

Pus. — Ce corps ne peut être reconnu qu'au microscope ;
les corpuscules du pus sont ronds, nettement granulés de grosseur variable et contiennent un noyau très-visible, simple ou
segmenté ; l'eau gonfle le corpuscule et fait apparaître plus
nettement le noyau ; l'acide acétique le fait apparaître avec
plus de netteté ; la potasse le dissout avec facilité.

Il suit de ce qui précède que si le pus peut être reconnu facilement dans une urine acide, on ne peut plus le caractériser dans une urine ammoniacale, car sa forme caractéristique
aura disparu. Le dépôt sera glaireux et pourra être confondu
avec du mucus dont on pourra le distinguer par l'action de la
potasse en solution concentrée, qui dissout le mucus et transforme le pus en une masse gélatineuse transparente. Un caractère qui ne peut être mis à profit, que lorsqu'on est certain
de l'absence d'albumine ou du sang, consiste à rechercher l'albumine ; le sérum du pus est toujours
albumineux, mais le mucus ne l'est pas.

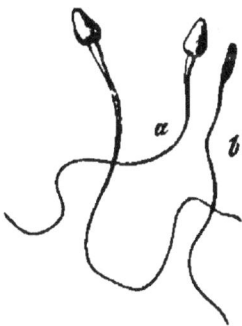

Fig. 122.

Globules de sang. — L'urine conserve
très-bien la forme de ces globules ; il n'est
pas rare d'en rencontrer qui sont à peine
contractés ; quelques-uns sont framboi-
sés. Les globules se reconnaissent facilement à leur forme (*V. fig.* 92) et à leur
couleur qui est visible à l'œil nu, dès
qu'ils existent dans le liquide en quantité
un peu abondante. Nous caractériserons du reste le sang par
des moyens chimiques.

Spermatozoïdes. — La forme de ces corps suffit pour les caractériser, quand ils ne sont pas brisés ; on ne devrait tirer aucune conclusion de la présence d'une queue sans tête ou *vice versâ*. L'urine est souvent dans ces cas légèrement albumineuse. On consacre à cette recherche la partie inférieure du précipité.

Cylindres urinifères, ferments, infusoires [1], etc. — La recherche de ces corps n'exige le concours d'aucune opération chimique, et je ne les mentionne ici que pour mémoire. Les champignons de fermentation forment des cellules à noyaux et se multiplient par bourgeonnement (fermentation acide d'urine diabétique); les champignons filiformes se reproduisent très-facilement et recouvrent parfois tout le champ du microscope; les vibrions (petits cylindres très-fins se mouvant vivement) se rencontrent dans les urines neutres et alcalines.

Il est bon, lorsqu'on veut chercher à reconnaître les diverses formes de cylindres, de cellules ou d'épithéliums, de traiter la préparation microscopique par quelques gouttes d'une solution iodée qui colore ces formes en jaune et les rend plus visibles.

§ 276. **Recherche et dosage de l'albumine.** — La recherche de ce corps n'est pas sans présenter quelques difficultés. Elle se fait à l'aide de deux réactions principales.

Coction. — L'albumine se sépare à l'état insoluble lorsqu'on élève la température de l'urine vers $+ 60°$ ou $+ 70°$; un précipité qui se forme dans ces circonstances n'indique pas d'une manière absolue la présence de l'albumine, car le précipité peut être attribué à une tout autre cause. Lorsque l'acidité de l'urine est due à de l'acide carbonique, ce dernier se dégagera par la chaleur et laissera déposer les sels (carbonates et phosphates) qu'il tenait en solution; ce précipité se dissout dans *quelques gouttes* d'acide acétique [2]. L'essai doit se faire avec quelques précautions car un excès d'acide

---

[1] Consultez pour ces formes, Neubauer, *loc. cit.* et Ultzmann et Hofmann, *Atlas d. phys. in path. Harnsdimente Vienne.* 1872, W. Braunmüller.

[2] De l'urine acidulée par quelques gouttes d'acide azotique peut ne plus être coagulée par la chaleur; on ne s'explique pas ce fait d'une manière suffisante.

acétique pourrait redissoudre le coagulum d'albumine. Lorsque le précipité ne se dissout pas, on devra, avant de conclure à la présence de l'albumine, s'assurer de l'absence de la mucine; on étend l'urine d'un peu d'eau et l'on ajoute de l'acide acétique qui ne précipitera que l'albumine et non la mucine.

On n'est en droit de conclure à l'absence de l'albumine, lorsque la chaleur n'a pas donné de précipité, que lorsque le liquide chauffé était acide, car nous avons vu que l'albumine n'est pas coagulée par la chaleur en présence des alcalis. On recommencera l'essai par l'ébullition, en *acidulant légèrement* l'urine par de l'acide acétique.

Acide azotique. — L'acide azotique précipite l'albumine; ce précipité est tantôt soluble (albuminose), tantôt insoluble dans un excès d'acide. On fait l'essai de la manière suivante indiquée par Heller; on verse dans un verre à pied de l'acide azotique concentré à une hauteur de 2 centimètres et l'on fait couler l'urine sur cette couche acide à l'aide d'une pipette. On verra (abstraction des couleurs qui se produisent) se produire à la limite de séparation un trouble qui augmentera de bas en haut, s'il y a de l'albumine. Au-dessus de cet anneau on verra s'en produire un second qui est dû à de l'acide urique provenant de la décomposition des urates; cet anneau ne peut être confondu avec celui de l'albumine, car il ne saurait exister au même endroit, vu que l'acide urique est soluble dans un excès d'acide azotique; ceci nous explique également pourquoi les deux anneaux sont séparés par une couche limpide. On peut encore verser l'acide azotique goutte à goutte en remuant le liquide et en ajoutant un excès pour voir si le précipité se dissout dans un excès (5 à 6 cent. cubes) d'acide azotique. On voit quelquefois des urines riches en urée se troubler comme si elles contenaient de l'albumine; au bout d'un certain temps le précipité devient cristallin, car il est formé par de l'azotate d'urée. Les urines des personnes qui ont ingéré des baumes, des résines, des essences de térébenthine, de copahu contiennent des résinates solubles, dont l'acide azotique déplace l'acide résineux insoluble ; ce précipité se dissout dans l'acool, tandis que celui formé par l'albumine y est insoluble.

Autres précipitants. — La recherche de petites quantités d'albumine est, comme on le voit, une opération des plus délicates, aussi ne doit-on pas s'étonner si l'on a successivement proposé l'emploi de tous les coagulants. On a beaucoup vanté dans ces derniers temps l'emploi d'une solution acétique d'acide picrique ou de phénol [1]. Tous ces réactifs réussissent quand l'urine est riche en albumine, mais lorsqu'elle n'en contient que des traces, il vaut mieux employer la coction et l'acide azotique, en observant les précautions si minutieuses que nous avons indiquées.

Dosage. — Nous avons indiqué les motifs qui nous engageaient à ne pas avoir recours au procédé optique ; on dosera l'albumine par le procédé pondéral exposé p. 304 en opérant sur 100 cent. cubes d'urine. Je ne parlerai pas du procédé de dosage volumétrique de Boettcher (précipitation de l'albumine en solution acétique par du cyanure jaune), ni des méthodes basées sur l'abondance du précipité ou l'opacité plus ou moins grande de l'urine dans laquelle on précipite l'albumine par la chaleur. Toutes ces méthodes ne conduisent qu'à des résultats auxquels on ne saurait accorder une grande confiance.

§ 277. **Recherche et dosage de la glucose.** — La recherche de la glucose comme celle de l'albumine ne présente de difficultés que lorsqu'il s'agit d'en reconnaître des traces.

Le réactif de Barreswill (p. 16) se réduit en oxyde cuivreux par la glucose, lorsque les solutions sont alcalines ; l'oxyde se dépose d'abord à l'état hydraté jaune, puis il se déshydrate et devient rouge.

Presque toutes les urines normales décolorent la liqueur de Barreswill ; on ne devra conclure à la présence de la glucose que lorsque le dépôt qui se forme est rouge, et que l'on n'a pas

[1] Méhu prépare ce réactif en dissolvant 1 de phénol dans 1 d'acide acétique, 2 d'alcool et 100 d'eau ; l'urine doit être pour l'essai acidulée par l'acide acétique.

chauffé à une température supérieure à + 70°, pour être sûr que la réduction n'est pas due à de l'acide urique.

L'expérience a démontré que les principes normalement contenus dans l'urine entravent plutôt qu'ils ne facilitent la précipitation de l'oxyde cuivreux ; on doit par suite diluer l'urine, ce qui n'amoindrit que peu la sensibilité de la réaction, mais atténue l'action fâcheuse de ces principes.

La recherche doit se faire de la manière suivante : 1) essai préalable de la liqueur de Barreswill qui s'altère facilement, en chauffant à + 70° 1/2 cent. cube de cette liqueur étendue à 5 cent. cubes d'eau distillée ; la solution doit rester limpide. 2) l'urine rendue légèrement alcaline est étendue de son volume d'eau. 3) On ajoute au liquide de Barreswill tiédi 1 cent. cube du liquide urinaire et l'on attend ; s'il n'y a pas de réduction on ajoute 2 à 3 cent. cubes de liquide urinaire et l'on abandonne le tube sur un poêle. 5) On ne conclura à la présence de la glucose que s'il se forme un dépôt rouge d'oxyde cuivreux.

Certaines matières colorantes entravant la réaction, on doit décolorer par le noir animal dans les cas douteux. On peut même précipiter l'urine par de l'acétate de plomb, et éliminer l'excès de plomb par l'hydrogène sulfuré ou le sulfate de sodium ; on chauffe pour chasser l'excès de gaz et l'on a ainsi un liquide incolore qui se prête très-bien à l'analyse optique (p. 308) ou à la recherche par la liqueur de Barreswill (p. 220).

Les autres caractères que l'on a indiqués pour différencier les urines diabétiques des urines polyuriques, qui sont également émises en grande quantité et présentent la même teinte claire sont les suivantes :

1) Densité très-forte, et couleur très-claire[1].

2) L'urine brunit avec la potasse quand on la fait bouillir.

3) Elle noircit quand on lui ajoute de la potasse et du sous-azotate de bismuth ; on doit être certain que l'urine est exempte

[1] On obtiendrait, d'après Bouchardat, la proportion de glucose en multipliant par 2 les deux derniers chiffres de la densité déterminée avec 3 décimales.

d'albumine, car la potasse en ébullition décompose les matières albuminoïdes et forme des sulfures qui colorent en noir le sel de bismuth.

4) Elle fermente avec de la levûre de bière.

Ces réactions sont suffisantes. Je ne veux pas indiquer les procédés d'analyse quantitative, dits de clinique, car ils ne méritent aucune confiance et sont souvent tout aussi longs que l'analyse exacte.

On doit lorsqu'une urine est à la fois albumineuse et sucrée, ce qui se présente souvent, éliminer l'albumine par la coction, après avoir acidulé par de l'acide acétique ; on n'oubliera pas ensuite d'alcaliniser l'urine, car la réduction de la liqueur de Barreswill ne se fait que dans les liquides alcalins.

§ 278. **Inosite, alcaptone.** — On a isolé une substance nommée *alcaptone* qui présente quelque analogie avec la glucose ; elle réduit la liqueur de Barreswill quand on emploie un excès de réactif ; la potasse ne la brunit qu'au contact de l'air ; le sous-azotate de bismuth ne la colore que faiblement en noir ; elle ne fermente pas et est précipitée par le sous-acétate de plomb ; ce corps encore peu connu accompagnait la glucose.

Le précipité obtenu dans les urines par l'acétate et le sous-acétate de plomb contient dans quelques affections (diabète, maladie de Bright) de l'*inosite*, que l'on peut isoler par le procédé indiqué en parlant du sang.

§ 379. **Xanthine, leucine, tyrosine.** — La xanthine et l'hypoxanthine n'existent dans l'urine qu'en quantité tellement faible que leur recherche dans l'urine normale ne peut se faire avec quelques succès qu'en opérant sur 60 à 100 litres. La *xanthine* peut augmenter dans quelques états pathologiques et l'on pourrait alors en démontrer la présence par le procédé de Stromeyer. On précipite l'urine par un lait de chaux et on *neutralise* le liquide filtré par de l'acide chlorhydrique ; le chlorure mercurique précipite la xanthine et l'acide urique. Le précipité est décomposé par un courant d'hydrogène sulfuré ; on filtre ; l'on chasse l'excès de gaz et l'on fait bouillir la solution avec de l'hydrate d'oxyde de plomb. On reprécipite le liquide filtré par de l'hydrogène sulfuré ; en évaporant le nouveau liquide filtré, il se dépose de la xanthine accompagnée par de l'acide urique. Le dépôt redissous dans l'eau bouillante est traité par de l'azotate d'argent qui abandonne une combinaison cristalline (p. 160) ; on la chauffe avec un peu d'acide azotique étendu pour détruire l'acide urique et l'on filtre après avoir décoloré par le charbon animal ; la xanthine qui se dépose peut-être repurifiée en la transformant de nouveau en sa combinaison argentique.

La *leucine* et la *tyrosine* ne se rencontrent que très-rarement ; la dernière a été signalée dans les dépôts ; leur recherche se fait d'après les principes exposés chap. XI.

§ 280. **Acides hippurique, benzoïque, succinique, lactique, acétique, butyrique, etc.** — L'*acide hippurique* contenu en grande quantité dans l'urine des herbivores, n'existe qu'en petite quantité dans l'urine humaine normale[1] ; sa proportion peut augmenter de beaucoup sous l'influence de phénomènes morbides, de l'alimentation (végétale), de médicaments (acide benzoïque). La recherche de cet acide doit se faire peu de temps après l'émission, car il se transforme facilement en acide benzoïque dès que l'urine s'altère. Le procédé suivant convient le mieux.

Un litre d'urine est précipité par de la baryte ; le liquide filtré débarrassé de l'excès de baryte par addition d'acide sulfurique étendu est évaporé à siccité au bain-marie ; le résidu redevenu alcalin est acidulé par quelques gouttes d'acide chlorhydrique et repris par 150 à 200 cent. cubes d'alcool ; la partie insoluble contient les chlorures et l'acide succinique ; on concentre la solution alcoolique presqu'à siccité, on l'acidule par de l'acide chlorhydrique et on enlève l'acide hippurique par agitation réitérée avec un grand excès (0,50 cent. cube) d'éther. On évapore l'éther, on reprend le résidu par un lait de chaux, on filtre le liquide bouillant ; ce dernier, acidulé

[1] 0,42 à 0,82 à l'état normal, 2 grammes après avoir mangé des prunes.

par de l'acide chlorhydrique, abandonne les cristaux caractéristiques (p. 152).

L'*acide succinique* peut être retiré du précipité insoluble
dans l'alcool, en agitant sa dissolution aqueuse acidulée par de
l'acide chlorhydrique avec de l'éther (*V.* pour les caractères
(p. 124).

L'*acide benzoïque*, produit d'altération de l'acide hippurique, s'extrait à l'état de masse feuilletée, en ajoutant de l'a-
cide chlorhydrique à la solution alcoolique ou éthérée du résidu
de l'évaporation de l'urine.

La recherche des *acides lactique, acétique, butyrique* peut
se faire dans une même opération ; l'urine est évaporée après
avoir été neutralisée par de la baryte ; le liquide filtré évaporé
à consistance sirupeuse est soumis à la distillation dans une
petite cornue avec de l'acide sulfurique étendu. Les acides acétique, butyrique, etc., passent à la distillation ; on examine le
liquide distillé comme il est dit p. 376. Le résidu qui reste
dans la cornue est agité à diverses reprises avec de l'éther ; le
résidu de l'évaporation du liquide éthéré et décanté, mélange
d'acide sulfurique et d'acide lactique, est neutralisé par de
l'oxyde de zinc ; on sépare le lactate du sulfate par cristallisation ou par les procédés indiqués.

Phénol. — 500 cent. cubes d'urine traités par de l'eau bromée donnent un précipité floconneux blanc jaunâtre, qui isolé
et traité par de l'amalgame de sodium donne distinctement
l'odeur caractéristique du phénol.

§ 2. **Recherche des acides biliaires.** — On ajoute à
l'urine une *quantité très-faible* de saccharose et l'on y trempe
du papier à filtre que l'on fait dessécher ; une goutte d'acide
sulfurique concentré étalé sur le papier donne naissance
après quelque temps à une *coloration violette* très-intense
qui se produit encore avec des traces d'acide excessivement
faibles.

Le procédé suivant est plus compliqué. On précipite l'urine
par de l'acétate de plomb ammoniacal, et l'on reprend par de
l'alcool bouillant le précipité plombique desséché ; le liquide

alcoolique est évaporé à siccité, repris par de l'eau, précipité par le carbonate de sodium, et évaporé de nouveau ; on le reprend par de l'alcool absolu et en ajoutant de l'éther on précipite le glyco et le taurocholate de sodium. Ce précipité redissous dans l'eau est soumis à la réaction de Pettenkoffer, modifiée par Neukomm ; on lui ajoute quelques gouttes d'acide sulfurique dilué au quart et des traces de solution de saccharose et l'on chauffe à une douce température; la réaction ne doit être regardée comme caractéristique, que lorsque la coloration est d'un *violet pourpre*[1].

§ 282. **Matières colorantes**. — Nos connaissances relativement aux matières colorantes de l'urine sont encore moins avancées que celles sur les pigments biliaires. On admet qu'il n'y a qu'une seule matière colorante jaune (urochrome) qui en s'altérant donnerait naissance aux matières colorantes désignées sous le nom d'uroglaucine, d'urrhodine, d'uroxanthine, etc.

L'*uroxanthine* ou *l'indican* est la seule de ces matières qui nous intéresse spécialement ; elle existe en quantité très-faible dans les urines normales, mais augmente dans certains états pathologiques. Les acides la transforment en *urrhodine* (rouge d'indigo) *uroglaucine* bleu d'indigo et en *glucose*; la même transformation se fait sous l'influence de la putréfaction; l'urine devient alors *bleue*, soit dans toute sa masse soit seulement à sa surface ; l'uroglaucine tombe peu à peu au fond et peut être réduit comme l'indigo par le sulfate ferreux dans une solution alcaline.

On recherche l'indican de la manière suivante : on traite l'urine par le quart de son volume d'acide sulfurique concentré; on remue et l'on agite le liquide chaud avec de la benzine (les parties les moins volatiles) du commerce; l'urine colorée par l'acide sulfurique se décolore et la benzine sur-

---

[1] L'albumine et les corps gras pourraient donner des réactions semblables ; mais ces corps sont éliminés par les procédés que nous avons suivis ; les solutions rouges obtenues dans ces dernières conditions se comportent du reste d'une manière différente, quand on les examine au spectroscope.

nage en prenant une coloration bleue, rouge ou rose ; lorsqu'il y a beaucoup d'uroglaucine, on voit à la limite de la séparation de la benzine et de l'urine se déposer un corps floconneux noir [1].

L'urine est quelquefois colorée en *noir*, sans qu'elle renferme du sang et des matières biliaires ; ce cas s'observerait dans les urines des personnes soumises à un traitement par le phénol.

Urines sanguinolentes. — Ces urines contiennent ou des globules, ou de l'hémoglobine, ou de l'hématine, mais toujours de l'albumine. La présence des globules est démontrée par l'analyse du dépôt, celle des deux autres corps par l'analyse spectrale (p. 320). L'albumine qui se dépose par l'ébullition sera colorée en brun rouge ; ce précipité, repris par de l'alcool aiguisé d'acide sulfurique, présentera les caractères de l'hématine (324).

On a encore proposé d'ajouter à l'urine de la potasse ; le précipité de phosphate qui se forme sera coloré en brun ou en rouge et présentera des reflets verts [2].

Urines bilieuses. — La couleur d'une semblable urine varie du brun foncé au vert ; elle mousse fortement et teint un papier en jaune intense (un peu verdâtre).

La réaction de l'acide azotique contenant des traces de vapeurs rutilantes est très-caractéritique ; on verse dans un verre à pied 20 cent. cubes d'urine et l'on y fait arriver une couche de deux à trois centimètres de haut d'acide azotique ; il se produira à la zone de séparation des deux liquides des anneaux qui se superposent de bas en haut dans l'ordre suivant : *jaune, rouge, violet, bleu, vert;* une urine qui se colorerait en rouge et non en vert, contiendrait plutôt de l'indican, qu'un pigment bi-

---

[1] La séparation de la benzine se fait quelquefois avec difficulté, par suite de la formation d'une gelée ; l'addition de quelques gouttes d'alcool remédie à cet inconvénient.

[2] La couleur des précipités obtenus dans les urines provenant de personnes ayant fait usage de rhubarbe, de séné, de santonine, passe au violet au contact de l'air.

liaire. La présence de l'albumine loin d'entraver favorise la réaction.

L'urine acidulée par de l'acide chlorhydrique abandonne au chloroforme avec lequel on l'agite de la *bilirubine*; on décante le chloroforme, qui sera coloré en jaune et qui, traité par de l'acide azotique, reproduira la succession des couleurs précédentes de haut en bas.

L'urine acidulée par de l'acide chlorhydrique ou acétique se colore souvent en vert; la potasse fera virer cette couleur au brun; ce sont là les caractères de la *biliprasine*.

On peut dans les cas douteux précipiter l'urine par du chlorure de baryum ou de l'eau de chaux; le précipité mis en suspension dans de l'alcool et repris par de l'acide chlorhydrique ou sulfurique, fournit une solution jaune qui ne tarde pas à verdir quand on la chauffe.

§ 283. **Composés de soufre autres que l'acide sulfurique.** — Les urines mises en présence du zinc et de l'acide sulfurique étendu et pur, dégagent quelquefois de l'hydrogène sulfuré; ce composé ne pouvant provenir de la réduction des sulfates, on est obligé d'admettre que l'urine contient souvent d'autres composés inorganiques (hyposulfites) ou organiques (taurine, cystine, etc.) Ces substances, les dernières du moins, existent toujours en qualité très-faible dans toutes les urines, mais leur proportion augmente notablement dans certaines affections. Un premier dosage de sulfates fait sur 100cc d'urine nous donne la quantité de sulfates; un second dosage se fait sur le résidu de l'évaporation de 100 autres cc., après calcination avec de l'azotate de potassium, ce qui a pour but de transformer tous les dérivés sulfurés en sulfates; la différence des deux dosages nous permet de calculer le quantité de soufre contenue dans les acides, sous une autre forme que celle de sulfate.

Les urines contiennent quelquefois de l'*hydrogène sulfuré*, l'odeur et le papier plombique suffisent pour déceler ce composé; il se développe quelquefois à la suite des fermentations ammoniacales d'urines albumineuses. On ne sait encore d'une manière précise quelles sont les circonstances dans lesquelles il se produit.

L'*hyposulfite* de sodium a été signalé principalement dans les urines des chiens.

III. — SUBSTANCES ÉLIMINÉES PAR LES URINES.

§ 284. **Indication des méthodes à suivre.** — Le nombre des médicaments ou des poisons qui sont éliminés par les urines est très-considérable ; leur recherche pourra toujours se faire par les procédés généraux d'analyse que nous avons indiqués chap. III. Comme ceux-ci sont quelquefois un peu longs on a essayé de les remplacer par des procédés abrégés pour la recherche de quelques substances comme les métaux, etc. Nous en indiquerons quelques-uns.

Recherche du mercure et des *métaux*. — Elle se fait très-facilement par voie électrolytique ; on plonge dans le liquide acidulé un fil d'or qui communique au pôle négatif d'un ou de deux piles de Bunsen ; l'électrode positif est formé par un fil de platine. Le fil d'or lavé et séché est introduit dans un tube fermé que l'on effile ; on chauffe et le mercure se condense dans la partie rétrécie, et l'or blanchi reprend sa couleur.

Un procédé plus simple a été indiqué récemment ; on plonge dans l'urine acidulée par de l'acide sulfurique un fil de fer réuni à un fil de platine sous forme de fer à cheval ; le mercure s'est déposé sur le platine au bout d'un quart d'heure. Le fil lavé est introduit dans une atmosphère de chlore[1] qui transforme le métal en chlorure ; on chasse l'excès de chlore par agitation dans l'air, et on place le fil sur une feuille de papier à filtre imprégné d'une solution au 1/100 d'iodure de potassium ; il se produit s'il y avait du mercure une strie rouge qui doit disparaître dans un excès d'iodure.

[1] Un peu d'hypochlorite au fond d'un tube.

Le même procédé, un peu modifié, a été proposé pour la recherche des autres métaux ; un résultat positif obtenu par ces diverses méthodes est hors de conteste, mais un résultat négatif doit être contrôlé par une nouvelle analyse faite avec les précautions indiquées au chap. III.

Recherche des iodures et des bromures. — Elle réussit quelquefois en ajoutant directement à l'urine de l'amidon et de l'eau chlorée ; il vaut mieux évaporer l'urine avec addition de potasse, calciner le résidu, et le reprendre par de l'alcool qui dissoudra les bromures et les iodures.

Recherche de la quinine. — L'urine est précipitée par le tannin ; le précipité de tannate de quinine est mis en digestion avec un lait de chaux et repris après six heures par un mélange d'alcool éthéré. On évapore cette solution à siccité, on la dissout dans quelques gouttes d'eau acidulée ; elle se colore en vert par le chlore et l'ammoniaque.

On peut encore chercher à constater la *fluorescence* des sels de quinine en précipitant l'urine acidulée par quelques gouttes d'acide acétique, par une solution d'azotate mercureux qui élimine les matières colorantes. L'essai se fait dans une éprouvette très-haute placée sur une feuille de papier blanc ; le précipité se forme très-rapidement et le liquide manifeste la fluorescence pour peu que l'urine contienne de la quinine.

IV. — CONCRÉTIONS URINAIRES.

§ 285. **Analyse des concrétions urinaires**. — Il est rare que ces concrétions ne soient formées que par une seule substance ; la coupe donne à cet égard des renseignements suffisants. La fig. 123 fait voir nettement par des différences d'aspect cette différence de composition On doit, par suite, n'entreprendre que l'analyse d'une poudre qui représente exactement la composition du calcul, par exemple celle que l'on obtient en sciant le calcul en deux. On peut s'attendre à rencontrer dans les calculs les corps suivants : *acide urique,* *urates, cystine, xanthine, carbonates, oxalates et phosphate de calcium, phosphate ammoniaco-magnésien,* mucus, ma-

Fig. 123.

tières colorantes, sang. Leur examen doit se faire d'une manière méthodique.

I. — CALCINATION SUR UNE LAME DE PLATINE.

1) La *matière noircit*, répand une odeur ammoniacale et cyanée et se volatilise *sans laisser de résidu*. — *Acide urique, urate acide d'ammonium, cystine, xanthine.*

2) La *matière noircit* comme précédemment, mais laisse un *résidu blanc.*

a) Qui bleuit le papier de tournesol. — Les corps précédents plus *l'urate, le carbonate* et *l'oxalate de calcium,* et *les phosphates.*

b) Qui ne bleuit pas le papier de tournesol. — Les mêmes corps qu'au numéro 2, moins les carbonates, les phosphates et les oxalates.

3) La matière *ne noircit pas,* mais laisse un *résidu blanc.*

a) Qui bleuit le papier de tournesol. — Absence d'acide urique en quantité un peu notable, présence d'*oxalate*, de *carbonate de calcium* ou de *phosphates.*

b) Qui ne bleuit pas. — *Phosphates de calcium et ammoniaco-magnésien.*

II. — RECHERCHE DE L'ACIDE URIQUE.

1) On évapore une partie de la matière avec de l'acide azotique à une température qui ne doit pas être trop élevée; on obtient s'il y a

de l'acide urique un résidu jaune rougeâtre qui devient *pourpre* au contact des vapeurs ammoniacales (réaction de la murexide). — *Acide urique et urates.*

2) Cette réaction ne réussit pas; le résidu est jaune, devient rougeâtre par la potasse et *violet* à chaud. *Xanthine.*

3) La réaction de la murexide ne réussit pas; le résidu est *brun foncé.* La matière se dissout dans l'ammoniaque et en est reprécipité par de l'acide acétique. *Cystine.*

Les calculs qui renferment ces derniers corps sont bien rares ; on les caractérisera par les procédés indiqués p. 155.

III. — ÉBULLITION AVEC DE LA POTASSE.

La matière portée à l'ébullition· avec de la potasse se sépare en deux parties; la solution contient l'acide urique (cystine xanthine); les sels minéraux restent à l'état insoluble. Un dégagement d'*ammoniaque*, indique l'existence de *l'urate acide d'ammonium ou du phosphate ammoniaco-magnésien*[1].

IV. — RECHERCHE DU CARBONATE DE CALCIUM.

La matière première traitée par un acide avec les précautions indiquées p. 77, dégage de l'acide carbonique.

V. — RECHERCHE DE L'OXALATE DE CALCIUM.

Solution de la matière première dans de l'acide azotique, dont il est inutile de mettre un excès; l'addition d'acétate de sodium précipite de *l'oxalate de calcium*, insoluble dans l'acide acétique, mais soluble dans l'acide azotique.

VI. — RECHERCHE DES PHOSPHATES.

a) Solution de la matière dans AzO^5H.

b) Précipitation de la solution par AzH^3; le précipité contient l'oxalate et les phosphates et la solution la chaux qui était combinée à l'acide carbonique (le liquide filtré précipite par l'oxalate d'ammonium).

c) Solution du précipité ammoniacal dans AzO^5H et addition d'acétate de sodium. — Précipité *d'oxalate de calcium.*

[1] Ce dernier sel, quand il est seul, fond sur la lame de platine.

d) Le liquide filtré, traité par de l'oxalate d'ammonium précipite le calcium combiné à l'acide phosphorique.

e) Le liquide filtré traité par l'ammoniaque donne un précipité de *phosphate ammoniaco-magnésien*, s'il y avait du phosphate de magnésium.

f) La réussite de la réaction précédente démontre en même temps la présence de *l'acide phosphorique*; il faudrait si elle ne réussissait pas avoir recours au molybdate *d'ammonium*.

§ 286. **Caractères spéciaux de l'urine de quelques animaux.** — Nous croyons devoir ajouter quelques indications qui se rapportent à l'urine des animaux qui servent le plus souvent aux expérimentations physiologiques.

Urine des chiens. — Cette urine est ordinairement très-acide et tellement concentrée, qu'elle se trouble par l'addition d'acide azotique comme si elle contenait de l'albumine [1]; c'est de l'acide urique, de l'acide cyanurénique et de l'urée qui se séparent. Cette dernière ne tarde pas à cristalliser à l'état d'azotate. L'addition d'acide azotique y produit en outre très-souvent une coloration rouge et jaune qu'il ne faut pas confondre avec les pigments biliaires.

L'acide *cyanurénique* est un acide encore mal connu; il se précipite accompagné d'acide urique et de soufre (provenant de la décomposition d'un acide sulfuré), quand on acidule l'urine avec de l'acide chlorhydrique, pour doser l'acide urique. L'urine de ces animaux renfermerait souvent de l'hyposulfite de sodium.

Urine des lapins. — L'urine des lapins est presque toujours

[1] L'urine de ces animaux serait souvent albumineuse d'après quelques auteurs; mais ils n'indiquent pas s'ils ont pris les précautions indiquées, et s'ils n'ont pas pris des dépôts d'acide urique ou de carbonates pour de l'albumine. Elle peut le devenir quand on retire l'urine à l'aide d'une sonde, car cette opération un peu difficile peut entraîner de petites lésions.

alcaline ; elle se trouble par l'ébullition ; elle contient non-seulement une substance qui réduit la liqueur de Barreswill et pourrait induire en erreur si l'on ne s'entourait des précautions indiquées.

On ne peut doser directement l'urée dans une urine conte-nant beaucoup d'acide hippurique ; on doit la faire bouillir avec de l'acide azotique très-étendu pour décomposer les car-bonates et l'on neutralise l'excès d'acide par de la magnésie ; on ajoute un peu d'azotate ferrique neutre (un excès est nuisible) pour précipiter l'acide hippurique, et l'on procède au dosage après avoir précipité le liquide filtré par de la baryte.

I. — TABLE DES POIDS ATOMIQUES DES PRINCIPAUX CORPS SIMPLES.

Aluminium.	27	Hydrogène.	1
Antimoine.	122	Iode.	127
Argent.	108	Lithium.	7
Arsenic.	75	Magnésium.	24
Azote.	14	Manganèse.	55
Baryum.	137	Mercure.	200
Bismuth.	210	Nickel.	59
Bore.	11	Or.	197
Brome.	80	Oxygène.	16
Cadmium.	112	Phosphore.	31
Calcium	40	Platine.	197.5
Carbone.	12	Plomb.	207
Chlore.	35.5	Potassium.	39.1
Chrome.	53.5	Silicium.	28
Cobalt.	59	Sodium.	23
Cuivre.	63.5	Soufre.	32
Etain.	118	Strontium.	87.5
Fer.	56	Uranium.	120
Fluor.	19	Zinc.	65.2

II. — TABLE DES DENSITÉS ET DES VOLUMES D'EAU (DESPRETZ).

TEMPÉRATURE.	VOLUME.	DENSITÉ.
0	1.0001269	0.999873
4	1.	1.
10	1.0002684	0.999731
11	1.0003598	0.999640
12	1.0004724	0.999527
13	1.0005862	0.999414
14	1.0007146	0.999285
15	1.0008751	0.999125
16	1.0010215	0.998979
17	1.0012067	0.998794
18	1.00139	0.998612
19	1.00158	0.998422
20	1.00179	0.998213

III. — TABLE DE CORRECTIONS POUR LES DOSAGES DE L'URÉE PAR LE PROCÉDÉ LECOMTE (P. 399).

TEMPÉRATURE.	TENSION DE LA VAPEUR f.	VALEUR DU DÉNOMINATEUR 760 $(1 + 0,00367 \, t.)$
10	9,2	787,9
11	9,8	790,7
12	10,5	793,5
13	11,2	796,3
14	11,9	799,1
15	12,7	801,8
16	13,5	804,6
17	14,4	807,4
18	15,3	810,2
19	16,3	813,0
20	17,4	815,8

FIN

ERRATA

———

PAGES

68   15° ligne par en bas au lieu de iohydrique lisez iodhydrique.

79   7° ligne par en bas. Substituer à la formule en équivalents la suivante :

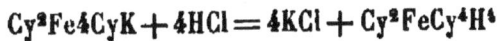

$$Cy^2Fe4CyK + 4HCl = 4KCl + Cy^2FeCy^4H^4$$

132   7° ligne, Au lieu de C^2HCl^3 lisez $CHCl^3$.

158	au lieu de § 122	lisez §	121 *bis*
159	— 123	—	122
160	— 124	—	123 *bis*
162	— 125	—	122 *ter*
162	— 126	—	123
163	— 127	—	124
166	— 128	—	124 *bis*
168	— 122	—	124 *ter*
169	— 123	—	124 *quater*
169	— 124	—	124 *quinque*

220   titre au lieu de VI, lisez VII.

224   — VII, lisez VIII.

TABLE DES MATIÈRES

CHAPITRE III.

MARCHE A SUIVRE DANS L'ANALYSE QUALITATIVE DES SUBSTANCES INORGANIQUES.

TABLE ALPHABÉTIQUE

FIN DE LA TABLE ALPHABÉTIQUE.

PARIS. — IMP. SIMON RAÇON ET COMP.. RUE D'ERFURTH. 1.

Ritter, Manuel de Chimie pratique.

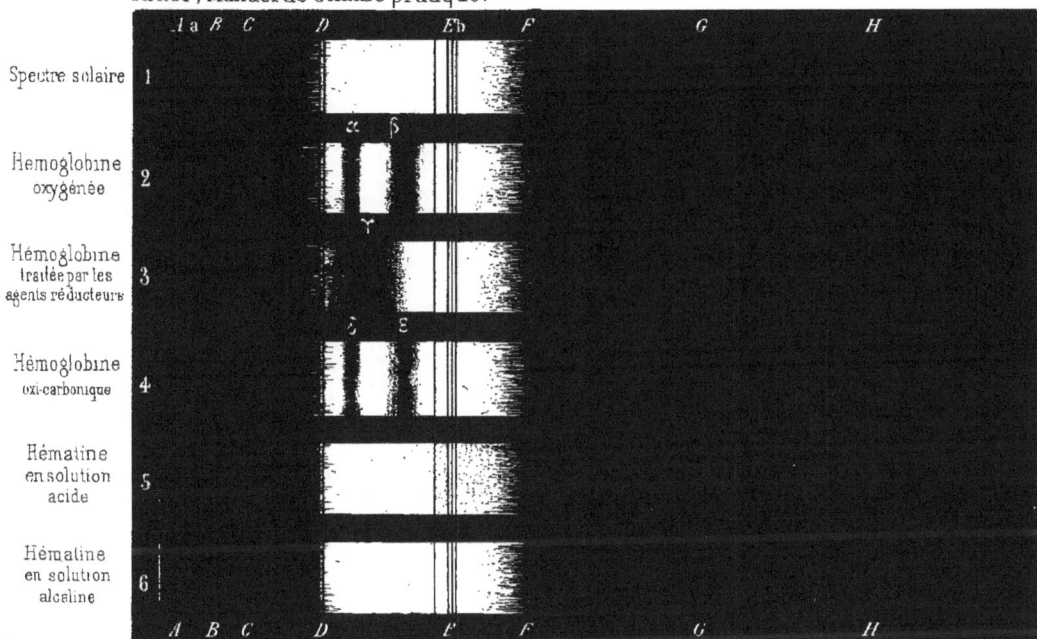

| | | A | a | B | C | D | | E | b | F | | G | | H |

Spectre solaire — 1

Hémoglobine oxygénée — 2

Hémoglobine traitée par les agents réducteurs — 3

Hémoglobine oxi-carbonique — 4

Hématine en solution acide — 5

Hématine en solution alcaline — 6

F. Savy, Editeur à Paris.   Imp. Monrocq, Paris.

www.ingramcontent.com/pod-product-compliance
Lightning Source LLC
Chambersburg PA
CBHW060531220326
41599CB00022B/3489